综合管廊与管道盾构

雷升祥 等 编著

中国铁道出版社

2017年·北京

图书在版编目(CIP)数据

综合管廊与管道盾构/雷升祥等编著.—北京：
中国铁道出版社,2015.7(2017.2重印)
ISBN 978-7-113-20679-6

Ⅰ.①综… Ⅱ.①雷… Ⅲ.①市政工程－地下管道－
综合管理－研究 Ⅳ.①TU990.3

中国版本图书馆CIP数据核字(2015)第153302号

书　　名	综合管廊与管道盾构
作　　者	雷升祥　等　编著

策　　划	江新锡		
责任编辑	张卫晓	编辑部电话:010-51873065　　邮箱:zhxiao23@163.com	
封面设计	王镜夷		
责任校对	王　杰		
责任印制	郭向伟		

出版发行：中国铁道出版社(100054,北京市西城区右安门西街8号)
网　　址：http://www.tdpress.com
印　　刷：北京铭成印刷有限公司
版　　次：2015年7月第1版　2017年2月第3次印刷
开　　本：787 mm×1 092 mm　1/16　印张：19.25　字数：484千
书　　号：ISBN 978-7-113-20679-6
定　　价：80.00元

版权所有　侵权必究

凡购买铁道版图书,如有印制质量问题,请与本社读者服务部联系调换。电话:(010)51873174(发行部)
打击盗版举报电话:市电(010)51873659,路电(021)73659,传真(010)63549480

序

我心中一直有一种痛！

我心中一直有一个梦！

在我国地下工程界，机械化水平虽然有了长足的发展，但人工风枪钻孔仍然唱主角，从我参加工作到如今，历经凿岩台车、TBM、盾构法等，但基本上除城市地铁外，大都是人工钻爆法大唱主角戏。当一起起安全事故发生时，我心中隐隐作痛。当有一天，我们在地下工程中，大量采用钻孔台车，大量采用TBM，大量采用盾构法才是地下工程先进生产力发展的方向，才是安全第一，以人为本的最有效的技术保障，不遗余力推进地下工程机械化才是我的梦。

于是乎，关于盾构的应用，我一直试图找到它在更多领域的身影，这是编写这本书的目的。

感谢我们团队共同的努力！感谢我的夫人对于我的支持！

2014年深秋于远尘斋

前　言

随着我国社会经济的发展和城镇化进程的快速推进，城市地下空间的开发和利用工作已全面展开，市政综合管廊作为城市地下空间利用的重要组成部分也取得了长足发展。从1958年北京天安门广场修建了国内第一条综合管廊以来，上海、广州、深圳等城市陆续建成规模较大的综合管廊和管道盾构工程，目前大连、武汉、兰州、厦门、沈阳等城市也正在建设过程中。

近一年时间，作者就城市市政工程采用综合管廊和管道盾构建造技术，开展了大量的研究工作，本书的内容就是研究成果的总结。文章从国内典型城市地下管线建设现状分析入手，由理论性的研究分析，市政综合管廊和管道盾构的适用性和安全性研究，盾构设备的选型、管廊结构设计、施工技术方案，到关键问题处理、成本分析、风险保障及投融资管理等进行了全方位的表述。并就目前盾构暗挖法在国内外类似工程中的应用，收集了大量的最新资料，有针对性地进行了全面、系统的叙述研讨。

本书由中铁二十局集团有限公司组织编写，雷升祥主编，参加编写的还有邓勇、吴应明、申玉生、肖清华、管会生、张宗靓、郭朋超、李增良、左转玲、左兴旺、李洁勇、宋战平、韩硕、张杰、杨昌荣、李金魁、魏志龙、张婧。全书共分为9章，第1章通过案例引述国内部分城市地下管线管理现状，重点介绍国内外综合管廊和管道盾构工程应用情况；第2章提出地下综合管廊建设解决方案；第3章为综合管廊勘测；第4章讨论了综合管廊的规划与设计；第5章对综合管廊传统施工工艺进行总结；第6章重点叙述综合管廊管道盾构施工工艺，其中包括管道盾构机的选型、设计、制造及管片衬砌力学特性分析等；第7章探讨综合管廊的运营管理；第8章提出综合管廊的投融资管理模式与风险控制；第9章为综合管廊发展思考。

全书图文并茂，深入浅出，资料详实，可参考性强，可供市政管廊、盾构掘进机设计、工程建设规划、施工管理、科研等相关专业技术人员参考。

目 录

第1章 综合管廊建设发展概况 ... 1
1.1 概 述 ... 1
1.2 国内城市地下管线现状 ... 3
1.3 国内城市地下综合管廊技术发展现状 ... 10
1.4 欧、美、日等发达国家城市地下综合管廊技术发展现状 ... 21
1.5 国内外管道盾构发展现状 ... 27

第2章 综合管廊建设解决方案 ... 38
2.1 目前城市地下管线存在的主要问题 ... 38
2.2 综合管廊可行性方案分析 ... 43
2.3 综合管廊建设关键问题及其解决办法 ... 50

第3章 综合管廊勘测 ... 57
3.1 综合管廊勘测技术 ... 57
3.2 基础资料分类 ... 64
3.3 综合管廊选线(方案比选)基本原则 ... 68
3.4 综合管廊工程建设的投资成本分析 ... 69

第4章 综合管廊规划与设计 ... 75
4.1 综合管廊规划 ... 75
4.2 综合管廊的技术标准体系 ... 90
4.3 综合管廊工程设计 ... 94
4.4 综合管廊配套工程设计 ... 115
4.5 综合管廊设计实例 ... 118
4.6 西安城市综合管廊及内涝解决设计方案及思考 ... 122

第5章 综合管廊传统施工方法 ... 125
5.1 概 述 ... 125
5.2 明挖现浇法及施工机械 ... 126
5.3 明挖预制拼装法施工 ... 132
5.4 浅埋暗挖法及施工机械 ... 140

5.5 顶管法及施工机械……………………………………………………143
5.6 综合管廊通风、防灾与监控……………………………………………156
5.7 综合管廊施工应急预案…………………………………………………159

第6章 综合管廊盾构法施工……………………………………………………165
6.1 管道盾构法施工…………………………………………………………165
6.2 管道盾构机选型…………………………………………………………182
6.3 管道盾构机………………………………………………………………188
6.4 土压平衡管道盾构机及其配套技术研究………………………………198
6.5 综合管廊盾构管片衬砌结构力学特性分析……………………………207

第7章 综合管廊运营与维修养护管理…………………………………………267
7.1 运营管理模式……………………………………………………………267
7.2 维修、养护及防灾管理体系……………………………………………275

第8章 综合管廊施工的融资管理………………………………………………289
8.1 城市地下空间开发建设的投融资基本模式……………………………289
8.2 地下空间开发利用的主要融资方式……………………………………294
8.3 综合管廊项目及设备研发投融资方案…………………………………295

第9章 综合管廊发展思考………………………………………………………299

参考文献……………………………………………………………………………301

第1章 综合管廊建设发展概况

1.1 概 述

城市地下"综合管廊"(又名共同沟、共同管道、综合管沟)是指在城市道路的地下空间建造一个集约化隧道,将电力、通信、供水排水、热力、燃气等多种市政管线集中在一体,实行"统一规划、统一建设、统一管理"。综合管廊设有专门的检修口、吊装口和监测、控制系统。综合管廊是合理利用地下空间资源,解决地下各类管网设施能力不足、各自为政和开膛破肚、重复建设,促进地下空间综合利用和资源共享的有效途径。

欧、美洲国家"综合管廊"已有170余年发展历史,日本后来居上。国内部分城市近年来开展试点建设,已有北京(国内最早,1958年)、上海、广州、武汉、济南、沈阳等城市应用实例,技术日渐成熟,规模逐渐增长。通过建设地下综合管廊,实现城市基础设施现代化,达到对地下空间的合理开发利用,已经成为共识。

我国国民经济持续发展、人口城镇化率不断提高、土地利用日趋紧张、人们思想观念逐步转变,综合上述因素,地下综合管廊建设将具有良好的发展前景。

1.1.1 综合管廊是城市地下空间综合利用的要求和体现

城市地下空间资源作为城市的自然资源,在经济建设、民防建设、环境建设及城市可持续发展方面具有重要意义。而作为城市生命线的各类地下管网又是城市的重要基础设施;也是现代化城市高效率、高质量运转的保证;更是环境保护和土地等资源有效利用,使城市发展与资源、环境容量相适应,促进人与自然的和谐发展的客观要求。

城市地下综合管廊是市政管线集约化建设的趋势,也是城市基础设施现代化建设的方向。传统的市政管线直埋方式,不但造成城市道路的反复开挖,而且对城市地下空间资源本身也是一种浪费。将各种管线集约化,采用综合管廊的方式建设,是一种较为科学合理的建设模式,综合管廊已经成为衡量城市基础设施现代化水平的标志之一。

1997年建设部颁布的《城市地下空间的开发利用管理规定》(中华人民共和国建设部令第58号),将地下管线综合管廊的建设和规划纳入了法制化的轨道。

2014年6月,国务院办公厅《关于加强城市地下管线建设管理的指导意见》(国办发〔2014〕27号)指出,2015年年底前,完成城市地下管线普查,建立综合管理信息系统,编制完成地下管线综合规划。力争用5年时间,完成城市地下老旧管网改造,将管网漏失率控制在国家标准以内,显著降低管网事故率,避免重大事故发生。用10年左右时间,建成较为完善的城市地下管线体系,使地下管线建设管理水平能够适应经济社会发展需要,应急防灾能力大幅提升。

1.1.2 综合管廊建设是城市发展的必然要求

随着城市对电力、通信、供水、燃气等需求的迅速扩大,地下管线铺设更加频繁,管径、管位、管线数量迅速增大。一些管线权属企业和单位盲目铺设管线，抢占管位，管线空间使用率低下，造成相邻地下管线增设、扩容困难，严重阻碍城市基础设施建设步伐，制约城市经济的高速发展。同时，随着城市信息业迅猛发展，许多信息企业建立专用信息传输网络，这些新的信息传输网络大多利用现有的供电线杆架空布线，安全性和可靠性无法得到保证，并严重影响市容环境，因而，城市地下综合管廊建设显得尤为重要。其优势主要体现在：

(1) 有利于节约城市用地；
(2) 有利于改善城市交通；
(3) 有利于美化城市环境；
(4) 有利于加强城市保护；
(5) 有利于满足城市特殊需求。

1.1.3 综合管廊是城市实现节能降耗的优选途径

采用地下综合管廊集约化管线建造模式，不仅可以有效利用地下空间，使管线敷设更加科学、有序，而且在地下综合管廊中对管线进行扩容和维修都变得十分方便。避免道路的反复开挖而造成资源浪费，增加道路的寿命，保障城市的交通顺畅和城市景观不受破坏。管线敷设在专门的管廊空间内，安全性也大大提高，延长管线使用寿命。在城市防灾和救灾中突显其优越性。因此，地下综合管廊的建设在大中城市里具有很大的发展空间。兴建地下综合管廊能带来以下一些正面效益：

(1) 有效利用地下空间；
(2) 系统整合地下管线；
(3) 避免管线意外挖掘损坏；
(4) 管线易于维修及管理；
(5) 提升管线服务水平；
(6) 降低道路维修费用；
(7) 提升道路服务质量；
(8) 降低交通事故发生率；
(9) 改善市容景观；
(10) 降低社会成本。

由此可见，综合管廊项目的实施是城市实现节能降耗的优选途径。

1.1.4 综合管廊是城市安全运营的必然选择

从一系列"城市看海"、"油气爆炸"，城市管理暴露出的问题可以看出，对城市排水、燃油燃气等管道工程建设仅限于一埋就万事大吉，显然是不够的，有必要选择排水暗洞、综合管廊，以加强能力建设，提升维护水平，保障城市安全运营。

为进一步探讨城市地下综合管廊与管道盾构建设发展与应用，本书结合国内外城市地下管线廊道化的现状及发展情况，对国内城市地下"综合管廊"建设从技术、经济等方面进行比较分析，提出管廊与管道盾构规划设计、建造施工技术等解决方案的建议。

1.2 国内城市地下管线现状

国内城市地下管线建设大多始于新中国成立初期。新中国成立前城市地下管道由于经历多年战争,城市建设和功能需要恢复,开始了大规模城市扩容改造。基于当时国家财力,地下管线仅能满足城市短期基本需求,无论是管道的长度和管径以及网络的构成都未形成规模,采取简单的地下浅埋方式,缺乏长远完整的城市建设规划。

改革开放后,我国城市建设发展迅猛,但地下附属设施建设重视程度明显不足。管线纵横交错,各自为政,没有规范,开挖维护困难,这种现象至今依然严重。

1.2.1 管网设施陈旧,排水能力不足,暴雨内涝成灾

案例1:2012年7月21日,北京遭遇61年最强暴雨造成重大安全事件(图1-2-1)

图1-2-1　2012年7月21日,北京遭遇暴雨景况

经调查,北京的城市排水系统总长度虽已达到了3 798 km,北京城郊雨水管道已形成了35个以上的排水系统,但仍无法满足城市发展的需要。排水管分布稀疏,排水能力差,排水管道老化及堵塞是造成国内城市内涝的主要原因,更令人痛心疾首的是城市垃圾对排水管道的堵塞问题。

一场61年最强的北京暴雨再次引发舆论对城市管理的思考。7月21日上线的人民日报官方微博发表微评论,评论说,一场大雨,检验出城市的脆弱一面,北京如此,其他城市的情况可想而知。没有一流的下水道,就没有一流的城市。基础设施薄弱是城市建设的通病,这场暴雨再次为我们敲响警钟:在注重城市华丽外表的同时,更要关注一个城市的内在品质。

新京报的评论说,从一开始如往常一样,网民在微博上发布或转发各种"在北京看海"的照片,到后来,开始转发各种求助信息,以及防汛部门的联系电话。越来越严重的暴雨,让生活在北京的人们,守望相助在一起。这也带来了一个契机,让大家重新看待,如何应对暴雨袭京这样的城市公共命题。在暴雨中,正需要从政府部门到每一个市民的守望相助。这也正是大家所需要的一种防汛应对能力。政府各部门如能与市民在网络上密切互动,我们的暴雨应急其实能做得更好。

京华时报的评论说:这场暴雨带来麻烦和困难,但暴雨中传递互助的温情,暴雨中出现了英雄的身影。北京人,值得尊敬。当然,暴雨也暴露了北京的短板,不能回避暴雨浇出的市政建设短板。北京有智慧和勇气,直面短板,补齐短板,继续为北京加分。

齐鲁网援引评论说,一场强降雨,暴露出一系列"城市病"。排水系统比高楼大厦更能代表现代化,暴雨是自然现象,我们无法阻止,更无法改变,唯一能做并做好的,是我们应对这个大

自然以后的越来越多的"变脸"做好各种准备,尤其是如何建设和管理好"城市的良心"。

案例2:深圳特大暴雨灾情——一座城市和特大暴雨的战争(图1-2-2和图1-2-3)

图1-2-2 深圳特大暴雨灾情

图1-2-3 深圳6.13特大暴雨灾情

2014年5月、6月,深圳接连出现4场全市性暴雨,累积雨量524.8 mm,不仅打破历史同期纪录,还接近汛期雨量的30%。仅以5月11日为例,在特大暴雨期间,全市共出动抢险人员13 700余人次,转移安置4 600余人。4场暴雨下来,全市参与抗击暴雨和转移安置人员都达到数万人。深圳,不亚于经历了一场小型战争。

2008年6月12日~6月13日中国广东省深圳市遭遇罕见特大降雨袭击,如图1-2-3所示。其降雨强度超过50年一遇,接近百年一遇。此次暴雨使得深圳多处严重水浸。共造成6人死亡,转移十多万人。广深铁路更一度中断售票。深圳机场至少有近130个航班延误,被迫降落广州、福州、汕头、桂林等地。中小学、幼儿园亦于13日下午停课半日。

案例3:特大暴雨近半城区泡在雨水中——武汉变身"威尼斯"水城(图1-2-4)

图1-2-4 武汉特大暴雨景况

中国新闻网报道,2013年7月6日凌晨至7日上午,一场特大暴雨袭击武汉,中心城区最大降雨量达333.75 mm。全市49处路段严重积水,导致车辆无法正常行驶,交通几近瘫痪,部分城区道路水流成河。一场大暴雨过后,武汉变成"威尼斯"水城。

1.2.2 管网各自为政、开膛破肚频繁,安全隐患极大

案例1:广州:3月内道路将"开膛破肚"279次,没有一次是多个单位协同挖掘,道路施工统筹能力有待提升《工人日报》(2012年07月20日04版)(图1-2-5)

本报广州7月19日电(记者何东霞)广州市的石榴岗路近期将会被"剖开"四次。记者从

广州市交委和广州市城管委近日出台的《广州市中心城区 2012 年城市道路挖掘计划》中发现，其中两次申请挖掘的单位均为中国电信广州分公司，一次是海珠区供电区，一次是广州燃气集团有限公司，时间从 10 月上旬到 11 月中旬。

根据《广州市中心城区 2012 年城市道路挖掘计划》，9 月到 11 月，广州市中心城区将实施 279 项道路挖掘项目，占提出挖掘申请的 1 426 项(涉及供电、燃气、供水等 30 余个民生项目类别)的 19.56%，挖掘道路总面积(含直接许可项目面积)约占中心六区道路总面积的 6.3%。

东风路、广州大道、长堤大马路等曾在亚运会前挖过的路将再度开挖。

图 1-2-5　广州 3 月内道路"开膛破肚"279 次

案例 2：中石化东黄输油管道泄漏(青岛市)爆炸事故调查报告(图 1-2-6～图 1-2-8)

图 1-2-6　爆炸点百米内建筑屋顶坍塌，死伤过百

图 1-2-7　爆炸现场附近的树木上悬挂着建筑物碎片　　图 1-2-8　一辆公交车被爆炸引起的大火烧毁

中国政府网报道,2013 年 11 月 22 日 10:25,位于山东省青岛经济技术开发区的中国石油化工股份有限公司管道储运分公司东黄输油管道泄漏原油进入市政排水暗渠,在形成密闭空间的暗渠内油气积聚遇火花发生爆炸,造成 62 人死亡、136 人受伤,直接经济损失 75 172 万元。

案例 3:2010 年 7 月,南京发生可燃气体管道泄漏爆炸事故(图 1-2-9)

图 1-2-9　南京发生可燃气体管道泄漏爆炸事故

中央电视台报道,28 日上午 10 时 15 分,在南京市栖霞区已停产的原南京第四塑料厂厂区,发生可燃气体管道泄漏爆炸,并引发大火。目前已致 12 人死亡,15 人重伤,受伤过百。新华社记者从南京市 28 日 20 时 15 分召开的第二次新闻发布会上获悉,南京"7.28"可燃气体泄漏爆燃事故死亡人数已升至 10 人,另有 120 人住院治疗,其中 14 人伤势危重。截至 28 日 18 时,爆燃明火已被控制。

1.2.3　国内能够有效抵御洪涝灾害的管网建设案例

案例 1:探访 900 年前的城市排水系统福寿沟(图 1-2-10)——揭开江西赣州千年不涝的秘密

离地 3 m 的福寿沟　　　　　　　市政工作人员检查福寿沟

图　1-2-10

图 1-2-10　福寿沟

过去几个月,连续强降雨让广州、南昌等南方数十个城市内涝成灾。同样遭遇暴雨,毗邻广州、南昌的江西第二大城市赣州却安然无恙:市区没有出现明显内涝,甚至没有一辆汽车泡水。

为什么赣州没有内涝?这一切都源于 900 年前古人铺设的一整套完整的排水系统:"福寿沟"工程。虽然历经 900 年的沧桑,但是全长 12.6 km 的福寿沟至今仍承载着赣州近 10 万旧城区居民的排水功能,在地势相对低洼的老城区发挥了重要的防涝作用。

史料记载,在宋朝之前,赣州城也常年饱受水患。北宋熙宁年间(公元 1068 年～1077 年),一个叫刘彝的官员在此任知州,规划并修建了赣州城区的街道。同时根据街道布局和地形特点,采取分区排水的原则,建成了两个排水干道系统。

刘彝根据赣州城地势西南高、东北低的地形特点,以州前大街(今文清路)为排水分界线,西北部以寿沟命名,东南部以福沟命名。福沟主要排放城市东南之水,寿沟主要排放城市西北之水。主沟完成以后,刘彝又陆续修建了一些支沟,形成了古代赣州城内主次分明、排蓄结合的排水网络。

在龟形的赣州古城图上,"寿"字形结构的下水道由南向北,"福"字形结构的下水道由东向西贯通全城。这项伟大的工程比巴黎的下水道还早几百年。福寿沟流向如图 1-2-11 所示。

图 1-2-11　福寿沟流向图

福寿沟工程共包括三部分：一是将原来简易的下水道改造"福、寿"二沟，"福、寿"二沟成矩形断面，砖石砌垒，断面宽大约 90 cm，一人高左右，沟顶用砖石垒盖，纵横遍布城市的各个角落，分别将城市的污水收集排放到贡江和章江。二是将"福、寿"二沟与城内的三池（凤凰池、金鱼池、嘶马池）以及清水塘、荷包塘、花园塘等几十口池塘连通起来。最后，则是在洪水来临时充当防洪堤坝作用的宋代砖石城墙。

把下水道和池塘连通，这也是前辈、"水利专家"刘彝（图 1-2-12）的高明之处。原理其实很简单，刘彝把老赣州城内的近百口水塘与地下的福寿沟串联起来。一旦雨量大增，福寿沟里的水暴涨，沟里的水就会流入水塘进行调节。就像长江流域有鄱阳湖、太湖、巢湖这些湖在长江涨水时起到调蓄的作用一样。光绪年间福寿沟图如图 1-2-13 所示。

图 1-2-12　赣州城北的宋城公园门口竖着福寿沟的规划建筑者刘彝铜像
（左边石碑上是福寿沟的清朝石刻图，前面则是福寿沟的模型平面图）

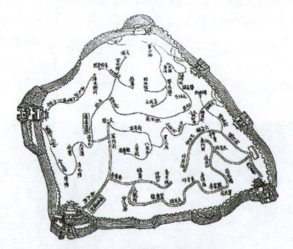

图 1-2-13　光绪年间福寿沟图

雨果在描述巴黎城市下水道时，用了"城市的良心"一词，良心正好点中了今天某些中国城市管理和建设者的软肋。

福寿沟是赣州市城区排水系统的总称。尤指宋代形成的排水干道网络的福沟和寿沟，它是赣州古代城市建设中的四大工程（城墙、街道、福寿沟、浮桥）之一。福寿沟中的大部分干道至今仍在使用。

案例2：德国造下水道历经百年沧桑助青岛避免被水淹

对于南方的部分城市来说，2014年的雨水比较多，广东、广西的强降雨导致其内涝，主城区被淹的场景让人记忆深刻。当这样的场景出现在大城市时，不少人会不约而同地想到一个城市，这就是青岛。之所以会在雨水频袭的时候想到青岛，是因为它拥有令其他城市羡慕的排水系统。而这从某种程度上来说，还得益于100多年前德国人的手笔。20世纪初，德国人建造的下水道(图1-2-14)，100年后的今天仍在发挥着余热。

图 1-2-14　德国人在青铺设 80 km 下水道

1898年10月起，德国殖民当局将前海一带青岛村的居民强行迁移，然后把中山路南段以东，自德县路过观象山、信号山至太平山一线以南至海边整个区域的住房拆除，划定为欧人居住区，按照规划进行了大规模的城市建设。在欧人居住区开辟了新市街，并在主要街道下铺设了3 200 m下水管道，均为雨水管，污物则由桶搬运。后因桶运有碍卫生，1898年开始设置污水管道。至1905年，青岛市欧人居住区排水管道铺设已具规模，采用雨污分流，在青岛西北部华人居住区采用雨污合流。德国侵占时期铺设雨水管道29.97 km；铺设污水管道41.07 km；雨污合流管道9.28 km。总长度约为80 km。

(1) 下水道得益于德国人的"雄心"

1898年，德国殖民军登陆青岛，德国人在青岛建设下了很大工夫，调集了一流的城市规划专家和建筑设计师来到青岛，按照19世纪末欧洲最先进的城市规划理念，设计形成了青岛的城市规划，在那个时候德国人就已经把电线设在地下，这些设计在现在看来都是非常先进的，而且一直沿用到现在。

(2) "文革"时期还被用作人防工程

文化大革命时期，德建下水道还被作为了人防工程，排水道上开了很多口，里面修设了台阶。每一个通风口上面都有水泥块盖板盖着，盖板上有两个铁拉手，板子并不是很重，可以直接拉开进入，若是在排水道里面只要用力一顶，就能将顶板顶开。当时中国的其他城市非常羡慕青岛，德国人给我们留下的这个排水道，让我们在"深挖洞"时期，节省了不少人力。

归纳起来，我国城市地下管道建设管理主要存在以下问题：

第一，限于财力，早期重视不够，理念落后，规划不到位，标准低下，满足于眼下。

第二，一些地方重视地上，忽视地下，重视面子，忽视里子。

第三，政出多门，各自为政，法制化建设管理水平不高。

第四，设施陈旧，更新改造跟不上，维护管理水平不高。

第五,中国城市化进程加快,城市外延不断扩大,新旧城区建设标准不同步,随着全球气候变暖,地下管网承载极端气候的压力加大。

1.2.4 国务院印发《关于加强城市地下管线建设管理的指导意见》文件

国务院办公厅 2014 年 6 月印发了国办发 27 号文件《关于加强城市地下管线建设管理的指导意见》。把城市地下管线提高到保障城市运行的重要基础设施和"生命线"的高度。提出明确要求:深入学习领会党的十八大和十八大二中全会、三中全会精神,认真贯彻落实党中央和国务院的各项决策部署,适应中国特色新型城镇化需要,把加强城市地下管线建设管理作为履行政府职能的重要内容,统筹地下管线规划建设、管理维护、应急防灾等全过程,综合运用各项政策措施,提高创新能力,全面加强城市地下管线建设管理。

1. 确定了四个基本原则:
(1)规划引领,统筹建设。坚持先地下、后地上,先规划、后建设,科学编制城市地下管线等规划,合理安排建设时序,提高城市基础设施建设的整体性、系统性。
(2)强化管理,消除隐患。加强城市地下管线维修、养护和改造,提高管理水平,及时发现、消除事故隐患,切实保障地下管线安全运行。
(3)因地制宜,创新机制。按照国家统一要求,结合不同地区实际,科学确定城市地下管线技术标准、发展模式。稳步推进地下综合管廊建设,加强科学技术和体制机制创新。
(4)落实责任,加强领导。强化城市人民政府对地下管线建设管理的责任,明确有关部门和单位的职责,加强联动协调,形成高效有力的工作机制。

2. 明确了目标任务:
(1)2015 年年底前,完成城市地下管线普查,建立综合管理信息系统,编制完成地下管线综合规划。
(2)力争用 5 年时间,完成城市地下老旧管网改造,将管网漏失率控制在国家标准以内,显著降低管网事故率,避免重大事故发生。
(3)用 10 年左右时间,建成较为完善的城市地下管线体系,使地下管线建设管理水平能够适应经济社会发展需要,应急防灾能力大幅提升。

3. 文件包括:
(1)总体工作要求;
(2)加强规划统筹;
(3)统筹工程建设,提高建设水平;
(4)加强改造维护,消除安全隐患;
(5)开展普查工作,完善信息系统;
(6)完善法规标准,加大政策支持;
(7)落实地方责任,加强组织领导。
七个方面 19 条具体意见。

1.3 国内城市地下综合管廊技术发展现状

1.3.1 城市地下管廊发展情况

近年来,我国城市化进程不断加快,城市综合实力不断增强,对外交流日益增多,城市地下空间不断被开发,综合管廊的重要性越来越被人们认识。

我国第一条地下综合管廊是 1958 年在北京市某广场下建设约 1.3 km 的综合管道,断面为方形,宽 3.5～5.0 m,高 2.3～3.0 m,埋深 7.0～8.0 m。

1978 年 12 月 23 日,宝钢在上海动工兴建。被称之为宝钢生命线的电缆干线和支干管线大部分采用综合管廊方式敷设,埋设在地面以下 5～13 m,如图 1-3-1 所示。

图 1-3-1　宝钢综合管廊

1979 年,大同市在新建道路交叉口下建设地下综合管廊,沟内设置有电力电缆、通信电缆、给水管道、污水管道。

1985 年,北京市建设中国国际贸易中心综合管廊,其中容纳服务于 2 幢公寓大楼、1 幢商业大厦、1 幢办公楼的公用管线,管廊内有电力、通信、供热管。

1988 年,天津新客站工程为穿越 7 股铁路线路建了一条约 50 m 的地下综合管廊,内设雨水管道、给水管道及动力控制线。

1991 年,济宁 3 号矿井工业场地地下综合管廊开始建设,至 1993 年底共完成 1 806 m。

1994 年,上海开始建设浦东新区张杨路地下综合管廊(图 1-3-2)。张杨路地下综合管廊位于浦东新区张杨路南北两侧人行道下,西起浦东南路,东至金桥路,全长 11.125 km。沟体为钢筋混凝土结构,其横断面形状为矩形,由电力室和燃气室两部分组成。电力室中央敷设给水管道,两侧设有支架,分别设电力和通信电缆;燃气室为单独一孔室,内敷设燃气管道。地下综合管廊里还配有各种安全配套设施,有排水、通风、照明、通信广播、闭路电视监视、火灾检测报警、可燃气体检测报警、氧气检测、中央计算机数据采集与显示等系统。

1997 年,连云港建造西大堤地下综合管廊。断面为梯形,沟体北侧为挡浪墙,南侧靠内海,设宽为 40 cm 的防撞墩,沟内高为 1.5～1.7 m,宽为 1.7～2.4 m,内设给水管道、电力电缆、电信电缆。

1998 年,天津在塘沽某小区内建造了 410 m 的地下综合管廊,断面为矩形,宽为 2.3 m,高度为 2.8 m,内设采暖管道、热水管道、给水管道、消防管道、中水管道等。

2000 年,北京某道路改造工程在道路两侧的非机动车道和人行道下建造了 600 m 的地下综合管廊。南侧断面为矩形,宽为 11.15 m,高为 2.7 m,埋深约 2.0 m,采用明挖施工,内设电信电缆、热力管道、给水管道、电力电缆;北侧断面为圆形,直径为 3 m,采用暗挖施工,内设电信电缆、天然气管道、给水管道。

图1-3-2 浦东新区张杨路综合管廊

2001年,济南市泉城路地下综合管廊分南北两条,高为2.75m,宽分别为3.4 m和3.75 m,内设监控、消防、通风、排水系统,地下还将建设主控室,系统由地下主控室控制。

2001年,深圳市对大梅沙至盐田坳地下综合管廊进行可行性研究,沟体采用半圆形城门拱形断面,高2.85 m,宽2.4 m,结构采用初期支护和一次衬砌的钢筋混凝土复合断面结构,内设给水管道、压力污水管道、高压输气管道以及电力电缆。此地下综合管廊已经建成,是深圳市第一条地下综合管廊。

2002年,衢州结合旧城改造,建造了坊门街地下综合管廊,长491.48 m,内宽2.2 m,高2.4 m,内设电力电缆、给水管道、通信电缆。此条地下综合管廊含电力、供水、电信、移动、铁通、联通、广电传输网络等7个单位,按使用容量分摊资金合股建设。

2002年年底,嘉定区安亭新镇地下综合管廊动工兴建。安亭新镇地下综合管廊系统服务全镇,贯穿主要道路,总长约6 km形成"日"字形格局,主体结构采用钢筋混凝土矩形框架结构形式,断面长宽均为2.4 m。入沟管线主要为:供水管线、电力电缆、通信电缆、广播电视电缆、燃气管道等。管沟箱涵结构分为电力室和燃气室两部分,电力室两侧设有支架,都是以层架形式布置于地下综合管廊内,分别设电力、通信电缆和给水管道等;而燃气管道则置于上方的专用燃气室内。

2003年,北京修建的中关村广场地下综合管廊位于中关村西区。地下工程建设面积近30万 m²,分为地下综合管廊和地下空间两部分,整个地下工程投资约17亿元。地下负一层是贯穿整个社区的交通环廊,将地面交通移到地下,较好解决了地面交通问题,今后在科技园核心区地面上,全部是步行街、花坛、绿地,充分体现了科技与人文的设计理念;负一层为车库、商业、餐饮、库房、物业服务管理等设施;负二层为地下综合管廊,有燃气、热力、电力、电信、自来水等公用设施。为了将这些公用设施送到地面,共铺设主支管线约3 km。管廊距地面约14 m左右,各种管线放置在单独的管沟中,单个管沟宽约1.1 m,深约2.4 m。此管沟不同于单纯的地下综合管廊,结合中关村西区地下商业网点的建设,把各种管线规划在单独的管沟中,方便了管线管理,增加了管线的安全性,但是投资很大。

2003年，上海松江新城示范性地下综合管廊工程（一期）长度为323 m（图1-3-3），高度和宽度均为2.4 m，沟内从上到下依次铺设了粗细不等的电力电缆、通信电缆、有线电视电缆、给水管道、燃气管道等。

图1-3-3 松江新城综合管廊

"一环加一线"总长约6 km的嘉定区安亭新镇综合管廊，如图1-3-4所示。

图1-3-4 嘉定区安亭新镇综合管廊

2004年，广州市结合科韵路南延长线道路改造，建造了一条全长约3.5 km的地下综合管廊，共有电信、移动、联通等多家通信运营商参与。该项工程完工后，广州市的通信管道集约化"同沟同井"管线将达到45 km。广州大学城（小谷围岛）综合管廊建在小谷围岛，总长约17 km，其中沿中环路呈环状结构布局为干线管廊（图1-3-5），全长约10 km；另有5条支线管廊，长度总和约7 km。该综合管廊是广东省规划建设的第一条共同管沟，也是目前国内距离最长、规模最大、体系最完善的共同管沟，它的建设是我国城市市政设施建设及公共管线管理的一次有益探索和尝试。

武汉王家墩商务区综合管廊总长12.7 km，其中干线沟为8.98 km，支线沟为3.72 km。规划投资约2亿元，如图1-3-6所示。

福州重点工程琅岐环岛路首段综合管廊全长约4 000 m。管廊为矩形双仓断面，基本结构尺寸为宽5.8 m，高3.2 m。综合管廊每造价约4.15万元/m，如图1-3-7所示。

杭州目前最长的综合管廊——钱江新城第一条长达2.16 km的综合管廊也于2006年年初完工。杭州在站前广场改建工程中，为避免站层和各地块进出管线埋设与维修开挖路面，从而影响车站的运行,将给水管、污水管、电信电缆、电力电缆、铁路特殊电信电缆、有线电视电缆、公交动力线、供热管等置于综合管廊内。

图 1-3-5　广州大学城地下综合管廊环状结构布局

图 1-3-6　武汉王家墩商务区综合管廊

图 1-3-7　福州琅岐环岛路综合管廊

2014年,四川新川创新科技园区——新川大道综合管廊开工建设,平面布置在中分带内,全场3 580 m。全段采用南北双仓结构,综合管廊埋置深度大部分在7.5 m以内,局部段穿越雨污水管,纵断面较深,最深处达11 m。管廊宽度为7.75 m,高度为4.0 m。如图1-3-8所示。

(a) 科技园区

(b) 建设中的地下管廊

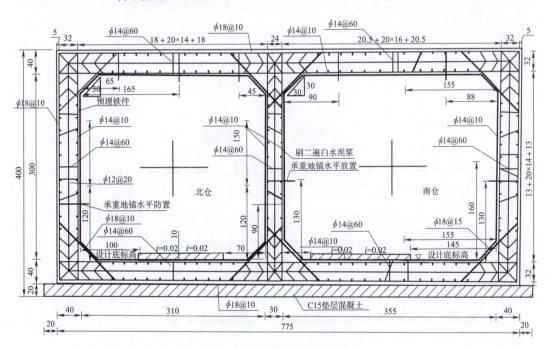
(c) 横断面配筋图(单位:mm)

图1-3-8 四川成都新川创新科技园区

2014年4月28日,四川成都红星路南延线段一期综合管廊工程建设完成,如图1-3-9所示。主线隧道全长2 793 m,为城市快速路,核心区域综合管廊长503.42 m;综合管廊分仓:分为电力仓、水仓、电信仓三仓布置,纬六路110 kV电力进线单独设置电仓,采用四仓布置,结构净空12.30 m×5.50 m。项目设计内容主要包括:道路工程、市政管线工程(包括雨污水、电力浅沟、综合管廊、市政管线迁改、管线综合)、隧道结构工程、雨水泵站工程、基坑工程、机电工程(包括电气、智能监控、通风、消防)、建筑景观及装修工程、交通工程、电力隧道工程、渠道工程等10部分内容。

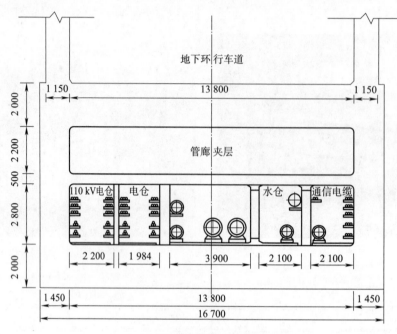

(a) 综合管廊横断面(单位:mm)

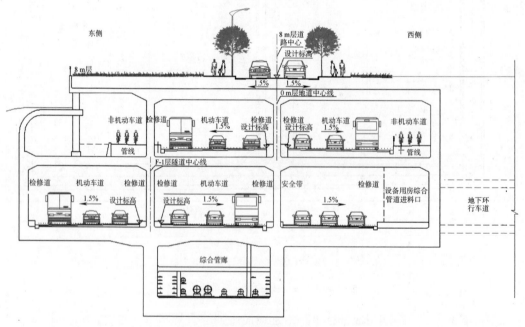

(b) 地下结构总体横断面

图 1-3-9

第1章 综合管廊建设发展概况

(c) 建成的综合管廊

(d) 管廊监控室

图 1-3-9　四川成都红星路南延线段下穿隧道及地下综合管廊

台湾地区：台北市在1991开始建设综合管廊，至2003年12月31日已经在21个地段建设了干线地下综合管廊、支线地下综合管廊及电缆沟。合计干线地下综合管廊60 111 m；支线共同管沟52 026 m；电缆沟66 005 m。台湾在1992年规划城市管线地下综合管廊长约65 km，并将在台北市的快速路下建一条长约7 km的管线地下综合管廊。随后为了促进综合管廊的快速有序健康发展，台湾制定和颁布了多项相关的法律法规，如《共同管道法施行细则》法律和《共同管道设计标准》技术规范，有效地推进综合管廊的发展。

目前，台湾已经建成的有淡海及高雄新市镇、南港经贸园区等的综合管廊，正在规划综合管廊的城市有台中市、嘉义市、新竹市、台南市、基隆市，这些已建和规划的综合管廊大多数非常重视与地铁、高架道路、道路拓宽等大型城市基础设施的整合建设相结合。如台北东西快速道路综合管廊的建设，全长6.3 km。其中，2.7 km与地铁整合建设；2.5 km与地下街、地下车库整合建设;独立施工的综合管廊仅 1.1 km。将它们一起建设,分担了建设成本,避免多次开挖施工,从而大大地降低总的投资资金。目前,全台湾地区已建综合管廊有 300 余千米。

清华大学童林旭教授在其著作《地下建筑学》中,介绍国外地下综合管廊发展的一些趋势;西南交通大学关宝树教授在其著作《城市地下空间开发利用》中,对日本地下综合管廊的发展做较为详细的介绍;同济大学束昊教授翻译出版了《地下空间利用手册》,书中对世界地下综合管廊的发展现状和趋势做了分析和介绍;上海市政工程设计研究总院(集团)有限公司王恒栋副总工程师著有《综合管廊工程建设思考》。总的来说,国内外对于地下综合管廊项目的研究主要集中在地下综合管廊建设技术以及建设规划上,真正针对地下综合管廊项目的投融资所进行的研究,目前还是空白。

目前,我国一些经济发达的城市和新区在建或者已经建设综合管廊,在其他城市和地区没有得到大面积的推广和普及。但随着我国科学发展观的提出和不断实践,城市可持续发展理念不断深入人心,近几年,许多城市掀起了新一轮的城市基础建设热潮及地下轨道交通的规划建设,城市化进程步伐也在加快,越来越多的大中城市已开始着手共同沟建设的试验和规划,如上海、北京、昆明、广州、深圳、重庆、南京、济南、沈阳、福州、郑州、青岛、威海、大连、厦门、大同、嘉兴、衢州、连云港、佳木斯等。截至 2008 年年底,已建成综合管廊长度约 150 km,在建约 100 km,规划待建约 500 km。如图 1-3-10 和表 1-3-1 所示。

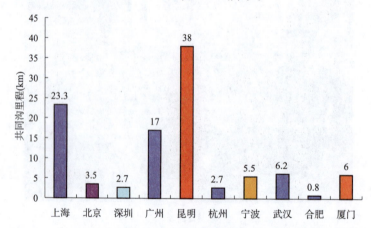

图 1-3-10　中国内地主要城市综合管廊修建里程统计图(至 2008 年年底)

表 1-3-1　国内部分城市综合管廊入廊管线情况一览表

序号	综合管廊位置	建成时间	长度(km)	入廊管线种类
1	上海张扬路	1994 年	11.13	给水、电力、通信、燃气
2	连云港西大堤	1997 年	6.67	给水、电力、通信
3	天津塘沽某小区	1998 年	0.41	采暖管、热水管、给水管、消防管、再生水管
4	济南泉城路	2001 年	1.45	给水、电力、通信、热力
5	上海安亭新镇	2002 年	5.8	给水、电力、通信、燃气
6	上海松江新城	2003 年	0.32	给水、电力、通信
7	佳木斯市林海路	2003 年	2.0	给水、电力、通信、排水、燃气、供热
8	北京中关村西区	2005 年	1.9	给水、电力、通信、燃气、热力

续上表

序号	综合管廊位置	建成时间	长度(km)	入廊管线种类
9	杭州钱江新城	2005 年	2.16	给水、电力、通信
10	深圳盐田坳	2005 年	2.67	给水、通信、燃气、污水压力管
11	兰州新城	2006 年	2.42	给水、电力、通信、热力
12	昆明昆洛路	2006 年	22.6	给水、电力、通信
13	昆明广福路	2007 年	17.76	给水、电力、通信
14	广州大学城	2007 年	17.4	给水、电力、通信、供冷
15	大连市保税区	2008 年	2.14	给水、电力、通信、再生水、热水
16	宁波东部新城	2009 年	6.16	给水、电力、通信、再生水、热力
17	无锡市太湖新城	2010 年	16.4	给水、电力、通信
18	深圳光明新城	2011 年	18.3	给水、电力、通信、再生水

1.3.2 存在的问题

总的来说，我国城市综合管廊建设相对缓慢，既有资金和技术上的问题，也有意识、利益纠纷上的问题。

1. 思想交流不足

因为缺乏标准，全国各设计单位在近十年甚至更长的时间里，只采用一套或两套通用图，与其他地区交流甚少，就该课题也没有形成全国范围内的思想大交流或学术研讨会，科学调研少，设计市场处于封闭状态，逐渐形成本地区习惯性的设计思维。这样就导致因缺乏不同类型的通用图，设计者不能在类型方案比较选取时，针对工程的具体情况和地质、地形及施工条件等情况，进行多种管沟类型方案的比较和论证，造成推荐方案不尽合理，工程造价较高等情况的出现。

2. 法律规范上的匮乏和设计上的不足

在国外，因为城市发展成熟，工程界对综合管廊研究较早，基础设施建设完善，现代化程度高。日本早在1963年通过并颁布了《共同管沟实施法》，随后日本的综合管廊得到迅速发展，成为世界上综合管廊技术最发达，已建综合管廊里程最长的国家。我国台湾地区在2000年公布实施《共同管道法》等共34条法律法规，在这些法律法规的指导下，台湾地区综合管廊的建设发展也进入了快车道。台湾和日本都成为发展综合管廊的良好典型。

我国内地对于综合管廊的建设和设计起步较晚，认识不足。在综合管廊建设的法律体制方面，虽然做了一定的努力，并制定了《城市地下空间开发利用管理规定》、《城市道路设计规范》等一些与综合管廊建设相关的规范性文件，也有如《杭州市城市地下管线管理条例(草案)》等一些地方性的指导规范，但是在设计上，相关具体的设计理论和权威的设计规范方面几乎处于空白状态。没有行业上权威统一的设计、施工、验收方面的规范标准，大多数设计只是参照相近的技术标准，并且经常采用其他规范来进行综合管廊的设计，或者依据别人的建设经验进行设计，这样就出现这种情况，各地在建的和已经建好的综合管廊，往往都是设计单位依据单位内部或者地方性的设计规范，再根据设计经验来完成综合管廊的设计和建设任务，并没有一个完整的理论体系和统一的指导设计规范，这在一定程度上影响了我国综合管廊往高质量、低成本的发展步伐。

目前,我国一些城市在建设综合管廊时,其设计思路采用日本20世纪80年代的技术,我国城市目前的发展环境和遇到的难题,跟国外的情况也不相同,国外早期的综合管廊技术已经不能满足我国现代化城市功能的可持续发展要求。我国城市的发展建设,设计人员不能简单抄袭模仿国外设计案例,要有自己的特点,在借鉴和创新的基础上发展具有中国特色并具有国际先进水平的市政综合管廊。

3. 规划管理上有难度

现在我国直埋地下管线分属不同的政府部门,由于涉及到利益问题,主管管线的部门服务意识薄弱,信息共享不及时等原因,造成了市政管线的重复建设和投资浪费。而且随着城市基础设施的不断更新和完善,对地下空间的利用越来越多,规划管理上的落后已经制约了城市的发展,成为可持续发展的瓶颈。

4. 资金投入上有不足

综合管廊是一项系统工程,具有投资周期长,回收效益慢的特点,总的建设投资比直埋式管线大,未形成规模前难以发挥作用,产生效益。由于我国在城市基础设施建设上的投入一直过低,只有国内一些经济发达的城市有能力建设综合管廊,其他地区甚至都没有综合管廊的规划。资金的投入不足也造成我国国内综合管廊整体发展缓慢,要改变这一现状,需要政府部门加大资金投入。

1.3.3 综合管廊在我国的应用前景分析

1. 经济基础

经过30余年的改革开放,我国城市经济发展迅速,具备一定的建设综合管廊的经济基础。根据国际地下空间开发利用经验,一般城市人均GDP大于3 500美元时,城市进入地下空间开发利用快速发展期。据有关报道,截至2010年,中国内地有11个城市的人均GDP突破1万美元,按7%的年增长率考虑;至2020年,我国人均GDP将达到8 000美元,至少有20个大城市的人均GDP超过20 000美元,全国有上百个城市人均GDP超过10 000美元。

目前,我国至少有20个城市已经建有综合管廊,在建和已规划设计综合管廊的城市也多达20余个,国内综合管廊建设除在一线城市中迅速发展外,还将逐步扩展至二线城市。

2. 建设时期

城市的基础设施建设直接关系到城市的生活质量和投资环境,各种市政管线是城市基础设施的重要组成部分,号称"城市的血脉"。综合管廊相对于管线直敷的优点无需赘述,各发达国家的发展实例已经摆在面前,关键是看我国的推动能力和经济实力。我国城市老城区改造、新城区建设正处于热潮之中,在这个阶段大力推进综合管廊的建设是造福市民及促进城市建设的明智之举。

3. 发展空间

有关资料表明,目前日本综合管廊总长度达到1 100 km,成为世界上综合管廊规模最大的国家。我国台湾地区至2005年,综合管廊建设总长度已经超过250 km;大陆地区目前已建成的综合管廊长度约有300 km,在建和已经规划设计的管沟长度约有200 km。据推测,2020年我国大陆地区综合管廊总长度将达到800 km以上;2030年在全国100个大中城市中的综合管廊总长度将达到 1 300 km 以上。这就意味着在今后十余年中,我国综合管廊总长度将以每年平均 50 km 以上的速度快速增长。

4. 建设环境

在我国,综合管廊的设计、施工技术已没有问题,抓紧制订与综合管廊相关的技术规范标准,是目前最紧迫需要解决的问题。日本综合管廊就是在 1963 年《共同管沟实施法》颁布以后快速发展起来的,我国台湾地区也于 2000 年颁布了《共同管道法》,而我国大陆的综合管廊方面的立法及技术规范标准迟迟未出台,这也制约了我国综合管廊的健康快速发展。我国应参照国际先进经验,结合国情,完善综合管廊的规范标准建设,为综合管廊的快速可持续发展创造必要的前提条件。

1.4 欧、美、日等发达国家城市地下综合管廊技术发展现状

在国外,综合管廊已经有 170 年的发展历史,其建设技术和设计理念也在不断的完善和提高,全球范围内的建设规模也越来越大。铺设地下综合管廊是综合利用地下空间的一种手段,某些发达国家已实现了将市政设施的地下供、排水管网发展到地下大型供水系统、地下大型能源供应系统、地下大型排水及污水处理系统,与地下轨道交通和地下街相结合,构成完整的地下空间综合利用系统。

早在 19 世纪,法国(1833 年)、英国(1861 年)、德国(1890 年)等就开始兴建地下综合管廊。到 20 世纪美国、西班牙、俄罗斯、日本、匈牙利等国也开始兴建地下综合管廊。据不完全统计,截至 2008 年底,全世界已建成综合管廊超过 3 000 km,如图 1-4-1 所示。

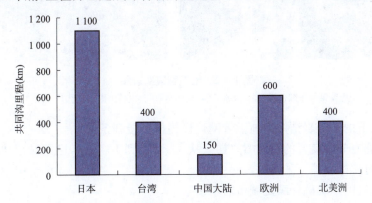

图 1-4-1　全世界综合管廊修建里程不完全统计图(至 2008 年年底)

1.4.1 法国巴黎地下管网与管廊

地下综合管廊最早见于法国,1833 年为了改善城市的环境,巴黎就系统地在城市道路下建设了规模宏大的下水道网络,同时开始兴建地下综合管廊,最大断面达到宽约 6.0 m,高约 5.0 m,容纳给水管道、通信管道、压缩空气管道及交通通信电缆等公用设施,形成世界上最早的地下综合管廊。

作为一个有 1 200 万人口的大都市,巴黎拥有一个大约 1 300 名维护人员的高效运转的地下管网系统。这个始建于 19 世纪的以排放雨水和污水为主的重力流管线系统,管网纵横

2 450 km(足以往返北京至武汉),包括1.8万个排污口,2.6万个下水道盖,6 000多个地下蓄水池,而且还通过在管网内部铺设供水管、煤气管、通信电缆、光缆等管线,进一步提高了管网的利用效能。在管网的末端,通过现代化的污水处理厂,系统每天处理超过300万 m³的高腐蚀性废弃物,最终实现对生态环境和城市面貌的良好保护,确保巴黎市的正常运作和发展。

1. 巴黎地下管网系统的发展历程

(1)城市扩张引发的生态问题是建设巴黎地下管网的起因

1785年,巴黎人口已达60万,全挤在市中心的贫民区中,人均寿命只有40岁。当时,巴黎市区内的公墓已经完全饱和,市内建筑道路杂乱无章,污水未经处理直接排放到塞纳河,一遇到大雨满街就会污水横流。如此严重生态危机为启动长期争论的巴黎重建工作提供了动力。

(2)科学规划是地下管网系统成功的关键

1850年,巴黎人口达到100万,城市因地狭人稠而不堪重负。到1878年止,修建了600 km的下水道(图1-4-2)。随后,下水道就开始不断延伸,直到现在长达2 450 km。

图1-4-2 地下管道实景图

巴黎第一条综合管廊(自来水管线、压缩空气管、电信电缆、交通信号电缆)

(3)巴黎地下的石灰岩结构为地下管网建设提供了便利条件

巴黎地下拥有非常良好的石灰石岩层。从12世纪到15世纪,巴黎城市建设的建筑用石都是来自于当时郊区的地下采石场。

(4)不断改进的系统确保满足城市需求

现在,先进的信息管理系统确保了管网系统的高效运转。下雨时,安装在主要下水管道中的传感器会持续检测水位。如果水位过高,过剩的水流就会通过水泵分流到水位较低的管道中去。如果所有管道的水位都过高,过剩的水流就会汇集到分布在城区的大型地下蓄水池。水退以后,积蓄的水会再排放到下水管道中。一旦整个系统过载,安全系统将立即发挥作用——45条直达塞纳河的排水管道在水流的作用下会自动开启安全门,让过剩的水流直接排往塞纳河。19世纪以前,巴黎市经常出现污水在街道上泛滥的情况。巴黎平均每年只有4次被迫向塞纳河直排污水。

2. 巴黎地下管网系统的主要特点

(1)巴黎地下管网系统是地下综合管廊概念的发源地

在以排水为主的廊道中,巴黎市创造性地在其中布置了一些供水管、煤气管和通信电缆、光缆等管线,进一步提高了管网的利用效能,并形成了早期的地下综合管廊。

地下综合管廊(图 1-4-3)也叫"地下城市管道综合走廊",即地下管廊。它是把设置在地上架空或地下敷设的各类公用管线集中容纳于一体,并预留检修空间的地下隧道,便于科学合理地做好地下管线的规划和铺设,集中共同管理。地下综合管廊内排水、消防、电气系统、监控设备、通风、照明等附属设施一应俱全,主要适用于交通流量大、地下管线多的重要路段,尤其是高速公路、主干道。

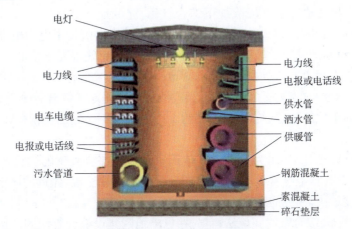

图 1-4-3　管线隧道示意图

目前,国外大城市已普遍采用地下综合管廊、地下污水处理场、地下电厂、地下河川以及其他地下工程,其总趋势是将有碍城市景观与城市环境的各种城市基础设施全部地下化。地下综合管廊是市政管线集约化建设的趋势,也是城市基础设施现代化建设的方向。传统的市政管线直埋方式,不但造成城市道路的反复开挖,而且对城市地下空间资源本身也是一种浪费。沿城市道路下构筑地下综合管廊,将各种管线集约化,采取地下综合管廊的方式敷设,不仅有利于各种管线的增减,还有利于各管线的检修维护管理,是一种较为科学合理的模式。并且,综合管廊已成为衡量城市基础设施现代化水平的标志之一。

(2)使用先进的机器人技术提高管道检修和建设的效率

地下管道的每个区域每年都要检查 2 次并记录在案。巴黎地下管道管理局使用先进的光缆铺设机器人和管道检测机器人提高管道检修和建设的效率。

(3)利用现代化的污水处理技术保护生态环境

污水收集后存放在封闭的池中,加细菌产生的气体收集可作燃料;离心处理后的污泥干燥后经过处理,最终得到成品化肥或建材添加剂应用于工业。

1.4.2　日本城市地下综合管廊技术发展现状

虽然日本很早就开始建造地下综合管廊(如关东大地震后,为复兴首都而兴建的八重州地下综合管廊),但真正大规模的兴建地下综合管廊,还是在 1963 年日本制订《共同管沟实施法》以后。自此,地下综合管廊就作为道路合法的附属物,在由公路管理者负担部分费用的基础上开始大量建造。

管廊内的设施仅限于通信、电力、煤气、上水管、工业用水、下水道 6 种。随着社会不断发展,管廊内容纳的管线种类已经突破 6 种,增加了供热管、废物输送管等设施。筑波科学城建立的一整套垃圾管道运送和焚烧处理系统,输送管道就布置在地下公用设施的地下综合管廊中。日本国土狭小,地下综合管廊的建造首先在人口密度大、交通状况严峻的特大城市展开。现在已经扩展到仙台、冈山、广岛、福冈等地方中心城市。截至 1982 年,日本拥有地下综合管廊共计 156.6 km,至 1992 年日本已经建造地下综合管廊 310 km。目前仍以每年 15 km 的速度增长。建造地下综合管廊的费用,一部分由预约使用者负担;另一部分由道路管理者负担。其中,预约使用者负担的投资额大约占全部工程费用的 60%～70%。

1926 年,日本相继建造了九段阪地下综合管廊、淀町地下综合管廊、八重州地下综合管廊。九段阪地下综合管廊长 270 m,宽约 3 m,高约 2 m,沟内敷设了电力电缆、电信、给水、污水等管线,全盘引进欧洲的建设经验与技术标准,全部采用钢筋混凝土箱形结构形式。淀町地下综合管廊修建在人行道下,宽约 1 m,高 0.6 m;电信电缆沟宽约 0.4 m,高约 0.3 m,覆土较浅(0.5～1.5 m)。修建目的是为了消除地面架空线。八重州地下综合管廊是为了探索煤气管道的敷设新模式而单独修建,宽约 1.3 m,高约 1 m。1959 年又分别在新宿和尼崎建造了地下综合管廊。

"共同沟"一词源自日本,因为日本对其他国家和地区综合管廊的建设产生的影响较大。在综合管廊建设方面,日本有着雄厚的资金支持,完善的法律法规,先进的城市发展建设理念,所以它的发展速度最快,建成的综合管廊里程最长。

1963 年 4 月颁布《综合管沟实施法》首先在尼崎地区建设综合管廊 889 m,同时在全国各大城市拟定五年期的综合管廊连续建设计划。

1963 年,日本颁布《关于共同沟建设的特别措施法》(简称《共同管沟实施法》)。1963 年 10 月 4 日同时颁布《共同沟实施令》和《共同沟法实施细则》,并在 1991 年成立专门的地下综合管廊管理部门,负责推动地下综合管廊的建设工作。日本现已成为地下综合管廊建设最先进的国家,如图 1-4-4～图 1-4-7 所示。

日本城市综合管廊建设总体发展目标是:21 世纪初,在县政府所在地和地方中心城市等 80 个城市干线道路下建设约 1 100 km 的地下综合管廊。在人口最为密集的城市东京,提出利用深层地下空间资源(地下 50 m,示意图 1-4-8),建设规模更大的干线综合管廊网络体系设想,反映出日本乃至全世界城市综合管廊建设的趋势和今后的发展方向。

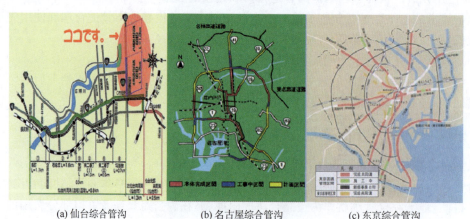

(a) 仙台综合管沟　　　　(b) 名古屋综合管沟　　　　(c) 东京综合管沟

图 1-4-4　日本综合管廊的建设情况

(a) 仙台综合管廊　　　　　　　　　　　(b) 名古屋综合管廊

图 1-4-5　日本地下综合管廊 1

图 1-4-6　日本地下综合管廊 2

图 1-4-7　日本排水系统

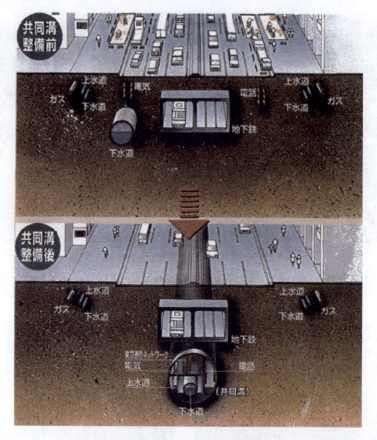

图 1-4-8 深层地下空间综合管廊示意

1.4.3 其他国家地下综合管廊的发展情况

1. 英国伦敦地下管网

1861年,英国首都伦敦在兴建格里歌大街时就建造了宽为 3.66 m,高为 2.29 m 的半圆形地下综合管廊(图 1-4-9),其中收容的管线包括煤气管、自来水管、污水管、连接用户的供给管线以及其他电力、电信等。迄今,伦敦市区已有 22 条综合管廊。

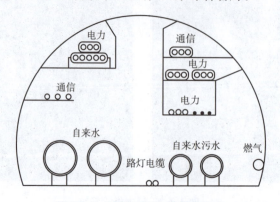

图 1-4-9 伦敦地下市政综合管廊

2. 德国地下管网

1893年，德国为了配合汉堡地区的道路建设，与单侧人行道下的建筑相接，在人行道下建造了长约455 m的给水管地下综合管廊。随后又建造了布佩鲁达尔地下综合管廊，总长约300 m，断面净宽为3.4 m，高度为1.8~2.3 m，其中有煤气和上水管道。

德国每个城市都以立法的方式对地下管道建设问题进行了明文规定：在城市主干道一次性挖掘共用市政综合管廊，包括电力电缆、通信电缆、给水和燃气管道等，并设专门入口，供维修人员出入；所有工程的规划方案，必须包括有线电视、水、电力、煤气和电话等拟建管道情况，且必须与周边既有综合管廊一致。

3. 前苏联地下管网

1933年，原苏联在莫斯科、列宁格勒、基辅等地新建或改建街道时建设地下综合管廊，而且研制了预制构件现场拼装的装配式地下综合管廊。

4. 瑞典地下管网

瑞典斯德哥尔摩市有地下综合管廊30 km，建在岩石中，直径8 m，战时可作为民防工程。在巴塞罗那、赫尔辛基、伦敦、里昂、马德里、奥斯陆、巴黎以及瓦伦西亚等许多城市都研究并规划了各自的地下综合管廊网络。巴塞罗那的地下综合管廊网以环状布置为特色，马德里则规划了总长100 km的筛形网络。北欧利用地下空间的特点，充分发挥基岩坚硬、稳定的优势。如同所建的核防空洞那样，既可用于防御又保护了环境。由于基岩坚固，开挖时很少使用辅助措施。由于机械化程度不断提高，在许多情况下，城市基础设施建在地下比建在地上还要便宜。

5. 北美地下管网

北美的美国和加拿大，虽然国土辽阔，但因城市高度集中，城市公共空间用地矛盾仍十分尖锐。在20世纪逐步形成了较完善的地下综合管廊系统。美国纽约市的大型供水系统，完全布置在地下岩层的地下综合管廊中。美国自1960年即开始综合管廊研究，1970年，美国在White Plains市中心，建设综合管廊但均不成系统网络。

1.5 国内外管道盾构发展现状

随着现代化城市建设的发展，采用管道盾构铺设或更换各种地下管线的施工方法与传统的明挖法相比，社会效益明显，可大幅度减少对环境及交通影响等特点，已得到国内多个大中城市及施工单位的高度重视。

按照盾构机直径大小，可分为大、中、小型盾构。大致的分类见表1-5-1。

这样分类，是考虑中型盾构主要用于城市地铁区间隧道，大型盾构主要用于地铁车站和地下通道，而小型盾构主要用于各类市政管道工程。

表1-5-1 盾构机分类

直径 D(m)	$D \leqslant 3.5$	$3.5 < D \leqslant 9$	$D > 9$
型号	小型	中型	大型

为统一名称，将城市地下综合管廊、共同沟、排水洞，不论其断面形状统称为综合管廊，而用以建设综合管廊的盾构称为管道盾构，以区别于中、大型盾构机。

虽然综合管廊的施工方法很多，可由于城市规划建设的原因，在老城改造中，在日益拥挤的交通条件下，采用管道盾构法是一种必要的、可能的选择。

1.5.1 管道盾构及其特点

1. 管道盾构技术简介

管道盾构技术是指掘进机头前方切削土体,待机头掘进一定距离后,在机头后方安装管片,然后再切削顶进、安装管片,如此循环重复。其特点是开挖面易于稳定,挖掘灵活,可超长距离施工,也可任意曲线半径施工,且管道安装后不移动。但施工速度较慢,主要用于长距离的隧道或管线施工,可穿越河流、建筑、铁路等。该设备能平衡地下水压力和土压力,在一定深度下能控制地表隆起和沉降,具有激光定向测量功能,掘进速度最高可达80 mm/min。其示意图如图1-5-1和图1-5-2所示。管道盾构法与顶管技术在结构上有很多相似之处。

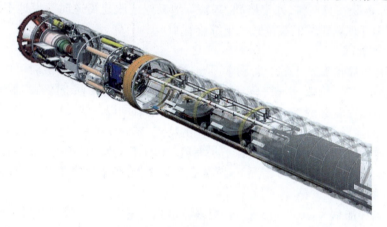

图1-5-1 管道盾构结构示意图

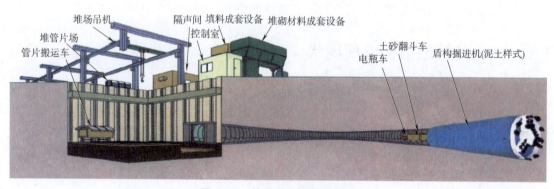

图1-5-2 管道盾构施工示意图

顶管施工技术是指掘进机头前方刀盘切削土体,后方千斤顶顶进管道,掘进机刀盘的转动与液压千斤顶的推进同步进行,顶进一定距离后,千斤顶回缩,再在工作井内装入新的管道后顶进,如此循环重复,直到掘进头和管道到达接收井。示意图如图1-5-3所示。

顶管施工技术的主要特点是顶进速度快,工作井操作人员不需进入施工点,且管道随千斤顶的顶进而移动。主要用于管径300～4 000 mm的地下管线施工,最小的施工管径为200 mm。该设备能平衡地下水压力和土压力,能控制地表的隆起和沉降,具有激光定向功能,顶进速度200～300 mm/min,但顶进距离过长时(超过500 m以上)则要在管道内加装液压中继站。

图 1-5-3　顶管法工作示意图

盾构法与顶管法的区别在于,盾构法驱动的千斤顶顶在拼装好的管段上,只要克服机重和后续设备重量即可顶进。盾构法基本不因隧道长度的增加而增大阻力,从而可以使隧道长度不受限制,不需要中继站。盾构设备由土体开挖运输系统、开挖面稳定系统、管片拼装系统和注浆系统组成。

2. 管道盾构的适用范围

管道盾构施工技术可进行长距离地下管线施工,且挖掘灵活,可以任意曲率半径掘进,不需要中继站。在城市地下管线的非开挖施工中,一般认为直径大于 3 m 的隧道用盾构法施工比较经济,3 m 以下的微型隧道用顶管法施工比较合适。但是在小直径、长距离、曲线掘进过程中,顶管施工往往会出现许多问题或者限制条件,如后主顶顶力过大,需要严格的注浆减摩措施;曲率半径受到严格限制,不能过小;进出洞技术难度大等。故此,直径在 0.9～3 m 的小直径施工中,采用微型盾构施工已逐渐风行起来,特别是在日本。

另外,微型盾构的直径不宜小于 1 800 mm,若直径过小,各部件挤在壳体内腔中,会造成砌块运入、拼装、通风及作业人员难以站立等困难,小于此直径时,应采用顶管法。加上设备的造价高(是顶管设备的三倍)、占地大,除了要穿越长距离的河流和长度超过 1 000 m 的市区或街道外,一般在城市内很少采用这种施工技术。

管道盾构在地下的埋深,可以小到 2～3 m,也可以大到 30～40 m,视具体情况而定。

3. 管道隧道掘进机的优点

目前大多数城市的地下综合管廊施工均采用劳动密集型的明挖工法。而相比明挖工法的破坏性施工,采用微型隧道掘进机(Micro-TBM)技术施工的暗挖工法具有无可比拟的优点:

(1)由于硬件设备的精密性和防护性,其可以全面的保证施工的质量和施工的安全,劳动保护;同时,减小了对地面的破坏,对施工现场周边的影响较小,减小交通分流造成的能源消耗增加和工作时间的浪费。

(2)因掘进机开凿的隧道表面光滑、断面平整,无超挖、欠挖现象,而且施工中对围岩扰动小,因此可以最大限度地减少衬砌量和混凝土用量,在支护和衬砌两方面得益甚多,整个隧道的综合造价远比钻爆法低。

(3) Micro-TBM 既可以在软弱富水土层中掘进(上海),也可在一般土层中使用(北京),还能在风化岩层中施工(广州)。从使用效果看,Micro-TBM 在我国各城市均能使用。

(4) Micro-TBM 具有自动化程度高、压力反应灵敏,盾构掘进对周围地层影响小等优点。穿越厂房、防汛墙、地下人行道、高层建筑时十分安全,沉降量小于 2 cm。Micro-TBM 的掘进速度一般为 6 m/d,与传统方法相比有明显的提高。可见,Micro-TBM 在地表沉降量控制和施工速度上完全可以满足各方面的要求。

因此,该方法的显著特点是可以在市中心地带或对环境要求极为严格的城市地区进行地下工程的施工。

1.5.2 国内外市政管道盾构法施工现状

1. 国外市政管道盾构法施工现状

日本有川崎重工、日本钢管、日立造船、三井造船、日立建机、三菱重工、小松等多家工业企业集团,因其国内、国外地下施工的需要,根据不同的地质条件和工程要求,竞相设计制造各种结构形式的盾构。其中,川崎重工在建造大型盾构上处于技术领先地位,而日本钢管(NKK)却在建造微型盾构的技术上,占优势地位。

NKK 在微型盾构设计中,刀盘驱动大多数采用液压马达(所统计的 178 台中有 147 台,占 83%),只有 21 台用电动机驱动,另有 10 台则为无刀盘式盾构。因为微型盾构尺寸小,空间小,应尽量采用尺寸小的液压马达,可无级调速,又可与推进液压缸共用液压源。通常情况下,微型盾构的推进力,由 8~12 台每台推进力为 600~800 kN 的液压缸推进,特殊情况再作调整。刀盘力矩的变化幅度也很大,取决于穿过的土层。

德国海瑞克:全世界有超过 600 台海瑞克公用事业隧道设备(直径小于 4.20 m)用于铺设现代化的给排水管道以及改善现有的设施。海瑞克能帮助客户成功地完成工程,很大程度上在于海瑞克机器设备的广泛适用性,例如,其如何适应通常的地质条件(渗透性和粒径分布)。海瑞克盾构分类如图 1-5-4 所示。

公用事业隧道。从 0.10~4.20 m。

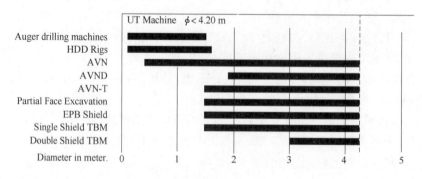

图 1-5-4 海瑞克盾构分类图

例如,泰国曼谷供水管道工程(长 3 300 m)。管片衬砌的供水管道掘进做到既不妨碍交通,又不污染环境。为了不造成地面沉降,盾构要尽可能安全地穿过一条街道、一段铁轨和一条运河。在以 90°倾角向前掘进的过程中,需要避让 20 根混凝土柱。隧道管片是专门为这个工程设计,即掘进机大小要与隧道直径相符。客户决定使用海瑞克 3776AH 型土压平衡式管道隧道掘进机,如图 1-5-5 所示,开挖直径是 4.31 m,要求精度为偏差不超过 40 mm。1.5 bar 的最小隧道掌子面压力和适应土质情况协调工作的泡沫机都保证了掘进速度。18 m 深的地下,掘进路线中有 10 个小角度转弯曲线。然而,整个掘进过程中挖掘刀具的磨损相对较小,只有滚刀需要更换。隧道内装有运输管片衬砌和混凝土的轨道系统,可以实时配合隧道掘进,在轨道车去程时,开挖过的渣土也可以用此轨道系统运出。

目标与挑战		解决方案	
隧道掘进项目		机器数据	
项目应用	供水	机器类型	EPB-SCHILD
地质情况	黏土、淤泥、砂和地下水	方式	管片衬砌
长度	3 300 m	刀盘驱动功率	400 kW
直径	4 310 mm	扭矩	1 375 kN·m

图 1-5-5 海瑞克 3776AH 型土压平衡式盾构

美国罗宾斯公司拥有超过 50 多年的革新和经验,是当今世界上领先隧道掘进设备技术的开发者和制造商。主要为用户提供隧道掘进机、小型掘进设备、输送机、螺旋掘进机、刀具等产品。在市政管道工程,也有不少施工案例,例如萨克拉门托污水管道工程,类型为土压平衡盾构,直径 4.25 m,掘进长度 5.7 km。该盾构机如图 1-5-6 所示。

图 1-5-6 萨克拉门托污水管道工程用盾构机

2. 国内市政管道盾构法施工现状

20世纪70年代以来,我国一些城市用各类型的盾构修建不同用途的隧道。并开始把盾构推广到市政公用工程施工中,上海修建的直径3~4.5 m的部分盾构隧道工程概况见表1-5-2。

近年来,由北京市政集团分别采用日本制造的 $\phi 3.33$ m 和 $\phi 3.63$ m 加泥式土压平衡盾构,在北京地区施工了多条排水隧道,主要有亮马河、坝河、清河、凉水河等污水隧道。另外,北京市政集团还自行研制了 $\phi 3.63$ m 加泥式土压平衡盾构(京盾一号),并在清河污水隧道进行试验段施工。

表 1-5-2 上海管道工程施工概况

序号	时间	地点	工程名称	用途	开挖直径(m)	开挖长度(m)	机型	台数
1	1982年	上海	芙蓉江路隧道	电缆	$\phi 4.33$	1 565	土压平衡	1
2	1985年	上海	鲁班路隧道	电缆	$\phi 4.35$	530	土压平衡	1
3	1988年	上海	南站过江	电缆	$\phi 4.36$	535	土压平衡	1
4	1989年	上海	金山第二热电厂	进排水	$\phi 4.33$	935 270	土压平衡	2
5	1991年	上海	福州路隧道	电缆	$\phi 4.35$	502	土压平衡	1
6	1992年	上海	合流3.3标	排污水	$\phi 3.8$	1130	土压平衡	1
7	1992年	上海	合流3.3标	排污水	$\phi 4.35$	700	土压平衡	1
8	1994年	上海	海滨地区	排雨水	$\phi 3.8$	533	土压平衡	1
9	1994年	上海	南京路—北京路	市政	$\phi 4.2$	655	土压平衡	1
10	1994年	上海	北京路—苏州路	市政	$\phi 4.2$	632	土压平衡	1
11	1994年	上海	威海路—南京路	市政	$\phi 3.8$	363	土压平衡	2

京盾一号盾构机是我国第一台自行设计制造,适应在砂卵石地层掘进施工的土压平衡盾构机。经过北京清河污水截流工程的试推进,经受恶劣地层的考验,达到设计要求,为自行设计、制造用于含水砂卵地层的土压平衡盾构机提供了极有价值的数据和实践经验,为大型施工技术装备的国产化做了非常有意义的尝试。京盾一号外观如图1-5-7所示。

以上几条盾构隧道施工的详细情况见表1-5-3。

图 1-5-7 京盾一号外观图

表 1-5-3 北京市政集团采用管道盾构技术施工的隧道概况

工程项目	亮马河污水隧道	坝河污水隧道	清河污水隧道(下段)	清河污水隧道(五环路段)	凉水河污水隧道	清河污水隧道(试验段)
隧道长度、直径(m)	1 675,$\phi 2.7$	3 863,其中: $\phi 2.7$,2 480; $\phi 3.0$,1 383	1 429,$\phi 3.0$	298,$\phi 2.8$	5 015,其中: $\phi 2.7$,1 581; $\phi 3.0$,3 434	170,$\phi 3.0$
施工时间	1999年6月~ 2000年8月	2000年5月~ 2001年12月	2001年2月~ 2002年1月	2001年7月~ 2000年12月	2001年10月~ 2002年12月	2001年5月

续上表

工程项目	亮马河污水隧道	坝河污水隧道	清河污水隧道(下段)	清河污水隧道(五环路段)	凉水河污水隧道	清河污水隧道(试验段)
盾构形式	加泥式土压平衡盾构	加泥式土压平衡盾构	加泥式土压平衡盾构	加泥式土压平衡盾构	加泥式土压平衡盾构	加泥式土压平衡盾构
管片结构 厚度(mm)	250	250	250	250	250	250
管片结构 环宽(mm)	1 000	1 000	1 000	1 000	1 000	1 000

北方重工沈重集团生产了应用于国家863实验项目的第一台管道盾构机。该机直径只有3.24 m,长近10 m,可针对不同工程地质和水文地质条件进行多功能全断面掘进,特别适合于市政管道工程施工,外观如图1-5-8所示。

2004年底,广东地区第一条穿越珠江综合管线隧道工程——广州大学城盾构过江隧道贯通。它是广州大学城建设的重要配套工程,主要解决广州大学城的供热供冷等问题。主体工程包括珠江南、北两岸的竖井和529 m长的江底隧道。

图1-5-8 φ3.24 m管道盾构外观图

广州市LNG天然气外围高压管线的关键工程——珠江盾构隧道总长2 013 m,内径3.08 m,2006年5月份贯通。

南京云锦路电缆管廊隧道盾构工程,盾构隧道全长849 m,2008年8月开工,2009年1月贯通。

南京220 kV九龙湖—南京南站电缆隧道全长7.3 km,直径3 m,盾构长度1.1 km。2012年3月开工,2013年12月3日投运,在南京地区首次实现了2座变电站之间的隧道贯通,如图1-5-9所示。

图1-5-9 南京九龙湖—南京南站电缆隧道

1.5.3 管道盾构组成

以亮马河北路污水盾构工程用的φ3.33 m加泥式土压平衡盾构为例,介绍市政用盾构机的结构组成。

1. 主要组成部位

盾构掘进机机头如图 1-5-10 所示。

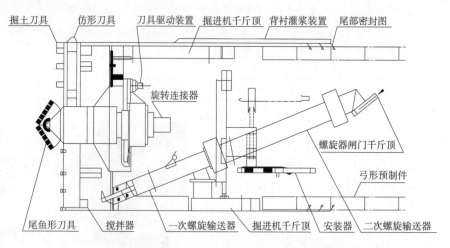

图 1-5-10　φ3.33 m 的加泥式土压平衡盾构结构图

主要组成系统：刀盘切削系统、推进系统、加泥与注浆系统、螺旋输送机系统、砌块拼装系统、盾构密封系统、皮带运输系统、数据采集与监控系统、后续台车系统、砌块吊运系统等。

2. 主要系统的功能

(1) 盾壳

由切口环、支承环与盾尾三个部分组成，其作用是保护人员和设备在地下正常掘进，主要承受土体压力和掘进过程中千斤顶的推进力。

(2) 切削刀盘系统

刀盘采用中心支承方式，液压马达驱动，由盘体、切削刀、仿形刀、搅拌叶片传动箱、集中润滑系统组成。掘进时，十字辐条式刀盘直接与开挖面接触并旋转切削土体，搅拌叶片同时将切削下来的土体在密封仓内与塑流化添加剂充分搅拌，以改善泥土性能，便于实现土压平衡。

仿形刀主要为转弯或纠偏布设，其作用是创造转弯空间和减少转弯阻力。

(3) 推进系统

推进千斤顶共有 12 个。考虑到小封顶轴向插入，而且砌块能够实现错缝拼装，设 4 只行程为 1 800 mm 的千斤顶和 8 只行程为 1 150 mm 的千斤顶。千斤顶推进时，可进行编组和分区控制。

(4) 砌块拼装系统

用于隧道砌块拼装，该设备可实现绕轴向回转、径向提升和轴向移动，由回转盘体、悬臂梁、提升横梁、举重钳以及千斤顶等组成。

(5) 螺旋输送机

螺旋输送机采用液压驱动，可根据密封仓内土压力伺服控制，是控制密封仓内保持一定压力与开挖面土压力及水压平衡的关键。螺旋输送机还设有断电紧急关闭出口装置，以保证隧道的施工安全。

(6) 注浆系统

注浆分为衬背同步注浆与砌块两次（或多次）注浆两种。其中衬背同步注浆效果直接影响地面沉降。衬背同步注浆系统可根据地层与地面构筑物状况，进行双液或单液注浆。注浆压力和注浆量均可自由设定和调节。此外,还配有一套注浆管路清洗系统,从而保证衬背注浆系统正常使用。

(7)盾构密封系统

结构形式为三排二室钢丝刷。采用电动油脂泵注入油脂,每推进一环注入一次,可保证盾尾在1MPa压力下不渗漏。

(8)数据采集与监控系统

采用PLC系统,可对挖掘数据进行采集、运算,逻辑控制,故障报警,实时画面显示与数据输出等。

(9)台车系统

台车采用门型双轨双轮行走单侧装载形式,共9台。

1.5.4 管道盾构关键性技术

1. 盾构选型

盾构按开挖面稳定方式和土体挖掘方法,可分为开放式、封闭式和半开放式三大类。一项盾构隧道工程成败的关键与盾构选型合理与否关系密切。盾构选型的一般方法:

(1)盾构选型应在正确把握地层特征和了解拟采用工作面稳定方法的基础上进行。当天然地层具有充分自立性或采用辅助工法(气压法、降水法、注浆加固),对天然地层进行改良的情况下,可考虑使用开放型盾构。一般在不使用辅助工法的条件下,应考虑使用封闭式盾构。封闭式盾构对土质的适应性见表1-5-4。

表1-5-4 封闭式盾构对土质的适应性

土质 地质分类	土质	盾构 标准贯入试验锤击数 N 值	土压式 适合性	加泥式 适合性	泥水式 适合性
冲积黏性土	腐殖土	0	×	△	△
	淤泥、黏土	0~2	○	○	○
	砂质淤泥	0~5	○	○	○
	砂质黏土	5~10	○	○	○
洪积黏性土	亚黏土、黏土	10~25	△	○	○
	砂质亚黏土	15~25	△	○	○
	砂质黏土	25以上	△	○	○
软岩	风化页岩、泥岩	50以上	△	△	△
砂质土	淤泥黏土混合砂	10~15	○	○	○
	松散砂	10~30	△	○	○
	密实砂	30以上	△	○	○
砂质卵石	松散砂砾	10~40	△	○	○
	密实砂砾	40	△	○	○
	卵石混合砂砾	—	△	○	△
	巨砾卵石	—	△	△	△

注:×为原则上不适于该类土质条件;△为应用时就辅助工法、辅助结构研讨;○为原则上适用。

(2) 工程所处环境能允许的地层变形程度,也是盾构选型的依据。当地面建筑物密集时应优先考虑使用封闭式盾构。

(3) 选定盾构还应当考虑到隧道的线形和转弯半径。盾构本体的长度和直径之比及盾尾间隙的取值直接影响到盾构的转弯和纠偏能力。当转弯半径过小时,可考虑采用铰接式盾构。

(4) 盾构选型合理时,应合理确定盾构最大推力和装备扭矩。

(5) 盾构选型较好的方法是选取两种以上的盾构,进行技术、经济、安全等全面比较分析后确定。

(6) 由于泥水加压式盾构需在地面进行泥水处理,随着盾构掘进还要不断接长送泥管与排泥管,因此,除非条件特别适宜时采用外,一般不宜采用。应首选各种土压平衡式盾构。

2. 盾构直径的确定

设备直径一旦决定,开挖断面的尺寸不可改变,所以确定盾构直径很重要。

盾构几何尺寸的选定主要指盾构外径和盾构长度的选择,大型以上盾构尺寸的选定应与隧道断面形式、衬砌拼装方式相适应,绝大多数工程都是专用设备。大型及特型盾构可用于交通隧道、城市地铁隧道施工。管道盾构可用于城市合流污水管道、污水处理厂截流干道及城市综合管廊等。由于盾构施工在排水工程中同样具有优势,所以盾构直径成为重要的技术数据。

选择合理的盾构直径,要有明确的工程目标,涉及城市排水管网规划,例如污水处理厂污水截流干道直径及工程量大小,市内新区排水主干管线等。目前国家标准中规定的大型排水管为 D1 800 mm、D2 000 mm、D2 200 mm、D2 400 m、D2 600 mm、D2 800 mm 和 D3 000 mm 等。通过对施工现场调研认为,将盾构施工用在排水管道施工时其直径不能太小。因为盾构机头中各种管线及出土设备占去很大空间,另外的空间还要保证操作人员的安全工作环境,所以认为最小管径应为 D2 600 mm。

在确定了管道内径之后再考虑制造管片厚度及管片外径与盾尾内径应留空隙,再加上盾尾厚度,最终确定出盾构的合理外径。

3. 盾壳内部空间布置

由于微型盾构、小型盾构的直径较小,如果内部空间布局不当,各部件挤在壳体内腔中,会造成砌块运入、拼装、通风及作业人员难以站立等困难,从而影响施工。

例如,图 1-5-10 所示 ϕ3.33 m 的加泥式土压平衡盾构采用 2 次螺旋输送器排渣,从而将螺旋输送器布置在狭小的盾壳空间内,保证空间布局合理。

也有的盾构厂商在生产管道盾构时,盾壳内空间分成左右两部分,一边用来布置设备,一边用来走人。

4. 施工关键性技术

(1) 地层压力平衡技术。地层压力的平衡关系到地面沉降及施工的安全性。常规的压力平衡办法有:控制推进速度以控制机头切削的土压力;控制排渣口的大小以控制排渣速度和压力;控制螺旋排土速度或泥浆排渣速度以平衡地层压力。

(2) 密封技术。机头变向处的密封以及每段管节连线的各种管路、油路、线路的密封,直接影响铺管施工的成败。

(3) 控向技术。主要是高精度低散射激光发生器,灵活的变向机构。

(4) 曲线施工。随着城市建设的发展,管道铺设,对非开挖技术要求越来越高,尤其在旧城区,按城市街道铺设的管道必须考虑到曲率半径。盾构在地下推进时,虽可根据设计要求沿曲线穿行,但曲率半径不宜过小,以利于平缓的转向。但因城市地上建筑物林立,常迫使盾构沿曲率半径小于 100 m 的曲线行进,给盾构的推进带来困难。当曲率半径小于 100 m 时,宜采用前后盾铰接式盾构,用以提高其灵敏度,减少超挖。铰接摆角从 3°～8°不等。

1.5.5 管道盾构在我国的应用发展趋势

1. 管道盾构在我国发展较慢的主要原因

管道盾构在我国发展比较慢,主要原因:一是综合管廊建设规模小;二是大多数采用明挖方法,以节约投资;三是微型隧道掘进机的研制起步晚,我国 20 世纪 90 年代中期才开始研制。无论在成套设备,还是在工程经验方面,距国际水平尚有较大的差距。1998 年,全国共铺设管道 34 000 km,其中用非明挖技术铺设的约 75 km,不到总量的 0.2%。在管道修复方面,除对北京等少数城市的煤气管道用过少量非明挖技术外,几乎为零。

2. 未来管道盾构必将快速发展

随着对城市交通管理和环境保护的重视,国际上许多城市已不允许明挖施工,这项规定距离我国已为期不远。因此积极发展非明挖技术是我国管道盾构隧道施工发展的必然阶段。而作为非明挖技术的主流技术方法,管道盾构法在我国必然进入一个快速发展的时期。近期中国每年有 3.4 万 km 的管道需要开挖。同时有资料估计,到 2020 年中国各主要城市将建成城市地下综合管廊 800 km 左右。可见,面对 21 世纪中国城市地下空间开发利用的广阔市场和非开挖技术的提高,结合我国实际大力发展,管道盾构法对国家的建设有着巨大的推动作用,也能提高我国的国际地位,因为从总体上看,掘进机技术既体现了计算机、新材料、自动化、信息化、系统科学、管理科学、非线性科学等高新技术的综合和密集,也反映一个国家的综合国力和科技水平。

3. 发展管道盾构法需要着重解决的问题

(1)尽快建立我国的掘进机产业体系,在自主开发的基础上,适当引进国外的先进技术或设备,也可以考虑合作开发。

(2)在硬件发展的基础上,加大对于城市地下综合管廊施工技术的研究,积极借鉴其他国外城市建设地下综合管廊的经验,与国际技术接轨,不断促进非明挖技术的进一步发展,完善国内的技术体系。

(3)在国内大中城市进行城市地下综合管廊的试点建设,并积极推广管道盾构法,在此基础上不断积累经验,结合实际情况,编制出掘进机技术法规,使规划、设计、施工单位有章可循。

(4)健全人才培养机制,在工程实践中积极培养出大批专业人才,并和国外相关大学和机构合作,在国内高等院校开设有关专业课程,为进一步发展奠定强有力的基础。

第2章 综合管廊建设解决方案

2.1 目前城市地下管线存在的主要问题

我国城市数量已从新中国成立前的132个增加到2008年的655个,城市化水平由7.3%提高到45.68%。在城市高速发展的同时,原有的各种市政管线或容量不够或没有做好预留,总之,已经不能满足使用要求,在完善或扩建的过程中,难免对以前的各种管线进行改造或增容。我国的市政管线大都采取直埋的方式,且多数埋在道路下面,这就不得不将马路"开膛破肚"后再进行施工。因此带来的就是"马路拉链"现象的产生,不仅在经济上会产生巨大浪费(据有关方面调查显示,每挖1 m城市道路的直接成本为1.4万元),而且还会造成道路交通的堵塞,居民出行的不便,城市市容环境、空气环境的破坏等问题的出现。

地下管线是城市基础设施的重要组成部分,地下管线大致分为:给排水管;雨水与污水管;煤气管道;石油与化工管道;照明电缆与有线电视电缆;工业与其他专用性动力电缆;通信电缆与光缆等。这些地下管线就如人体的"神经"和"血管",日夜担负着水、电、信息和能量的供配与传输。有人把这些地下管线誉为城市的"生命线",是城市赖以生存和发展的物质基础。但我国的城市地下管线存在的问题也是尤为突出的,其主要表现为以下几个方面。

2.1.1 城市地下管线存在的建设管理问题

1. 地下管线状况不详

这种现象十分普遍,全国除少数几个城区进行过地下管线的普查和建档工作外,绝大多数城市的地下管线的分布与状况还不清楚。与这些城市的快速发展形成强烈的反差,并形成了限制城市高速发展的瓶颈。由于地下管线的种类繁多,各管线中由各单位各自经营,各司其政,自行报批,自行施工,自行维护。此外,由于目前地下空间资源的使用是无偿的,各管线单位盲目抢占地盘,造成地下管线位置、走向、高程无序,十分混乱,导致建设时重复开挖经常发生。

2. 管线种类多

城市地下管线按大类,可分为民用、军用和工业类。民用类管线包括电力、通信、煤气、天然气、供暖、上下水和雨水(统称"两污分流"),以及小型的输油管道等近20种。目前城市当中的市政管线和能源、工业类管线的铺设方式很不一样。后者一般属于重大工程项目,需要有醒目的标识,特别是"易燃、易爆"的标识。

3. 涉及单位多

涉及的铺设单位多达几十家,条块分割,各自为政。

4. 管道老化严重

城市的地下管道,由不同时期埋下的,历史最悠久的可以追溯到晚清时期,如南京最老的供水管道就是在这个时期埋下的,而天津最早的地下管道也可以追溯到200年前。

5. 事故频发

各城市每天都有多起爆管事故,如南京市平均每天发生爆管事故 30 多起,北京市大型水管崩裂事故每 4 天一起。燃气管道、污水管道、地下管道事故层出不穷,而 80%～90% 的管道事故是由于外力破坏所致,也就是说很多时候都是因为施工引发了事故。

6. 经济损失大

典型的一种"不愿主动花钱投入硬件,而只能被动花钱处理事故"行为方式。据估算,国内城市每年因施工造成的地下管线事故,造成的直接经济损失约 50 亿元,间接经济损失约 400 亿元。

由于地下管线分布与状况不明,因而在城建施工中地下管线遭到破坏的现象频繁发生,造成停电、停水、停气、通信中断,甚至火灾和爆炸事故时有发生,据前几年的统计,我国每年发生管线破坏事故上万起,造成的经济损失以亿元计,而且造成许多人员伤亡。

7. 管线密度大

中国城市中每平方千米的管线长度约为 25 km,而在重庆市,最高有 30 km。

8. 反复开挖,缺乏统一管理

路面被反反复复地挖开,今天埋自来水管,明天埋天然气管道,后天埋通信管线…,如此这般,地下空间越来越拥挤,越来越混乱,数十家施工单位各挖各的,各埋各的,缺乏统一管理与协调。

2.1.2 城市排水存在的主要问题

(1)在排水设施的规划方面缺乏充分的调研和科学研究,大部分城市对于整个城市的长远规划考虑不足,同时对城市现有的排水设施及其现状了解不够,因此在城市未来排水设施的规划上缺乏预见性,使得城市的排水设施不能同城市的长远规划相匹配。由于城市的排水设施和管线大部分深埋地下,使得这些设施具有相当的隐蔽性,一旦排水设施建成,当需要对其进行改造的时候需要投入相当大的财力、物力和人力。同时由于设施的改造,造成了对路面和一些路面配套设施的破坏,又浪费了大量的资金。而且,在进行改造的时候,对日后城市排水设施规模的发展论证不充分,经常会造成二次改造,进而产生二次破坏和浪费。

(2)排水设施的配套组件不齐全,局部区域的排水系统不完善。在很多城市的部分道路,由于降水而经常产生污水不能及时排放的情况,使得污水就近排入雨水管道或城市水系,造成了城市水体污染。既使有的地区实行了雨污水分流的方法,但是由于需要配套的设施没有跟上,使得雨污水在不同程度上出现混流的现象,现有的分流管道变成污水的合流管道,从而使污水进入城市的生活用水体系,对居民的生活用水造成污染;在某些城市的老城区地段没有相应的污水排泄管网或者污水管网分布不均匀,都会造成部分地区的污水淤积,给老城区居民的生活和出行带来很大的不便。

(3)部分地区设施老化严重,不能承载现有的排水需要。我国一部分城市的排水系统建成的时间较长,由于城市的发展过快,现有的城市排水设施已不能满足居民日常生活和企业日常生产的要求,特别是需要快速集中排水的情况以及暴雨天气情况下的排水,都会出现关于排水的问题,这些情况凸显了现有的设施已经不能满足当今条件下的排水要求。同时由于管线等设备的老化,一些设施经常会出现损坏等情况,这些情况不及时维修会给城市居民的生活以及工农业生产造成很大的不便,而维修这些老设备的成本往往比维修新设备的成本高出许多。

(4)财政资金支持不足。虽然我国已经在 2000 年首次出现了排水建设投入高于给水建设投入的情况,但是我国的人口较多,地质环境和气候环境较为复杂。在排水设施建设的时候需要充分考虑到当地的各种客观环境,但是克服这些客观因素需要相当大的成本,这就使得现有的财政资金支持不足以应付客观环境的要求,造成排水工程建设上的阻碍,从而影响排水系统的设计规划和建设。

2007~2009 年,深圳市原特区内地下管线抢修次数最多的是给水管线,其次是燃气管线(燃气管线事故大部分是其他工程施工对其破坏造成,自身发生事故很少),故障抢修次数最少的是排水管线,地下管道抢修次数统计如图 2-1-1 所示。由此可见,相比排水管线来说,将给水管线与燃气管线纳入地下综合管廊,将能产生较大的社会与环境效益。

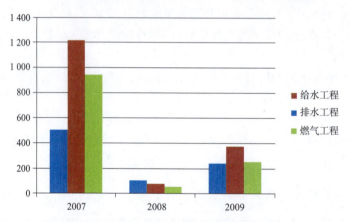

图 2-1-1　2007~2009 年深圳市原特区内地下管道抢修次数统计表

2.1.3　地下管线存在的技术问题

1. 设计不合理

(1)多种管线混合设置

由于设计人员规范意识淡薄或技术水平不高,并缺乏必要的安全知识,片面追求设计简单、施工方便、节约资金,将多种管线混合设置,导致质量事故和安全事故时有发生。如:煤气管与给水管、排水管、热力管、易燃及可燃液体管、电力、通信电缆敷设在同一地沟或沟槽中,或者与乙炔管、氧气管和压缩空气管设置在一起等。

(2)地下管线与建(构)筑物之间的间隔小于规定的最小水平净距

地下管线与建筑物基础外沿、铁路(钢轨外侧)、道路、管架基础外沿、照明电线杆柱、电力(220 V、380 V)电线杆柱、围墙基础外沿、排水沟外缘之间的间隔应满足规范规定的最小水平净距要求。不同的管线与不同的建(构)筑物之间的间隔要求不同,同一管线技术参数不同,要求也不一样。如管径 75 mm 的给水管与建(构)筑物基础外沿应相距 2.0 m(数值为最小水平净距,余同),与道路应相距 0.8 m,与铁路(钢轨外侧)应相距 2.5 m;管径大于 400 mm 的给水管与建(构)筑基础外沿应相距 3.0 m,与道路应相距 1.0 m,与铁路(钢轨外侧)应相距 3.0 m等。在现有管线设计中,地下管线与各种建(构)筑物之间的间隔通常不能满足最小水平净距的要求,常有将煤气管道、电信电缆固定在建筑物上,或在煤气管道支架上敷设电缆等不合理现象。

(3) 地下管线之间的最小水平间隔和最小垂直净距不满足要求

除同一类管线外,不同地下管线之间应相距一定的间隔,并且管线的技术参数不同,相互之间的最小水平距离要求也不一样。如管径为 75 mm 以下的给水管与 800 mm 以下的排水管应相距 0.6 m,与 1500 mm 以上的排水管应相距 1.0 m,与压力 $P \leqslant 0.005$ MPa 的煤气管道应相距 0.7 m,与压力 0.3 MPa$\leqslant P \leqslant 0.8$ MPa 的煤气管道相距 1.2 m;而管径大于 400 mm 的给水管与 800 mm 以下的排水管相距 1.0 m,与 1500 mm 以上的排水管相距 1.5 m,与 $P \leqslant 0.005$ MPa 的煤气管道相距 1.0 m,与 0.3 MPa$\leqslant P \leqslant 0.8$ MPa 的煤气管道相距 2.0 m。不同种类的管线除水平方向应相距一定的间隔外,垂直方向同样应满足其最小垂直净距的要求。如给水管与排水管、煤气管、氧气管、电缆沟、电缆管道等管线之间相距 0.15 m,与热力管(沟)、压缩空气管间相距 0.10 m,与乙炔管相距 0.25 m,与电力电缆、直埋电缆间相距 0.5 m。在城市现有地下管线埋设中,各种管线间的最小水平间距和最小垂直净距一般不能满足规范要求,管线间相距太近或相互堆叠现象严重,以致在维修或改造其中一种管线时,破坏另一种或多种管线的现象时有发生,维修马拉松式作业持续不断,城市道路或周边通常是挖了填、填了挖,严重影响人们正常的生产和生活秩序。

2. 施工不规范

由于施工人员不熟悉施工规范或不重视管线施工工作。一方面,在施工前未收集原有的各种管线专业图,对原有管线的敷设方式、走向、附属设施、材料和管径等情况未进行现场核对、分析,盲目施工。另一方面,施工人员不严格按设计图纸施工,偷工减料、蒙混过关现象严重,致使施工质量低劣,质量事故和施工安全事故时有发生。

2.1.4 制约城市地下综合管廊发展的因素

目前,很多城市地下管线设置方式构成了城市发展的祸患。由于城市各类地下管线的经费来源和所属单位不同,没有统一管理体制,埋设时间不同,因而很多城市地下管线的管径、管材、走向、埋深等十分混乱和错综复杂,形成牵一动十的不良现象。如济南市发生的电缆爆炸的特大事故,爆炸长度达 2.2 km,造成了 13 人死亡,48 人受伤的惨剧,就是因煤气管道和电力电缆过于靠近铺设,煤气泄漏到电缆沟内,最后遇火引起爆炸。又如东北某市曾发生煤气管道爆炸,使建筑在煤气管道上的一栋居民楼遭到严重破坏,并造成 8 人死亡,多人受伤的惨剧。

我国城市地下管线状况落后而且十分混乱,与我国现代化建设和经济快速发展极不适应。导致这种状态的原因很多,也很复杂,制约地下综合管廊发展的因素主要有:

(1) 没有相应的法律法规,限制了地下综合管廊在我国的快速发展

就目前情况看,日本和我国的台湾省制定了比较完备的地下综合管廊法规,而在我国大陆地区,在地下综合管廊的设计、施工、管理、运营等各方面都还没有相应的法律法规作为规范和指导,这使得在地下综合管廊的规划建设和管理运营中的很多矛盾得不到解决,造成地下综合管廊在我国的建设显得比较零乱、随意和迟缓,限制了地下综合管廊在我国大陆地区的广泛发展和应用。

我国最早的涉及地下综合管廊的法规是仅作为世博园这一特定地点执行的《上海世博会园区综合管沟建设技术标准》(DG/T J08—2017-2007)。截至目前,零星的几部法律规范,也只是简单地对综合管沟的敷设条件和纳入管线种类作了说明,如《城市工程管线综合规划规

范》、《上海市城市道路架线管理办法》、《重庆市管线工程规划管理办法》和《杭州市城市地下管线管理条例》等。由此可见,我国的地下综合管廊建设在立法上尚处于早期的地方政府摸索阶段,缺乏全国性统一的法规体系,更缺少地方层面的具有较强操作性的管理条例或办法。法律规范的欠缺,使地下综合管廊在规划建设和管理运营过程中产生的许多矛盾无法得到及时有效的调解,导致了现在这种建设零乱、随意和迟缓的状态,极大地阻碍了地下综合管廊在我国的推广。但是在2014年6月3日,国务院办公厅出台了关于加强城市地下管线建设管理的指导意见,这将为建设综合管廊提供政策法律依据。

(2)地下综合管廊巨额成本投入与缓慢利益回收

据有关资料显示,其费用主要与地下综合管廊断面尺寸、工程地质条件及施工方法有关。随着上述条件的改变,其造价也会有较大差异。在地下综合管廊运营过程中,其维护费用也很高。正由于其高昂的费用,限制了它的广泛应用与发展。

地下综合管廊建设是一个短期内没有直接经济效益的项目。对政府和企业而言,建不建地下综合管廊的关键还是在资金链这一经济账上。国内外许多城市建设地下综合管廊的工程实践表明:地下综合管廊的技术问题易于解决,而阻碍地下综合管廊发展的最主要因素在于前期的资金投资和后期的利益回收问题。

我国首个尝试以市场化经营模式进行地下综合管廊建设的城市——昆明,以国外的地下综合管廊运行模式为范本,大胆采取自主筹资和完全市场化运作的方式建设城市地下综合管廊。然而巨额的资金投入与缓慢的利益回收却导致昆明市的这一壮举陷入僵局。据有关报道显示,仅彩云路、广福路两条地下综合管廊,作为建设单位的昆明管网贷款额高达10亿元,投资额超过3 000万元/km,而后续的管理维护费用,则以每年百万计入。由于地下综合管廊自身利益回收周期较长,短期内无法收回成本,且缺乏相关法律规定地下综合管廊的收费问题,因而物价局也无法对其定价,盈利之说更显无奈。

如此高昂的费用支出以及短期内无法保证的利益回报,使许多投资企业望而却步。"资金"成为我国地下综合管廊建设推进的一大障碍。

(3)市政基础设施的管理与运营机制限制了地下综合管廊的发展

受历史等多种因素的影响,我国地下管线的产权仍分属于各管线单位,与之相关的市政基础设施从前期建设到后期运营都由各自相关的利益机构执行。在我国现行管理体制中,地下管线在章程上分属市政管委会管理,但管委会对各地下管线权属单位却没有实质的行政权(管委会并未被授予相应的行政权),在涉及到各方利益纷争时无法进行协调管理。这种局面导致我国地下空间的发展一直无法取得突破,也给地下综合管廊的快速发展与应用带来了一定的阻力。

除了地下管线的产权因素外,地下综合管廊与我国传统管线埋设方式也存在极大差异。尽管地下综合管廊的优势及其发展前景已被广大城建管理工作者熟知与认可,但综合分析我国长期沿用的管线埋设方式,从建设、管理、投资三大模式考虑,各管线主体仍然更倾向于后者。

(4)缺少设计规范与技术标准

我国建设的地下综合管廊,大部分是仅将各种管线置于地下综合管廊内,对各种管线在技术层面上的一些细节问题尚未考虑到位。目前相关规范有《城市综合管廊工程技术规范》(GB 50838—2012)、《城市工程管线综合规划规范》内提到的关于设置综合管廊的条件外,仅电力行业在《城市电力电缆线路设计技术规定》(DL/T 5221—2005)中提出了电缆隧道中电缆敷设的技术要求。

(5)地下管线资料流失和残缺现象严重

许多大中城市,尤其是一些历史悠久的城市,地下管线铺设的历史太久,有的城市地下管线施工档案不全,有的部分或全部流失,有的根本就没有档案资料,给管理工作带来巨大的困难。

(6)地下管线多次、重复铺设,分布错综复杂

许多城市的地下管线由于所属单位不同,也是在不同时期内施工铺设的,这样容易构成复杂情况,后来施工者稍有不慎就会造成严重的后果。如一船厂在检修上水管时,竟把临厂的主水管挖断,造成停水停产。又如沿海某市在建一大楼时,在施工中将该市主供水管破坏,顷刻间工地变成了湖泊。这样就形成"不动不行,一动就出问题"的严重局面。

(7)只注重地上建筑、忽视地下建设

尽管由于地下管线事故频频发生,损失也很严重,但还未能引起人们的足够重视,那种长期以来各自为政、条块分割、多头管理的局面仍继续存在。有些地方领导认为地上建筑看得见摸得着,成绩明显,地下管线是白花钱,看不见摸不着。

(8)信息系统共享平台尚未普及

受传统模式等多方因素影响,我国大部分城市现有的地下管线档案信息与现实脱节,资料不全、不准,新旧管道管线的交替信息不能及时有效地进行汇总。具有完备地下管线城建档案的城市屈指可数,普遍缺乏档案意识。地下管线信息系统目前只在我国个别城市初步建立,要保证地下综合管廊在我国得以推进发展,地下管线的数据难题就必须解决。

过去有一些城市也认识到健全地下管线资料对城市规划建设的重要性,开展了一些普查工作,但由于普查手段和方法落后,往往没有什么作用,收不到应有的效果。因此为了能够更好地解决以上问题,减少事故发生,城市地下综合管廊的建设显得尤为的重要。

2.2 综合管廊可行性方案分析

长期以来,我国城市地下资源的无偿使用,各种管线单位随意铺设自己的管线、扩大自己的空间,无序的开发使用有限的城市地下资源,造成了地下资源的严重浪费,严重地制约了我国城市地下资源的可持续发展。市政管网扩容、管线改造迫在眉睫,例如,深圳市各种市政管线总长约为2.33万km,根据相关专项规划,2020年深圳市中水回用规模将达105万t/d,近期将规划实施6条电缆隧道、雨洪利用、海水利用、垃圾输送管等相关规划正在研究中,规划需新增市政管线总长约为1.67万km,大量市政管网即将需要扩容。同时深圳建市已有30年,约有3 000 km的管线使用时间在15年以上,早期建设的管线由于老化、容量不足、更新换代等原因需要改造的数量大。

在地面以及地上空间不断饱和的今天,合理开发利用地下空间已经成为解决诸多城市问题的最佳途径。

2.2.1 技术可行性分析

目前,我国地下空间资源的开发、利用,尤其是城市地下空间开发技术已经得到很大的提

高。各大型城市已经开始大规模建设城市地下铁道以及地下停车场,尤其是 2007 年 4 月 18 日全国铁路第六次大提速中出现了各种不同的地质情况和地质灾害,并且隧道的长度也有重大的突破,在这些工程中各种技术的发展和应用,如:盾构隧道施工技术、沉管法施工技术、桩基托换技术以及各种辅助工法等,使得地下综合管廊建设在设计、施工技术方面已不存在无法解决的难题。

2012 年住房和城乡建设部发布《城市综合管廊工程技术规范》(GB 50838—2012),为下一步的城市地下综合管廊的建设提供强有力的技术保障,虽然至今国内还没有专门的地下综合管廊设计技术规范,但国内许多城市都已试点建设地下综合管廊,借鉴国内外经验和借助国内自身技术水平,开挖地下综合管廊技术日趋完善和成熟。地下综合管廊的防水、沉降及燃气管入沟、管线相互干扰等技术问题基本可以解决。

2.2.2 综合管廊的技术经济分析

经济可行性是评价综合管廊是否合理的重要指标。从工程造价上看,虽然综合管廊建设的一次性投资要比传统的直埋式管线铺设方法高出很多,但综合社会成本却十分合算,如综合管廊可以减少道路的开挖、延长管线的使用寿命等。中国工程院院士钱七虎认为,全国每年因施工引发的管线事故所造成的直接经济损失达 50 亿元,间接经济损失达 400 亿元。

虽然综合管廊地下开挖直接工程造价较高,但考虑到环境保护、抵御台风、地震等自然灾害等因素,修建综合管廊带来的经济效益和社会效益要远高于传统的直埋式管线铺设。

城市地下综合管廊是目前世界发达城市普遍采用的集约化程度高、管理方便的城市市政基础设施。技术经济评价是通过有效的方法对所投资的项目从技术、经济、社会环境等各方面进行科学的分析和综合评价,最终为决策部门判断该项目是否应投资建设提供依据。

1. 国内外城市综合管廊技术经济评价体系

建设城市地下综合管廊从长远看有很大的经济效益,而且国外建设城市地下市政综合管廊也有很悠久的历史与成功的经验,但由于当初兴建城市地下市政综合管廊的目的和动机不一。有的是为了减少自然灾害,有的是为了缓解交通压力,因此目前对建设城市地下市政综合管廊建设技术经济评价方面的研究并不多,几乎处于空白状态。

城市地下综合管廊是城市快速发展的必然产物,也是未来城市发展的一种趋势,虽然目前国内没有关于城市地下市政综合管廊建设技术经济评价体系方面的研究,但有关技术经济评价方法的研究却有很多,如:层次分析法、专家调研法、专家咨询法、主成分分析法、总分评定法等。

2. 综合管廊技术经济评价方法

技术经济评价体系研究主要包括指标的选取和权重的确定两个部分。

(1) 评价指标的筛选方法

在对评价因素进行筛选时,不仅要针对具体的评价对象、评价内容进行分析,还必须采用一些筛选方法对指标中体现的信息进行分析,剔除不需要的指标,简化指标体系。采用的评价指标筛选方法主要有专家调研法、最小均方差法、极小极大离差法等。

1) 专家调研法

专家调研法是一种向专家发函、征求意见的调研方法,评价人可以根据评价目标和评价对象的特征,在所设计的调查表中列出一系列的评价指标,分别咨询专家对所设计的评价指标的意见,然后进行数理统计处理,并反馈咨询结果,经几轮咨询后,如果专家的意见趋于集中,则由最后一次咨询结果确定具体的评价指标体系。这种方法所得结果是否可靠和全面,完全取决于所选专家的经验和知识结构,因而主观性较强。

2)最小均方差法

对于 m 个被评价对象,A_1、A_2、A_3、$\cdots$、A_m,每个被评价对象有 n 个指标,观测值为 x_{ij}($i=1、2、\cdots、m;j=1、2、\cdots、n$)。如果 m 个被评价对象关于某项指标的取值都差不多,尽管这个评价指标是非常重要的,但是对于这 m 个被评价对象的评价结果来说所起作用不大,因此,为了减少计算量就可以删除这个评价指标。这种方法由于只考虑各项指标的差异程度,容易删除重要的指标,但因为引用的是原始数据,故有一定的客观性。

3)极小极大离差法

极小极大离差法的基本原理与最小均方差法相同,其判断标准为指标的离差值,设评价指标 X_j 的最大离差 r_j。

$$r_j = \max_{1 \leq i,k \leq m} \{|x_{ij} - x_{kj}|\}, r_0 = \min_{1 \leq j \leq n} \{r_j\}. \tag{2-1}$$

若 r_0 接近零,则可以删除与 r_0 相应的评价指标。这种方法的特点与上述最小均方差法的特点相似。

(2)评价指标权重的确定方法

目前有关权重确定的方法很多,主要分为主观赋权法和客观赋权法两类。

1)主观赋权法

主观赋权法是根据决策者的主观信息进行赋权的方法,反映了决策者的意向,因而决策或评估结果具有很大的主观性。如专家咨询法、层次分析法等。

专家咨询法又称为特尔菲法,即组织若干对评价系统熟悉的专家,通过一定方式对指标权重独立地发表见解,并用统计方法做适当处理,其具体做法如下:组织 r 个专家给出的权重估计值的平均估计值:

$$\overline{w_j} = \frac{1}{r} \sum_{k=1}^{r} w_{kj} \quad (j = 1、2、\cdots、n) \tag{2-2}$$

计算每个估计值和平均估计值的偏差:

$$\Delta_{kj} = |w_{kj} - \overline{w_j}| \quad (k=1、2、\cdots、r;j=1、2、\cdots、n) \tag{2-3}$$

对于偏差 Δ_{kj} 较大的第 j 指标权重估计值,再请第 k 位专家重新估计 w_{kj},经过几轮反复,直到偏差组合一定的要求为止,最后得到一组指标权重的平均估计修正值 $\overline{w_{kj}}$($j=1、2、\cdots、n$)。

层次分析法(Analytic Hierarchy Process 简称 AHP)是一种灵活、简便的定量和定性相结合的多准则决策方法,它把复杂的问题分为若干层次,根据对这一客观现实的判断,就每一层次各元素的相对重要性给出定量表示(即构造判断矩阵),而后据此判断矩阵,通过求解该矩阵的最大特征值及特征向量来确定每一层次各元素相对重要性的权重。

2)客观赋权法

客观赋权法是不采用决策者主观任何信息,对各指标根据一定的规律进行自动赋权的一类方法,虽然具有较强的数学理论依据,但没有考虑决策者的意向。

3. 综合管廊项目的成本与效益分析

建设城市地下市政综合管廊有防止道路挖掘、消减施工造成的交通延滞等效益,综合管廊的效益大体上可以分为直接效益和间接效益。综合管廊的直接效益体现在降低道路挖掘修补费用;消减施工造成的交通延滞和出行人员的滞留;防止工程公害(噪声、振动、污染等);防止因埋设管线的挖掘所造成的事故危险。综合管廊的间接效益体现在可以提高基础设施扩充及更新较易、维护管理的效率;改善城市环境、提高城市舒适度;促进道路空间的有效利用、解除弱者交通及消防活动的保障;提高沿线道路及城市地下市政综合管廊空间的资产价值;提高城市防灾性。

(1)决策的先决条件:成本—效益分析

成本—效益分析是综合管廊决策分析的重要手段,通过成本与效益的比较分析可以确定当前建设综合管廊的需求程度,并且可以在一定程度上进行量化计算以提高分析的精确度。由于综合管廊属于重大的市政工程,对城市构成较大的影响,其成本与效益都很大程度上超出项目本身的运作范围,从而表现出明显的成本与效益外溢。自然地将综合管廊的成本分为内部成本与外部成本,效益分为内部效益与外部效益,以便于分析比较,如图 2-2-1 所示。

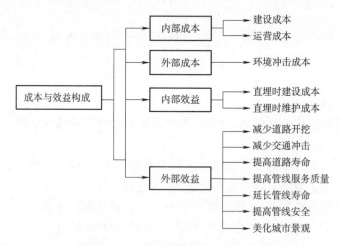

图 2-2-1　综合管廊成本与效益构成

1)内部成本

内部成本主要包括综合管廊的建设成本、运营成本。其中,建设成本可分为主体结构建设成本、附属设施建设成本以及工程调查设计等成本,此外还可能包括既有管线动迁成本、道路空间占用成本等;而运营成本则可分为主体结构维护管理成本和附属设施维护管理成本。

综合管廊的建设成本在不同的地区有较大的差异,根据国内部分综合管廊的建设成本统计来看,综合管廊的建设成本基本在 2 000～3 000 万元/km。

2)外部成本

综合管廊的外部成本主要是指综合管廊施工期间对环境的影响,包括对自然环境和周围的其他构筑物影响,对交通的冲击以及运营期间可能存在的环境问题。其中,施工期间对道路的占用而导致的交通效率损失是较为明显的外部成本。当然不同的施工方法对侵占道路而引起的交通损失成本是不同的。例如,明挖覆盖法和盾构施工法所产生的外部成本就相差很大。

3)内部效益

综合管廊的效益是相对于管线传统埋设方式而言的,在传统埋设方式下,必然要反复开挖道路进行管线埋设与管线维护,为此,管线单位、管线用户、道路管理部门以及社会公众都付出不同程度的成本。就管线单位而言,其成本包括管线成本、埋设成本、定期更换成本、故障维修成本、管理成本以及道路挖掘与复旧成本。而管线用户的成本主要来自管线更换及故障时所造成的不便。道路管理部门则因道路经常挖掘而缩短寿命时，必须重建或维修的成本。

内部效益主要是指不采用传统埋设方式所节省下来的直埋建设成本与维护成本，包括各种管线的反复挖掘复旧成本、管线更新维护成本等，以及有些国家或地区所实行的道路地下空间使用费等。综合起来它包括5方面内容：

①节省道路维修费用；
②增加道路使用年限；
③落实道路路面的管理；
④易于编列道路维修费用的预算；
⑤扩大地下空间的使用率。

4）外部效益

同样综合管廊的外部效益也是相对应于传统埋设方式所带来的各种外部成本，包括反复开挖道路所造成的交通成本、道路寿命降低、管线寿命降低以及对城市景观的破坏等，这些成本由于采用了综合管廊建设方式而得以消除或降低，从而可视为综合管廊的外部效益构成。它包括5方面的内容：

①减少挖掘道路，减轻交通干扰，促进交通的流畅；
②电信、电力、电缆地下共管化后开放道路上部空间，减轻消防救灾阻碍；
③都市无杆化，提升都市景观；
④多目标土地使用充分利用道路地上、地下空间；
⑤潜在预期管线的危险性预警设施的启用，避免引起公共危险的发生（都市防灾）。

（2）决策的后续条件：兴建的时机

决策者在决策兴建综合管廊时，除以建设的成本和效益外，还需结合兴建的时机为参考因素共同作为决策的依据，时机不同，所造成的成本也不同，甚至相差巨大。根据近几年综合管廊建设的实践和经验来看，兴建综合管廊的最佳时机要掌握好以下几方面：

1）配合各管线单位在旧管线重大维修或更新计划时：管线为维持良好的传输质量，各管线单位对其既有之管线皆定有维修或更新的计划，并进行大规模的挖掘维修，若借此机会兴建综合管廊，将可促进管线单位兴建的意愿。

2）配合道路之新开辟或更新拓宽：在都市道路新开辟或拓宽、重铺之际兴建综合管廊，可延长道路的使用寿命，免去常常因埋修管线挖掘道路，最重要的在于减少交通阻塞。

3）配合管线单位新建计划：管线单位拟定新建计划或管线抽换更新之时，适可进行综合管廊建设，借机纳入。

4）配合重大工程：重大工程与建时配合共构，为最经济的时机，否则日后再兴建综合管廊时，费时又费事。

5）配合新市镇或新小区的开发：新市镇或新小区的开发最为单纯，可从整体网络的配置规划、设计、计划年需求预测易于掌握预估，又无障碍，故为综合管廊兴建的最好时机。

根据统计，国内地下综合管廊平均造价为2～4万元/m，地下综合管廊建设的一次性投资远远大于管线独立铺设的成本。市政道路下直埋的管线寿命一般为20年，而地下综合管廊设计的寿命一般为100年，大大延长了管线的使用寿命。所以应树立全寿命周期成本的理念，从项目生命周期的全过程去看待成本，不但考虑项目初期成本、后期维修和养护成本，还要看到社会和环境成本。在可能的条件下,宁可先期投入大一些,也要减少后期更大的成本投入,延长地下综合管廊使用寿命,降低对社会、环境的影响,提高地下综合管廊的综合服务能力。以北京中关村西区地下综合管廊(总长 1.9 km)为例,成本分析见表 2-2-1。

表 2-2-1 北京中关村西区地下综合管廊全寿命周期成本分析(单位:万元)

管线埋设方式	直接费用	外部费用	费用合计
传统直埋方式	3 126.62	12 763.4	15 890.02
综合管廊方式	6 380	4 040.43	10 146.55

外部费用主要包含其施工阶段对城市正常交通秩序的冲击以及对道路路面的破坏。从表 2-2-1 中可以看出,虽然埋设地下综合管廊的直接费用是传统直埋方式的 2.04 倍,但是 50 年间直埋方式产生的外部费用是地下综合管廊方式的 3.16 倍,以 50 年为计算期,合计直接费用与外部费用来看,地下综合管廊的敷设方式费用合计约为直埋式的 2/3。

4. 城市综合管廊的项目经济可行性

根据论证,可以得出采用综合管廊来埋设城市地下管网系统与传统直埋式管网系统相比较,有如下优点:

(1)综合管廊可减少道路开挖的次数,从而保证路面畅通,保持路容的完整与美观,使路面的使用寿命延长 2~3 倍。

(2)综合管廊能有效缩短管线施工的工期,还可避免盲目施工所引起各种管线的损坏,使管网故障率减少到最低程度。

(3)综合管廊埋设管道的空间利用率高,能进入内部作定期巡回检查,并可随时进行换修,因此各管线间的故障及相互间的影响大为减少,还可以全面回收旧管材。

(4)有利于管廊内各种管线的运营管理和集中维护,提高工程的综合质量和投资效率,提升管理层次。

(5)建设综合管廊虽然造价有所增加,但其综合技术经济效益远高于所增加的初期建设投资。

采用综合管廊可以减少因建设而引起的其他行业的停营所造成的间接经济损失;可延长各种管线寿命;可以对进入综合管廊内的各行业进行租赁经营,对投资进行回收。

总之,修建综合管廊所带来的经济效益和社会效益,远远超出综合管廊自身建设时所增加的一次性投入,这也正是发达国家努力推行综合管廊技术的原因之一。

2.2.3 综合管廊建设发展的机遇

(1)已具备系统建设地下综合管廊的经济基础

从经济条件来看,根据发达国家城市地下空间开发利用与人均 GDP 的统计分析,当该城市或地区的人均 GDP 超过 3 000 美元时,就具备大规模开发利用地下空间的经济基础。在我国相当多城市已基本具备大规模开发地下空间的经济基础。

(2)轨道建设高峰期,地下综合管廊建设最佳时机

目前,全国有 38 个城市已经批准进行轨道建设规划,2020 年地铁总长度将超 7 000 km。国内外经验表明,地下综合管廊结合地铁建设、新城区开发、道路拓宽等工程建设时成本最低,尤其是结合地铁建设实施,一方面可以大幅度降低地下综合管廊建设的外部成本,另一方面可

以保护地铁。而一旦错过这种整合建设的时机,地下综合管廊的建设成本将大大上升。

(3)新城建设、城市更新,为地下综合管廊建设提供了条件

相当多的城市进行新区建设、旧城改造等措施,给地下综合管廊建设发展带来相当大的发展机遇。例如,《深圳市近期建设规划(2006~2010)》确定了光明新城、龙华新城、大运新城和坪山新城等4大新城。根据《深圳市城市总体规划(2009~2020)》,城市更新的核心是通过城市功能结构的调整挖掘存量土地资源,提高其利用效率。城市综合整治和更新改造的用地总规模为190 km²,其中全面改造的建设用地规模为60 km²。这些城市建设条件为地下综合管廊大规模建设提供了良好的基础。

(4)国家政策支持

目前,国务院办公厅《关于加强城市地下管线建设管理的指导意见》(国办发〔2014〕27号)指出,2015年年底前,完成城市地下管线普查,建立综合管理信息系统,编制完成地下管线综合规划。力争用5年时间,完成城市地下老旧管网改造,将管网漏失率控制在国家标准以内,显著降低管网事故率,避免重大事故发生。用10年左右时间,建成较为完善的城市地下管线体系,使地下管线建设管理水平能够适应经济社会发展需要,应急防灾能力大幅提升。

当今,在"建设资源节约型、环境友好型、实现可持续发展"的大环境下,城市建设加快,城市基础设施的新建、扩建、改建、美化城市提高城市品位势在必行。城市地下管廊建设,第一是规划问题,第二是经济问题。目前,建设管廊的做法比较流行,但是,实际开展起来比较难办,因为管廊一次性投资太大,同时要把所有的管道集中一起安置,在法律上也没有相应的规定。

但目前中国与新加坡联合开发的苏州工业园地下管线基础建设很好。工业园坚持"先规划后建设,先地下后地上"的开发建设原则,借鉴新加坡"需求未到,基础设施先行"的做法,适度超前建设重要的基础设施。经过10年的开发,园区基础设施建设初具规模。

2.2.4 综合管廊建设发展的主要思路

为了促使地下综合管廊在我国的快速发展,当务之急就是组织相关部门,抓紧时间制定出地下综合管廊的设计、建设、运营、管理等方面的法律法规,使地下综合管廊的建设和管理有法可依。要逐步推进城市市政公用设施的建设、管理模式的改革,打破市政管线各自为政、各自经营管理的模式,理顺利益分配关系,促进市政管线的集成化、集约化管理。

城市地下管廊建设发展的主要思路:

(1)地下综合管廊建设区位规划指引

综合考虑城市建设开发强度、地质条件以及资源条件等相关因素对地下综合管廊区位建设条件进行评估,全市可分为2类区域:宜建区和慎建区。在宜建区基础上根据城市建设条件划分出优先建设区。地下综合管廊优先建设区发展策略如下:

1)新区率先试点示范,逐步实现新区地下综合管廊系统化建设;
2)利用旧城整体改造机遇,积极鼓励地下综合管廊建设;
3)重视与道路新建改造、轨道建设、高压线下地及其余地下空间开发等整合建设,降低地下综合管廊建设成本;
4)近期以政府投资为主,远期逐步引进市场融资,实现多渠道投资方式。

(2)地下综合管廊线路规划方案

地下综合管廊规划线路主要分布在地下综合管廊优先建设区及其周边的宜建区,但考虑

各片区地下综合管廊系统的连通以及与电力隧道、轨道建设等基础设施共建的可能性,部分地下综合管廊可设置在宜建区外围附近。地下综合管廊线路基本沿新建道路、改建道路、规划地铁线路、高压电力的规划线位等进行布局。

(3)建立专门的管理机构

参照国内外地下综合管廊建设营运模式,设立专门的地下综合管廊管理机构非常必要,而且这种管理机构要有政府部门的授权行使一定的管理权力,承担相应的职责和义务,其主要作用是负责地下综合管廊建设的系统规划、建设、运营。

(4)以政府投资为主

由于地下综合管廊投资规模大、短期效益不明显、回报率较低,为确保地下综合管廊工程的顺利实施,建议以政府投资为主,确保政府对地下综合管廊的控制权。采取政府出资的方式可以有效地防范风险,保证政府对项目的控制,有利于市政基础设施服务的稳定性。

(5)建立地下综合管廊维护管理费用分摊机制

以受益分担为原则,维持可持续运营。将其建设费用和建成后的设施维护费用在各相关受益主体间合理分配,可以减轻政府的财政负担,也可以保障地下综合管廊的可持续运营。地下综合管廊建设管理推荐模式如图 2-2-2 所示。

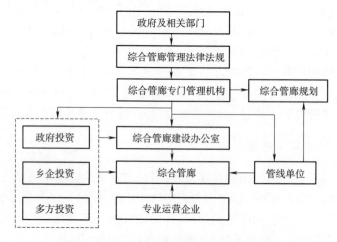

图 2-2-2 地下综合管廊建设管理推荐模式

综合管廊的推广,在国内进行的还不是很多,还有很多不成熟的环节。但是通过近年各个城市的实践,可以形成以下共识:

1)综合管廊集中布设地下市政管线的优点,已被社会各界所认同。
2)综合管廊技术的推行,不存在根本的技术性障碍。
3)综合管廊的最佳实施方案因地而异。
4)推行综合管廊的关键在于统一部署、多方协调。

2.3 综合管廊建设关键问题及其解决办法

地下综合管廊与现有的市政管线直埋方式相比,可以有效地实现城市基础设施功能集聚,消除"马路拉链"的现象,解决城市"地下面条"问题,创造和谐的城市生态环境。同时可以利用地下空间的高防护性,使其抗震、抗台风等抗灾能力大大提高,在灾害发生的时候能够保障城市的生命线不受影响或将损失尽量降低。

近20年来,中国内陆地区一些大中城市也开始了地下综合管廊建设的尝试,现已建成地下综合管廊总长度约150 km。总体上,我国内陆地区的地下综合管廊还处在试验性建设阶段,相应的建设法规、设计规范还没有形成,建设经验少。国内各个城市对要不要推广地下综合管廊技术尚存在比较大的分歧。

2.3.1 综合管廊建设的优缺点

1. 地下管廊建设的优点

传统的市政管线直埋方式,不但造成了城市道路的反复开挖,而且对城市地下空间资源本身也是一种浪费。采取地下综合管廊的方式敷设,不仅有利于各种管线的增减,还有利于各管线的检修维护管理。地下综合管廊的建设有以下优势:

(1)美化城市环境。由于地下综合管廊将各类管线集中设置在1条隧道内,消除了通信、电力等系统在城市上空布下的道道蛛网及地面上竖立的电线杆、高压塔等,可以美化城市环境,创造良好的市民生活环境。

(2)改善城市交通。地下综合管廊建成后,能很好地保护地下管线,避免频繁发生事故。同时,在补充、更新和扩容管线时,不需要开挖路面,避免路面的反复开挖,降低路面的维护保养费用,确保道路交通功能的充分发挥。

(3)节约城市空间。由于道路下的各种管线集中设置于地下综合管廊内,使得道路的地下空间得到综合利用,腾出大量宝贵的城市地面空间,增强道路空间的有效利用。

(4)增强城市安全。即使受到强烈的台风、地震等灾害,城市各种管线设施由于设置在地下综合管廊内,可以避免由于电线杆折断、倾倒、电线折断造成的二次灾害,从而有效增强城市的防灾抗灾能力。同时地下综合管廊结构具有一定的坚固性,能抵御冲击荷载作用,能很好地保护沟内的市政管线,提高城市基础设施的安全性,保证城市的安全。建设地下综合管廊综合效益,见表2-3-1。

表 2-3-1 建设地下综合管廊综合效益汇总表

管线效益	道路效益	社会效益
1. 节省管线维修埋设费用; 2. 管线增容更换容易; 3. 提升管线传输品质; 4. 延长管线服务年限; 5. 巡视、检查、维修容易; 6. 紧急状况时能迅速处理; 7. 实现管线统一管理	1. 道路维修费用节省; 2. 道路使用年限增加; 3. 扩大地下空间的使用率	1. 减少挖路,提升生活品质; 2. 改善都市景观; 3. 促进交通顺畅,降低行车成本; 4. 维护道路交通安全; 5. 提高政府施政形象; 6. 健全城市防灾体系

2. 地下管廊建设的缺点

国内对地下综合管廊推广分歧较大,是因为地下综合管廊不仅仅具有以上优势,同时具有以下不可忽视的劣势:

(1)建设初期投资大;

(2)统一管理难度大;

(3)相关技术要求高;
(4)对城市竖向有影响;
(5)覆盖率有限,较难大规模推行。

2.3.2 综合管廊管线收纳及相容性

1. 综合管廊的管线收纳分析

综合管廊中是否纳入某种管线,应根据经济社会发展状况和地质、地貌、水文等自然条件,经过技术、经济、安全以及维护管理等因素综合考虑确定。特别是管线抢修次数应作为考虑的重要因素之一。抢修的次数越多,对交通与环境造成的影响越大,将其纳入地下综合管廊内,维修时不需要破路占道,从而产生的社会与环境效益越大;反之,将故障检修次数较少的管线纳入地下综合管廊内,产生的效益则较小。

(1)管线种类

当前我国城市的管线主要有电力电缆(高压、低压)、通信电缆线(主要有电信、联通、移动、网通、铁通及有线电视信号等)、煤气、给水、热力、污水和雨水等,还有埋藏于城市和道路下的交通信号指挥线路。如果考虑到城市的长远发展,城市管线还有中水回用管道、供冷管道、垃圾管道及其他专用管道(如军用管道等)。

(2)各种管线纳入管廊的适宜性分析

综合管廊在建设原则上应尽量收容各种管线,充分利用综合管廊的空间,以体现其性能。但纳入的管线越多,其技术要求越高,造价也就越高,因此,仍需根据项目具体特点及当地经济实力而确定收容管线的种类,同时还应考虑因城市的发展而增加的管道。

1)电力、电信缆线纳入管廊的适宜性分析

在收容电力电缆管线和电信电缆管线方面,因其在综合管廊内铺设时,设置的自由度和弹性较大,且较不受空间变化(管线可弯曲)的限制,所以国内外已建和在建的综合管廊中,纳入电力电缆及信息电缆较为普遍。而且根据《城市综合管廊工程技术规范》(GB 50838—2012)第3.0.1条规定,给水、雨水、污水、再生水、天然气、热力、电力、通信等城市工程管线可纳入综合管廊内。

对于电力缆线,根据《电力工程电缆设计规范》(GB 50217—2007),受城镇地下通道条件限制或交通流量较大的道路下,与较多电缆沿同一路径有非高温的水、气和通信电缆管线共同配置时,可在公用性隧道(即综合管廊)中敷设电缆。因此电力缆线纳入综合管廊是可行的,而且综合管廊内线路可参考高压电缆的规划线位作为基本方向。

对于通信缆线,由于通信运营商如移动、电信、联通等单位众多,且因行业内竞争的加剧,网络的建设成为争夺信息、通信市场的最基本手段。因此,从经营城市的角度出发,建设地下综合管廊,租售给各网络公司使用,可改变目前经营性公司无偿使用国家所有的城市道路地下空间资源的局面。同时有利于加强城市管理,大量的通信缆线不断地布网,在耗费了大量的城市上空和地下资源的同时,带来了城市管理的顽症。因此通信缆线纳入综合管廊是必要的。

将电力、电信缆线纳入管廊主要是要考虑电力对电信干扰问题。目前已有选用光缆作为信息传输载体介质,此时二者的相互干扰问题可以忽略不计,无需采取特殊的技术就可共同铺设。当电信缆线采用传统的同轴电缆,二者之间就存在电磁干扰问题。根据《城市综合管廊工程技术规范》(GB 50838—2015)第4.3.7条规定,110 kV及以上电力电缆不应与通信电缆同侧布置。从目前国内外已建成的管廊工程情况看，电力缆线对电信信号干扰问题能通过各种工程措施（如分室设置或采取屏蔽措施同沟布置）加以解决，而且运行稳定可靠。

综合以上分析，在综合管廊规划设计中，应纳入电力、信息线缆。同时，为了减小断面，节省造价，宜将低压线缆也纳入管廊内。

2）给水管线纳入管廊的适宜性分析

根据《城市综合管廊工程技术规范》（GB 50838—2015）第3.0.1条规定，给水、雨水、污水、再生水、天然气、热力、电力、通信等城市工程管线可纳入综合管廊内。主要由于自来水属压力流管线，无须考虑管廊的纵坡变化，所以一般情况下也经常收入管廊中。国内外的所有管廊工程均将之纳入，纳入给水管线要注意的主要问题是对高压的给水管线要有如防爆等预防措施，如分室敷设等。与传统的直埋方式相比，主要有以下优点：

①依靠先进的管理与维护，可以克服管线的漏水问题。

②避免了因外界因素引起水管破坏及维修引起的交通阻塞。

③为管线的扩容提供必要的弹性。

所以，在综合管廊规划设计中应将给水管线作为一种基本管线纳入管廊中。

3）热力管线进入管廊的适宜性分析

市政热力管道目前主要集中在我国北方的大多数城市，由于冬天采暖的需要，普遍采用市政集中供暖的方法。根据《城市综合管廊工程技术规范》（GB 50838—2012）第3.0.1条规定，给水、雨水、污水、再生水、天然气、热力、电力、通信等城市工程管线可纳入综合管廊内。同时在国外，大多数情况下也都是将热力管道集中放置在综合管廊内。

热力管线的收容主要是由于其输送热介质会带来管廊内的温度升高，从而造成安全影响，在管线布置上应将热力管线与热敏感的其他管线保证适当的间距或分仓室收容。热力管线比较适合与给水、中水等管线共室收容。因此，在综合管廊规划设计中应将热力管线作为一种基本管线纳入管廊中。

4）燃气管线纳入综合管廊的适宜性分析

燃气管线是否收容于管廊内在国际上曾有过争议，欧洲国家一般没有收容，而在台湾和日本地区则有收容燃气管线。目前，我国对于燃气管道能否进入综合管廊没有明确规定，但《城市综合管廊工程技术规范》（GB 50838—2015）中第4.3.4条中提到，燃气管道应在独立仓室内敷设，由此可以从侧面得出规范是允许燃气管道进入综合管廊的，只是人们对燃气管线进入综合管廊有安全方面的担忧，需要考虑采用何种方式避免或是正确处置燃气管道发生泄漏等事故。

根据日本和台湾经验，燃气管道布置采取单独一仓而不与其他管线共仓，同时配备相应的监控设备，则大大提高了安全性，经过几十年的运行，并没有出现安全方面的事故。而且据有关资料表明，燃气管线单独一仓纳入管廊，可以有效避免燃气管线采用传统的直埋方式发生的管道爆裂事故的发生。

综合考虑以上因素，尽管相应会增加工程的投资，对运行管理和日常维护也提出了更高的要求，但与传统的燃气管线直埋相比，将燃气管道纳入综合管廊更具有经济效益，所以管廊规划设计中应考虑纳入燃气管线。

5）污水管线纳入综合管廊的适宜性分析

污水管自身是种独立的系统，须按一定坡度进行敷设，通常每隔一定的距离即要求设置人孔以供人员进入维修,有时需设置泵站进行提升,并且所收集的污水会产生硫化氢、甲烷等有毒、易燃易爆的气体。若纳入管廊,一方面要求管廊的纵面随着管道的坡度变化,另一方面须每隔一定的距离设置通风管道,以维持空气的正常流动。此外,有时还需配备硫化氢、甲烷气体的监测与自动防备,无疑将极大地提高综合管廊的造价。

将污水管纳入管廊之中,其优点是将各种管线综合布置在同一构筑物之中,便于集中维护管理,但也极大地限制了综合管廊纵断面的坡度,加大了综合管廊的埋深与横断面尺寸,使工程造价骤增。另一方面,将污水管纳入综合管廊,也增加了综合管廊中其他管线与用户的接户问题,并且在已建道路下建设综合管廊时还需相应调整邻近地区的污水管线埋深,其建设费用将非常巨大,经济效益很低。故一般情况下,污水管道不纳入综合管廊。

6) 雨水管线纳入综合管廊的适宜性分析

雨水管线中的雨水不会产生硫化氢、甲烷等有毒、易燃易爆的气体,但作为重力流管线,若将其纳入地下综合管廊中时,会碰到与污水管线同样的技术问题。如每隔一定距离设置人孔、泵站、通风管等,同时需相应调整邻近地区的雨水管线,否则要将部分区域改用压力输送方式,且须配合布置相关的加压设施、泵站等,不仅耗资巨大,而且技术难度也相对较大。再者,雨水管线一般管径较大,基本就近排入水体。因此,雨水管道一般也不纳入综合管廊。

7) 其他管线纳入管廊的适宜性分析

其他管线主要有中水管道、供冷管道和交通信号、路灯线路等。中水工程已成为节约水资源的重要途径,由此而产生的中水管道也应考虑收入在管廊中,尽管国内的中水回用刚起步,但是国内管廊的建设项目中都预留有中水管道管位。

区域供冷在我国也是刚刚起步,国内如广州、太原、青岛等城市先后在一些场所采用集中供冷技术。供冷管道和热力管道一样,进入综合管廊并没有技术问题,尽管会相应增加工程的投资,但将供冷管道纳入综合管廊更具有经济效益,所以管廊规划设计中应考虑纳入供冷管线。

对于交通信号和路灯线路,也应考虑进入管廊,以便统一管理。

2. 综合管廊的管线相容性分析

(1) 电力与通信管线基本上可兼容于同一管廊空间内(同一仓),但需注意电磁感应干扰的问题,管线需对其容量进行评估及规划近远期的研究。

(2) 煤气管线如规划考虑收容在地下综合管廊内,应以独立于一仓为设计原则。

(3) 自来水管线与污水管线(压力管)亦可收容于综合管廊同一仓内,上方为自来水管,下方为污水管线。

(4) 综合管廊通常不收容雨水管线(因通常采用重力流的排水方式),除非雨水管线的纵坡与综合管廊的纵坡一样或雨水渠道与综合管廊共同构造才考虑。一般可将污水管线(压力线)与集尘管(垃圾管)共同收容于一仓内。

(5) 关于警讯与军事通信,因涉及机密问题是否收容于综合管廊内,需与相关单位磋商后,以决定单独或共仓收容。

(6) 原则上油管不允许收容于综合管廊内,其他输气管线若非属民生管线亦不收容,但若经主管单位允许,则可单独仓收容(参照煤气管线收容原则设计)。

(7) 支线综合管廊是引导干线综合管廊内的管线至沿线服务用户的供给管道,因此支线综合管廊一般以共仓收容为原则,包括管线类及缆类。

(8)电缆沟是一种小型支线综合管廊,主要仅收容电力、通信、有线电视及宽带网络系统缆线等,直接服务于沿线用户。

综上所述,电力电缆、通信电缆(光缆)、给水管及燃气管构成了纳入地下综合管廊的4种基本管线。电力电缆可以设置独立的缆线沟,也可以与上述管线同沟。建议重力流管线不纳入地下综合管廊,局部区域的污水、雨水压力管可根据实际需要考虑进入地下综合管廊。

地下综合管廊内预留管线应根据周边用地功能和城市发展需求灵活选择,主要包括再生水管、海水利用管、热水管、供冷管、直饮水管、垃圾输送管、石油管等。

我国大陆地区目前还没有地下综合管廊的设计规范与设计标准,往往只能参考其他相关规范来确定地下综合管廊内部的管线布置,常因与其他规范存在一定的矛盾,而使地下综合管廊的设计变得困难重重,有的甚至为此将每种管线独占一室,造成不必要的浪费。

在具体规划设计时,要根据各工程的实际情况,先确定各进沟管线独自敷设一室还是处于同一沟内。若强弱电缆处于同一沟内,为避免强弱电管线的相互干扰,必须采用屏蔽措施。

出于安全因素的考虑,宜将燃气管线单独敷设或独自设置在一室中,而且必须有相应的监控、防爆等安全技术措施。当给水管道与电缆同沟时,给水管道爆管对同室内其他管线的影响应特别注意,一般高压的主供水管应独自设置一室内。在给水管与其他电力电信管线同沟的情况下,必须注意施工质量,并加强维护管理,避免产生爆管事故。

地下综合管廊收纳管线相互影响关系见表 2-3-2。

表 2-3-2　地下综合管廊收纳管线相互影响关系表

管线种类	给水管	排水管	燃气管	电力管	通信管	热力管
给水管		○	×	○	×	×
排水管	○		×	×	×	×
燃气管	×	×		√	√	√
电力管	○	×	√		√	√
通信管	×	×	√	√		○
热力管	×	×	√	√	○	

注:√表示有影响,○表示其影响视情况而定,×表示毫无影响。

尽管地下综合管廊有着显著的优越性,然而与传统的管线直埋方式相比却需要更多的投资,从而限制了它的普及应用。特别是当地下综合管廊内敷设的工程管线较少时,地下综合管廊沟体建设费用所占比重将更大,因此地下综合管廊内收纳管线种类和数量是地下综合管廊建设核心和关键。结合各种管线的特性,对纳入地下综合管廊的可行性进行分析,建议如下:

(1)纳入地下综合管廊的基本管线

给水管、电力电缆、通信电缆以及燃气管构成了纳入地下综合管廊的基本管线。燃气管纳入地下综合管廊,其安全性得到了极大的提高,所造成的总损失也得到了显著降低,因此建议燃气管可单独设室入沟。如果同沟纳入电力、通信缆线,应注意采取电力事故与电磁干扰的防治措施。

(2)纳入地下综合管廊的预留管线

预留管线应根据周边用地功能和城市发展需求灵活选择,主要包括再生水管、热力管、供冷管、直饮水管、垃圾输送管、海水利用管、石油管等。

(3)建议不纳入地下综合管廊的管线

建议重力流排水管线不纳入地下综合管廊。局部区域的污水或雨水压力管可根据实际需要考虑进入地下综合管廊。

第 3 章　综合管廊勘测

3.1　综合管廊勘测技术

任何一种非开挖施工方法都有其优缺点和适用范围。因此,了解地层和地下埋设物的情况极为重要,它不仅影响施工成本,而且关系到施工方法和设备的选择。

对新铺设管线,需要了解有关地层和地下水的情况,以及现有地下管线和其他埋设物的位置。对更换管线,需要了解待更换管道的管材、尺寸和形状,以及邻近管线的位置。对修复管线,需要了解待修复管线的管径、形状、路径,以及管道的现状,包括管接头和人井的情况。

非开挖地下管线施工的工程勘察与其他工程施工一样,地下管线的施工在很大程度上受到地层条件(包括地质条件和水文地质条件)的影响。因此,在施工之前应进行工程地质勘察,以便评价某种技术方法的可行性或选择合适的施工方法。

非开挖施工有关的土的性能及其所采用的不同勘察方法见表 3-1-1。

表 3-1-1　与非开挖施工有关的土的性能及其所采用的不同勘察方法

土的特性	勘察方法	直接的方法					间接的方法
		测绘	槽探	探测	钻探	实验室	
土的类型	砾石	○	○	○	●	●	○
	砂	○	○	○	●	●	●
	淤泥	○	○	○	●	●	○
	黏土	○	○	○	●	●	○
	有机土	○	○	○	●	●	○
土的性能	粒径分布					●	○
	颗粒形状					●	
	致密性	○	○	●	○	●	○
	内摩擦角					●	
	土的状态	○	○	○	●	●	
	黏性					●	
	含水率					●	○
	有机成分	○	○	○	●	●	○

注:●:精确;○:不太精确。

工程地质勘察的目的在于了解土的主要物理性能,其方法有:
(1)间接勘察。如对比相邻或相近的地层,查阅现有的地质图;
(2)直接勘察。如钻探、取样、地球物理勘探、原位测试等。

勘察的深度至少应在规划的管线铺设深度以下 3 m。除了现场勘察外,对采取的土样进行必要的实验室试验也极为重要,因为只有这些试验才能提供有关土力学性能的特性值。

3.1.1 地下管线分类

管线可分为两大类:地下管道和地下电缆。地下管道主要有给排水管道、热力管道、燃气管道和工业管道。地下电缆主要有电力电缆、市内电话电缆、长途电话电缆、电报电缆、有线电视电缆、光纤电缆、有线广播电缆和其他专用电缆等。表 3-1-2～表 3-1-6 地下管线的分类表。

表 3-1-2 给排水管道的分类

功能分类		输水方式	用途	管材	管径(mm)
给水	输水管	压力输水、重力输水	从水源地输送原水到水处理厂	钢管、混凝土管	>800
	配水管	压力输水	从水处理厂或调节构筑物经城市管网直接向用户配水	铸铁管/钢管	75～600
排水	雨水管	一般重力输水	城市街区雨水汇集排泄	混凝土管、混凝土结构暗渠	200～2 000
	污水管		工业废水与生活污水汇集输往污水处理厂		

表 3-1-3 热力管道的分类

热能分类	压力(kPa)	温度(℃)	热源
蒸气过热管道	100～1 400	<350	热电厂、工业锅炉或区域供热锅炉
热水管道	100～1 400	<20	

表 3-1-4 燃气管道的分类

燃气性质分类	压力(kPa)	压力级别
煤气、液化气、天然气	<5	低压
	5～400	中压
	400～1 600	高压

表 3-1-5 工业管道的分类

材料性质分类	压力(kPa)	压力级别
氢、氧、乙炔、石油、排渣等	0	无压(自流)
	0～1 600	低压
	1 600～10 000	中压
	>10 000	高压

表 3-1-6 电力电缆的分类

功能分类	电压(kV)	电压级别
供电(输电或配电)、路灯、电车等	<1	低压
	1～110	中压
	>110	超高压

3.1.2 地下管线场地分类

地下管线场地的分类应按现行的国家行业规范《市政工程勘察规范》(CJJ 56)的有关规定执行,见表3-1-7。只要场地各项条件中有一项属于上一类时,应将该场地划分为上一类。对于管线线路较长的场地,如果沿线各地段的场地条件、地基土质和地下水条件有差别时,应分别划定勘察区内各地段的场地类别,不宜将整个勘察区域简单地划分为某一类。

表 3-1-7 场地的分类

Ⅰ类	Ⅱ类	Ⅲ类
按现行的国家规范《建筑抗震设计规范》划分的对建筑抗震危险的场地和地段	按现行的国家规范《建筑抗震设计规范》划分的对建筑抗震不利的场地和地段	地震设防烈度为6度或6度以下或现行的国家规范《建筑抗震设计规范》划分的对建筑抗震有利的场地和地段
不良地质现象强烈发育	不良地质现象一般发育	不良地质现象不发育
地质环境已经或可能受到强烈破坏	地质环境已经或可能受到一般破坏	地质环境基本未受破坏
地质地貌复杂	地质地貌较复杂	地质地貌简单
岩土种类多,性质变化大,地下水对工程影响大,且需特殊处理	岩土种类较多,性质变化较大,地下水对工程有不利影响	岩土种类单一,性质变化不大,地下水对工程无影响
变化复杂,作用强烈的特殊性岩土	不属Ⅰ类的一般性岩土	非特殊性岩土

3.1.3 地下管线工程勘察的主要内容

勘察、设计与施工三者是基本建设工程的主要环节,它们相辅相成构成基建的主要内容。勘察是为设计和施工而进行的可行性研究,其目的是查明工程地质环境,论证场地地基的稳定性,以确保工程的顺利进行和使用效果。

1. 勘察前需掌握的资料

管线工程勘察一般进行一次性详勘。勘察前应收集的主要资料:

(1)附有标明坐标、管线走向、与拟铺设管线有关的设施和现状地形等的管线工程总平面布置图;

(2)管线类型、基底高程、管径(或断面尺寸)、输送方式、设计示意图和可能采取的施工方案以及地下埋设物分布概况等。

2. 勘察的主要内容和要求

室外管线工程勘察要求查明沿线各地段的地质、地貌、地质结构特征,各类土层的性质及其空间分布,对管线地基进行工程地质评价,为地基基础和穿越工程设计、地基处理与加固、不良地质现象的防治、施工开挖与排水设计等提供工程地质依据和必要的设计参数,并对可能出现的岩土工程问题提出治理措施和建议。管廊勘测主要包括初步勘察和详细勘察两个阶段:

(1)初步勘察任务

初步勘测时,工程地质测绘和调查应初步查明下列问题:

1)地貌形态和成因类型。

2)底层岩性、产状、厚度和风化程度。

3)断裂和主要裂隙的性质、产状、充填、胶结、贯通及组合关系。

4)不良地质作用的类型、规模和分布。

5)地震地质背景。

6)地应力的最大主应力方向。

7)地下水类型、埋藏条件、补给、排泄和动态变化。

8)地表水体的分布及其与地下水的关系,淤积物的特征。

9)管廊穿越地面建筑物、地下构筑物、管道等既有工程时的相互影响。

(2)详细勘察任务

详细勘测应进行的工作包括:

1)查明底层岩性和分布,划分岩组和分化程度,进行岩石物理力学性质试验。

2)查明断裂构造和破碎带的位置、规模、产状和力学属性,划分岩体结构类型。

3)查明不良地质作用的类型、性质和分布,并提出防治措施的建议。

4)查明主要含水层的分布、厚度和埋深,地下水的类型、水位、补给排泄条件,预测开挖期间出水状态、涌水量和水质的腐蚀性。

5)城市管廊需要降水施工时候,应分段提出工程降水方案和有关参数。

6)查明管廊所在位置及临近地段的地面建筑和地下建筑物、管线情况,预测洞室开挖可能产生的影响,提出防护措施。

(3)解决的主要岩土工程问题

1)当管线穿越软弱地基与坚实地基交界部位时,需判明由于地基差异沉降而导致管线损坏的可能性;

2)选择确定软弱地基和振动液化地层适宜的处理与加固方案;

3)当管线穿越河流、沟谷地段时,应查明河床、岸坡的地层结构等,并对河床、岸坡冲刷和稳定性做出评价,提出穿越方案建议和措施;

4)查明施工地段的岩土分布状态、水文地质条件,提供可能采用的施工方法的设计、施工所需要的计算参数和依据;

5)当埋管较深,需深挖辅助坑槽时,应对坑槽边坡及邻近建筑物的稳定性进行分析评价,提出适宜的坑槽边坡支护方案;

6)地下水位高,并对工程有影响的地段,需选择确定适宜的排水方法(排水井、井点或深井泵排水),对可能产生流砂、潜蚀、管涌等问题的防治措施;

7)在强地震区的管线勘察中,必须对场地和地基地震效应进行分析,应提供相应的防震措施,如采用柔性接口结构、改善管线与附件(弯头、三通、四通、阀门)的连接、混凝土枕基(平基或弧基措施)等。在可能产生振动液化的地段,必要时可采用打桩补强措施;

8)判明环境水和土对管材的腐蚀性,必要时采取相应的防腐措施;

9)应查明施工地段地下埋设物(包括已铺设的各种管线)的类型、埋深、位置和路线,以免施工时损坏。

3.1.4 管廊勘测技术要求

1. 初步勘察技术要求

初步勘测时,勘探与测试应符合以下技术要求:

(1)采用浅层地震剖面法或其他有效方法圈定隐伏断裂、构造破碎带,查明基岩埋深、划分风化带。

(2)勘探点宜沿管廊外侧交叉布置,勘探点间距宜为100~200 m,采用取样和原位测试勘探孔不宜少于勘探孔总数的2/3;控制空勘探孔深度,对岩体基本质量等级为Ⅰ级和Ⅱ级的岩体宜钻入管廊设计高程下1~3 m;对Ⅲ级岩体宜钻入3~5 m;对Ⅳ级、Ⅴ级的岩体和土层,勘探孔的深度应根据实际情况确定。

(3)每一主要岩层和土层均应采取试样,当有地下水时应采取水试样;当洞区存在有害气体或地温异常时应进行有害气体成分、含量或地温测定;对高地应力地区,应进行地应力量测。

(4)必要时可进行钻孔弹性波或声波测试,钻孔地震CT或钻孔电磁波CT测试。

(5)室内岩土试验和土工试验项目,应按照岩土工程勘察规范室内试验相关规定执行。

2. 详细勘察技术要求

详细勘察可采用浅层地震勘探和孔间地震CT或孔间电磁波CT测试等方法,详细查明基岩埋深、岩石风化程度、隐伏体的位置,在钻孔内进行弹性波波速测试,为确定岩体质量等级,评价岩体完整性,计算动力参数提供资料。详勘应符合以下技术要求:

(1)勘探点宜在管廊洞室中线外侧6~8 m交叉布置,山区地下洞室按地质构造布置,且勘探点间距不应大于50 m;城市地下洞室的勘探点间距,岩土变化复杂的场地宜小于25 m,中等复杂的应为25~40 m,简单的宜为40~80 m。采集试样和原位测试探孔的数量不应少于勘探孔总数的1/2。

(2)第四系中的勘探孔深度,应根据工程地质、水文地质条件、洞室埋深、防护设计等需要确定;一般性勘探孔可钻至基底设计高程以下6~10 m。

(3)详细勘察的室内试验和原位测试,除应满足初步勘察的要求外,对城市地下洞室尚应根据设计要求进行载荷试验、热物理指标试验和室内动力性质试验。

(4)当洞室可能产生偏压、膨胀压力、岩爆和其他特殊情况时,应进行专门研究。

(5)施工勘察应配合导洞或毛洞开挖进行,当发现与勘察资料有较大出入时,应提出修改设计和施工方案的建议。

管线勘察岩土试验项目按《市政工程勘察规范》(CJJ 56—2012)有关规定执行,见表3-1-8。

表 3-1-8 城市管线勘察试验项目

项目与内容	试验结果应用
物理性质、抗剪强度试验	非开挖施工设计、辅助坑槽开挖和坑槽壁支护
物理性质、压缩性试验	管线地基土承载力与变形
室内外渗透试验、抽水试验	辅助坑槽排水、降水
颗粒分析	河床冲刷计算、土类定名
水、土化学分析、含盐量分析、电阻率测定	管线腐蚀性判定

3.1.5 土层的勘察

勘察的主要内容有以下几个方面:确定场地的适宜性;为岩土工程设计提供资料;进行施工控制和监测;进行工程事故的鉴定和论证。

1. 钻探

为了了解地下土层的构成及在垂直方向和水平方向的变化,以及与工程有关的各岩土层的物理力学特性,需要在垂直方向、水平方向或某一倾斜方向进行钻孔。钻探是一切基础工程的先导性工作,工程设计和施工方案的选定在一定程度上要依赖钻探资料。有时为了探测地下埋设物的情况也需要进行钻探。

通常采用的钻探方法主要有:

(1) 回转钻进

回转钻进是通过钻机的回转头或转盘带动连有钻头的钻杆进行回转,同时施加一定的压力使钻头刃口随着回转切入土中进行钻进,或靠钻头上镶焊的合金或人造金刚石磨削岩层,切取岩芯,进行所谓的岩芯钻探。这种方法的关键在于根据地层的不同硬度(可钻性)采取适当的给进压力、转速及钻头,以便取得经济有效的钻进效果。

回转钻进的应用范围较广,可用于最硬的岩层,也可用于很软弱的饱和黏土层。

(2) 冲击钻进

冲击钻进是用钢丝绳将具有一定重量或带有落锤的钻头提升到一定的高度,然后令其自由下落将钻头击入土中切取土柱,将土柱提至地面作为样品保留下来;然后重复冲击钻进,如此连续进行,直至预定的勘探深度。冲击钻进一般是用带有导向杆的锤座连接钻杆顶端,落锤直接打击锤座,冲击动力通过钻杆传至孔底钻头。也有用潜孔锤进行冲击钻进,即用钢丝绳直接提升钻孔内的冲击锤,而不用钻杆。

冲击法因在冲击过程中振动较大,易破坏土的结构,因而不适于在松散、饱和的砂土层或灵敏度较高的黏土层钻取原状土样。

(3) 振动钻进

振动钻进是一种变相的冲击钻探方法,它利用机械或液压的振动器通过钻杆向钻头施以一定频率的振动扰力,以达到钻进的目的。此法比冲击钻进优越之处在于可通过变频来增加或减少振动扰力,以适应不同的土层,达到提高进尺效率的目的。

(4) 连续螺旋钻进

连续螺旋钻进是用特长(一般为 5~7 m)的螺旋钻头直接与回转钻机动力头连接进行钻探,一次进尺等于整个钻头的长度,然后把全长的土柱提到地面并加以描述。这种方法用于软弱的饱和土层具有特殊效果。

2. 取样

室内试验分析是获取岩土特性参数必不可少的手段,而所取岩土样品对土层的代表性及土样的质量直接关系到岩土特性参数的可靠性。取样技术的优劣主要取决于取土器的特性。在众多的取土器中,人们最关心的是哪种取土器最有效且易用,这是一个很难一概而论的问题。事实上没有任何一种取土器所取的土样不经受扰动,也没有任何一种取土器的使用可完全脱离人的实践经验。故取土器的简易、有效性是与经验的积累、操作的熟练程度以及对岩土工程实际与施工精度的估量联系在一起的。

取样技术分采取扰动土样和采取原状土样两大类。

扰动土样一般用于鉴别地层或仅用于测定地层岩土的某些物理性能参数。扰动土样通常在钻进过程中按规定的深度间隔来采取,当怀疑有变层时则利用提升钻具的机会来采取。扰动土样一般要求保持土的天然颗粒级配、天然湿度(或稠度)不变,以便分析其天然的物理性能参数。几乎所有的回转、冲击钻头都可兼作扰动土取样器。

原状土样主要是指岩土的天然骨架结构不被破坏或基本保持原状,当然,土的级配、湿度(或稠度)也必须保持原样。为了达到此目的,必须使用专门设计和制造的原状取土器,主要有敞口式取土器和闭口式取土器两种。前者如国际上通用的 Shelby 取土器和我国广泛采用的上提活阀式取土器;后者如固定活塞取土器和 Osterberg 取土器。

3. 地球物理勘探

地球物理方法是将岩土体作为探测对象,利用各种地球物理测试手段,通过各种岩土体不同的物理反应及物理异常间接推断或直接测定地层的变化、地下埋设物以及岩土体的物理性能参数。几乎所有的物理测量方法都能移植于这方面的应用。

地球物理方法包括直流电法、交流电法、自然电场法、地震波折射法、反射法、电磁波(地质雷达)法、波速法、重力法、放射性同位素法、地声法、水声法、地热法等。其中,使用得最多的是电法、地震法和雷达勘探。

(1) 电法勘探

电法就是将交流电波或直流电波输入到所测地段,造成一电场,通过测量两点间与地区土层特性有关的电位差或形成的感应电动势来间接反映地层的变化。电法探测的种类很多,常用的交流电法有频率测深法、电磁法、激发极化法;最常用的直流电法有电测深法、电剖面法,通常统称为电阻率法。

(2) 地震勘探

地震法是在地表或地下人工激发振波,在地面上相隔一定距离用拾振器接收由被测的岩土层传播回来的反射波、折射波或直达波。通过测得各种回波到达的时间及波形,求得波速及各个折射界面的相对位置;或利用回波在不同岩土层中的传播特征,推测地层情况及岩土体的性质。由此,地震法可分为直达波法、反射波法、折射波法和波速法四种,其中最常用且较为有效的是折射波法。

(3) 探地雷达勘探

雷达技术虽早在第二次世界大战时就已应用于空间探测,但由于雷达发射能量的限制,直到 20 世纪 70 年代才由美国人冠克等开始研究探地雷达,并获得成功。探地雷达有地下发射和地下接收的无线电透射法,也有地面发射和地面接收回波的反射法;有单周脉冲式的雷达波,也有连续发射的雷达波。各种形式的探地雷达都有共性要求。例如:发射的雷达波均为甚高频的电磁波;通常具有 100 dB 以上的能量,以便能够探测一定的深度范围。每米厚的地层可使雷达波衰减数个分贝,这主要取决于土质岩性的差异。一般而言,带有较大空隙的干燥松散砂层对雷达波衰减较少,而饱和的黏土层则衰减较大。

单周脉冲式雷达反射波探测技术的基本原理,是由雷达天线发射甚高频电磁波到达地层中一定深度时,若在此深度范围内有地层变化或地下洞穴、埋设物等异常对象,就可使雷达波反射回来,并用接收天线予以回收。设雷达波从发射至接收回来的总时间为 T(以 ms 计),地下拟探测的对象埋设深度(或相对距离)为 D,地层对雷达波的衰减作用根据严格校准试验确定的"衰减系数"为(在空气中 $n=1$;在岩土层中 $n=1.4\sim 4.0$),则探测对象的埋深为:

$$D=\frac{T}{2n} \quad (3-1)$$

为了达到目的,探地雷达的基本装置至少应包括下列 4 个部分:

1)天线:可用单一天线(带有 TR 接收器)或分离天线进行发射和接收。切忌宽频带发射,以免无法接收。

2)雷达电磁波发射器:电压可为数十伏至数千伏,主要依靠雪崩三极管发射脉冲,均功率/峰值功率<0.001 为宜。

3)接收器和处理器:用以接收反射回来的波形,并加以处理。

4)显示器:通常可用示波仪、电子绘图仪或磁录机进行显示记录。

利用探地雷达既可以探测地层的不连续性,如地层的变化、空洞等,也可以探测地下埋设的物的情况,如地下管线,还可以用于检查管道的泄露点。

3.2 基础资料分类

地质环境是工程项目建设的重要控制性因素。首先场地的工程地质体作为建筑的承载体,其稳定性决定了建筑的类型、建筑功能的实现和工程建设的费用;其次,工程项目的建设对地质环境的影响也不容忽视,许多工程项目由于不注意工程项目建设与地质环境的相互作用,在项目的建设中诱发地质灾害,最后导致工程项目失败;第三,不同的工程地质条件,其用作建设用地的适宜性不同,我们需要根据场地工程地质特征,进行整体布局,科学的规划场地上建筑物的布局,最大限度地发挥场地的经济价值,建设与地基条件相适应的建筑物,达到布局合理,建设费用最省的目标。所以,在规划中充分考虑地质环境因素是十分有必要的。

3.2.1 土的种类

1. 非黏性土

在非黏性土(粗粒土)中,单个的矿物颗粒或岩石碎片由于颗粒表面存在的相互摩擦力,而形成一种松散的土体,其性能主要受颗粒大小、粒径分布、颗粒形状和粗糙度的影响。非黏性土包括砂、砾石、碎石,以及由它们组成的、小于 0.06 mm 颗粒的重量百分比低于 15% 的混合物。

2. 黏性土

在黏性土(细粒土)中,颗粒表面的静电作用使土的颗粒相互黏结在一起,形成一种黏性的塑性土体,其性能主要受含水率、颗粒大小和黏性矿物含量的影响。黏性土层包括黏土、黏性淤泥、淤泥,以及由它们组成的、小于 0.06 mm 颗粒的重量百分比高于 15% 的混合物。

3. 有机土

有机土包括泥炭和腐殖泥,其中动物或植物的有机成分含量分别超过 3% 或 5%。有机土具有纤维结构,而且具有较高的储水能力(其大小取决于有机物的分解程度)。

3.2.2 土的颗粒分布

土的颗粒大小与土的性质有密切关系。例如,土的颗粒由粗变细,其性质可由无黏性变为有黏性,而透水性随之减小。粒径大小在一定范围内的土粒,其矿物成分及性质都比较接近。因此,可将土中各种不同粒径的土粒,按适当范围分为若干粒组,是常用的粒组划分方法。表 3-2-1 中根据粒径大小、把土粒分为六大组:漂石(块石)、卵石(碎石)、圆砾(角砾)、砂粒、粉粒和黏粒。

表 3-2-1　土粒的粒组划分

粒组名称		粒径范围(mm)	一般特征
漂石或块石		>200	渗水性极大,无黏性,无毛细水
卵石或碎石		200~20	
圆砾或角砾	粗	20~10	渗水性极大,无黏性,毛细水上升高度不超过粒径大小
	中	10~5	
	细	5~2	
砂粒	粗	2~0.5	易透水,当混入云母等杂质时透水性减少;无黏性,遇水不膨胀,干燥时松散;毛细水上升高度不大,且随粒径变小而增大
	中	0.5~0.25	
	细	0.25~0.1	
	极细	0.1~0.075	
粉粒	粗	0.075~0.01	透水性小;湿时稍有黏性,遇水膨胀小,干时稍有收缩;毛细水上升高度较大较快
	中	0.01~0.005	
黏粒		<0.005	透水性很小;湿时有黏性、可塑性、遇水膨胀大,干时收缩显著;毛细水上升高度大,但速度较慢

自然界中的土都是由大小不同的土粒组成的。土中各个粒组相对的百分比称为土的颗粒级配。

根据土的颗粒分析试验结果,在半对数坐标纸上以纵坐标表示小于某粒径的土粒含量百分比,横坐标表示粒径,可绘出颗粒级配曲线。如曲线平缓,表示粒径相差悬殊,土的颗粒不均匀,即级配良好。反之,如曲线很陡,表示粒径均匀,即级配不好。在工程计算中常须做出定量分析,采用不均匀系数 C_u 表示颗粒的不均匀程度:

$$C_u = \frac{d_{60}}{d_{10}} \tag{3-2}$$

式中　d_{60}——小于某粒径土的质量占土总质量 60% 时的粒径,该粒径称为限定粒径;

　　　d_{10}——小于某粒径土的质量占土总质量 10% 时的粒径,该粒径称为有效粒径。

颗粒级配曲线越陡,则土粒愈不均匀,不均匀系数也愈大。工程上把 $C_u<5$ 的土称为均匀;把 $5<C_u<10$ 的土称为不均匀;而把 $C_u>15$ 的土称为极不均匀。土的可压密性随不均匀程度的增加而提高。

3.2.3　无黏性土的致密性

土的致密性反映的是土粒彼此间的结合程度,可用它来评价土的可压密性或者渗透性。

无黏性土颗粒较粗,土粒之间无黏结力,呈散粒状态。它的工程性质与其密实程度有关,如密实状态,则其强度高、压缩性小;反之,则强度低、压缩性大。砂土的密实程度可用相对密实度 D_r 来表示:

$$D_r = \frac{e_{max} - e}{e_{max} - e_{min}} \tag{3-3}$$

式中　e_{max}——土的最大孔隙比,即在最松散状态下的孔隙比;

　　　e_{min}——土的最小孔隙比,即在最密实状态下的孔隙比;

　　　e——砂土在自然状态下的孔隙比。

当 $D_r=0$ 时 $e=e_{max}$,即表示土处于最疏松状态;当 $D_r=1$ 时,即 $e=e_{min}$,表示土处于最密实状态。按 D_r 值的大小可将砂土的密实程度分为以下三类：

$0<D_r<0.33$ 松散

$0.33<D_r<0.67$ 中等密实

$0.67<D_r<1$ 密实

虽然相对密实度从理论上能反映颗粒级配、颗粒形状等因素。但由于天然孔隙比不易测准，最大、最小孔隙比测定的仪器多种多样，各种试验方法所采用的标准都不完善。因此，《建筑地基基础设计规范》(GB 50007—2011)用标准贯入试验(SPT)的锤击数 N63.5 来划分砂土的密实度(表 3-2-2)。N63.5 是在标准贯入试验时，用质量为 63.5 kg 的锤，落距为 760 mm，自由下落将贯入器竖直击入 300 mm 所需的锤击数。

表 3-2-2 砂土的密实度

密实度	松散	稍密	中密	密实
标准贯入锤击数	$N\leqslant10$	$10<N\leqslant15$	$15<N\leqslant30$	$N>30$

3.2.4 黏性土的稠度

黏性土的颗粒很细，所含黏土矿物成分较多，故水对其性质的影响较大。当含水率较大时，土处于流动状态。当含水率减少到一定程度时，黏性土具有可塑状态的性质。即在外力的作用下，土可塑成任何状态而不开裂，也不改变其体积；当外力去除后，仍可保持所得的状态。若含水率继续减少，土就会由可塑状态转变为半固态和固体状态。

黏性土由流动状态转变为可塑状态的分界含水率称为液限，用符号 w_L 表示；由可塑状态转变为半固态的分界含水率称为塑限，用符号 w_p 表示；若含水率进一步减少，体积也不断减少，直至土的体积不再减少时的界限含水率称为缩限，用符号 w_n 表示。

1. 黏性土的塑性指数

液限与塑限之差称为土的塑性指数 I_p，即：

$$I_p = w_L - w_p \tag{3-4}$$

塑性指数的大小主要与内含黏粒(直径小于 0.005 mm)多少有关。土中含黏粒愈多，土粒的比表面愈大，土的结合水含量也愈高，因而就愈大。根据塑性指数的大小，可将黏性土分为两类：粉质黏土：$I_p>10$；黏土：$I_p>17$

2. 黏性土的液性指数

土的稠度是指土的软硬程度，它可用液性指数 I_L 来表示。液性指数是土的天然含水率与塑限之差与土的塑性指数的比值，即：

$$I_L = \frac{w - w_p}{w_L - w_p} \tag{3-5}$$

液性指数表示黏性土的软硬程度。根据液性指数的大小可将黏性土分为坚硬、硬塑、可塑、软塑和流塑状态，见表 3-2-3。

表 3-2-3 黏性土按液性指数划分的软硬状态

液性指数	$I_L\leqslant0$	$0<I_L\leqslant0.25$	$0.25<I_L\leqslant0.75$	$0.75<I_L\leqslant1$	$I_L>1$
状态	坚硬	硬塑	可塑	软塑	流塑

3.2.5 土层的水文地质条件

完整的土层勘察报告应包括水文地质条件,即:
(1)地下水的水位;
(2)水的流动方向和速度;
(3)地下水的数量;
(4)地下水的化学成分。

土中的水除了一部分是受电分子力作用吸附在颗粒表面的结合水外,其余都是自由水。自由水能够传递静水压力,能够在重力和表面张力作用下在土内流动。土中的水对细粒土的性质影响很大,可使其产生黏性、塑性和胀缩性等一系列变化。

在地下水位以上的土体中存在毛细水,它可增加土粒间的接触压力,这对土体的稳定性是有利的,但会加剧土的冻害。

地下水位以下土体中的自由水称为地下水,它连续布满所有的孔隙,对土粒产生浮力作用,改变土体的自重应力。如果地下水中存在压力差,水就会从水头高处流向水头低处,即产生渗流现象,对施工具有很重要的影响。

土中水的渗透性是工程施工必须考虑的一个重要因素。渗透性的大小可用渗透系数 k 来表示,一般通过做室内渗透试验或现场抽水和压水试验进行测定。影响土的渗透性系数大小的主要因素有土的颗粒大小及级配、土的密实度、土的饱和度、土的结构和构造以及水的温度等。

根据达西定律,砂和其他细颗粒土的渗透系数可表示为:

$$k=\frac{v}{i} \tag{3-6}$$

式中 v——渗流速度(cm/s);
i——水力梯度。

表 3-2-4 可用于粗略估计土的渗透系数。

表 3-2-4 各类土的渗透系数

土的种类	渗透性大小	渗透系数(cm/s)
卵石、碎石、砾石	很透水	$6.0\times10^{-2}\sim6.0\times10^{-1}$
砂	透水	$6.0\times10^{-4}\sim6.0\times10^{-2}$
砂质黏土	中等透水	$6.0\times10^{-5}\sim6.0\times10^{-4}$
粉质黏土	低透水性	$1.2\times10^{-6}\sim6.0\times10^{-5}$
黏土	几乎不透水	$<1.2\times10^{-6}$

3.2.6 岩土的工程分类

岩土的种类很多,为了评价岩土的工程性质以及进行地下管线的设计和施工,必须对岩土进行工程分类,见表 3-2-5。岩土可分为岩石、碎石土、砂土、粉土、黏性土、人工填土和特殊土七类。

表 3-2-5 岩土的工程分类

主类	亚类	特征
岩石	微风化岩石	岩质新鲜,表面稍有风化迹象
	中等风化岩石	结构和构造层理清晰;岩体被节理、裂隙分割成块(200~500 mm);用镐难挖掘
	强风化岩石	结构和构造层理不甚清晰;岩体被节理、裂隙分割成块(20~200 mm);碎石用手可以折断;用镐可以挖掘
碎石土	漂石	圆形及亚圆形为主 — 粒径大于 200 mm 的颗粒超过总重的 50%
	块石	棱角形为主
	卵石	圆形及亚圆形为主 — 粒径大于 20 mm 的颗粒超过总重的 50%
	碎石	棱角形为主
	圆砾	圆形及亚圆形为主 — 粒径大于 2 mm 的颗粒超过总重的 50%
	角砾	棱角形为主
砂土	砾砂	粒径大于 2 mm 的颗粒占总重的 25%~50%
	粗砂	粒径大于 0.5 mm 的颗粒超过总重的 50%
	中砂	粒径大于 0.25 mm 的颗粒超过总重的 50%
	细砂	粒径大于 0.075 mm 的颗粒超过总重的 85%
	粉砂	粒径大于 0.075 mm 的颗粒超过总重的 50%
粉土	—	土中加入饱和状态水,将土团成小球,振击后,土中水迅速渗出土面,并有光泽感
黏性土	粉质黏土	塑性指数为:$10 < I_P \leq 17$
	黏土	塑性指数为:$I_P > 17$
人工填土	素填土	由碎石、砂土、粉土、黏性土等组成的填土
	冲填土	含有工业废料、建筑垃圾、生活垃圾等杂质的填土
	杂填土	由水力冲填泥砂形成的沉积土
特殊土	—	包括淤泥、淤泥质土、红黏土和次生红黏土、湿陷性黄土、膨胀土、软土和冻土等

3.3 综合管廊选线(方案比选)基本原则

3.3.1 适宜选用综合管廊的条件

根据现况调查所得资料研究拟规划区域内管线需求预测,协调各管线主管机关及事业单位参与地下综合管廊系统设置的意愿,及了解各管线未来发展计划。根据未来都市发展规划,确定管线短、中及长期需求与未来可能发生困难与解决方法。地下综合管廊设置条件内容见表 3-3-1。

城市地下管廊进行选线时,需要综合考虑以下条件:

(1)交通运输繁忙或者地下工程管线设施较多的机动车道、城市主干道以及配合地下铁道、地下道路、立体交叉等建设工程地段。

(2)不宜开挖路面的路段。

(3)需同时敷设多种管线的道路。

(4)广场或主要道路的交叉处。

(5)道路宽度难以满足直接敷设多种管线的道路。

表 3-3-1 设置条件内容

规划评估 项目分类	干管(道路下方)	供给管(人行道下方)
道路管理	交通量,目前管线设施种类及数量,道路挖掘频率	行人使用量,需电缆地下化路段
管线设施	未来管线设施种类及数量,现有设施更新或扩充计划	需求密度
都市计划	具有长期效益路线,需民生管线之重要路线	都市防灾路线,景观路线

地下综合管廊系统规划的原则可就干管的地下综合管廊与支管的地下综合管廊分别进行,其评估项目见表 3-3-2。就个别评估项目设定评估指针进行量化评估。

3.3.2 选线基本原则

表 3-3-2 路段评估指针

路段评估指针	
干管	供给管
道路等级 服务水准 挖掘频率 管线系统 重大建设 经济效益	住宅区、商业区比例 挖掘频率 经济效益

(1)应遵循节约用地的原则,确定纳入的管线,统筹安排管线在综合管廊内部的空间位置,协调综合管廊与其他地下地上工程的关系。

(2)应符合城镇总体规划要求,在城镇道路、城市居住区、城市环境、给水工程、排水工程、热力工程、电力工程、燃气工程、信息工程、防洪工程、人防工程等专业规划的基础上,确定综合管廊系统规划。

(3)应考虑城镇长期发展的需要。

(4)应明确管廊的空间位置。

(5)应有管线各自对应的主管单位批准的专项规划。

(6)应根据城市发展总体规划,充分调查城市管线地下通道现状,合理确定主要经济指标,科学预测规划需求量,坚持因地制宜、远近兼顾、全面规划、分步实施的原则,确保综合管廊系统规划和城市经济技术水平相适应。

(7)应明确管廊的最小覆土深度、相邻工程管线和地下建筑物的最小水平和最小垂直净距。

(8)应根据敷设管线的等级和数量分为干线综合管廊、支线综合管廊和电缆沟。

(9)干线综合管廊应设置在机动车道、道路绿化带下,其覆土深度应根据地下设施竖向综合规划、道路施工、行车荷载、绿化种植及设计冻深等综合因素确定。

(10)支线综合管廊宜设置在道路绿化带、人行道或非机动车道下,其覆土深度应根据地下设施竖向综合规划、道路施工、绿化种植及设计冻深等综合因素确定。

(11)电缆沟宜设置在人行道下。

综合管廊工程是一项复杂的地下综合工程,在城市道路中实施综合管廊工程,要协调好道路路面、高架道路、地下道路、地下铁路或其他地下建筑物的相互影响。

综合管廊的系统规划是根据道路路网规划和管线专项规划确定,并且在二者的基础上反馈给相关管线专项规划,经过多次协调最终形成的综合管廊系统规划。

3.4 综合管廊工程建设的投资成本分析

3.4.1 城市地下管廊的经济投资成本

1. 施工成本的构成

工程的施工成本应包括直接成本、间接成本和社会成本。

(1) 直接成本

直接成本是指与管线施工直接有关的费用,主要有:

1) 规划、设计和监理费用;

2) 施工费用(支付给承包商和供应商的费用);

3) 现有管线的改线费用;

4) 交通路线的改线费用;

5) 地面的复原费用。

(2) 间接成本

间接成本主要是指由于工程施工影响地面的商业活动和损坏财产而给予的经济补偿,包括:

1) 路面损坏的补偿;

2) 地下管线损坏的补偿;

3) 影响商业活动的补偿;

4) 对人员伤亡的补偿。

(3) 社会成本

社会成本是指由于工程施工而对地面的交通、环境、生活和商业活动造成的干扰和破坏,包括:

1) 对市民生活的干扰;

2) 对交通的干扰:交通堵塞、道路改线、交通事故;

3) 对商业和工业活动的干扰;

4) 增加事故的发生率;

5) 环境污染:破坏绿化(植被和树)、地下水、噪声、废气、振动、粉尘和污泥等。

研究表明,总的社会成本与直接成本大约在同一个数量级,有时甚至更高。因此,在选择施工方法时,除了考虑技术因素(深度、地层和设备的能力等)外,还必须考虑上述各种成本因素。然而,在许多情况下都难以对间接成本和社会成本做出定量的分析和计算,而只能作大致的估算。

2. 开挖施工成本

开挖施工法的成本包括可控制的成本和不可控制的成本。可控制的成本主要由下述因素决定:

(1) 施工方法;

(2) 施工设备;

(3) 管径和管材;

(4) 结构设计。

不可控制的成本由下述因素决定:

(1) 地下水条件;

(2) 埋深;

(3) 地层条件;

(4) 地形条件。

不考虑其他因素时,开挖施工法的成本(包括管材、开挖和铺管作业、工作坑的施工)是管径和埋深的函数,如图 3-4-1 所示,表示一个典型的用开挖施工法铺设污水管的成本(包括工作坑的施工,不包括降水)与管径和埋深之间的关系曲线。其他额外的成本可另外单独考虑。

3. 非开挖施工成本

为了确定非开挖施工的直接成本,必须考虑下列三个主要因素:

(1) 工作坑;
(2) 新管线;
(3) 施工方法。

起始工作坑和接收工作坑的施工成本取决于所要求的尺寸大小(长宽或直径)、间距、深度、支护、降水等因素。工作坑的间距越大,则开挖和支护的成本越低。

新管线的成本主要由其内径、单根长度、壁厚、管材、接头设计以及防腐要求等因素决定。显然,单根新管线的长度越长,接头的个数越少,施工的成本就越低;但由于所要求的工作坑尺寸大,施工成本也会相应增加。

施工方法决定了所选用的设备类型,最大施工长度、埋深以及设备的利用等(图 3-4-2~图3-4-4)。

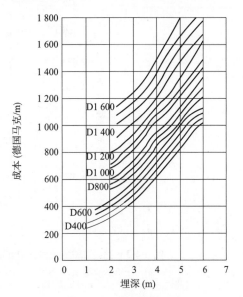

图 3-4-1 污水管的开挖施工成本与管径和埋深的关系曲线

4. 施工成本比较

在以下的施工成本比较中,主要考虑施工的直接成本,包括:

(1) 现场勘察和旧管的清洁;
(2) 开挖工作;
(3) 施工设备;

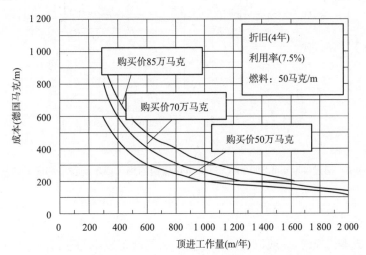

图 3-4-2 小口径顶管法的施工成本与设备的价格和利用率之间的关系

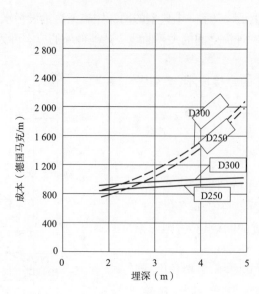

图 3-4-3　铺设 250 mm 和 300 mm 管道的施工成本与管径和埋深的关系

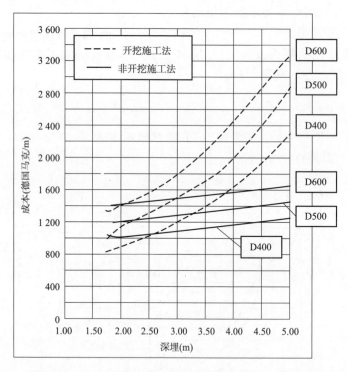

图 3-4-4　铺设 400 mm、500 mm 和 600 mm 管道的施工成本与管径和埋深的关系

(4)管材；

(5)地表复原。

在进行施工成本比较时，一般以道路开挖施工法的施工成本为基准(100%)，其他各种施工方法与之相比较。图 3-4-5～图 3-4-8 是铺设四种主要地下管线的施工成本比较。图 3-4-9 为更换和修复旧管的施工成本比较。

第 3 章 综合管廊勘测

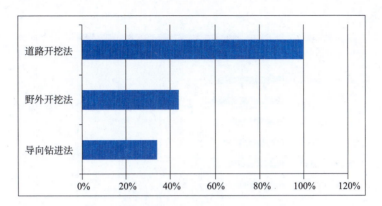

图 3-4-5 电缆线(直径 100 mm)的施工成本比较

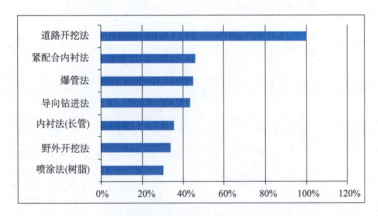

图 3-4-6 煤气管道(直径 100 mm)的施工成本比较

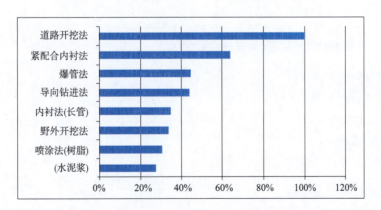

图 3-4-7 自来水管道(直径 100 mm)的施工成本比较

综上所述,考虑间接成本和社会成本时,在许多条件下非开挖施工的成本要比开挖施工的成本低。

总之,当存在下述条件之一时,可以考虑采用非开挖施工方法进行地下管线的施工:
(1)埋深大于 3 m;
(2)在繁忙的道路下;

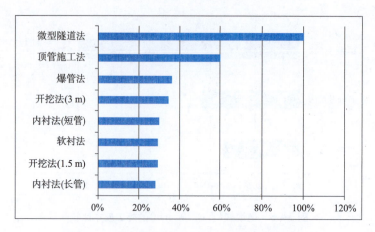

图 3-4-8　污水管道(直径 600 mm)的施工成本比较

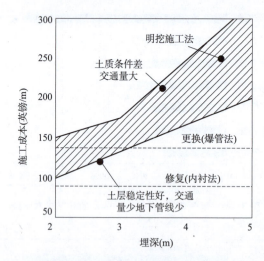

图 3-4-9　开挖施工和非开挖施工的成本比较(旧管的更换和修复)

(3)靠近现有的地下管线;
(4)在不稳定的地层中;
(5)在地下水位以下;
(6)在环境敏感地区;
(7)在工业和商业地区或住宅区。

3.4.2　非开挖施工的风险分析

非开挖技术和其他新技术一样有其有利和不利因素。因此,在决策前做好其应用过程中的风险预测及控制是非常重要的。

风险控制与管理的决策学关系密切。然而,它又超出了决策学的研究领域。近年来,在金融贸易、工程建设及技术研究等方面,风险管理得到重视。大量研究成果揭示了风险问题研究与工程建设及其他投资决策的关系,众多成功的应用实例又证明其实用的价值,尤其在决策阶段可以为项目设计与经营管理人员提供可靠的帮助。

第4章 综合管廊规划与设计

4.1 综合管廊规划

4.1.1 综合管廊总体规划

1. 基本原则

地下管线综合管廊规划是城市各种地下市政管线的综合规划,因此其线路规划应符合城市各种市政管线布局的基本要求,并应遵循如下原则:

(1)综合原则

地下管线综合管廊是对城市各种市政管线的综合,因此在规划布局时,应尽可能让各种管线进入管廊内,以充分发挥其作用。

(2)长远原则

地下管线综合管廊规划必须充分考虑城市发展对市政管线的要求。

(3)相结合原则

地下管线综合管廊应与地铁、道路、地下街等建设相结合,综合开发城市地下空间,提高城市地下空间开发利用的综合效益,降低地下管线综合管廊的造价。

2. 布局形态

地下管线综合管廊是城市市政设施,因此其布局与城市的理念有关,与城市路网紧密结合,其主干地下管线综合管廊主要在城市主干道下,最终形成与城市主干道相对应的地下管线综合管廊布局形态。地下管线综合管廊布局形态主要有以下几种:

(1)树枝状

地下管线综合管廊以树枝状向其服务区延伸,其直径随着管廊延伸逐渐变小。树枝状地下管线综合管廊总长度短,管路简单,投资省,但当管网某处发生故障时,其以下部分受到的影响大,可靠性相对较差,而且越到管网末端,质量越下降。这种形态常出现在城市局部区域内的支干地下管线综合管廊或综合电缆沟的布局。

(2)环状

环状布置的地下管线综合管廊的干管相互联通,形成闭合的环状管网,在环状管网内,任何一条管道都可以由两个方向提供服务,因而提高了服务的可靠性。环状网管路越长,投资越大,但系统的阻力越小,降低动力损耗。

(3)鱼骨状

鱼骨状布置的地下管线综合管廊,以干线地下管线综合管廊为主骨,向两侧辐射出许多支线地下管线综合管廊或综合电缆沟。这种布局分级明确,服务质量高,且管网路线短,投资小,相互影响小。

3. 总体规划

地下综合管廊的建设应根据城市经济发展状况及发展趋势量力而行,因此规划工作应建立在对城市现状的充分了解及对未来发展的合理预测的基础上,把握适度超前的原则,以达到改善城市现状、促进城市发展并有效控制建设成本的规划目标(图 4-1-1)。地下综合管廊的规划是一项系统工程,从整体到局部,从建设期到运营期,在空间与时间上综合考虑、逐步深化,并始终注意规划的可操作性。

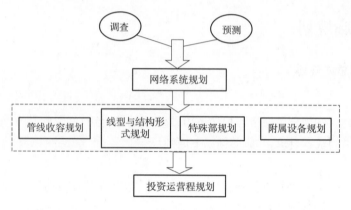

图 4-1-1　总体规划

综合管廊的规划是一项系统工程,从整体到局部,从建设期到运营期,在空间与时间上综合考虑、逐步深化,并始终注意规划的可操作性。

(1)综合管廊规划前的调查与预测

规划地下综合管廊必须从各种角度收集研究管线资料,可先选定特定路段为研究对象进行分析并进一步规划。

1)调查现有道路交通量的混杂情形,并预测将来施工时道路交通量的拥堵情形,现有地形及地质的调查。

2)现有道路上构造物的调查。

3)既有地下埋设管线设施的种类及数量,增建、维修计划。

在调查的基础上,预测未来 50～75 年或者更长期的地下综合管廊目标需求量。在推定未来需求量时,必须充分考虑社会经济发展的动向、城市的特性和发展趋势。

(2)综合管廊网络系统规划

地下综合管廊网络系统对一个城市的地下综合管廊建设乃至整个地下空间的开发利用都具有特别重要的意义。网络系统规划应根据城市的经济能力,确定合适的建设规模,并注意近期建设规划与远期规划的协调统一,使得网络系统具有良好的扩展性。

在城市里并非每一条道路皆可设置地下综合管廊,首先应明确设置的目的和条件,评估可行性,选用适当的时机,参照管线单位提出的预估需求量,然后才能确定规划原则而进行网络系统规划。道路级别对地下综合管廊网络系统规划具有重要的指导意义,根据道路级别确定是否纳入规划网络,以及选取合适类型的地下综合管廊。一般而言,城市快速路宜优先规划建设干线地下综合管廊,以减少对交通动脉的反复开挖,并形成地下综合管廊网络系统的主体框架,以利于网络的延伸与拓展。

(3)管线收容规划

地下综合管廊内收容的管线,因管理、维护及防灾上的不同,应以同一种管线收容在同一管道空间为原则。但因碍于断面等客观因素的限制,必须采取同室收容时,必须征得各管线单位同意后进行规划,并采取妥善的防范措施。

各类管线收容原则具体如下:

1)电力及电信:电力与电信管线基本上可兼容于同一室,但不应同侧布置。

2)煤气:应以独立于一室为原则,必须特别规划设计防灾安全设施。

3)自来水管(含污水下水道压力管线):自来水管线与污水下水道管线亦可收容于同一室。上方为自来水管,下方为污水管线。

4)雨污水下水道(含集尘管线):一般可将污水下水道管线(压力管线)与集尘管(垃圾管)共同收容于一室内。

5)警讯与军事通信:关于警讯与军事通信,因涉及机密问题是否收于地下综合管廊内,需与相关单位磋商后以决定单独或共室收容。

6)路灯及交通标志(含有线电视):根据断面容量,可一并考虑共室于电力、电信洞道内。

7)其他:原则上油管是不允许收容于地下综合管廊内;其他输气管若非民用维生管线,亦不收容,但若经主管单位允许,则可单独洞道收容,比照煤气管线收容原则规划。

(4)地下综合管廊线形与结构形式规划

1)平面线形规划

干管平面线形规划,原则上设置于道路中心车道下方,其中,心线平面线形应与道路中心线一致,干管和邻近建筑物的间隔距离一般应维持 2 m 以上。干管断面因受收容管线的多寡或特殊部位变化的影响,一般需设渐变段加以衔接,其变化率 1∶3(横向1,纵向3)。干管做平面曲线规划,还应充分了解收容管线的曲率特性及曲率限制。

支管各结构体上方若以回填土方式来收容煤气管时,回填土沟盖板原则上应设置于人行道上,但因特别原因在不影响道路行车安全及舒适时,亦可设置于慢车道上。

缆线类地下综合管廊原则上仍设置于人行道上,其人行道的宽度至少要有 4 m,其平面线形应配合人行道线形。缆线类地下综合管廊因沿线需拉出电缆接户,故其位置应靠近建筑线,外壁离建筑物应有至少 30 cm 以上距离以利电缆布设。

2)纵断线形规划

地下综合管廊干(支)管纵断线形应视其覆土深度而定,一般标准段应保持 2.5 m 以上,以利横越其他管线或构造物通过,特殊段的硬土深度不得小于 1 m,而纵向坡度应维持 0.2%以上,以利管道内排水,规划时应尽量将开挖深度减到最小,干管与其他地下埋设物相交时,其纵断线形常有很大的变化,为维持所收容各类管线的弯曲限制,必须设缓坡作为缓冲区间,其纵向坡度不得小于 1∶3(垂直与水平长度比)。

缆线类地下综合管廊纵向坡度应以配合人行道纵向坡度为原则,纵向曲线必须满足收容缆线铺设作业要求,特殊段(暗渠段)覆土厚度不小于路面(人行道)的铺面砖厚度。

3)结构形式规划

地下综合管廊干管的结构形式,因施工方法不同或受到外在空间因素影响或收容管线特性不同,而有不同形式。其结构外形依道路宽度、地下空间限制、收容管线种类、布缆空间需求、施工方法、经济安全等因素而定。若采用明挖施工,其结构形式以箱形为主,若采用盾构工法,以圆形为主。图 4-1-2 为地下综合管廊结构形式。

图 4-1-2 地下综合管廊结构形式图

支管地下综合管廊的结构形式因收容服务道路沿线用户的管线,一般采用较为轻巧简便型式,从接户的便利性、地下空间规模、经济性、安全性、布设性、施工性等因素来考虑。

缆线类地下综合管廊的结构形式一般采用单 U 字形或双 U 字形,结构可采用现浇或预制方式。

(5)地下综合管廊特殊部位规划

地下综合管廊网络构成后,进行地下综合管廊特殊部位规划,要考虑它的机能、配置位置、内部空间大小等,在满足必要条件的同时,还要与既有道路结构以及现场施工条件协调。

规划特殊部位时,必须确定设置各种管线的数量所必要的内部空间与维修作业的空间、电缆散热、管线的曲率半径、规范及准则,同时必须考虑邻接既有的或将设置构造物的形状、尺寸等条件。

特殊部位的种类与基本项目,见表 4-1-1。

(6)地下综合管廊管道安全规划

地下综合管廊在作规划时,除考虑一般结构安全外,仍需考虑外在因素对管道造成安全顾虑,如洪水、外力的破坏、盗窃、火灾、防爆破,以及有毒气体的防护侦测等。

1)防洪规划。地下综合管廊防洪规划应依循地下综合管廊系统网络区域内的防洪标准,开口部如人员出入口、通风口、材料投入口等为防止洪水浸入,必须有防洪闸门,规划高程为抗百年一遇洪水。

表 4-1-1 特殊部位的种类与基本项目

区分	特殊部位名称	基本工程项目
埋设物方面	1. 电线电缆的分支部位	分支位置、数量、管径大小、最小弯曲半径(配管、电缆)作业空间
	2. 电缆接续部位	接续间隔、大小、最小弯曲半径、作业空间
	3. 管路(上、下水道)、阀、闸的设置部位	阀的形状、大小、作业(施工)操作空间最小弯曲半径
	4. 煤气管伸缩部位	设置间隔、伸缩量、形状作业空间
	5. 管线器材出入口部位	设置间隔、每条管线的长度搬入方法
	6. 电缆的接引入口部位	设置间隔、接引方法、位置接引口的形状、大小
管理方面	1. 出入口兼自然通风口部位	设置间隔、通气的空间风量(出入口大小)、阶梯及楼梯的设置空间、操作盘的设置空间、操作空间
	2. 强制通风部位	设置间隔、通风扇的形状大小、设置空间风量(换气口的大小)
	3. 排水井部位	排水设备的设置空间、配管的空间

2)防侵入、盗窃及破坏的规划。地下综合管廊是城市维生管线设备,未经管理单位许可不准随意进入地下综合管廊体内;因此做防止侵入、防止窃盗及防止破坏的规划,以杜绝可能发生的情况。

3)防火规划。为防止地下综合管廊内收容管线引发的火灾,除要求器材及缆线必须使用防火材料包覆外,管道内还应规划防火及消防设施。

4)防爆规划。地下综合管廊内有时会产生沼气,为防止沼气爆炸,事先必须有防爆的规划,如防爆灯具插头等。

5)管道内含氧量及有毒气体侦测规划。对于地下综合管廊内含氧量及有毒气体侦测在规划阶段均按照政府相关安全生产法令办理,以保证管道内作业人员的安全。

(7)地下综合管廊附属设施规划

地下综合管廊附属设施,包含下列各项:

①电力配电设备;

②照明设备;

③换气设备;

④给水设备;

⑤防水设备;

⑥排水设备;

⑦防火、消防设备;

⑧防灾安全设备;

⑨标志辨别设备;

⑩避难设备;

⑪联络通信设备;

⑫远程监控设备。

(8) 地下综合管廊投资与运营管理规划

地下综合管廊建设投资大,运营和维护成本高,合理的投资与运营管理模式对推动地下综合管廊建设并发挥其作用至关重要。由于受到财政能力的限制,完全由政府承担地下综合管廊的建设费用势必难以迅速推动地下综合管廊的建设。因此,寻求多元化的投资模式、引入市场化的操作手段,成为推动地下综合管廊建设的关键。根据市政设施投资经营的一般经验,结合国内外地下综合管廊的成功运作模式,地下综合管廊的建设及运营应进行公司化运作。成立由政府控股的建设运营公司进行运作,有利于拓宽融资渠道,引入市场规则。

根据国内外的成功经验,如图 4-1-3 所示的运作模式是一种值得推广的方案。

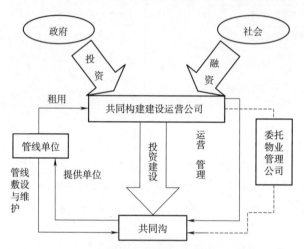

图 4-1-3　地下综合管廊投资与运营管理模式

4.1.2　综合管廊总体布置

1. 综合管廊的总体布置原则

(1) 综合管廊平面中心线宜与道路中心线平行,不宜从道路一侧转到另一侧。

(2) 综合管廊沿铁路、公路敷设时应与铁路公路、线路平行。

(3) 综合管廊与铁路、公路交叉时宜采用垂直交叉方式布置,受条件限制时可倾斜交叉布置,其最小交叉角不宜小于 60°。

(4) 综合管廊穿越河道时应选择在河床稳定河段,最小覆土厚度应按不妨碍河道的整治和管廊安全的原则确定。

(5) 埋深大于建(构)筑物基础的综合管廊,其与建(构)筑物之间的最小水平净距离,应符合下列规定:

$$L \geqslant \frac{H - h_e}{\tan\varphi} \tag{4-1}$$

式中　L——综合管廊外轮廓边线至建(构)筑物基础边水平距离(m);

　　　H——综合管廊基坑开挖深度(m);

　　　h_e——建(构)筑物基础底砌置深度(m);

　　　φ——土壤内摩擦角。

(6) 干线综合管廊、支线综合管廊与相邻地下构筑物的最小间距应根据地质条件和相邻构筑物性质确定。

(7)综合管廊最小转弯半径,应满足综合管廊内各种管线转弯半径要求。

(8)综合管廊的监控中心与综合管廊之间宜设置直接联络通道,通道的净尺寸应满足管理人员的日常检修要求。

(9)干线综合管廊、支线综合管廊应设置人员逃生孔,逃生孔宜同投料口、通风口结合设置。

(10)综合管廊的投料口宜兼顾人员出入功能。投料口最大间距不宜超过 400 m,投料口净尺寸应满足管线、设备、人员进出的最小允许限界要求。

(11)综合管廊的通风口净尺寸应满足通风设备进出的最小允许限界要求,采用自然通风方式的通风口最大间距不宜超过 200 m。

(12)综合管廊的投料口、通风口、安全孔等露出地面的构筑物应满足城市防洪要求或设置防地面水倒灌的设施。

(13)综合管廊的管线分支口,应满足管线与预留数量、安装敷设作业空间的要求,相应的管线工作井的土建工程宜同步实施。

(14)综合管廊同其他方式敷设的管线连接处,应做好防水和防止差异沉降的措施。

(15)综合管廊的纵向斜坡超过 10%时,应在人员通道部位设防滑地坪或台阶。

2. 综合管廊内管道的种类及选择

(1)城市地下管线种类

地下管线及其附属设施按照其功能可分为长输管线和城市管线两类。长输管线主要分布在城市郊区,其功能主要是为城市的经济和社会发展提供能源和能量供应;城市地下管线主要分布在城建区内的城市道路下,其功能主要是承担城市的信息传递、能源输送、排涝减灾、废物排弃等任务,是发挥城市功能、确保社会经济和城市建设健康、协调和可持续发展的重要基础和保障。

采用线分类法,地下管线要素分类从其要素类型按从属关系依次分为大类、中类、小类和子类。其中,大类包括长输管线和城市管线两类;长输管线又可分为输电、通信、输水、输油、输气和矿渣管线 6 个种类;城市管线又可分为给水、排水、燃气、热力、电信、电力、工业和综合管廊 8 个种类。

从管线传输或排放物质的性质来分,城市地下管线可分为给水、排水、燃气、热力、电信、电力、工业和综合管廊 8 大类管线,每一大类管线还可根据传输或排放物质的差异或其功能的差异分为不同的小类,如给水管线可分为生活水、循环水、消防水、绿化水和中水等;排水管线可分为雨水、污水和合流等;燃气管线可分为煤气、天然气、液化气和煤层气等;热力管线可分为热水、蒸汽和温泉等;电力管线可分为供电、照明、电车、信号、广告和直流专用线路等;电信管线可分为市话、长途、广播、有线电视、宽带、监控和专用等;工业管线可分为氢气、氧气、乙炔、石油、航油、排渣和垃圾等。

城市综合管廊容纳的管线应包括电力、有线电视、通信(含监控线路)、交通信号、燃气、供水、排水、中水、热力公共设施管线。严禁将燃气管道与其他市政管线同仓敷设。

1)电力电缆、通信电缆

电力电缆、通信电缆具有可以变形、灵活布置、不易受管廊纵横断面变化限制的优点,在市政管廊内设置的自由度和弹性较大,且不受空间变化(管道可弯曲)的限制。所以,在管廊的建设中较易纳入。

传统的直埋方式受维修及扩容的影响,造成挖掘道路的频率较高。同时,电力、通信电缆是最容易受到外界破坏的城市管道,在信息时代,这两种管道的破坏所引起的损失也越来越大。由于电力电缆对通信电缆有干扰,在管廊内宜布置在两侧,并保持一定的安全距离。

2)给水(生活给水、消防给水)、再生水管道(中水、雨水利用)

给水(生活给水、消防给水)、再生水管道是压力管道,布置较为灵活,且日常维修概率较高,适合纳入市政管廊。

管道入廊后可以克服管道漏水、避免因外界因素引起的管道爆裂及管道维修对交通的影响,可为管道升级和扩容提供方便。

3)燃气管道

燃气管道是一种安全性要求较高的压力管道,容易受外界因素干扰和破坏造成泄漏,引发安全事故。所以,可以纳入市政管廊。

但由于燃气管道的特殊性,在管廊内必须设置独立的腔室,并不得与高压电力电缆同侧布置,而且应配备监控与燃气感应设备,随时掌握管道工况,维护运行成本较高。

4)热力(供热、供冷)管道

热力管道的特点是要求补偿量大,需设置伸缩器,且自身散热较大,在市政管廊内,会引起管廊温度升高,对电缆安全性不利,需作保温隔热处理后入廊。

热力管道入廊后,可以克服管道直埋出现的易腐蚀现象,延长管道使用寿命,便于维修,减少对周围环境影响;敷设位置应高于给水管道,如为蒸汽热力管道宜采用独立腔室敷设。

5)污水管道

有压污水管道可以参照给水管道做法直接纳入管廊。

重力污水管道由于有一定的排水坡度,每隔一定的距离要求设置检查井,污水管道内会产生硫化氢、甲烷等有毒、易燃、易爆的气体,影响管廊运行安全,对管廊的埋设深度产生不利影响,大大增加建设费用。因此,不宜纳入市政管廊。

6)雨水管道

雨水管道与重力污水管道类似,需要有一定的坡度,每隔一定的距离需要设置雨水收集口,同样,不宜纳入市政管廊。

7)废物收集管道

近年来,随着科学技术的不断进步,发达国家在市政管廊的建设中,甚至纳入了垃圾的真空运输管道。我国在21世纪初开始,逐步在深圳、天津、上海等地推广应用。因此,输送生活垃圾的废物收集管道纳入市政管廊将成为可能和未来发展的必然。

(2)管线的选择

选择置于管廊内的管线时应注意:

1)泥区的沼气管是压力管线,沼气一旦泄漏,将对人体造成危害,因此,需将其单独埋地敷设,不设在管廊内。

2)氯气管泄漏对人体也将有危害,但由于氯气是负压输送即管内压力低于大气压,因此可布置于管廊内。

3)电力电缆(强电)对控制电缆(弱电)有干扰,应尽可能不布置在同侧,并保持一定的隔离距离。

4）热力管线需设置膨胀弯头，且自身散热较大，如果设在管廊内，将引起管廊温度升高，对电缆敷设不利，所以，将它单独埋地敷设，不设在管廊内。

3. 平面布置

由于大型污水处理厂为了尽可能地压缩占地，处理构筑物的型式大部分采用方形池子。因此，综合管廊可利用各处理构筑物的间隙，紧靠池壁布置，也可设在输、配水（泥）渠道下面，即节省占地，又利用空间；施工时还可与构筑物、建筑物同时开槽施工，不增加开槽土方量。

4. 断面尺寸的确定

在确定管廊断面尺寸时，首先应确定设置在此段管廊内管线的种类、数量，然后根据管线种类（水管、泥管或电缆）、管径大小、管线坡度要求、管理便利等因素来布置。原则上应尽可能地把同性质的管线布置在一侧，电缆、控制、通信线路布置在另一侧；当管线种类多，不能满足上述要求时则尽可能把电缆、控制、通信线路设在上侧；横穿管廊的管线应尽量走高处，以不妨碍通行为准；管线之间的上下间距及左右间距应满足工艺要求；当断面因一些因素限制，不可能加大而管线又太多布置不开时，还可将小口径管线并列布置，中间留出一定的人行通道宽度。

确定管廊通行宽度时，需考虑维修管理时便于通行，局部地段受条件限制可适当压缩，但应满足人能通行。一般高度应不小于1.8 m，有条件处可做到2.0~2.5 m。中间人行通道宽度应不小于1.0~1.5 m。

4.1.3 城市综合管廊专项规划

1. 编制原则

管廊专项规划是城市规划的一部分，是城市管线综合规划、地下空间开发利用规划的重要内容。管廊专项规划的编制应当符合本市城市总体规划，坚持因地制宜、远近兼顾、统一规划、分期实施的原则。

一般情况下，管线的专项规划在总体规划的原则条件下编制，综合管廊的系统规划根据路网规划和管线专项规划确定，在此基础上反馈给相关管线专项规划，经过多次协调最终形成综合管廊的系统规划。

2. 编制深度要求

（1）城市综合管廊专项规划

以城市总体规划为依据，与道路交通及相关市政管线专业规划相衔接，确定城市综合管廊系统总体布局。合理确定入廊管道，形成以干线管廊、支线管廊、缆线管廊、支线混合管廊为不同层次主体，点、线、面相结合的完善管廊综合体系。明确管廊断面形式、道路下位置、竖向控制，并提出规划层次的避让原则和预留控制原则。

1）干线管廊

一般设置于机动车道或道路中央下方，主要连接原站（如自来水厂、发电厂、燃气制造厂等）与支线综合管廊。其一般不直接服务于沿线地区。沟内主要容纳的管线为电力、通信、自来水、热力等管线，有时根据需要也将排水管线容纳在内。干线综合管廊的断面通常为圆形或多格箱形，综合管廊内一般要求设置工作通道及照明、通风等设备。

2)支线管廊

主要用于将各种供给从干线综合管廊分配、输送至各直接用户。其一般设置在道路的两旁,容纳直接服务于沿线地区的各种管线。支线综合管廊的截面以矩形较为常见,一般为单仓或双仓箱形结构。综合管廊内一般要求设置工作通道及照明、通风等设备。

3)干支线管廊

一般设置于道路较宽的城市道路下方,介于干线综合管廊和支线综合管廊的特点之间,既能克服干线管廊不宜设置接口的问题,同时又可避免支线管廊多处接口的问题。应根据功能需要,合理确定管廊断面形式和尺寸,设置工作通道及照明、通风等设备。

4)缆线管廊

主要负责将市区架空的电力、通信、有线电视、道路照明等电缆容纳至埋地的管道中。一般设置在道路的人行道下面,其埋深较浅,一般在1.5 m左右。缆线综合管廊的截面以矩形较为常见,一般不要求设置工作通道及照明、通风等设备,仅设置供维修时用的工作手孔即可。

(2)城市地下空间利用规划

确定管廊与地铁、地下商业街、地下通道、地下车库、地下广场等城市地下空间的共建方式,并提出平面布置、竖向控制及交叉处理原则。

4.1.4 系统布局

1. 一般要求

各城市可根据实际需求,因地制宜合理选择城市综合管廊建设区域,优化方案。对于地下管道敷设矛盾突出、经济实力较强的城市可以进行较大规模的建设,但应从前期决策、规划设计到建设实施做出详细论证。暂无条件建设的城市,也应遵循统一规划、分期实施的原则,先在重点地段进行试点建设,逐步推广。

2. 适建区域

(1)城市新区。新建地区需求量容易预测,建设障碍限制较少,应统一规划,分步实施,高起点、高标准地同步建设城市综合管廊。

(2)城市主干道或景观道路。在交通运输繁忙及工程管线设施较多的城市交通性主干道,为避免反复开挖路面、影响城市交通,宜建设城市综合管廊。

(3)重要商务商业区。为降低工程造价,促进地下空间集约利用,宜结合地下轨道交通、地下商业街、地下停车场等地下工程同步建设城市综合管廊。

(4)旧城改造。在旧城改造建设过程中,结合架空线路入地改造、旧管道改造、维修更新,尽可能建设城市综合管廊。

(5)其他区域。不宜开挖路面的路段、广场或主要道路的交叉处,需同时敷设两种以上工程管线及多回路电缆的道路、道路与铁路或河流的交叉处,可结合实际情况适当选择。

3. 平面设置

(1)平面布置

管廊平面线形宜与所在道路平面线形一致,平面位置应考虑与建筑物的桩、柱、基础设施的平面位置相协调。

为了减少工程投资,节约道路下方地下空间,管廊均考虑布置在道路的单侧。同时,在道路建设时预留足够的进入地块的各类管道过路管。

(2)管廊在道路下位置

1)干线管廊一般设置于机动车道或道路中央下方,一般不直接服务沿线地区。

2)支线管廊一般设置在人行道或非机动车道,纳入直接服务沿线的各种管道。

3)缆线管廊一般设置在道路的人行道下面。

4)干支线混合管廊可设置于机动车道、人行道或非机动车道下方,可结合纳入管道特点选择敷设位置。

(3)平面间距

管廊与工程管道之间的最小水平净距应符合《城市工程管线综合规划规范》(GB 50289—1998)表2.2.9的规定。干(支)线管廊与邻近建(构)筑物的间距应在2 m以上,缆线管廊与邻近建(构)筑物的间距不应小于0.5 m。

4. 竖向控制

(1)覆土厚度

管廊的覆土厚度应根据设置位置、道路施工、行车荷载和管廊的结构强度等因素综合确定。

考虑各种管廊节点的处理以及减少车辆荷载对管廊的影响,兼顾其他市政管线从廊顶横穿的要求,管廊顶部覆土厚度一般为1.5~2.0 m。缆线管廊一般设置在道路的人行道下,覆土厚度一般不宜小于0.4 m。

(2)竖向间距

管廊与工程管线及其他建(构)筑物交叉时的最小垂直间距应符合《城市工程管线综合规划规范》(GB 50289—1998)表2.2.12的规定。

(3)交叉避让

管廊与非重力流管道交叉时,其他管道避让城市综合管廊。管廊与重力流管道交叉时,应根据实际情况,经过经济技术比较后确定解决方案。管廊穿越河道,一般从河道下部穿越。

4.1.5 附属设施布局

1. 种类

管廊附属设施种类包括三大类:附属用房,如控制中心、变电所等;附属设施,如投料口、通风口、人员出入口等;附属系统工程,如信息检测与控制系统(包括设备控制系统、现场检测系统、安保系统、电话系统、火灾报警系统)、排水系统、通风系统、照明系统、消防系统等。

2. 设置要求

(1)总体要求

按照规范设立防火分区,以防火分区为单元设置投料口、通风口、人员出入口和排风设施。各类孔口功能应相互结合,满足投料间距、管道引出的要求,同时需满足景观要求。

除缆线管廊外,其他各类管廊应综合考虑各类管道分支、维修人员和设备材料进出的特殊构造接口要求,合理配置供配电、通风、给排水、防火、防灾、报警系统等配套设施系统。

(2)附属用房规划要求

附属用房应邻近管廊,其间应有便捷的联络通道。附属用房可以采用地上式或半地下式建筑,但其功能必须满足管廊使用要求,同时满足通风、采光等建(构)筑要求,并与周边环境相协调。

(3)附属设施规划要求

管廊投料口、通风口、人员出入口的设置位置和大小应满足管廊内所敷设管道的下管要求,均匀分布,有防火分区时,每个防火分区应分别设置,宜在防火分区的中段。

投料口位置应靠近设备及大管径管道安放处,尺寸以满足设备最大件或最长管道的进出要求为宜。

通风口应注意与地面建筑物、构筑物、道路之间的关系,使之与周围协调。

人员出入口应开启方便,宜兼具采光功能、均匀分布。

具备人员出入条件的投料口也可作为人员出入口。

(4)附属系统规划要求

1)信息检测与控制系统

按照可靠、先进、实用、经济的原则配置管廊附属设备监控系统、火灾报警系统、安保系统、配套检测仪表、电话系统。

管廊设备监控系统:应能反映管廊内各设备的状态和照明系统的实时数据,同时具备管道报警、通信等功能。采集的信息包括温度、湿度、氧气浓度、易燃易爆气体浓度等;集水坑的水位上限信号、开/停泵水位;爆管检测专用液位开关报警信号;通风机、排水泵、区段照明总开关工况;投料口红外报警装置报警信号。

管廊火灾报警系统:报警装置可选择烟感报警器或缆式报警器,但应保证其安全可靠,具备报警功能。

管廊安保系统:投料口应设置探测器报警装置,其信号能通过控制器送入控制中心监控计算机,产生报警信号。

2)排水系统

为排除管廊内积水,管廊应有一定的坡度,其坡向宜与道路、周边地势坡向一致。管廊最低点处应设集水坑,廊底应保证一定的横向排水坡度,一般为2‰左右。

积水收集到集水坑后应通过泵提升入就近雨水管内,条件许可时可重力排入附近水体,但必须有可靠的水封装置。

3)通风系统

管廊应有通风装置,以便换气散热。

干线管廊或干支线管廊宜采用机械通风,在两个风机之间设进气孔进气。进风孔应设在能够形成空气对流的位置,可利用管廊出入口作为进风孔。支线管廊可以采用自然通风。

4)照明系统

管廊内可采用自然采光或人工照明。绿地下的管廊上部宜采用自然采光。

5)消防系统

管廊应按照规范设置防火墙,同时安装室内消火栓,并在人员出入口处配备干粉灭火器。

当有管道穿过防火墙时,应按照防火封堵相关规范或技术规程执行。

4.1.6　综合管廊的管道敷设

1. 线缆敷设

(1)供电线缆和通信线缆宜分侧布置。

(2)高压供电线缆与燃气管道不宜同侧放置。

(3)线缆在垂直和水平转向部位、热伸缩部位以及蛇行弧部位的弯曲半径不宜小于表 4-1-2 所规定的要求。

表 4-1-2　线缆敷设允许的最小弯曲半径

电缆类型		允许最小转弯半经	
		单芯	3芯
交联聚乙烯绝缘电缆	≥66 kV	20D	15D
	≤35 kV	12D	10D
油浸纸绝缘电缆	铅包	30D	
	铅包 有铠装	20D	15D
	无铠装	20D	

注:D 表示电缆外径。

(4)线缆支架层间间距应满足线缆敷设和固定要求。多根线缆同置于一层支架上时,应考虑更换或增设任意线缆的可能。支架垂直层间距应符合表 4-1-3 所列数值。

表 4-1-3　线缆的支架层间垂直距离的允许最小值

电缆电压等级和类型,敷设特征		普通支架(mm)	桥架(mm)
控制电缆		120	200
电力电缆明敷	10 kV 及以下	150~200	250
	6~10 kV 交联聚乙烯	200~250	300
	35 kV 单芯	250	300
	110~220 kV 每层一根		
	35 kV 三芯	300	350
	110~220 kV 每层一根以上		
电缆敷设在槽盒中,光缆		$h+80$	$h+100$

注:h 表示槽盒外壳高度。

线缆各支点之间的距离,一般不宜大于表 4-1-4 规定。

表 4-1-4　线缆各支点之间的距离

电缆种类	敷设方式	
	水平(mm)	竖向(mm)
全塑小截面电缆	400	1 000
中低压电缆	800	1 500
35 kV 及以上电缆	1 500	2 000

2. 管材选择

主要考虑管道的安全运行和便于安装维修的需要,宜选用高强、轻质、韧性好的金属材料、塑料或复合材料。金属管材宜采用钢管、球墨铸铁管,塑料或复合材料宜采用钢骨架塑料复合管、PE 管等。

3. 管道敷设

给水管道、污水压力管道、再生水管道、空调冷水管道、废弃物收集管道设置在线缆下部空间,无需特殊防护。

管道单位长度必须满足其吊装、安装及更换所预留的空间尺寸要求。管道安装净距,不应小于图 4-1-4 和表 4-1-5 的规定值。

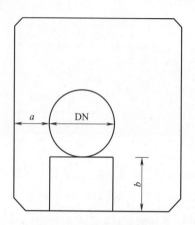

图 4-1-4 管道安装净距

a—距管沟壁的最小水平间距;b—管底距管沟底的最小垂直间距。

表 4-1-5 管道安装最小净距

管道口径(mm)	铸铁管		钢管	
	a(mm)	b(mm)	a(mm)	b(mm)
<400	300	300	400	400
400~1 000	400	400	400	400
>1000	500	500	500	500

管道在市政管廊的交叉口、分支及预留引出位置,应设置阀门。

应沿管道纵向设置供管道固定用的支墩或预埋件。金属管道必须采取有效的接地和防静电措施。燃气管道敷设应遵循的原则:宜设置在独立的腔室内,并有独立的通风系统;可以与给水、排水、再生水、供冷管道共腔,不应与电力、电信、热力管道共腔。

4.1.7 结合综合管廊解决城市排水的规划与设计

1. 城市排水管道的规划设计原则

首先要根据地形和当地条件(水体条件、环境保护要求、工程投资等)确定排水体制。新建城市和新区应尽量采用分流制,雨水收集后可就近排入附近水体,大大减轻污水管道系统和污水处理厂的负荷,从整体上和长远上看是经济合理的。对已经形成合流制的城市,可暂时保留其合流制排水系统,逐步改造。小城镇可采用合流制。个别单位和企业含有毒有害物质的废水应进行局部处理,达到排放标准后才允许排入城市排水管道系统。

(1)城市污水管道规划设计方面。从区域性、系统性出发,远近期结合,集中与分散相结合。保护水资源,提高环境质量。遵循可持续发展战略,适应社会的发展需要。

(2)城市雨水管道规划设计方面。山区、丘陵地区城市的山洪防治应与城市防洪、城市排水体系紧密结合、统一规划。无论是洪水或市区雨水都要坚持以最短距离就近排放,分散整治,防止集中的原则。

(3)城市污水资源化和雨水利用的规划设计方面。城市污水是可贵的淡水资源,要充分考虑污水再生和循环利用的近、中、远期规划。国内外经验表明,城市污水经过二级处理和深度净化后作为工业生产用水和城市杂用水是缺水城市解决水资源短缺和水环境污染的可行之路。

2. 城市排水管道的规划设计

(1)排水管道布置

1)管道走向宜符合地形趋势,顺坡排水;

2)管径大小需与街坊布置或小区规划相吻合;

3)管网密度合适,排水路线最短,以求经济合理;

4)污、雨水排放尽可能分散,避免集中;

5)污水截流干管尽可能布置在河岸及水体附近。

(2)选定排水出路

1)利用天然排水系统或已建排水干线为污、雨水排放的出路;

2)要在流量、高程两方面都保证污、雨水能够顺利排出。

(3)划分汇水面积

1)依据地形并结合街坊布置或小区规划进行污、雨水汇水面积的划分;

2)污、雨水汇水面积不宜过大;

3)污、雨水汇水面积的形状尽可能比较规则,且与地形变化紧密结合;

4)划分污、雨水汇水面积需与比邻系统统筹考虑,做到均匀合理。

(4)选择排水路线

1)排水管道的路线须服从排水规划的统筹安排;

2)尽量避免排水管道穿越不容易通过的地带及构筑物。

(5)确定排水管道系统的控制高程

1)排水管道出口的控制高程(水体的洪水位、常水位、排水干管的内底高);

2)排水管道起点的控制高程(起点本身是低洼地带、有排水要求的地下室、管道计划将来向上游延伸等);

3)排水管道系统中,重要节点的控制高程(接入的支管、利用已建管涵与各种地下管线的交叉等)。

3. 综合管廊解决排水的设计

综合管廊解决污、雨水,可将污水、雨水放在管廊底部暗渠排放,如图 4-1-5 所示。

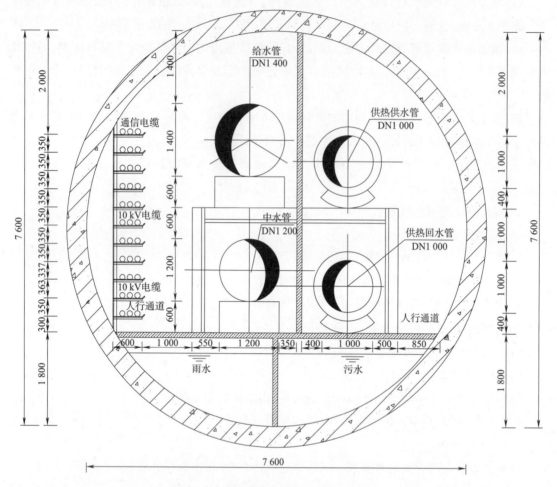

图 4-1-5 综合管廊断面示意图(单位:mm)

4.2 综合管廊的技术标准体系

4.2.1 市政管线标准体系构建方法

1. 标准体系制订原则

(1)以科学发展观统领整体工作,满足建设资源节约型、环境友好型社会的要求,与现行的专业标准体系相协调,有利于市政管线工程建设标准化工作的科学管理。

(2)覆盖市政管线领域,注重解决目前市政管线的主要问题,充分发挥标准化对工程建设质量与安全的技术控制作用。

(3)以最小的资源投入获得最大标准化效果的思想为指导,兼顾现状并考虑今后一定时期内技术发展的需要,以合理的标准数量覆盖最大范围。

(4)以系统分析的方法,做到结构优化、数量合理、层次清楚、分类明确、协调配套,形成科学、开放的有机整体。

(5)注重各行业标准的资源共享。

2. 标准体系框架

(1)标准体系框架构成分析

标准体系按标准类别、标准级别、标准性质、专业门类和工程阶段为主线进行体系框架纵、横向划分,其选项包括:

1)基础标准—通用标准—专用标准。

2)国家标准—行业标准—地方标准—企业标准。

3)工程标准—产品标准。

4)给水排水—燃气—供热—电力—通信—管线综合。

5)规划—设计—施工和验收—运行管理。

目前建设标准类别分为基础标准、通用标准、专用标准,是给水排水、燃气、供热、电力、通信工程标准体系和产品标准体系纵向划分的层次选项。标准在申请立项和制订时,都按标准的类别进行审查和编写相应的技术内容,并且能够满足标准使用者的实际要求。市政管线标准体系仍采用基础标准、通用标准、专用标准作为体系纵向划分的层次。

长期以来,我国的标准分别由国家、行业标准主管部门和地方行政机构制订,形成相应的国家标准、行业标准和地方标准。其中国家标准、行业标准都属于全国性质的标准,可在全国行政区域内使用,可与地方标准并存。标准的级别顺序依次为国家标准、行业标准、地方标准,当制订了上一级标准,下一级标准作废。但目前行业标准众多,城镇建设、石油、机械、电力等都有行业标准。行业标准之间、行业标准与国家标准之间大量相互引用,同时在标准制订的内容上也存在重复。因此,以标准的级别来确定标准体系的框架容易引起混乱。

无论是国家标准还是行业标准,标准可分为工程标准和产品标准,现行的标准体系也是按工程标准和产品标准分别制订。市政管线标准体系虽然涉及各行业众多标准的市政管线部分,包含工程标准和部分产品标准,但以工程标准和产品标准来确定标准体系的框架是不合理的,不是标准编制和使用者关注的重点。

市政管线标准体系涉及给水排水、燃气、供热、电力、通信5个专业的市政管线标准,标准体系框架横向按专业划分是合理的,突出专业特点,各专业的标准情况清晰、明了,是标准体系的重要主线。除5个专业门类外,增加1个综合门类,主要是与综合管廊等有关的标准。

标准体系可按规划、设计、施工和验收、运行管理等工程阶段进行划分,也可作为门类标准下的分门类标准,是标准归类的方法之一,被许多专业标准体系所采用。但考虑到市政管线标准体系多专业的特点,与市政管线相关的标准只是各专业众多标准的一部分,如按工程阶段进行划分,其各门类或分门类的标准相对较少,总的体量小,较为零散,不适用于市政管线标准体系。

鉴于我国国家标准、行业标准同时并存,且国家标准高于行业标准的实际情况,以及通过分析现行相关标准,有相当一部分与市政管线有关的标准并不针对某个具体的专业,而是几个甚至所有专业都可采用,如地理信息、档案管理、管线探测等。所以,市政管线标准体系统通过标准层划分为综合通用标准和专业门类通用标准两部分,与两个以上专业有关的标准划入综合通用标准。

标准体系设置一项总的综合标准,该标准为全文强制性标准,对体系各层次标准均具有制约和指导作用,标准体系的所有其他标准都必须遵循该综合标准的规定,其内容包含与质量、安全、卫生、环保和公众利益等方面的目标要求或为达到这些目标所必需的技术要求及管理要求等。一些发达国家对市政管线都制订了相应的法律法规,鉴于我国的实际情况,先行制订一项市政线管线的全文强制性标准,规范市政管线的工程建设是现实可行的,也可为今后标准体系的法制化进程积累经验。

(2)标准体系框架纵向划分

市政管线标准体系框架纵向采用层次结构,分为基础标准、通用标准和专用标准三个层次。通用标准分为综合通用标准和专业门类通用标准,如图 4-2-1 所示。层次表示标准间的主从关系,上层标准的内容是下层标准内容共性的提升,上层标准制约下层标准,并指导下层标准。

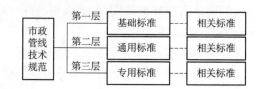

图 4-2-1 市政管线标准体系相对关系总框线图

1)基础标准

基础标准是指各专业与市政管线范围内具有广泛指导意义的共性标准,如术语、制图、标志标识等标准。

2)通用标准

通用标准是针对整个市政管线或市政管线某一专业门类标准化对象制订的共性标准,如通用的规划、设计、施工验收、运行管理等标准,各专用标准必须遵循相应通用标准确定的技术内容,通用标准一般按工程阶段制订相应的标准,如规划标准、设计标准、施工标准等。

通用标准层包括综合通用标准和专业门类通用标准。综合通用标准是各专业门类通用标准的共性标准,专业门类通用标准是某个专业门类中的共性标准。

3)专用标准

专用标准是指在某一专业门类下的对某一具体标准化对象制订的个性标准、门类中对某项具体技术制订的标准。一项专用标准一般包含工程建设的所有阶段或部分阶段。

(3)标准体系框架横向划分

标准体系框架横向可按门类或标准内容划分。其中基础标准和综合通用标准层横向按标准内容归类划分。

基础标准层横向划分为术语标准、图形符号标准、标志标识标准,如基础标准中各专业的标志、标识标准同归为标志、标识类标准,横向划分及编号见表 4-2-1。

综合通用标准中按与各专业相关的地理信息、档案管理、管线探测等标准划分,横向划分及编号见表 4-2-2。

表 4-2-1 基础标准横向划分及编号

编 号	名 称
1	术语标准
2	图形符号标准
3	标志、标识标志

表 4-2-2 综合通用标准横向划分及编号

编 号	名 称
1	规划设计综合通用标准
2	信息综合通用标准
3	档案管理综合通用标准
4	管线施工综合通用标准
5	管线勘察综合通用标准

专业门类通用标准和专业门类专用标准按专业门类划分,门类划分的依据是与市政管线相关的各行业,基本覆盖了我国城市市政管线的类型,可以真实反映市政管线的实际状况,满

足其规划设计、施工验收、运营管理、科学研究和统计等工作的需要。横向分别划分及编号见表 4-2-3。

表 4-2-3　专业门类划分及编号

编号	名称	编号	名称
1	给、排水	4	电力
2	燃气	5	通信
3	供热	6	综合管廊

4.2.2　综合管廊施工设计相关的技术标准

综合管廊内管线不同于一般的直埋管线,需要一套新的技术规范或原则。

(1)综合管廊的设计原则沿用室内建筑设备的方法和理念。这种方法不同于市政模式,因此在设计依据上兼顾了市政和室内建筑单体的设计构想。

(2)综合管廊应设置在历史文化保护区的规划道路上,沿袭历史文化保护区的历史脉络和人文肌理。宜设置在宽度大于 4 m 以上的规划道路上。市政管线应以各专业公司的规划容量为设计依据。综合考虑,使直埋方式与综合管廊有效结合,使断面经济合理,又为未来发展留有余地。

(3)电力、电信可以设置在一个管廊内,但要有保证强弱电互不干扰的措施。设置电缆托架。电信电缆选用光缆,电力电缆选用耐火电缆。

(4)天然气直埋或设置在单独的管廊内,但要有浓度探测器等报警控制装置和通风设施。保护区内道路较窄,设置单独管廊不经济,宜直埋设置,覆土不小于 0.8 m。

(5)给水管线的水表在管廊内设置,可不设水表间,为了管理可以设远传水表。设事故排水装置。

(6)消火栓、洒水栓、公用电话、事故报警电话、路灯在地面某位置上综合设置或设地下检查井分别设置。

(7)上水、雨污水在管廊内设置,管材选择可以更加灵活。如给水选用给水塑料管、钢塑复合管、镀锌钢管、给水铸铁管等;排水选用排水塑料管、复合塑料管、玻璃钢管等新型材料。

(8)雨污水在管廊内设置通风排气问题,宜在各支管或连接井处解决。雨污水管线的连接可以借用室内设计规范选用承插、黏接、管箍连接等方式,这样灵活也减少了检查井。

(9)为了满足管廊安全需要,方便管理,管廊内考虑设火灾自动报警系统、应急通信系统、安防巡视系统和楼宇自控系统,上述系统在管理中心进行集中管理。

常见城市地下综合管廊施工设计规范:

(1)《城市综合管廊工程技术规范》(GB 50838—2015)

(2)《混凝土结构设计规范》(GB 50010—2010)

(3)《建筑结构荷载规范》(GB 50009—2012)

(4)《建筑抗震设计规范》(GB 50011—2010)

(5)《地下工程防水技术规范》(GB 50108—2008)

(6)《钢筋焊接及验收规程》(JGJ 18—2012)

(7)《建筑与市政降水工程技术规范》(JGJ/T 111—1998)

(8)《建筑地基基础设计规范》(GB 50007—2011)
(9)《混凝土结构耐久性设计规范》(GB/T 50476—2008)
(10)《市政公用工程设计文件深度编制规定》(建质〔2013〕57号)
(11)《城市排水工程规划规范》(GB 50318—2000)
(12)《室外排水设计规范》(GB 50014—2006)(2014版)
(13)《给水排水管道工程施工及验收规范》(GB 50268—2008)
(14)《城市电力规划规范》(GB/T 50293—2014)
(15)《电力工程电缆设计规范》(GB 50217—2007)
(16)《城市电力电缆线路设计技术规定》(DL/T 5221—2005)
(17)《电气装置安装工程电缆线路施工及验收规范》(GB 50168—2006)
(18)《低压配电设计规范》(GB 50054—2011)
(19)《安全防范工程技术规范》(GB 50348—2004)
(20)《交流电气装置的接地设计规范》(GB/T 50065—2011)
(21)《自动化仪表工程施工及质量验收规范》(GB 50093—2013)
(22)《入侵报警系统技术要求》(GA/T 368—2001)
(23)《视频安防监控系统工程设计规范》(GB 50395—2007)
(24)《消防联动控制系统》(GB 16806—2006)
(25)《火灾自动报警系统设计规范》(GB 50116—2013)
(26)《大气污染物综合排放标准》(GB16297—2004)

4.3 综合管廊工程设计

4.3.1 总体设计

1. 城市综合管廊总体设计要求

(1)总体设计应符合规划的要求,管廊的分类或形式根据规划及功能确定。

(2)总体设计应确定管廊的断面形状、分室状况、断面大小和附属设施等特征要素。

(3)断面形状与施工方式有关,采取开挖浇筑工法的多为矩形结构,采用盾构工法一般为圆形结构。

(4)管廊分室状况应考虑管道之间的相互影响,以保证管廊运行安全,并满足接出、引入、分支等要求。

(5)断面大小主要取决于管廊的类型、地下空间的限制、入廊管道的种类与数量,宜保证管道的合理间距、人员通行巡查和管道维护、相关设备的布置,并考虑管道扩容需求等。

(6)各类孔口等附属设施平面布置根据管廊的分类形式、规范要求、周边环境条件等综合考虑确定。

(7)综合管廊工程的结构设计使用年限应按建筑物的合理使用年限确定,不宜低于100年。综合管廊的结构安全等级应为二级,结构中各类构件的安全等级宜与整个结构的安全等级相同。裂缝控制等级应为三级,结构构件的最大裂缝宽度限值不应大于0.2 mm,且不得贯通。

(8)综合管廊地下工程的防水设计,应根据气候条件、水文地质状况、结构特点、施工方法和使用条件等因素进行,满足结构的安全、耐久性和使用要求,防水等级标准应为一级。对埋设在地表水或地下水以下的综合管廊,应根据设计条件计算结构的抗浮稳定。计算时不应计入管廊内管线和设备的自重,其他各项作用均取标准值,并应满足抗浮稳定性抗力系数不低于1.05。

(9)综合管廊中按建筑设计防火规范要求分区,并按规定设置钢制防火门和防火卷帘;按要求在不同区段设消防报警、喷淋、通风、排烟及动力照明等。

(10)各地段就地设置疏散楼梯,其距离必须满足防火设计规范对综合管廊地下空间开发和停车场楼梯的疏散距离要求。

(11)所有防火墙的管道,必须用岩棉封堵严实,水泥砂浆封口。

(12)汽车坡道进出口的地面开口段在距上部檐口内2 m以外的地面部分做融雪设施,融雪电缆埋在结构底板中。

(13)地下综合管廊的结构防水等级为一级,采用刚柔结合方案,在结构关键部位(施工缝、应力集中处以及环形车道、汽车坡道顶板)外表面涂刷水泥基渗透催化结晶型防水材料。材料独特的催化作用,具有遇水使水泥产生结晶体和二次自我修复的功能,对结构起到了永久防水作用。结构外表的第二道设防为柔性卷材防水,根据各部位不同要求选择相应的防水卷材。

(14)综合管廊所有的金属表面均应除锈、磨毛刺、刷防锈漆两道、涂调和漆两道。

(15)主管廊电力小室中按要求位置设放阻火包,其材料及做法由消防主管部门确认。

(16)综合管廊内的建筑内墙采用240 mm厚的黏土空心砖砌体。

2. 城市综合管廊设计方法

综合管廊工程设计应采用以概率理论为基础的极限状态设计方法,以可靠指标度量结构构件的可靠度,除验算整体稳定外,均应采用含分项系数的设计表达式进行设计。应计算下列两种极限状态:

(1)承载能力极限状态:对应于管廊结构达到最大承载能力,管廊主体结构或连接构件因材料强度被超过而破坏;管廊结构因过量变形而不能继续承载或丧失稳定;管廊结构作为整体失去平衡。

(2)正常使用极限状态:对应于管廊结构符合正常使用或耐久性能的某项规定限值;影响正常使用的变形量限值;影响耐久性能的控制开裂或局部裂缝宽度限值等。

不同城市管廊的结构设计方法不同:

(1)现浇混凝土综合管廊结构设计

现浇混凝土综合管廊结构的截面内力计算模型宜采用闭合框架模型。作用于结构底板的基底反力分布应根据地基条件具体确定:

1)对于地层较为坚硬或经加固处理的地基,基底反力可视为直线分布;

2)对于未经处理的柔软地基,基底反力应按弹性地基上的平面变形截条计算确定。

现浇混凝土综合管廊结构一般为矩形箱涵结构。结构的受力模型为闭合框架,如图4-3-1所示。

现浇混凝土综合管廊结构设计,应符合现行国家标准《混凝土结构设计规范》(GB 50010)的有关规定。

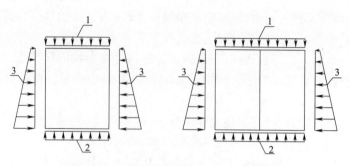

图 4-3-1　现浇综合管廊闭合框架计算模型
1—综合管廊顶板荷载；2—综合管廊地基反力；3—综合管廊侧向水土压力

(2)预制拼装综合管廊结构设计

预制拼装综合管廊结构宜采用预应力筋连接接头、螺栓连接接头或承插式接头。当有可靠依据时，也可采用其他能够保证预制拼装综合管廊结构安全性、适用性和耐久性的接头构造。

仅带纵向拼缝接头的预制拼装综合管廊结构的截面内力计算模型，宜采用与现浇混凝土综合管廊结构相同的闭合框架模型。

预制拼装综合管廊结构计算模型为封闭框架，但是由于拼缝刚度的影响，在计算时应考虑到拼缝刚度对内力折减的影响。其结构受力模型如图 4-3-2 所示。

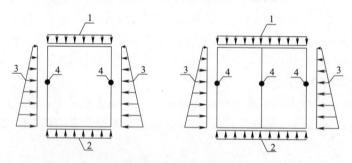

图 4-3-2　预制拼装综合管廊闭合框架计算模型
1—综合管廊顶板荷载；2—综合管廊地基反力；3—综合管廊侧向水土压力；4—拼缝接头旋转弹簧

估算拼缝接头影响法(旋转弹簧法)是根据上海世博园区预制拼装综合管廊相关研究成果，并参考国际隧道协会(ITA)公布的《盾构隧道衬砌设计指南》(Proposed recommendation for design of lining of shield tunnel)中关于结构构件内力计算的相关建议确定。

3. 城市管廊结构设计考虑因素

综合管廊主体为钢筋混凝土单孔闭合框架结构，属于长条状地下构筑物，常年受地下水及地面荷载的影响，结构设计时，应考虑以下因素：

(1)地基沉降

由于综合管廊是线形条状结构，沉降问题处理不好，可能造成伸缩缝处产生错缝，导致渗水并引起管道受剪而破坏，或造成线性坡度变化，对管廊内的管线造成影响。因此，对可能造成较大沉降的软弱地基，需要特别重视。

对于地层岩性变化、地下水位变化、地表载荷变化等因素可能引起沉降均应作细部接头设计。

(2) 地下水浮力

综合管廊为矩形中空结构,若地下水位较高,覆土较浅,需要考虑浮力影响。地下水位变化较大时,也应对不利工况引起注意。

(3) 地震影响及液化

地震波对综合管廊的影响主要表现为剪切破坏,以及受地震影响而液化产生的沉降破坏。根据场地附近的剪切波速测试结果,由场地各勘探孔的等效剪切波速,依据《建筑抗震设计规范》(GB 50011—2010)的规定,可确定场地土类型及建筑场地类别。

根据《建筑抗震设计规范》(GB 50011—2010)规定及判别液化时,场地抗震设防按提高1度考虑,对场地地面以下20 m范围内的饱和砂土、饱和粉土采用标准贯入试验判别法进行液化判别。计算公式如下:

$$N_{cr} = \begin{cases} N_a[0.9+0.1(d_s-d_w)]\sqrt{3/P_c} & (d_s \leqslant 15) \\ N_a(2.4-0.1d_s)\sqrt{3/P_c} & (15 \leqslant d_s \leqslant 20) \end{cases} \quad (4\text{-}2)$$

式中 N_{cr}——液化判别标准贯入锤击数临界值;

N_a——基准数;

d_s——饱和土标准贯入点深度(m);

d_w——地下水深(m);

P_c——饱和土黏粒含量百分比。

(4) 防水

综合管廊内提供检修通道,按照防水等级要求,对应采取一定的防水措施,以保证综合管廊内干燥无渗积水。对于特殊部位,更应该对节点进行防水处理,例如伸缩缝、特殊断面的衔接处。

(5) 功能需求

对于一些人员出入口、材料出入口、通风口等部位,需考虑功能上的需求。比如材料出入口应设置斜角,使管道进出顺畅,避免损伤电缆;人员出入口应考虑人员进出的净高需要;盖板设计应避免漏水以及存在的一些安全问题。特别是应考虑城市暴雨条件下防洪因素,以策安全。

(6) 伸缩缝与防水设计

地下综合管廊的线形结构应于规范的长度内设置伸缩缝,以防管道结构因温度变化、混凝土收缩及不均匀沉降等因素可能导致的变形,此外于特殊段、断面变化及弯折处皆须设置伸缩缝。对于预计变形量可能较大处应考虑设置可挠性伸缩缝如软弱地层、地质变化复杂及破碎带、潜在液化区等。伸缩缝的构造于管道的侧墙、中墙、顶板及底板处设置伸缩钢棒,并于该处管道外围设置钢筋混凝土框条,以利剪力的传递及防水,并设置止水带止水。

管道结构应采用水密性混凝土并控制裂缝发生,外表使用防水膜或防水材料保护,伸缩缝的止水带设计及施工应特别注意。

4. 综合管廊几何设计

(1) 总体设计应符合规划的要求,管廊的分类或形式根据规划及功能确定。

(2) 总体设计应确定管廊的断面形状、分室状况、断面大小和附属设施等特征要素。

(3) 断面形状与施工方式有关,采取开挖浇筑工法的多为矩形结构,采用盾构工法一般为圆形结构。

(4)管廊分室状况应考虑管道之间的相互影响,以保证管廊运行安全,并满足接出、引入、分支等要求。

(5)断面大小主要取决于管廊的类型、地下空间的限制、入廊管道的种类与数量,宜保证管道的合理间距、人员通行巡查和管道维护、相关设备的布置,并考虑管道扩容需求等。

(6)各类孔口等附属设施平面布置根据管廊的分类形式、规范要求、周边环境条件等综合考虑确定。

5. 综合管廊的平纵剖面设计

(1)平面设计

1)平面中心线宜与道路中心线平行,一般不宜从道路一侧转到另一侧。

2)当城市综合管廊沿铁路、地铁、公路敷设时应与其线路平行。如必须交叉,宜采用垂直交叉;受条件限制,可倾斜交叉布置,其最小交叉角宜大于30°。

3)穿越河道时应选择在稳定河段,埋设深度应按不妨碍河道功能和管廊安全的原则确定。

4)在一至五级航道下敷设时,廊顶应在河底设计高程2 m以下;在其他河道下敷设时,廊顶应在河底设计高程1 m以下;当在灌溉渠道下敷设时,廊顶应在渠底设计高程0.5 m以下。

5)对于埋深大于建(构)筑物基础的城市综合管廊,其与建(构)筑物之间的最小水平距离,应按下式计算,并不得少于2.5 m。

$$l=\frac{(H-h)}{\tan\varphi}+0.5a \tag{4-3}$$

式中　l——管线中心至建(构)筑物基础边水平距离(m);

　　　H——管线敷设深度(m);

　　　h——建(构)筑物基础底砌置深度(m);

　　　a——开挖管沟宽度(m);

　　　φ——土壤内摩擦角(°)

6)城市综合管廊最小转弯半径,应满足城市综合管廊内各种管线的转弯半径要求。

7)干线、支线城市综合管廊与相邻地下构筑物(管线)之间的最小间距应根据地质条件和相邻构筑物性质确定,且不得小于表4-3-1规定的数值。

8)干线、支线管廊应设置投料口、通风口,其外观宜与周围景观相协调。投料口、通风口等露出地面的构筑物应有防止地面水倒灌的设施。

9)干线接支线、支线接支线、支线接用户节点设计应综合考虑管线的种类、数量、转弯半径等要求。

表 4-3-1　干线、支线城市综合管廊与相邻地下构筑物(管线)之间的最小间距

相邻情况	施工方法	明挖施工	非开挖施工
管廊与地下构筑物(管线)之间的水平间距		不小于1.0 m	不小于管廊外径
管廊与地下构筑物(管线)之间的垂直间距		不小于1.0 m	不小于1.0 m

10)综合管廊的平面线形应基本与所在道路的平面线形平行,但综合管廊平面线形的转折角必须符合各类管线平面弯折的曲折角要求。

(2) 纵断面设计

1) 管廊的覆土厚度宜满足管廊内管线从管廊顶部穿出、管廊外管线从管廊顶横穿以及管廊顶设置通风风道的要求。

2) 管廊纵断面最小坡度需考虑廊内排水的需要,纵坡变化处应综合考虑各类管线折角的要求。纵向坡度超过10%时,应在人员通道部位设防滑地坪或台阶。

3) 综合管廊的纵坡应考虑综合管廊内部自流排水的需要,其最小纵坡应不小于2‰;其最大纵坡应符合各类管线敷设方便,一般控制值为20%,特殊情况例外。

4) 综合管廊的最小埋设深度应根据路面结构厚度,必要的覆土厚度以及横向埋管的安全空间等因素确定。

4.3.2 主体工程设计

1. 综合管廊结构作用力

综合管廊结构上的作用,应符合现行国家标准《建筑结构荷载规范》(GB 50009)的有关规定。

结构设计时,对不同的作用应采用不同的代表值:对永久作用,应采用标准值作为代表值;对可变作用,应根据设计要求采用标准值、组合值或准永久值作为代表值。作用的标准值,应为设计采用的基本代表值。

当结构承受两种或两种以上可变作用时,在承载力极限状态设计或正常使用极限状态按短期效应标准值设计时,对可变作用应取标准值和组合值作为代表值。

当正常使用极限状态按长期效应准永久组合设计时,对可变作用应采用准永久值作为代表值。可变作用准永久值应为可变作用的标准值乘以作用的准永久值系数。

结构主体及收容管线自重可按结构构件及管线设计尺寸计算确定。对常用材料及其制作件,其自重可按现行国家标准《建筑结构荷载规范》(GB 50009)的有关规定执行。

预应力综合管廊结构上的预应力标准值,应为预应力钢筋的张拉控制应力值扣除各项预应力损失后的有效预应力值。张拉控制应力值应按现行国家标准《混凝土结构设计规范》(GB 50010—2010)的有关规定执行。

对于建设场地地基土有显著变化段的综合管廊结构,需计算地基不均匀沉降的影响,其标准值应按现行国家标准《建筑地基基础设计规范》(GB 50007—2011)的有关规定计算确定。

2. 综合管廊材料选用

综合管廊工程中的材料应根据结构类型、受力条件、使用要求和所处环境等选用,并考虑耐久性、可靠性和经济性。主要材料宜采用钢筋混凝土,在有条件的地区可采用纤维塑料筋、高性能混凝土等新型高性能工程建设材料。

砌体材料,前期成本低,但耐久性和品质差,国内一些城市仍采用砖。

钢筋混凝土结构的混凝土强度等级不应低于C30。预应力混凝土结构的混凝土强度等级不应低于C40;当采用钢绞线、钢丝、热处理钢筋作为预应力钢筋时,混凝土强度等级不应低于C40。

地下工程部分宜采用自防水混凝土,设计抗渗等级应符合表4-3-2的规定。

3. 综合管廊标准断面结构型式

综合管廊横断面形式根据容纳管道的性质、容量、地质、地形情况及施工方式可分为圆形和矩形两种断面形式。依据《城市综合管廊工程技术规范》(GB 50838—2012)第3.3.1条之规定,采用明挖现浇施工时宜采用矩形断面,采用明挖预制装配施工时宜采用矩形断面或圆形断面,采用非开挖技术时宜采用圆形断面和马蹄形断面。

(1) 干线综合管廊的结构型式

采用明挖覆盖法施工,其结构型式以矩形箱式为主,如图4-3-3所示。

表4-3-2　防水混凝土设计抗渗等级

管廊埋置深度 H(m)	设计抗渗等级
$H<10$	P6
$10 \leqslant H<20$	P8
$20 \leqslant H<30$	P10
$H \geqslant 30$	P12

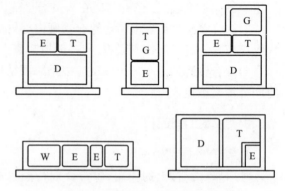

图4-3-3　矩形形箱式断面结构

(2) 采用盾构法施工,其结构型式以圆形为主,如图4-3-4所示。随着机械技术的发展,亦可采用矩形盾构方式。

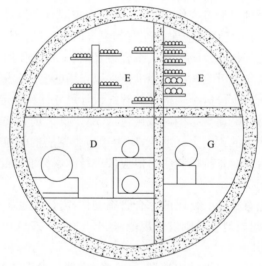

图4-3-4　圆形断面结构

(3) 支线综合管廊的结构型式

支线综合管廊结构型式一般采用较为轻巧简便型结构,如图4-3-5所示。

(4) 电缆沟结构形式

电缆沟结构形式一般采用单U字形或双U字形结构,如图4-3-6和图4-3-7所示。

矩形断面的空间利用效率高于其他断面,因而一般具备明挖施工条件时往往优先采用矩形断面。但是当施工条件制约必须采用非开挖技术(如顶管法和盾构法)施工综合管廊时,一般需要采用圆形断面。在地质条件适合采用暗挖法施工时,采用马蹄形断面更合适。综合标准断面比较见表4-3-3。

第4章 综合管廊规划与设计

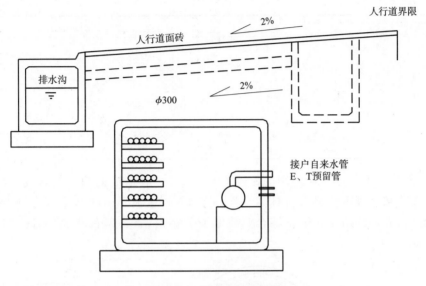

图 4-3-5 轻巧简便型结构

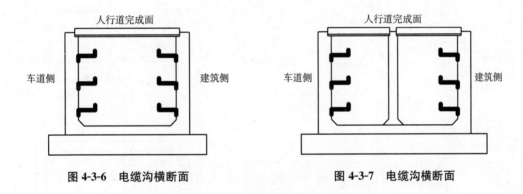

图 4-3-6 电缆沟横断面　　　　　　图 4-3-7 电缆沟横断面

表 4-3-3 综合管廊标准断面比较

施工方式	特　点	断面示意
明挖现浇施工	内部空间使用率比较高效	
明挖预制装配施工	施工的标准化、模块化比较易于实现	

续上表

施工方式	特　点	断面示意
非开挖施工	受力性能好,易于施工	

地下综合管廊还没有国际通用的标准断面形式,一般是根据纳入的管线、地下可利用空间、施工方法和投资等情况进行具体设计。图 4-3-8 是国外一些地下综合管廊的断面形式。可以看出,大部分国家的地下综合管廊断面为矩形,且一般都将燃气管线单独设置在一室中。

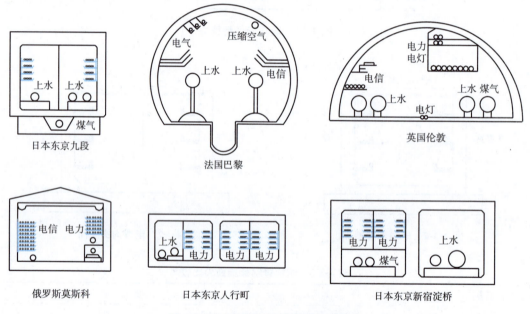

图 4-3-8　国外地下综合管廊断面形式

4. 综合管廊断面尺寸设计

综合管廊标准断面内部净宽和净高应根据容纳管线的种类、数量,管线运输、安装、维护、检修等要求综合确定。一般情况下干线综合管廊的内部净高不宜小于 2.1 m,支线综合管廊的内部净高不宜小于 1.9 m,综合管廊与其他地下构筑物交叉的局部区段,净高一般不应小于 1.4 m。当不能满足最小净空要求时,可改为排管连接。

(1) 人行通道宽度

当综合管廊内双侧设置支架或者管道时,人行通道最小净宽不宜小于 1.0 m;当综合管廊内单侧设置支架或管道时,人行通道的净宽尚应满足综合管廊内的管道、配件、设备运输净高的要求。电缆沟情况比较特殊,一般情况下电缆沟不提供正常的行人通道。当电缆沟需要工作人员安装时,其盖板为可开启式,电缆沟内的人行通道的净宽,不宜小于表 4-3-4 所列值。

表 4-3-4　电缆沟人行通道净宽（单位：mm）

电缆支架 配置方式	电缆沟净深		
	≤600	600~1 000	≥1 000
两侧支架	300	500	700
单侧支架	300	450	600

（2）电缆支架空间要求

综合管廊内部电缆水平敷设的空间要求：

1）最上层支架距综合管廊顶板或梁底的净距允许最小值，应满足电缆引接至上侧的柜盘时的允许弯曲半径要求，且不宜小于表 4-3-5 所列数值再加 80~150 mm 的和值。

表 4-3-5　电（光）缆支架层间垂直距离的允许最小值

电缆电压等级和类型，光缆，敷设特征		普通支架、吊架(mm)	桥架(mm)
控制电缆		120	200
电力电缆明敷	6 kV 以下	150	250
	6~10 kV 交联聚乙烯	200	300
	35 kV 单芯	250	350
	35 kV 三芯	300	350
	110~220 kV		
	330 kV、500 kV	350	400
电缆敷设在槽盒中，光缆		$h+80$	$h+100$

2）最上层支架距其他设备的净距，不应小于 300 mm，当无法满足时应设防护板。

3）水平敷设时电缆支架的最下层支架距综合管廊底板的最下净距，不宜小于 100 mm。

4）中间水平敷设的电缆支架层间距根据电缆的电压等级、类别确定，可参考表 4-3-6 中的各项指标。

根据日本《共同沟设计指南》的要求，不同形式的信息电缆支架排列的空间尺寸如图 4-3-9~图 4-3-12 所示。

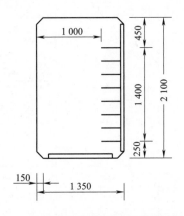

4-3-9　30 条信息电缆标准断面示意图（单位：mm）

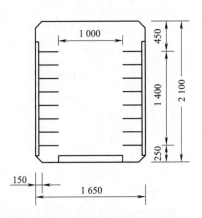

图 4-3-10　60 条信息电缆标准断面示意图（单位：mm）

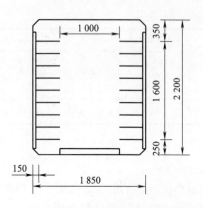
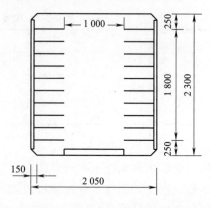

图 4-3-11　90 条信息电缆标准断面示意图（单位：mm）　　图 4-3-12　120 条信息电缆标准断面示意图（单位：mm）

根据日本《共同沟设计指南》的要求，不同形式的电力电缆支架排列的空间尺寸如图 4-3-13 及表 4-3-6 所示。

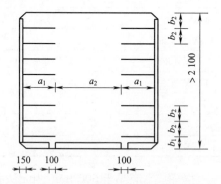

图 4-3-13　电力电缆标准断面示意图（单位：mm）

表 4-3-6　电力电缆支架空间布置要求

电缆类型和条数		支架宽度 a_1(mm)	通道宽度 a_2(mm)	最下层支架距底板的高度(mm)	支架层间距 b_2(mm)
C.V	22 kV 以下×4	600	750	300	280
	22 kV 以下×3	450			280
	66 kV(3C)×3	600			320
	66 kV(3C)×2	450			320
	66 kV(1C) 堆放	450			320
	66 kV(1C) 平放	750			280
O.F	66 kV(3C)×3	600			320
	66 kV(3C)×2	450			320
	66 kV(1C)×3	550			360
275 kV×3	P.O.F	760		600	650
	O.F 水冷	600		450	480
	O.F 水冷大容量	750			520

(3)管道空间要求

1)给水和排水管道在综合管廊内敷设的空间要求如图 4-3-14 和表 4-3-7 所示。

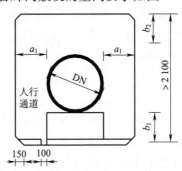

图 4-3-14　给水和排水管道标准断面示意图(单位:mm)

表 4-3-7　给水和排水管道安装净距(单位:mm)

DN	铸铁管、螺栓连接钢管			
	a_1	a_2	b_1	b_2
DN<400	850	400	400	$2\,100-(b_1+DN)$
400≤DN<800	850	500	500	$2\,100-(b_1+DN)$
800≤DN<1 000	850	500	500	800
100≤DN<1 500	850	600	600	800
DN≥1 500	850	700	700	800

2)燃气管道在综合管廊内敷设的空间要求如图 4-3-15 和表 4-3-8 所示。

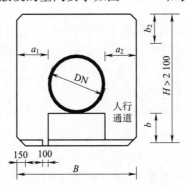

图 4-3-15　燃气管道标准断面示意图(单位:mm)

表 4-3-8　燃气管道安装净距(单位:mm)

DN	300	400	500	600	750
a_1	600	600	600	600	600
a_2	750	750	750	750	750
b	650	650	650	650	650
B	1 650	1 750	1 850	1 950	2 100
H	2 100	2 100	2 100	2 100	2 100

(4)标准断面设计基本要求

1)断面的确定与入廊管线的种类、数量、施工方法和地质条件等因素有关,横断面设计应满足各类管线的布置、敷设空间、维修空间、安全运行及扩容空间的需要。

2)采用明挖现浇施工时宜采用矩形断面;采用明挖预制装配施工时宜应采用矩形断面或圆形断面;采用非开挖技术时宜采用圆形断面。

3)断面内部净高应根据入廊管线种类、数量综合确定。

干线管廊的内部净高不宜小于 2.1 m。

支线管廊的内部净高不宜小于 1.9 m;与其他地下构筑物交叉的局部区段的净高,不得小于 1.4 m。当不能满足最小净空要求时,应改为排管连接。

4)断面内部净宽应根据收纳的管线种类、数量、管线安装、维护、检修等要求综合确定。人行通道最小净宽不应小于 0.9 m。

5)综合管廊断面空间应能满足各类管线的敷设空间、维修空间以及扩容空间的需要;断面形式与各类管线的布置应满足综合管廊安全运行的要求。

6)综合管廊特殊断面的空间应满足各类管线的支接口、分支口、通风口、人员出入口、材料投入口等孔口以及集水井的断面尺寸的要求。

7)综合管廊内的缆线一般布置在支架上,支架的宽度与纵向净空应能满足缆线敷设及维修需要,支架的跨距应根据计算及实际施工经验确定;大口径的管道一般安置在支墩或基座上,支墩或基座的跨距也应根据计算确定。

5. 综合管廊容纳方案及断面实例

根据不同工程的实际情况、综合管廊容纳管道的性质、容量、地质、地形情况及施工方式,可以将综合管廊按断面的形式分为矩形和圆形(图 4-3-16~图 4-3-22)。

(1)矩形断面

矩形断面的空间利用效率高于其他断面,因而一般在新建城市道路下及有条件的位置有足够的空间容纳时,可以修建大型综合管廊。这种综合管廊的特点是将各类管线均集中设置在同一沟内,并预留足够的空间放置未来发展所需的管线,避免路面的反复开挖,降低路面的维护保养费用,确保道路交通功能的充分发挥。

多仓:收纳所有的管线。燃气单独一仓,雨水、污水暗渠排放,如图 4-3-16 所示。

①三仓:给水管、中水管、供热管、电力、通信入沟,如图 4-3-17 所示。

②双仓:给水、中水、热水、通信纳入一仓,电力一仓,如图 4-3-18 所示。

③单仓:给水、中水、通信、电力置于一仓,如图 4-3-19 所示。

(2)圆形断面

当施工条件制约必须采用非开挖技术(如顶管法、盾构法)施工综合管廊时,一般需要采用圆形断面。一般老城区道路狭窄,路下空间有限;道路下公用设施繁多;此种情况下也适合采用小断面盾构圆形综合管廊,不仅较少占用路面下空间,主要是可以将零散的各类管线综合。

1)给水、中水、热力、通信置于一仓,如图 4-3-20 所示。

2)给水、电力置于一仓,热水、中水置于一仓,雨、污水暗渠排放,如图 4-3-21 所示。

3)热水管道置于一仓,给水置于一仓,中水、电力、通信置于一仓,如图 4-3-22 所示。

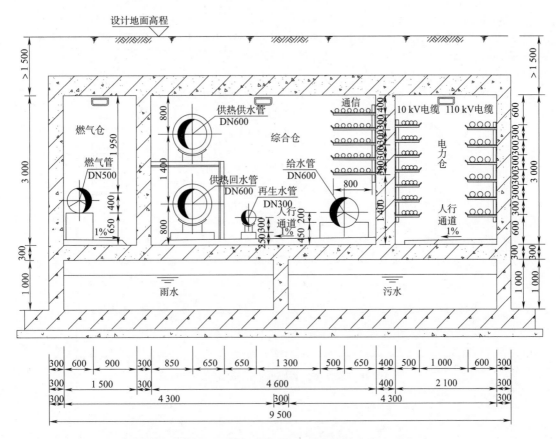

图 4-3-16 收容全部管线（多仓）综合管廊断面示意图（单位：mm）

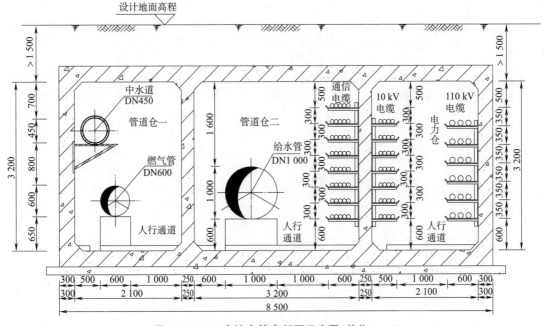

图 4-3-17 三仓综合管廊断面示意图（单位：mm）

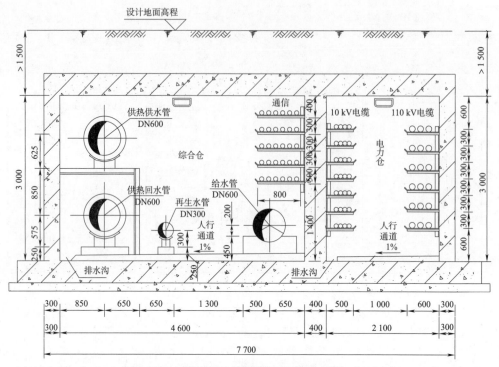

图 4-3-18 双仓综合管廊断面示意图（单位：mm）

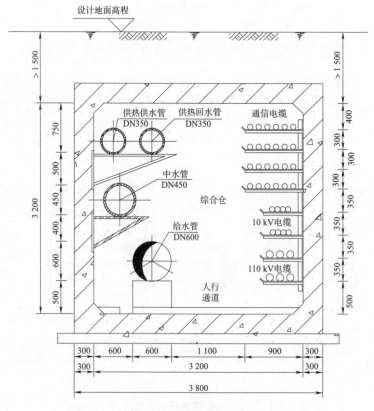

图 4-3-19 单仓综合管廊断面示意图（单位：mm）

第4章 综合管廊规划与设计

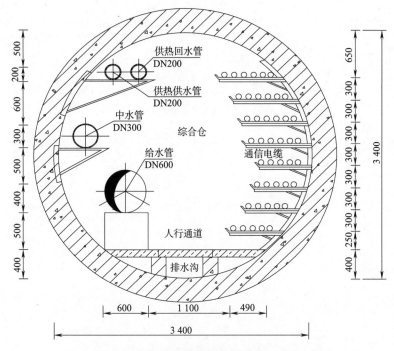

图 4-3-20　单仓综合管廊断面示意图（单位：mm）

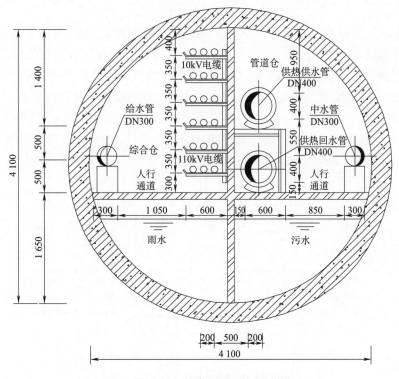

图 4-3-21　多仓综合管廊断面示意图（单位：mm）

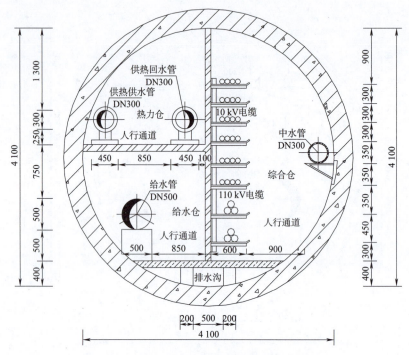

图 4-3-22　多仓综合管廊断面示意图（单位：mm）

4.3.3　节点工程设计

并非所有道路均设置综合管廊，在路口或者间隔一定距离，综合管廊内管道需与外部相交道路或者用户直埋管道进行衔接，从而带来内部多种管道的相互交叉及出线问题。管道交叉点和出线既是设计的重点，也是设计的难点，但其重要性只有在内部管道安装时，方能逐步显现出来。目前，通常有支沟出线和直埋出线两种方式完成管道的交叉和出线。

1. 支沟出线

采用支沟出线时，管道交叉处将综合管廊分为上下两层，与原综合管廊衔接层为主沟，另外一层为支沟，支沟与主沟成十字交叉，以出线井为纽带连接（图 4-3-23）。

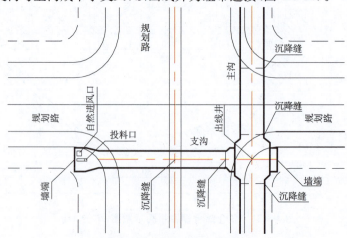

图 4-3-23　支沟出线平面示意图

出线井尺寸的设计应在满足综合管廊内部管道交叉布置、人员通行要求基础上,尽量减少出线井体积,节省投资。在出线井内部中隔板处根据管道交叉布置,于上下两层间的中隔板设置管道预留洞。

支沟出线及内部给水管道在出线井内具体布置如图 4-3-24 和图 4-3-25 所示。

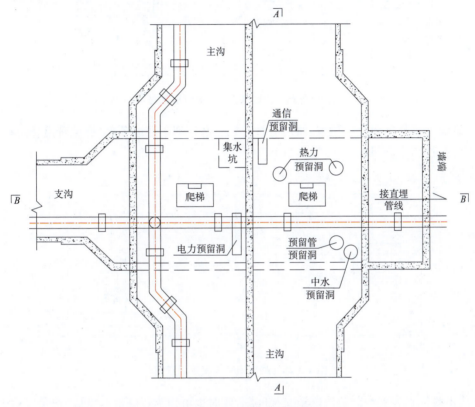

图 4-3-24　出线井平面示意图

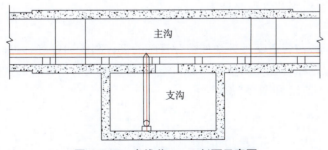

图 4-3-25　出线井 A—A 剖面示意图

各专业管道主要通过出线井支沟的端墙与外部管道进行衔接。传统设计中,管道通常从支沟底层直接出沟,由于综合管廊一般的开挖深度在 5 m 左右,而支沟处于主沟以下,覆土已超 5 m,管道出线处甚至在 6 m 左右,用户管道在与综合管廊管道衔接时,挖深大、影响范围广,给外部管道衔接带来极大困难,因而必须改变。可以做如下改进:

(1)于靠近出线井一侧设置出线竖井(图 4-3-25),通过竖井来提高管道出线高度,使管道出线时覆土降低约 2 m,减少了外部管道衔接时的开挖深度和对周边的影响,同时降低了防水难度。

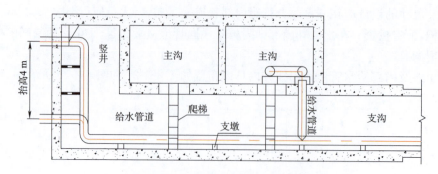

图 4-3-25　出线井 B—B 剖面示意图

(2)端墙处提高预留孔口位置,将所有管道"一"字排列于端墙顶部,避免管道竖向重叠,减少后期开挖量(图 4-3-26)。

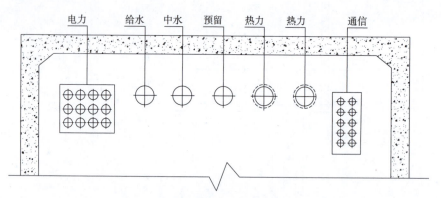

图 4-3-26　端墙预留孔布置示意图

支沟出线优点为支沟既解决管道交叉问题,同时也可作为过路综合管廊,避免以后因新设或维修管道所带来的掘路现象;缺点为工程投资高,施工周期长,影响范围广。因此支沟出线主要适用于同时新建道路和管道时选用。

2. 直埋出线

采用直埋出线时,在管道交叉处增加综合管廊的设计高度和宽度,以满足管道交叉的空间需求,各专业管道通过综合管廊侧壁与外部相连接,管道出线后与预埋的过路套管衔接。给水管道直埋出线如图 4-3-27 和图 4-3-28 所示。

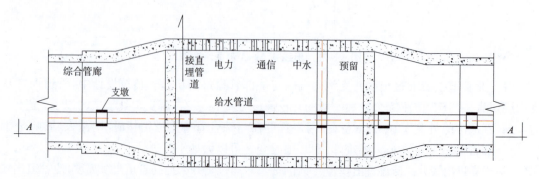

图 4-3-27　直埋出线平面示意图

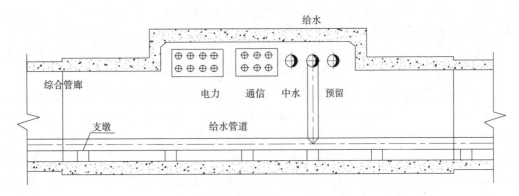

图 4-3-28　直埋出线 A—A 剖面示意图

直埋出线优点为出线形式简单,投资少,施工周期短,影响范围小;缺点为过路管道更换维修时,需进行开挖,影响交通相邻设施。因此现状道路改造、新建综合管廊或综合管廊与支路管道衔接时,通常选用该出线方式。

3. 干、支线综合管廊特殊段的设计

干线综合管廊人员出入口以阶梯设置为原则,若有空间不足,应用时亦可考虑用爬梯方式设置,出入口与通风口、投料口相结合设置。采用明挖施工的综合管廊出入口间距不宜大于 200 m;采用非开挖施工的应根据综合管廊的地形条件、埋深、通风、消防等条件综合确定。出入口盖板应设有安全装置,以防非专业人员开启。

通风口净尺寸应满足通风设备进出的最小允许限界的要求,自然通风口与强制通风口,以交互设置为原则。

集水井应设于综合管廊断面坡度最低处,每 200～300 m 设置一个(亦可包含沉砂池,沉淀池及油水分离设备)。集水井容积宜考虑计算每台抽水泵 10 min 的抽水量,应有 0.3 m³ 以上的沉砂池与 1.5 m³ 的集水量的体积。每一集水井应配备 2 台(1 用 1 备)抽水泵,设置于集水井上方。为便于抽水泵的维修,应设计检修口;为便于综合管廊的管理,抽水泵应纳入监控系统统一管理。

投料口以设置在道路下方为原则,宜兼顾人员出入功能,投料口间距不宜超过 400 m,投料口净空尺寸应满足管线、设备、人员进出的最小允许限界的要求。

注意道路上投料口、通风口、出入口等露出地面构筑物的开口处应做好防水措施,以防地表水流入孔内。投料口、通风口、安全孔等的外观宜与周围景观相协调。

综合管廊管线分支口(管线分汇室)一般设在道路交叉口的下方,应满足管线预留数量、安装敷设作业空间的要求。设置应考虑附近管线及其他构筑物的相对位置以避免施工上的困难。综合管廊与其他方式敷设的管线连接处,应做好防水和防止差异沉降的措施。

4. 综合管廊特殊段结构处理

综合管廊应设置变形缝,现浇混凝土综合管廊结构变形缝的最大间距应为 30 m,预制装配式综合管廊结构变形缝应为 40 m。在地基土有显著变化或承受的荷载差别较大的部位,应设置变形缝,软土地基区域可间隔 15 m 设置一道变形缝,地基性质急剧变化处及可能发生液化的地基处可设置挠性连接。变形缝缝宽不宜小于 30 mm,变形缝应设置橡胶止水带、填缝材料和嵌缝材料的止水构造。

当综合管廊建在软土地基或土质变化较大的地层时,必须进行地基处理,以减少其不均匀沉降或过大的沉降。常用的地基处理方法有压密注浆、地基土置换、粉喷桩加固软土地基等。地下构筑物与独立建设的综合管廊的交接处,必须将综合管廊与地下构筑物采用弹性铰的连接方式,在构造中也应该按弹性铰进行处理,同时还须做好连接处的防水措施。

当综合管廊下穿既有地下设施时,在接头处也有可能产生不均匀沉降,为此也需要在接头部位做成弹性铰接,以使其能自由变形。当综合管廊与非重力流管线交叉时,综合管廊埋深保持不变,其他管线在综合管廊上部(下部)穿越;当综合管廊与重力流管线交叉时,重力流管线的埋深保持不变,局部降低综合管廊的埋深并在既有重力流管线的下部穿越;当综合管廊连续穿越埋深差异较大的重力流管线时,应综合考虑降低综合管廊的整体埋深。当综合管廊与既有地下构筑物交叉时,可通过调整平面布局或立体穿越的方式来实施。同时综合管廊可以同立交基础和地铁等现状地下设施共构共筑。与地铁等运动设施共构时,必须验算车辆运行引起的振动对综合管廊各种管线的影响,如有必要必须加设弹性支座等各种减振、隔振设施。

综合管廊之间的交叉或管廊内管线的引出,是比较复杂的问题,既要考虑管线间的交叉对整体空间的影响,包括对人行通道的影响,也要考虑进出口的处理,如防渗漏和出口井的衔接等。综合管廊交叉包括十字形交叉和丁字形交叉,其中又以十字形交叉最为复杂。如图 4-3-29 所示,给水管至管廊对侧支路采用从侧壁引出给水管的方法,然后在交叉点处顶层空间与对侧支路的给水管相接。支路电力电信管线则通过电力电信排管在交叉点处顶层空间与主干道相接。雨污水支管则从综合管廊侧壁接入。设计中,要注意在重要的路口预留分支管廊。

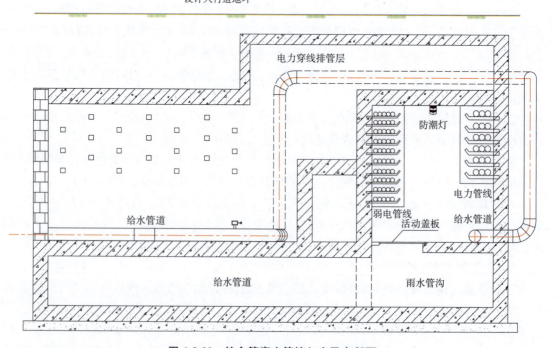

图 4-3-29　综合管廊支管接入交叉点断面

4.4 综合管廊配套工程设计

4.4.1 防排水设计

综合管廊内的排水系统主要满足排出综合管廊的渗水、管道检修放空水的要求,未考虑管道爆管或消防情况下的排水要求。

采用有组织的排水系统,主要是考虑将水流尽快汇集至集水坑。一般在综合管廊的单侧或双侧设置排水明沟,排水明沟的纵向坡度不小于0.3%。

综合管廊的排水区间应根据道路的纵坡确定,排水区间不宜大于400 m,应在排水区间的最低点设置集水坑,并设置自动水位排水泵。集水坑的容量应根据渗入综合管廊内的水量和排水扬程确定。

综合管廊的底板宜设置排水明沟,并通过排水沟将综合管廊内积水汇入集水坑内,排水明沟的坡度不宜小于0.3%。综合管廊的排水应就近接入城市排水系统,并应在排水管的上端设置逆止阀。

地下管线构筑物的外露面均需要做外防水,防水应以防为主,以排为辅,遵循"防、排、截、堵相结合,因地制宜,经济合理"的原则,同时要坚持以防为主、多道设防、刚柔相济的方法。

(1) 以防为主

按防水施工的重要性,地下工程的防水等级分为四级,无论哪个防水等级,混凝土结构自防水是根本防线,结构自防水是抗渗漏的关键,因此在施工中分析地下构筑物混凝土自防水效果的相关因素,采取相应预防措施,改善混凝土自身的抗渗能力,应当成为施工人员关注的重点。防水混凝土的自防水效果影响因素主要有以下几点:

1) 混凝土防水剂的选择及配合比的设计,通常采用C30,P8防水混凝土。
2) 原材料的质量控制及准确计量。
3) 浇筑过程中的振捣及细部结构(施工缝、变形缝、穿墙套管、穿墙螺栓等)的处理。
4) 混凝土保护层厚度不够,常常由于施工时不能保证而出现裂缝,造成渗漏。
5) 混凝土的拆模时间及拆模后的养护,养护不良易造成早期失水严重,形成渗漏。

从质量控制的角度来讲,如果采用防水抗渗的商品混凝土,只要混凝土本身是合格的材料,是基本可以满足防水的要求。但是,为了防止防水混凝土的毛细孔、洞和裂缝渗水,还应在结构混凝土的迎水面设置附加防水层,这种防水层应是柔性或韧性,来弥补防水混凝土的缺陷,因此地下防水设计应以防水混凝土为主,再设置附加防水层的封闭层和主防层。

(2) 多道设防、刚柔相济

一般地下构筑物的外墙主要起抗水压或自防水作用,再做卷材外防水(即迎水面处理),目前较为普遍的做法就是在构筑物主体结构的迎水面上粘贴防水卷材或涂刷涂料防水层,然后做保护层,再做回填土,达到多道设防、刚柔相济的目的。由于地下防水层长期受地下水浸泡,处于潮湿和水渗透的环境,而且常有一定水压力,除满足防水基本功能外,还应具备与外墙紧密黏结的性能。因防水层埋置在地下,具有永久性和不可置换性的特点,必须长期耐久、耐用。常用的防水卷材有合成高分子防水卷材和高聚物改性沥青防水卷材两大类。

4.4.2 通风、照明、消防、监控等设计

1. 综合管廊通风系统设计

综合管廊宜采用自然通风和机械通风相结合的通风方式。

综合管廊通风口的通风面积应根据综合管廊的截面尺寸、通风区间,经计算确定。换气次数应在 2 次/h 以上,换气所需时间不宜超过 30 min。综合管廊的通风口处风速不宜超过 5 m/s,综合管廊内部风速不宜超过 1.5 m/s,最小风速不应低于 0.5 m/s。

$$V=\frac{Q}{S} \tag{4-4}$$

式中 V——风速(m/s);

Q——风量(m³/s);

S——管廊净断面面积(m²)。

综合管廊的通风口应加设能防止小动物进入综合管廊内的金属网格,网孔净尺寸不应大于 10 mm×10 mm。综合管廊的机械风机应符合节能环保要求。当综合管廊内空气温度高于 38℃时或需进行线路检修时,应开启机械排风机。综合管廊应设置机械排烟设施。综合管廊内发生火灾时,排烟防火阀应能够自动关闭。

具备条件时,应适当多设置连接地面通气孔。

2. 照明系统设计

综合管廊内应设正常照明和应急照明,且应符合下列要求:

(1)在管廊内人行道上的一般照明的平均照度不应小于 10 lx,最小照度不应小于 2 lx,在出入口和设备操作处的局部照度可提高到 100 lx;监控室一般照明照度不宜小于 300 lx。

(2)管廊内应急疏散照明照度不应低于 0.5 lx,应急电源持续供电时间不应小于 30 min;监控室备用应急照明照度不应低于正常照明照度值的 10%。

(3)管廊出入口和各防火分区防火门上方应有安全出口标志灯,灯光疏散指示标志应设置在距地坪高度 1.0 m 以下,间距不应大于 20 m。

综合管廊照明灯具应符合下列要求:

(1)灯具应为防触电保护等级 I 类设备,能触及的可导电部分应与固定线路中的保护(PE)线可靠连接;

(2)灯具应防水防潮,防护等级不宜低于 IP54,并具有防外力冲撞的防护措施;

(3)光源应能快速启动点亮,宜采用节能型荧光灯;

(4)照明灯具应采用安全电压供电或回路中设置动作电流不大于 30 mA 的剩余电流动作保护的措施。

照明回路导线应采用不小于 1.5 mm² 截面的硬铜导线,线路明敷设时宜采用保护管或线槽穿线方式布线。

3. 消防系统设计

综合管廊的承重结构体原则上采用混凝土,燃烧性能应为不燃烧体,耐火极限不应低于 3.0 h。管廊原则上不装修装饰,嵌缝材料应采用不燃材料。

综合管廊的防火墙燃烧性能应为不燃烧体,耐火极限不应低于 3.0 h,防火分区最大间距不应大于 200 m。

综合管廊防火分区应设置防火墙、甲级防火门、阻火包等进行防火分隔。综合管廊的交叉口部位应设置防火墙、甲级防火门进行防火分隔。在综合管廊的人员出入口处应设置灭火器、黄沙箱等灭火器材。

综合管廊内应设置火灾自动报警系统,可设置自动喷水灭火系统、水喷雾灭火或气体灭火等固定设施。

综合管廊内的电缆防火与阻燃应符合现行国家标准《电力工程电缆设计规范》(GB 50217)的有关规定。当综合管廊内纳入输送易燃易爆介质管道时,应采取专门的消防设施。

4. 监控与报警系统设计

综合管廊的监控与报警系统应保证能准确、及时地探测管廊内火情,监测有害气体、空气含氧量、温度、湿度等环境参数,并应及时将信息传递至监控中心。

综合管廊的监控与报警系统宜对沟内的机械风机、排水泵、供电设备、消防设施进行监测和控制。控制方式可采用就地联动控制、远程控制等控制方式。

综合管廊内应设置固定式语音通信系统,电话应与控制中心连通。在综合管廊人员出入口或每个防火分区内应设置一个通信点。

5. 供电系统设计

综合管廊供配电系统接线方案、电源供电电压、供电点、供电回路数、容量等应依据管廊建设规模、周边电源情况、管廊运行管理模式,经技术经济比较后合理确定。

(1)综合管廊附属设备配电系统应符合下列要求:

1)管廊内消防和监控设备、应急照明宜按二级负荷供电,其余用电设备可按三级负荷供电。

2)管廊内低压配电系统宜采用交流 220 V/380 V 三相四线 TN-S 系统,并宜使三相负荷平衡。

3)除在火灾时仍需继续工作的消防设备采用耐火电缆外,其余设备都采用阻燃电缆。

4)管廊出入口和各防火分区防火门上方应有安全出口标志灯,灯光疏散指示标志距地坪高度应小于 1.0 m,间距不应大于 20 m。

5)管廊中应装置检修插座,间距应小于 60 m,插座容量宜大于 15 kW,安装高度应大于 0.5 m,插座和灯具保护等级都宜大于 IP54。

(2)综合管廊内供配电设备应符合下列要求:

1)供配电设备防护等级应适应地下环境的使用要求。

2)供配电设备应安装在便于维护和操作的地方,不应安装在低洼、可能受积水浸入的地方。

3)电源总配电箱宜安装在管廊进出口处。

综合管廊内应有交流 220 V/380 V 带剩余电流动作保护装置的检修插座,插座沿线间距不宜大于 60 m。检修插座容量不宜小于 15 kW,应防水防潮,防护等级不低于 IP54,安装高度不宜小于 500 mm。

设备供电电缆宜采用阻燃电缆,火灾时需继续工作的消防设备应采用耐火电缆。在综合管廊每段防火分区各人员进出口处均应设置本防火分区通风设备、照明灯具的控制按钮。综合管廊内通风设备应在火警报警时自动关闭。

综合管廊内的接地系统应形成环形接地网,接地电阻允许最大值不宜大于10 Ω。接地网宜使用截面面积不小于40 mm×5 mm的热镀锌扁钢,在现场应采用电焊搭接,不得采用螺栓搭接的方法。金属构件、电缆金属保护皮、金属管道以及电气设备金属外壳均应与接地网连通。当敷设有系统接地的高压电网电力电缆时,综合管廊接地网尚应满足当地电力公司有关接地连接技术要求和故障时热稳定的要求。

6. 标示系统设计

在综合管廊的主要出入口处应设置综合管廊介绍牌,对综合管廊建设的时间、规模、容纳的管线等情况进行简介。

纳入综合管廊的管线应采用符合管线管理单位要求的标志、标识进行区分,标志铭牌应设置于醒目位置,间隔距离不应大于100 m。标志铭牌应标明管线的产权单位名称、紧急联系电话。

在综合管廊的设备旁边应设置设备铭牌,铭牌内应注明设备的名称、基本数据、使用方式及其紧急联系电话。

在综合管廊内应设置"禁烟"、"注意碰头"、"注意脚下"、"禁止触摸"等警示、警告标识。在人员出入口、逃生孔、灭火器材等部位应设置明确的标示。

4.5 综合管廊设计实例

4.5.1 北京市南城某道路改建综合管廊工程设计

(1)工程概况

该段道路规划红线宽度为70 m,其中道路两侧绿化带和人行步道各宽13 m,非机动车道、机动车道(含公交专用线)共宽44 m。机动车道下方、沿道路中心线预留宽度为24 m的地铁规划用空间。而在道路南、北两侧的非机动车道和人行步道、绿化带下方共集中了电力、电信、热力、上水、煤气、雨水、污水等管线7种13条,包括方沟、管块和直埋管三种形式,埋深2~12 m,管径300~2 000 mm。该地区商业繁华、交通流量很大,地下管线密集,适于采用综合管廊技术进行施工。因此,如果能在该项工程中采用综合管廊技术,把多种管线集中到沿道路两侧延伸的一条或两条地下管廊内,并且在难于明挖的地段改用暗挖工艺施工,就可以在尽量减少对原有道路交通影响的情况下,有效地缩短工期并降低工程造价,获得明显的经济效益和可观的社会效益。

(2)具体方案

在该段道路南侧非机动车道和人行步道的下方布设一条矩形的钢筋混凝土市政综合管廊,综合管廊断面示意图如图4-5-1所示。该矩形方沟宽约11.15 m,高约2.7 m,埋深约2 m,采用明挖法施工。该方沟分为四室:北侧小室较大,宽约4.4 m,两条直径1 000 mm的热力管道位于该小室;相邻的小室宽1.8 m,上水管(直径600 mm)位于该小室;第三个小室宽1.6 m,电力电缆位于这一小室;最南侧的小室宽2 m,为电信电缆专用。道路北侧的人行步道下方修建一条直径3 000 mm的暗作盾构法圆形市政综合管廊。盾构法圆形市政综合管廊被垂直隔板分为左、右两个小室,左小室为电信电缆、上水管(直径600 mm)共用,右室为天然气管道专用。

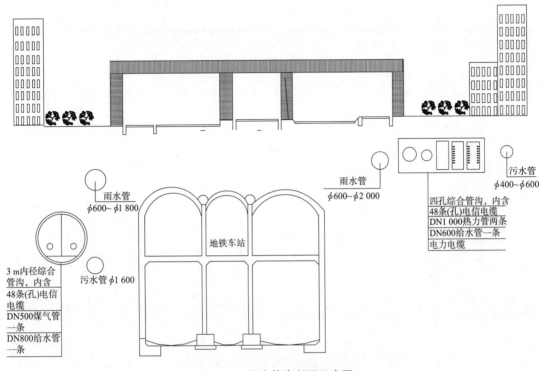

图 4-5-1 综合管廊断面示意图

4.5.2 西安市西咸新区沣东新城红光大道综合管廊工程设计

该道路全长 4 300 m，道路红线宽度为 120 m。该段道路为南北向主干道路，是重要通道，因而在该道路实施综合管廊的建设，对完善和提高该区的市政设施起着重要作用。

由于道路过宽，综合管廊为双侧布置，位于道路中线东、西两侧。综合管廊单侧长 3 980 m，双侧长 7 960 m。在综合管廊中部设置中心控制室，在中心控制室地下室设置与两侧综合管廊的连通沟，并在此处设置了 160 m 的参观段，以供相关部门参观交流。

1. 总体设计

（1）入沟管线

根据本区域各专项规划和工程的实际情况，确定纳入沟内的管道：DN600 热力管道（一供一回）、DN600～DN800 给水管道、DN300 再生水管、32 孔通信电缆以及 110 kV、10 kV 电力电缆。

（2）综合管廊断面设计

综合管廊的断面设计主要根据沟内管线种类、布置形式、安装维护、人行通道以及附属设施等需求进行统筹考虑。设计纳入综合管廊的管线由于有热力管道及 110 kV 的电力电缆，热力管道的保温材料容易燃烧，存在消防安全隐患，故设计中将电力单独设置在电力仓内，其他管线设置在综合仓内，这样安全性大大提高。因此，设计综合管廊为双侧布设，单侧为矩形双仓断面，钢筋混凝土结构。

综合管廊综合仓内管线横向布置成三列，设置两个人行通道。最终确定综合管廊综合仓为 4.6 m×3.0 m，电力仓为 1.5 m×3.0 m（图 4-5-2）。

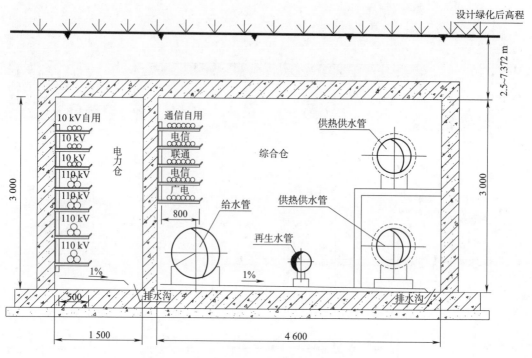

图 4-5-2 综合管廊标准断面示意图（单位：mm）

(3)综合管廊竖向设计

综合管廊敷设在绿化带下，考虑到雨水口连接管、各种用户支管连接的需求，综合管廊外顶覆土应不小于 2.0 m。在与地下人行通道、相交道路的雨水污水管道等重要障碍物交叉时，综合管廊局部下沉。

(4)设计单元

综合管廊按照每一个防火分区为一个设计单元的原则，每个防火分区内均设计有投料口、机械排风设备、集水坑、消防设备、控制系统、报警系统、监控系统及照明系统等相关设计。

(5)工程设计

1)工艺设计

①防火分区及防火门

每 130~200 m 为一个防火分区，防火分区分隔采用阻火包及甲级防火门划分。地下综合管廊的结构形式为钢筋混凝土结构，其燃烧性为不燃烧体。在地下综合管廊的起始点及终点处分别设置消防出入口。

②投料口

每个防火分区内的投料口，设置钢爬梯将地下综合管廊与室外相通，投料口作为地下综合管廊一个防火分区直通地面疏散口。在综合仓内投料口平面尺寸为 6.6 m×1.5 m，电力仓投料口平面尺寸为 6.6 m×1.0 m。投料口上均设有带锁的盖板。

③连通沟

在综合管廊沿线共设有七处连通沟，连通沟设置目的是将东西两侧的综合管廊连通便于检修。连通沟与主沟连通处设置阻火包及甲级防火门，连通沟为独立的防火分区。

④管线用户预埋及路口管线预埋

沟内管道均设有用户预留。根据规划,在路口设置管线接入口,并且每隔120 m左右设置用户预留,以便今后根据用户需要接入支管。

2)消防设计

①防火分区

根据《建筑设计防火规范》,综合管廊按戊类仓库考虑,每个防火分区最大允许建筑面积不超过1 000 m²,因此综合管廊每一防火分区不超过200 m。

②灭火系统

综合管廊内均设置火灾自动报警系统,其中水信仓内设计采用4 kg手提式磷酸铵盐干粉灭火器(每50 m设2具);电力仓则可采用S形气溶胶预制气体灭火系统,全淹没灭火方式。

3)通风系统

综合管廊采用自然通风与机械通风兼排烟系统相结合的通风方式。

每一段防火分区设置投料口,投料口上设置防雨双层百叶窗,兼做自然进风口,区段两端各设机械排风(烟)机一台。

4)排水系统

综合管廊内设置排水沟,主要考虑收集结构渗水和管道维修时放空和事故时排水等。排水方式原则上采用纵向排水沟,并于地下综合管廊较低点或交叉口设集水坑。综合管廊横断面地坪以1%的坡度坡向排水沟,排水沟为宽200 mm,深100 mm,排水沟纵向坡度与综合管廊纵向坡度一致,不小于0.5%,排水沟坡度坡向排水集水坑。

5)电气设计

①综合管廊电气设计

在综合管廊每组防火区段的投料口内安装一台动力照明配电箱,负责该组防火区段内动力照明设备的配电控制。在风机、排水泵就地设置专用控制箱对设备进行配电和控制。综合管廊内沿线每隔约40 m设一只AC380/220 V插座箱,作施工安装、维修等临时接电之用。设备电动机均采用直接启动方式。

②综合管廊照明设计

综合管廊内设一般照明和事故应急照明。每段防火分区内的照明灯具由该区段动力照明配电箱统一配电,设投料口、防火分区手动开关控制和监控系统遥控二级,照明状态信号反馈监控系统。

③综合管廊的接地

综合管廊内集中敷设了大量的电缆,为了综合管廊运行安全,设有可靠的接地系统。

④电缆敷设与防火

消防泵组、综合管廊风机、排水泵、应急照明、综合管廊监控设备等采用A类耐火电缆。其他动力采用低烟无卤阻燃电缆。

⑤电气设备选择

变电所10/0.4 kV变压器采用防水紧凑型组合配电式无载调压油浸变压器;低压开关柜采用金属封闭可抽式户内成套柜;沟内动力箱、控制箱等电气设备按防护等级IP54选型;照明灯具光源以节能型荧光灯为主,综合内照明灯具防护等级采用IP65。

6)自控设计

①综合管廊自控系统包括:监控系统;附属电气设备和仪表设备监测系统;安保系统;电视

监控系统;火灾自动报警系统。

②监控系统由监控中心、现场 PLC 控制站以及光缆通信网络构成。

③综合管廊自控系统包括火灾报警和灭火系统、附属设备监控系统、安保系统、氧/温度/湿度检测仪表系统、电话系统、仪表系统、过电压保护与接地系统等设计。

7)控制中心

控制中心是整个综合管廊的重要建筑物,内部设有变配电室、监控室、消防泵房、办公室等重要房间。在控制室和综合管廊之间设置一个 3.5 m 宽的地下连接通道,以便于工作人员的进出和地下综合管廊的内部管理。控制中心设计为地下一层,地上三层。总建筑面积约为 1 100 m^2,设防烈度 8 度。

2. 工程设计特点

(1)本工程综合管廊的设计使用年限为 100 年,较传统的地下综合管廊使用年限长,充分体现综合管廊敷设的优势。

(2)本工程综合管廊设计为双侧双仓断面,但沟内管线布置合理,管线均考虑预留,避免与其他市政管线的交叉。为便于今后管道的安装、检修,横断面设置两个检修通道和投料口。

(3)本工程考虑到有地下人行通道,综合管廊设置在地下人行通道下,大大的减少工程投资。综合管廊在下降处及出线处均充分考虑管道转弯半径的要求,减小施工难度。

(4)投料口及通风竖井仅作出地面约 500 mm,结合投料口上设置自然通风口,既达到了自然通风的要求,又不影响城市景观的要求。

(5)鉴于目前我国综合管廊工程相对较少,本工程设置参观段,供相关部门参观交流。参观段综合管廊断面综合仓尺寸较正常段增大 1 m。综合管廊参观段与控制中心地下一层通过地下通道顺接,通道尺寸为 3.5 m×3.6 m。

(6)本综合管廊设计除了热力管道的固定支架外,均考虑了各种管线的支墩、支架的预埋和设计。

(7)防水、防渗设计:防水等级为一级;施工缝采用钢板止水带;变形缝处防水做法采用中埋式钢边橡胶止水带。混凝土抗渗等级为 P8。

4.6 西安城市综合管廊及内涝解决设计方案及思考

4.6.1 西安城市内涝情况及原因分析

城市内涝是指由于强降水或连续性降水超过城市排水能力,致使城市内产生积水灾害的现象。夏季是我国大部分城市暴雨多发季节,其中 2014 年夏季,我国武汉、重庆、杭州等城市陆续出现城市内涝现象,多个城市交通几近瘫痪。造成内涝的客观原因是降雨强度大,范围集中。

近年来,随着西安市社会经济快速发展和城乡一体化建设的推进,城市排水管理工作中出现的一些突出问题:排水系统规划、基础设施建设滞后,基础设施建设缺乏整体规划,"重地上、轻地下",建设不配套,标准偏低,硬化地面与透水地面比例失调,城市排涝能力建设滞后于城市规模的快速扩张。排放污水行为不规范,设施运行安全得不到保障,影响城市公共安全。一些排水户超标排放,将工业废渣、建筑施工泥浆、餐饮油脂、医疗污水等未采取预处理措施,直接排入管网,影响城市排水管网运行安全和城市公共安全。污水私接乱接雨水管网现象严重,

但对此处罚额度过低,违法行为与违法成本不对等。就西安内涝原因分析主要有如下几点:

原因一:垃圾杂物影响排水速度。据市政专家分析,雨水排放至河流经过以下过程:汇水→渗水→收水→输水→蓄水→排水等,任何一个环节的变化,都会影响到雨水的排放,造成积水。首先雨水落地后,自然汇集向低洼处流动,这个过程中,道路上若有塑料袋、废纸片等垃圾杂物阻挡水流,而雨量又太大,雨水汇集排放速度将受到影响。

原因二:地面渗水功能大幅降低。城市发展后,城市道路普遍硬化,土地减少,客观上使得地面渗水功能大幅降低,更多的需要经管道排放至河流。西安市逐年增加受水井箅密度的办法,提高收水效率,因雨水无法及时收入管道而积水的情况大为好转。

原因三:雨水污水混排管径多数较小,管线老化。政部门的统计数据来看,西安市城区现有排水管渠共计 2 557 km 左右,其中雨水管道 1 080 km,污水管道 970 km,雨污合流管道 150 km,过街管道 315 km,明渠 40 km。这些远远达不到城市排水实际需求,市政部门表示,目前西安全市城市污水管网普及率近 90%,雨水管网普及率近 70%,与城市排水实际需求还有不小差距。可以说管网设施"欠账"是西安城市容易发生积水的主因。西安主城区排水管网大多是 20 世纪五六十年代布局,管径设计较小,许多老城区路段设计标准很低,一些新建城区的管道也不能满足发展需求。一位工作人员无奈地表示,有些管道的改造也存在很大困难,如涉及拆迁、资金等。西安的下水排放以往都是雨水、污水混排,即两种水使用同一管道排放。随着西安市近年来的管网改造,雨、污水逐步实现分排,这种情况已有所好转。但是,城市管网设计多数属 20 世纪五六十年代布局,管径要小很多,遇到瞬时暴雨,仍然会排放不及。

由此看出,城市排水管网管径较小、瞬时降雨量太大、城市缺少渗水土地等原因都会造成西安雨天"内涝"。

4.6.2 西安城市内涝解决方案

城市内涝,一直是市民关注的热点。尤其是降雨量集中规模大时,城市内涝频发,个别路段积水严重。

解决问题的第一举措是需要从规划层面作出要求,明确地将内涝防治纳入城市排水专业规划。需要规定新建、改建、扩建市政基础设施工程应当配套建设雨水收集利用设施,增加绿地、砂石地面、可渗透路面和自然地面对雨水的滞渗能力,削减雨水径流,提高城市内涝防治能力。城市排水专业规划的编制,应当根据城市人口与规模、降雨规律、暴雨内涝风险等因素,合理确定内涝防治目标和要求,充分利用自然生态系统,提高雨水滞渗、调蓄和排放能力。

解决问题的第二举措是实现雨污水分流保证水质。需要制定条例或立法明确雨水、污水分流制度,更需要对雨水、污水的排放行为加强管理。对新建、改建、扩建的建设项目,不得将雨水管网、污水管网相互混接。对原有雨水、污水合流的区域,应当按照城市排水专业规划要求,进行雨水、污水分流改造。从事餐饮、洗浴、洗染、美容美发、洗车、汽车修理和加油等经营活动的单位和个人,应当按照国家技术规范建设自用排水设施,配置相应的隔油池、毛发收集池、沉砂池、化粪池等污水预处理设施,并定期清疏,保障正常运行,保证外排水质达标。医疗卫生机构应当建设污水预处理设施,对产生的污水、传染病病人或者疑似传染病病人的排泄物按照国家规定严格消毒,达到排放标准后,方可排入城市排水管网。

解决问题的第三举措是做好城市储水,不仅能减轻排水管网的压力,更能将存储的雨水进行绿化浇灌,也是节约用水的一项措施。

解决问题的第四举措是从施工到管理明确责任主体,加强对城市排水设施建设的管理。排水设施隐蔽性强,施工质量出现问题后短期内不易发现。为防止出现路面塌陷给人民生命财产带来损失,需要明确排水行政部门的前期介入、验收备案、工程档案移交等各项制度。同时,需要明确城市排水设施的管理养护责任主体。随着西安市道路不断拓宽改造,许多原产权单位的排水设施已经实际成为公共场所,在发生纠纷时由于产权不清,经常发生推诿、扯皮现象,给排水管理造成了极大困扰。为解决这一问题,需要明确城市排水设施的管理养护责任主体,划分公共排水设施和其他排水设施养护责任的界线,并对维护单位进行排水设施维护作业提出相应要求,并规定事故紧急处理机制,以避免发生推诿、扯皮现象,保证管理养护责任得到落实。

解决问题的第五举措是考虑西安古城特点,应对城墙内雨水引入护城河,三环内雨水通过地下管廊连通护城河,形成地下排水网络。

4.6.3 城市地下综合管廊及内涝综合解决方案示范性工程建设建议

中国目前的城市化正处于中期加速发展阶段,随着科学发展、和谐发展、可持续发展理念的落实,中国城市化将由数量规模扩张型为主的增长,向数量规模扩张与城市功能内涵提升并重的发展转变,推进城市基础设施的完善、生态环境的保护、城市产业的升级和居民生活品质的提高。作为城市经济、社会生活的保障体系,市政基础设施建设如火如荼。在目前的城市基础设施建设中,特别是旧城区,市政管线检修增设、更新改造引起道路"开膛破肚"、"拉链现象"及交通阻塞和环境污染等问题屡见不鲜,不仅妨碍市民出行,停水断电、中断通信,造成巨大经济损失;由于市政管线隶属不同部门管理,缺乏整体规划,占用了大量地下空间资源,阻碍了城市地下空间的利用和发展。为之建立节省道路地下空间、节约每次开挖成本、对道路通行效率影响小以及对周边环境破坏少的城市地下综合管廊势在必行。同时城市地下综合管廊可以解决城市由于排水设施落后、管道老化,排水能力严重不足,一遇暴雨便内涝成灾的问题。

城市综合管廊建设在西方发达国家比较成熟,但在我国一直未能有效实施,仅在一些经济发达城市进行了局部尝试。国务院办公厅印发《关于加强城市地下管线建设管理的指导意见》,要求把加强城市地下管线建设管理作为履行政府职能的重要内容,全面加强城市地下管线建设管理。《意见》明确提出了"稳步推进城市地下综合管廊建设"的意见,计划在 36 个大中城市开展地下综合管廊试点工程,探索投融资、建设维护、定价收费、运营管理等模式,提高综合管廊建设管理水平。并通过试点示范效应,带动具备条件的城市结合新区建设、旧城改造、道路新(改、扩)建,在重要地段和管线密集区建设综合管廊。

西安是我国西部地区重要的中心城市,世界历史文化名城;根据 2009 年发布的"西安国际化大都市城市发展战略规划",到 2020 年西安总面积达 1 0108 km^2,主城区规划面积 490 km^2,城市建成区面积 415 km^2,常住人口 858.81 万人。根据国务院办公厅印发《关于加强城市地下管线建设管理的指导意见》要求和西安推进"国际化大都市"建设进程中城市地下管线亟待建设的需求,进行城市地下综合管廊建造与应用示范性工程建设,不仅可以系统解决西安城市内涝问题,改善城市功能,提升城市形象,还可以带动城市地下管廊施工装备等一系列新型高端装备制造产业的发展及相关配套产业的经济技术的成长,形成一个具有国际竞争力的完整产业链,具有极大的经济效益,市场前景广阔。总之,建议以西安城市建设为依托,开展城市地下综合管廊建造与应用示范工程建设,尽快研究出符合我国国情的、先进的城市综合管廊建设设计与施工技术,为陕西省科技进步和经济社会发展做出积极贡献。

第5章 综合管廊传统施工方法

5.1 概　述

在国外,地下综合管廊的本体工程施工一般有明挖现浇法、明挖预制拼装法、盾构法、顶管法等,而从国内已建的地下综合管廊工程来看,多以明挖现浇法为主,因为该施工工法,成本较低,虽然其对环境影响较大,但是,在新城区建设初期采取此工法障碍较小,具有明显的技术经济优势。今后随着地下综合管廊建设的推广,施工工法也会趋于多样化,地下综合管廊与其他地下设施的相互影响也会加大,对施工控制也会逐渐提高要求,因此研究相关技术已成为了当务之急。

目前我国城市地下综合管廊工程的建设中,常用的施工方法有明挖法、矿山法、盾构法和顶管法。几种施工方法各具自己的特点,其对比见表5-1-1。

表 5-1-1　四种不同工法修建地下综合管廊比较

项　目	盾构法	顶管法	明挖法	矿山法(新奥法)
地质适应性	地层适应性强,可在软岩及土体中掘进	地质适应性差,主要用于软土地层	地层适应性强,可在各种地层中施工	地层适应性差,主要用于粉质黏土及软岩地层,软土及透水性强的地层中施工时需要采取多种辅助措施
技术及工艺	施工工艺复杂,需有盾构及其配套设备,一次掘进长度可达到3～5km,目前国内有2.94～16 m直径盾构	施工工艺复杂,不易长距离掘进,管径常在2～3 m,国内顶管设备较少	施工工艺简单,可在各种地层中施工	施工工艺复杂,工程较小时无需大型机械
劳动强度、施工环境及安全性	机械化程度高,施工人员少,作业环境好,劳动强度相对小,安全可控性好	机械化程度高,施工人员少,作业环境好,劳动强度相对小,安全可控性好	施工条件一般,安全可控性一般	机械化程度低,施工人员依赖性高,作业环境较差,劳动强度高,安全不易保证
施工速度	快,一般为矿山法速度的3～8倍	快,与盾构法相当	快,根据现场组织可调节施工速度	作业面小,施工速度较慢
结构形式及施工质量	单层衬砌,高精度预制衬砌管片,机械拼装;质量可靠	单层衬砌,高精度预制管片,机械拼装;质量可靠	临时维护结构和内部结构衬砌;现场浇筑结构,施工质量不易保证,防水不易保证	复合式衬砌;现场浇筑,施工质量较差
结构防水质量	防水可靠	防水可靠	防水不易保证	防水不易保证

根据表 5-1-1 比较分析:

(1)在穿越城市主城区的综合管廊修建中,由于沿线建构筑物、地下管线较多,采用明挖法施工除需要进行大范围的管线迁改或建筑物拆除时,对城市交通影响较大,建议尽量避免采用明挖法施工。

(2)矿山法主要适用于地下水匮乏的粉质黏土地层和基岩地层中,且施工作业主要依靠人工作业,施工环境条件较差、地表沉降不易控制。

(3)顶管法主要用于软土地区的中小直径隧道施工,且由于其工艺的特殊性,长距离施工时需要分段进行,工作井较多,主城区共同管沟干管施工时不宜推荐采用。

(4)盾构法以机械化程度高,环境影响小,能够施工短、中、长不同距离的隧道。对于穿越主城区干管或次干管或穿越江、河、海共同管沟建议采用盾构法施工。

5.2 明挖现浇法及施工机械

5.2.1 明挖法概述

明挖法是指挖开地面,由上向下开挖土石方至设计标高后,自基底由下向上顺作施工,完成隧道主体结构,最后回填基坑或恢复地面的施工方法。尽管明挖法对环境扰动大,但比较符合地质原则、效益原则、技术原则和整体最优原则。

5.2.2 明挖法的关键技术

1. 大面积的深基坑降水技术

我国早期深基坑多采用深井泵降水,如北京地铁一、二期工程,基坑深 13～20 m,采用冲击钻成孔,钢井壁管安装自动控制水位装置的深井泵降水技术,后来潜水泵代替深井泵用于无砂混凝土管井降水,使施工更加简便,降低了费用。目前多级轻型井点、喷射井点降水技术在深基坑降水中已普遍应用,电渗、辐射井降水技术也在一些工程中得到应用。随着降水技术的发展,成孔机械也在不断发展。

2. 边坡支护技术

我国早期在大型深基坑(槽)如北京地铁一、二期工程施工中,大量采用钢桩支护。当时引进日本的柴油打桩机和钢桩(包括工字钢和止水的钢板桩),采用钢横撑作内支撑保证边坡安全。1975 年,北京地铁开始研究土层锚杆施工技术,采用地质钻机钻孔、使用钢筋作锚索获得成功;随后在天津地铁及房建深基础中应用,适用于在较好的工程地质及水文地质条件下施工。20 世纪 80 年代,我国引进先进的锚杆机,开始使用钢绞线锚索,使锚杆施工技术更加成熟,能在各种地质、水文地质条件下施工。高层建筑基坑的支护也向多种形式发展,特别是混凝土灌注桩发展较快,从初期的冲击钻成孔发展为循环钻、潜水钻、长螺旋钻机。20 世纪 80 年代引进全液压短螺旋钻机等机械,成桩技术不断提高,使基坑的支护能力大大加强。但由于我国劳动力多,一些地区采用人工挖孔成桩的技术还在应用,不仅有圆形挖孔桩,甚至还出现矩形挖孔桩的施工实例。80 年代还引进连续墙加锚杆的支护方式,90 年代又发展土钉墙支护形式。我国地下工程施工中的边坡支护技术已达到国际水平。

5.2.3 明挖法施工机械

明挖法可采用通用的土、石方工程机械、桩工机械等进行开挖与回填。

1. 围护结构施工机械

围护结构施工机械主要是冲击式打桩机(柴油锤、蒸汽锤、落锤)、旋挖钻机、吊车、回转式造孔机械、抓斗式成槽机械、切削轮式成槽机械等。

2. 土方开挖运输机械

土方开挖运输机械是挖土机(反铲挖土机、抓铲挖土机)、装载机、自卸车。

3. 其他辅助机械

其他辅助机械有衬砌模板台车、搅拌机、混凝土输送泵和罐车、振捣锤、发电机组、钢筋切断机、弯曲机和调直机、电焊机、砂浆拌和机及手扶式振动夯等。

5.2.4 明挖现浇法

从地表开挖基坑或堑壕,修筑衬砌后用土石进行回填的浅埋隧道、管道或其他地下建筑工程的施工方法,称为明挖现浇法。

只要地形、地质条件适宜和地面建筑物条件许可,均可采用明挖法施工。与非开槽施工相比,施工条件有利,速度快,质量好,而且安全。明挖法施工的主要缺点是干扰地面交通,拆迁地面建筑物,以及需要加固、悬吊、支托跨越基坑的地下管线。

5.2.5 明挖现浇法特点

(1)优点

施工方法简单,技术成熟;工程进度快,根据需要可以分段同时作业;浅埋时工程造价和运营费用均较低,且能耗较少。它具有设计简单、施工方便、工程造价低的特点,适用于新建城市的管网建设。

(2)缺点

外界气象条件对施工影响较大;施工对城市地面交通和居民的正常生活有较大影响,且易造成噪声、粉尘及废弃泥浆等的污染;需要拆除工程影响范围内的建筑物和地下管线;在饱和软土地层中,深基坑开挖引起的地面沉降较难控制,且坑内土坡的稳定常常会成为威胁工程安全的重大问题。

(3)基本工序

明挖施工方法,首先要确定必要的开挖范围并打入钢板桩等挡土设施。施工标准顺序如图5-2-1所示,主要包括:在钢板桩上面架设钢桁架,铺设面板;在路面板下进行开挖、排土、浇筑地下综合管廊,分段进行地下综合管廊与路面板之间覆土回填、钢桁架及路面板拆除、钢板桩拔出、路面临时恢复原状、恢复交通、经过一定的期间等路面下沉稳定以后将路面恢复原状。

在整个施工过程中尽可能少地占用路面宽度,避免交通中断现象。护壁挡土方法要根据地下埋设物、道路的各种附属设施、路面交通、沿线建筑、地下水和地质条件等综合确定。经常采用的方法有:工字形或H形钢桩;当地基软弱、地下水位高时采用钢板桩挡土;浇筑连续砂浆桩等。

5.2.6 基坑支护

常见的基坑支护型式主要有:排桩支护、桩撑、桩锚、排桩悬臂;地下连续墙支护;地下连续

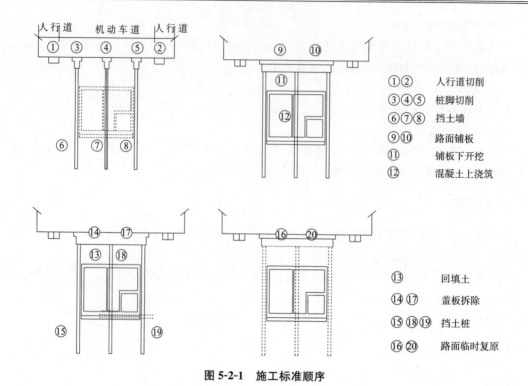

图 5-2-1　施工标准顺序

墙+支撑；型钢桩横挡板支护，钢板桩支护；土钉墙(喷锚支护)；原状土放坡；简单水平支撑；钢筋混凝土排桩；上述两种或者两种以上方式的合理组合等。

根据场地条件和基坑开挖深度，结合地质情况综合选择支护形式，基坑开挖较浅时可采用木板支撑或工字钢支撑，场地条件允许情况下一般选择放坡开挖，场地受限不能放坡时采用排桩+内支撑形式，排桩可采用型钢桩或钢筋混凝土桩；如果是淤泥地质或砂层，且地下水丰富，可采用地下连续墙+内支撑形式。明挖法一般需配合降水，方能保证基坑顺利开挖。

5.2.7　基坑施工

1. 基坑降排水工程

在地下水位较高的地区开挖基坑或沟槽时，土的含水层被切断，地下水会不断地渗入基坑。雨期施工时，地面水也会流入基坑。为了保证施工的正常进行，防止出现流砂、边坡失稳和地基承载能力下降，必须在基坑或沟槽开挖前和开挖时，做好排水、降水工作。

施工排水有明沟排水和人工降低地下水位排水两种方法。明沟排水是在基坑或沟槽开挖时，在其周围筑堤截水或在其内底四周或中央开挖排水，将地下水或地面水汇集到集水井内，然后用水泵抽走。人工降低地下水位是在沟槽或基坑开挖之前，预先在基坑周侧埋设一定数量的井管，利用抽水设备将地下水位降至基坑地面以下，形成沟槽施工的条件。无论采用哪种方法，都应排除施工范围内影响施工的降雨积水及其他地表水，将地下水位降低至坑(槽)底以下一定深度，一般为开挖面下1m，以改善施工条件，并保证坑(槽)边坡稳定，避免地基土承载力下降。

2. 基坑开挖

开挖方式主要包括人工开挖和机械开挖。

(1) 人工开挖

人工开挖主要适用于管径小、土方量少或施工现场狭窄,地下障碍物多,不易采用机械挖土或深槽作业的场所。如果底槽需支撑无法采用机械挖土时,通常也采用人工挖土,常用的工具为铁锹和镐。开挖深 2 m 以内的沟槽,人工挖土与沟槽内出土宜结合在一起进行。较深的沟槽,宜分层开挖,每层开挖深度一般在 2~3 m 为宜,利用层间留台人工倒土出土。在开挖过程中应控制开挖断面将槽帮边坡挖出,槽帮边坡应不陡于规定坡度。

(2) 机械开挖

机械开挖采用机械挖槽时,应向司机详细交底,交底内容一般包括挖槽断面(深度、槽帮坡度、宽度)的尺寸、堆土位置、电线高度、地下电缆、地下构筑物及施工要求,并根据情况会同机械操作人员制定安全生产措施后,方可进行施工。机械司机进入施工现场,应听从现场指挥人员的指挥,对现场涉及机械、人员安全的情况应及时提出意见,妥善解决,确保安全。

3. 地基处理

明挖现浇结构物其荷载作用于地基土上,导致地基土产生附加应力,附加应力引起地基土的沉降,沉降量取决于土的孔隙率和附加应力的大小。当沉降量在允许范围内时,构筑物才能稳定安全,否则,结构的稳定性就会失去或遭到破坏。

同时,地基在构筑物荷载作用下,不会因地基土产生的剪应力超过土的抗剪强度而导致地基和构筑物破坏的承载力称为地基容许承载力。因此,地基应同时满足容许沉降量和容许承载力的要求,如不满足时,则采取相应措施对地基土加固处理,改善特殊土的不良地基特性(主要是指消除或减少湿陷性和膨胀土的胀缩性等)。地基处理常用的方法有换土法、夯挤密法、挤密桩法等几类。

4. 基坑回填

回填前先把回填范围内的杂物、垃圾等清理干净,排除所有积水。

(1) 检验土质

检验回填土的种类、粒径,有无杂物,是否符合规定,以及各种土料的含水率是否在控制范围内。提前选好含水率符合要求的土质,含水率要接近最佳含水率。摊铺碾压以前,应测定土的实际含水率,过干应加水润湿,过湿应予以晾晒或掺入生石灰翻拌,控制其含水率在最佳含水率±2%的范围以内。同时加强取土场土质含水率测定工作,以确保基坑土方回填施工按期完成。

(2) 分层铺摊

回填时采用水平分层平铺,分层厚度 25~30 cm,人工夯实的地方摊铺厚度 20~25 cm。不同回填土水平分层,以保证强度均匀;透水性差的土如黏性土等,一般应填于下层,表面呈双向横坡,以利于排除积水,防治水害;同一层有不同回填土时,搭接处成斜面,以保证在该层厚度范围内强度比较均匀,防止产生明显变形。施工时由自卸汽车把土运至基坑顶部,由人工配合装载机把土填料粗略整平,摊铺路线沿基坑长度方向从一侧向另一侧摊铺,注意虚铺厚度。不宜用机械摊铺的地方辅以人工摊铺。施工时派专人指挥机械施工确保摊铺层厚度。

(3) 分层碾压

用压路机分层压实操作时宜先轻后重、先慢后快、先边缘后中间。压实时，相邻两次的轮迹应重叠轮宽的 1/3，保证压实均匀，不漏压。对于压不到的边角部位，应配合人工推土辅以小型机具夯实，打夯应一夯压半夯，夯夯相连，夯与夯之间重叠不小于 1/4～1/3 夯底宽度，纵横交叉，每层至少三遍。大面积人工回填，用压路机压实，两机平行时，其间距不得小于 3 m，同一夯行路线上，前后间距不得小于 10 m。

回填土每层压实后，采用规范规定的方法进行取样，测出土的最大干密度，达到要求后再铺上一层土。填方全部完成后，应拉线找平，凡高于设计高程的地方，应及时铲平，低于设计高程的地方应用齿耙翻松后补土夯实。每层回填土应连续进行，尽快完成，当天填土应在当天压实。施工时应防止地面水流入基坑，应尽量选在无雨天施工。若已填好的土遭到水浸，需要把稀泥铲除后方可进行下道工序。

在压实过程中应随时检查有无软弹、起皮、推挤、波浪及裂纹等现象，如发现上述情况，应及时采取处治措施。

(4) 检验压实度

回填材料采用黏土或砂土，填土中不得含有草、垃圾等有机质，结构外侧及顶板上首先回填不小于 500 mm 的黏性土（不透水），填土应分层压实，每层回填压实后，取样检查回填土压实度，压实度不小于 95%。机械碾压时，每层填土按基坑 50 m 或基坑面积为 1 000 m² 时取一组，每组取 3 个点；人工夯实时，每层填土按基坑长度 25 m 或基坑面积为 500 m² 时取一组，每组取样点不少于 6 个，其中，中部和两边各取 2 个；遇有填料类别和特征明显变化或压实质量可疑处适当增加点位，取样部位在每层压实后的下半部。

(5) 回填施工技术措施

①分段施工时交接处填成阶梯形，上下错缝距离不小于 1 m。

②试验报告要注明土料种类、试验土质量密度日期、试验结论及试验人员签字。未达到设计要求部位应有处理方法和复验结果。

③施工时注意保护防水层、预埋件等，严禁碰撞。

5. 基坑施工安全监测

(1) 基坑排水

①在基坑四周及基坑内设置完善通畅的排水系统，保证雨季施工时地表水及时抽排。

②密切观测天气预报，暴雨或大雨来临时，停止开挖，立即对边坡进行覆盖防护。加强基坑内积水抽排和基坑外降水，尽量减少基坑积水，确保基坑安全。

③基坑开挖中，控制基坑周围 2 m 范围内不得有施工堆载，不得在基坑周边设置如厕所、冲澡房等易漏水设施。

④暴雨过后及时将地面及坑内积水排走。

⑤坑外地面上要求用低强度混凝土硬化地面，并做排水沟，防止地表水渗入。

(2) 基坑工程检测

基坑和支护结构的检测项目，根据支护结构的重要程度、周围环境的复杂性和施工的要求而定。支护结构的监测，主要分为应力监测与变形监测。根据施工方法、环境情况及地质条件等，在基坑施工期间一般采用施工监测项目见表 5-2-1。

表 5-2-1　基坑开挖一般监测项目表

量测项目	位置或监测对象	测量元件
基坑内外监测	基坑外地面、灌注桩、内支撑含周围地面裂缝、塌陷、渗漏水、超载等	专职巡视人员
桩顶水平位移	桩顶冠梁	TC.702全站仪
桩体变形	桩体全高	测斜管、测斜仪
支撑轴力	支撑端部	轴力计
建筑物沉降、倾斜	基坑周边需保护的建筑物	AG.G2精密水准仪
基坑周边地表沉降	周围一倍基坑开挖深度	AG.G2精密水准仪
临时悬吊管线	管线轴向中线布置	AG.G2精密水准仪

5.2.8　结构施工

1. 模板及支撑体系设计

模板一般采用木胶板或者竹胶板，模板工程量大时也可采用定型刚模板，模板后采用方木支撑，方木根据管廊混凝土厚度计算确定。支架体系采用碗扣支架或者钢管支架，配合扣件、顶托、底托形成支架体系。

2. 钢筋混凝土工程

综合管廊主体结构采用明挖顺做法施工，施工按照"水平分段、竖向分层、从下至上"的原则，采取段间阶梯、段内流水作业的方式，合理有序地连续施工。

(1) 混凝土工程

根据施工条件混凝土采用商品混凝土或自拌混凝土。为保证混凝土的质量，首先需要对配合比进行优化，控制好用水量、水灰比、砂率、水泥用量及粉煤灰用量，使混凝土的入模温度、抗渗指标和耐蚀系数达到要求。

水泥：采用抗渗性能好，水化热低和具有一定抗侵蚀性的水泥，水泥进场时应该有出厂合格证并按要求进行抽检，检验合格后报监理，批准后方可使用，不合格者坚决退货。

砂：选用级配合格、质地坚硬、颗粒洁净的天然砂，粒径为 0.16～5.0 mm，级配为中砂，砂中云母、有机物、硫化物等有害物质含量应在规定标准之内。

碎石：碎石粒径不超过 40 mm，所含泥土不得成块状或包裹碎石表面，含泥量不大于 1%，吸水率不大于 1.5%，强度和碱活性检验应合格。

水：采用生活饮用水。

外加剂：采用具有收缩补偿及缓凝作用的外加剂，可以分散水化热的峰值，减少水化热的总热能，有效防止混凝土裂缝的产生。

掺合料：采用 I 级粉煤灰替代部分水泥，减小混凝土的水化热。

混凝土配合比必须经试验确定，抗渗等级应比设计要求提高 0.2 MPa，水灰比不大于 0.5，砂率控制在 35%～40% 之间，单方混凝土水泥用量控制在 280～300 kg 之间。

(2) 混凝土浇筑

底板混凝土浇筑：整个底板按规定的施工缝分段，各段混凝土浇筑时，由一侧向另一侧进行，混凝土输送泵进行泵送。浇筑步距为 3 m，采用斜面分层法施工。坍落度为 (14±2) cm。入模温度控制在 5～30℃ 为宜。

混凝土振捣：采用插入式振捣器。管廊工程防水要求严格，尤其注意结构自防水，混凝土振捣按照以下要求施工：混凝土振捣手必须是有经验的技工，保证不漏振和过振；振捣与浇筑同时进行，方向与浇筑方向相同。插点采用"行列式"或"交错式"，移动间距不应大于振动半径的 1.5 倍，且不能碰撞钢筋和预埋件；由于纵横交错处钢筋密集，在顶部无法下振捣棒，必须从侧面入棒，逐层振捣密实，每棒插点不大于 25 cm，保证每个棒点间混凝土能全部振捣密实；板由于面积大，振捣时要特别注意每棒的插点位置，不能距离太远，防止漏振，每棒距 30 cm 为宜。

板浇筑完后，均做拉线找平，用刮杠按线刮平，用木抹子搓平，在表面终凝前，再用铁抹子进行二次抹压，消除混凝土表面塑性收缩裂缝。

(3) 混凝土养护

混凝土浇筑完后，应在 12 h 内开始养护；混凝土板采用覆盖洒水养护。每天浇水的次数，以能保持混凝土表面一直处于湿润状态为标准。养护天数不少于 14 h，冬季混凝土采用保温养护。

5.3　明挖预制拼装法施工

5.3.1　概　述

1. 预制拼装法

地下管线综合管廊是目前世界发达城市普遍采用的城市市政基础工程，是一种集约度高、科学性强的城市综合管线工程。目前我国的综合管廊工程一般采用明挖现浇混凝土施工工艺。实践证明，该工艺在施工质量、建设周期和环境保护等方面都存在诸多不足。相比之下，预制拼装工艺则较好地弥补了上述不足。

上海世博会整个园区地下公用管线以综合管廊的形式为主，设置于人行道下，把分散独立埋设的电力、电信、热力、给水、中水、燃气等各种管线，部分或全部汇集到一条共同的地下管廊里，实施共同维护、集中管理。综合管廊标准段管节为工厂预制，现场拼装，为国内首次进行的预制拼装综合管廊施工，极大程度地降低深沟槽施工时间，提高施工效率。综合管廊采用钢筋混凝土结构，预制拼装管节采用 C40 强度等级混凝土，抗渗等级为 P6，用 M30 高强螺栓连接工艺，钢筋采用 HRB335 和 HP235 钢筋。

2. 预制拼装法的特点

预制拼装法与现浇法比较具有下列特点：

(1) 与现浇相比，预制拼装法则可大大缩短施工工期。现场浇筑法施工作业时间长、湿作业工作量大、需较长的混凝土养护时间，开槽后较长时间不能回填，不利于城市道路缩短施工工期、快速放行的要求。

(2) 在现场制作中，地下水对施工有较大影响，需将地下水降至底板高程以下，增加施工成本，也不利于生态环境的保护。

(3) 现场制作的混凝土抗渗性能与工厂内制作的混凝土相比，容易局部发生渗漏，影响管道的使用功能。

(4) 现场制作的管廊按一定长度(约 20 m)分段，分段间采用橡胶止水带连接，其缺点有：

①橡胶止水带耐压力差,如输送液体介质,只能在低压状态下工作,一般只用于无压管道;

②现场制作的管廊分段间隔长度大,地基如有不均匀沉降或受外荷载(如地震)作用,易发生折断,因此,管道纵向基础承载力要求高,纵向配筋量要加大。

预制拼装管廊长度一般 1~3 m 一节,每节间采用橡胶圈连接。与钢筋混凝土圆管的接头相同,一般称之为"柔性"接头。能承受 1.0~2.0 MPa 的抗渗要求。在地基发生不均匀沉降或受外荷载作用、管道产生位移或折角时,仍能保持良好的抗渗性能,抗地震功能极强。也可利用接口在一定折角范围内具有的良好抗渗性,铺设为弧线形管廊道。

据台湾 1998 年大地震报导,震后大部分管道遭受重大破坏,唯独采用橡胶圈接口的钢筋混凝土管幸免于难。

(5)现场制作生产条件差,结构计算中要加大安全度。因此材料用量也要增加。

(6)预制拼装管廊与现场浇相比的不足之处:

①大型管廊体质重大,运输安装需要大型运输和吊装设备,增加工程支出费用。这是影响预制装配化管廊应用的主要拦路虎,如不能降低其自重,一会增加大型管廊施工难度;二会加大工程成本。不利于预制装配化管廊的推广应用。

②预制拼装管廊接口多,对接口的设计、制作、施工要能满足抗渗的要求。

预制拼装管廊的开发是地下管道中一种新型管材的补充,在特定条件下有竞争优势,在适宜的条件下,应大力提倡推广应用。

3. 预制拼装法的管型比选

(1)常用的地下综合管廊断面形式

国外用于地下综合管廊的管型多种多样,很多是按进入管廊的管线功能选定管廊的断面形状,而且常以预制构件在现场装配的方法进行施工。

目前国内已建设的地下综合管廊以现浇的施工方法为主,采用预制装配施工方法有上海、合肥和厦门等城市。国内用于综合管廊的预制混凝土涵管断面形式有多种型式,可分为单仓、双仓或三仓。

(2)断面形状比选

1)圆形涵管

圆形混凝土涵管制造工艺成熟,生产方便,结构受力有利,材料使用量较少,成本较为低廉,因而广泛用于输水管中,其断面形式如图 5-3-1 所示。然而在地下综合管廊中应用的缺点是圆形断面中布置管道不方便,空间利用率低,至使在管廊内布置相同数量管线时圆管的直径需加大,增加工程成本和对地下空间断面的占用率。为此,一些大城市开始开发异形混凝土涵管作为电力热力等管线的套管和地下综合管廊的管材。

2)矩形涵管

矩形混凝土涵管(称为箱涵或方涵)因

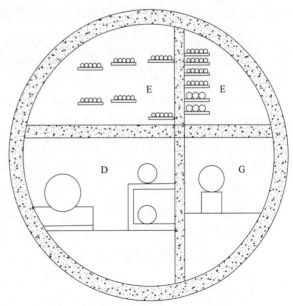

图 5-3-1　圆形断面地下综合管廊

其形状简单,空间大,可以按地下空间要求改变宽和高,布置管线面积利用充分,其断面形式如图 5-3-2 所示。因而,至今是用得最多的一种管型。缺点是结构受力不利,相同内部空间的涵管,用钢量和混凝土材料用量较多,成本加大,同时大尺寸箱涵难于应用顶进工法施工,只适用于开槽施工工法,限制了其使用范围。当前地下综合管廊大多需建在城市主干道下,大开槽施工对城市和居民生活影响太大,箱涵顶进施工难度大,费用高,限制了箱涵在地下综合管廊中的应用。

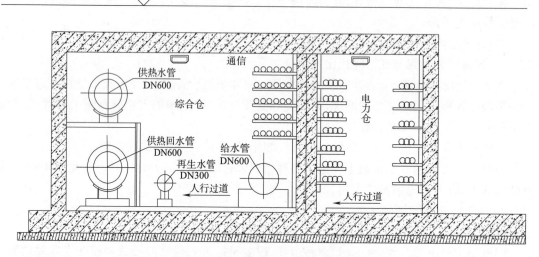

图 5-3-2　矩形断面地下综合管廊

3)异形涵管

异形混凝土涵管即是为避开圆形和矩形混凝土涵管的缺点,综合其优点而研制开发并适用于地下综合管廊的新型混凝土涵管,断面形式如图 5-3-3 所示。

这类涵管的特点是顶部都近似于圆弧的拱形,结构受力合理,地下综合管廊大多宽度要求大。这类涵管可以通过合理选用断面形状提高涵管承载力,因而使用这类异形混凝土涵管可节省较多材料,可以按照地下空间使用规划调整异形涵管的宽和高,合理占用地下空间。可按照进入管廊的管线要求设计成理想的断面形状,优化布置,减小断面尺寸。异形混凝土涵管接头全部使用橡胶圈柔性接口,能承受 1.2 MPa 以上的抗渗要求。在地基发生不均匀沉降时,顶进法施工中发生转角或受外荷载(地震等)作用,管道发生位移或转角时,仍能保持良好的闭水性能。抗震功能较强,也可类似圆管那样,利用其接口在一定转角范围内具有良好的抗渗性,设计敷设为弧线形管道。这类涵管外形均可设计成弧线形,因而在顶进法施工中可降低对地层土壤稳定自立性要求,克服了矩形涵管的缺点。

预制异形混凝土涵管都带有平底形管座,相当于在管上预制有混凝土基础,与圆管相比,可降低对地基承载力的要求及提高涵管承载能力,管道回填土层夯实易操作,加快施工速度,保证密实效果,简化施工,减少费用。在不良地基软弱土层中应用更显其优越性。

一般进入综合管廊的高压电力电缆要求单独置仓,避免对通信等设施的干扰,也要保障安全,因而随着综合管廊建设发展,单仓的形式将被双仓及三仓所取代。

第5章 综合管廊传统施工方法

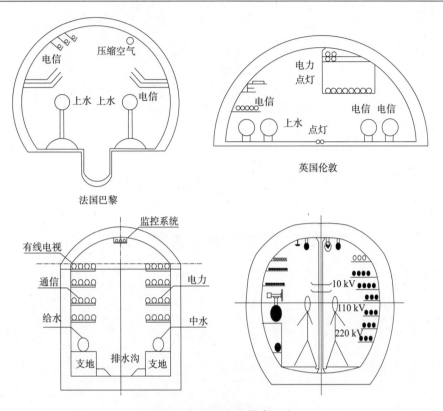

图 5-3-3 异形断面管廊形式

综上所述,异形混凝土涵管较圆形和矩形断面涵管在地下综合管廊中应用有更大的优势,在地下综合管廊建设中可更多选用异形混凝土涵管。

4)四圆拱断面管涵

现阶段,还有一种新型预应力预制拼装综合管廊,是由上部预制顶盖节段和下部预制底座节段构成(图 5-3-4)。下部预制底座节段横断面侧壁内设置有横向预应力筋和锚具,上部预制顶盖节段的对应位置均有横向预应力筋孔道,预应力筋穿入其中,通过横断面方向的预应力筋将上下两部分连接成整体。上部预制顶盖节段和下部预制底座节段均有纵向预应力筋孔道,预应力筋穿入其中,将各节段连接成区段,形成整体;在各横向和纵向预制拼装接缝处,连接膨胀橡胶止水带。

(3)接口形式

混凝土涵管的接口需满足接口抗渗,施工安装方便,可用于开槽施工工法也能用于不开槽顶进工法施工。

如图 5-3-5 所示为用于异形混凝土涵管的接口设计,采用双胶圈密封,主要目的是预制混凝土综合管廊涵管为大型

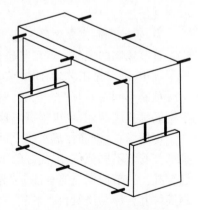

图 5-3-4 新型预应力预制拼装共同管廊

构件,施工中需能即时检查安装质量,确保接口不渗漏,保证建成的综合管廊内干燥,安全运营。该设计已在厦门某工程中实践使用,管线全线接口达到滴水不漏。

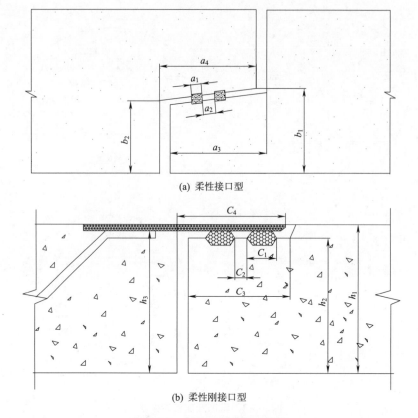

(a) 柔性接口型

(b) 柔性刚接口型

图 5-3-5 混凝土涵管接口形式

5.3.2 管节预制及运输

1. 管节预制

一般情况下,管节委托在专业预制厂家制作,采用大型定制钢模板进行预制浇筑,然后运输到现场进行拼装。

(1) 管节预制主要生产工艺

管节预制的主要生产工艺包括四大关键部分:钢筋绑扎、模板安装、混凝土浇筑及管节养护。其中,前三个工艺均在预制车间内完成。

预制车间主要有三个区域:钢筋绑扎区、钢筋移动区域和浇筑区域,钢筋加工区域可设置于钢筋绑扎区两侧,也可根据场地需要另行配套布置。

钢筋绑扎:钢筋在流水线上进行绑扎制作,每条流水线上钢筋绑扎可以设置若干台座,分别绑扎管节不同部位,绑扎好的钢筋笼则与底模一起整体移动,在各个台座进行不同部位的钢筋绑扎。一节段钢筋笼全部绑扎完成后,连同底模一起向右移动至浇筑台座进行浇筑施工,使钢筋绑扎台座与浇筑台座形成一个不间断生产的流水线,大幅提高管节钢筋绑扎效率。

钢筋加工区可设置于每条生产线钢筋绑扎台座的一侧,也可根据场地需要设置于绑扎区域后端,钢筋在此区域完成卸车、裁切、焊接及弯曲成形等加工,甚至绑扎成钢筋网片后,搬运至钢筋台座处进行绑扎。

(2) 钢模板加工与安装

1) 钢模板加工。管节预制所用模板应为专业工厂订制加工,保证高精度,具有足够的刚度和强度,并在模板面进行打磨以保证模板的光洁度。内模可设计成自动伸缩,拆模起吊时,以便从浇筑好的管节中不接触混凝土拆出,对混凝土管节不会造成损伤。外模可设计为带操作平台的两个部分,采用扣接相连,装拆方便。

2)钢模板安装。钢筋笼吊装完成以后,开始安装内外模,模板组装时严格遵守以下几点要求:

①组装时严防模具受到碰撞变形。

②底模的放置地面要求平整,内外模与底模合缝之间密闭性好,各部分之间连接紧,固件牢固可靠。

③管模内壁及底模必须涂上隔离剂,宜选用不黏结、不污染管壁、成模性好、易涂刷与管模附着力强的隔离剂,涂刷须均匀无漏涂,不出现隔离剂流淌的现象。

④管模内壁清理干净,不得有残存的水泥浆渣。

⑤调校好骨架与管模的设计间距,控制钢筋笼的保护层尺寸一致,固定好遇水膨胀橡胶及骨架与大小钢环的连接。

⑥模板所有接缝处均设置止水条,防止出现漏浆现象。

(3)混凝土浇筑

1)混凝土生产。管节现场预制可用商品混凝土或自建搅拌站生产的混凝土,搅拌站每天生产混凝土之前测定砂石含水率一次,如因下雨或其他因素含水率发生变化,应立即测定,及时调整混凝土施工配合比。搅拌站电子计量的精度为:水泥、水、外加剂1%;砂石料2%;混凝土坍落度控制在5~7 cm。保证拌制混凝土所需的水泥、砂石料、外加剂、水等材料配合比符合规范要求。

2)混凝土浇筑。模具安装完成后,开始混凝土浇筑。管节混凝土浇筑宜采用水平分层连续进行施工。全断面浇筑可按照分层划分为若干部分进行浇筑。总浇筑时间尽量控制在最短时间内。

浇筑时严格控制振捣时间,减小过振与振捣时间不足带来的沉降收缩裂纹和麻面等混凝土缺陷的出现。混凝土振捣过程中注意事项如下:

①采用插入式振捣棒分层振捣密实,下料每层厚度20~30 cm。

②层间振捣相隔不得大于45 min。

③振捣棒应做到快插慢拔,直到混凝土表面液化并无气泡溢出为止,每次插入深度应控制在进入下层的5~10 cm。

④多根振捣棒同时振捣,其间距应小于振捣器的有效作用半径,并按照一定的方向移动,不得漏振。

⑤做好管口振捣及抹光工作。初凝前完成收面抹平工作,终凝前完成压光工作。

(4)管节养护与存放

浇筑的混凝土初凝后即覆盖并浇水养护,始终保持潮湿状态。养护时间根据现场条件和设计要求,一般为3~7 d。

在冬季施工时,为了加快预制速度可考虑采用蒸汽养护。现场布置蒸汽管道,养护方法:混凝土浇筑完成以后放置1 h,然后盖上养护罩,通入蒸汽,在1~2 h升温达到70℃,持续3~4 h后降温,降温过程应超过2 h,降至与外界同温后拆除内外模,脱模后再盖上养护罩,升温

1 h 达到 40℃,持续 4 h 后降温,降温过程应超过 2 h,降至与外界同温。蒸汽养护完成后继续对管节用人工浇水的方法进行养护。

管节养护至后符合要求后,可移至存放区存放。存放时应做好成品保护工作,防止管节受损。

(5)管节预制注意要点

1)管节防裂的措施:通过在混凝土初凝之前再抹一次面,有效减少了混凝土外露面干缩裂缝的数量。

2)混凝土的现场初凝时间确定:因混凝土的初凝时间与重塑时间相近,故用混凝土的重塑时间来控制其初凝时间(用插入式振动器靠自重插入混凝土中,振动 15 s,周围 100 mm 内能泛浆,并且拔出振动器时,不留孔沿即为重塑)。

3)混凝土的修整:混凝土的缺陷形式很多,如蜂窝、露筋、麻面、色差、胀模等,这些都是表观缺陷,都是小的缺陷。混凝土在浇筑过程中出现由分层产生的细小沉降收缩裂纹,在养护过程中混凝土表面水分蒸发大于混凝土泌水的速度产生的细小塑性收缩裂纹及振捣不够产生的麻面,通过采用涂抹环氧水泥浆来修补,有效增加混凝土的表面光滑度及抗渗性。漏浆产生的缺陷、管节起吊过程中产生的缺陷,采用预塑砂浆的填充来修补。

2. 管节运输

根据管节外形尺寸及重量,合理选择运输车辆。运输注意事项如下:

(1)作好各项运输准备,包括制定运输方案,选定运输车辆,设计制作运输架,准备装运工具和材料,检查、清点构件,修筑现场运输道路,察看运输路线和道路,进行试运行等。这是保证运输顺利进行的重要环节和条件。

(2)构件运输时,混凝土的强度应达到设计强度等级的 100%。构件的中心应与车辆的装载中心重合,支承应垫实,构件间应塞紧并封车牢固,以防运输中晃动或滑动,导致构件互相碰撞损坏。运输道路应平坦坚实,保证有足够的路面宽度和转弯半径。还要根据路面情况掌握好车辆行驶速度,起步、停车必须平稳,防止任何碰撞、冲击。

(3)管节构件运到现场,按结构吊装平面位置采用足够吨位的吊车进行卸车、就位、安装,尽量避免二次转运。

5.3.3 管节拼装

1. 管节拼装施工工艺

预制节段拼装工艺,就是把整个综合管廊分成便于长途运输的小节段,在预制场预制好后,运输到现场,由专用节段拼装设备逐段拼装成孔,逐孔施工直到结束。

(1)管节拼装工艺流程

在城市核心道路建设中,管节节段拼装工艺技术,其拼装工艺流程主要步骤是设备组装、设备检测及专家审查验收、节段吊装;接下来要进行首节段(1 号块)定位,首节段定位应在基坑开挖、支护的基础上进行测量控制;然后是安装螺旋千斤顶作为临时支座、在测量控制的基础上拼装后续节段、张拉永久预应力、管道压浆、对地下综合管廊和垫层之间的间隙进行底部灌浆、落梁、逐段拆除各节段的支撑、拼装设备过孔、依同法架设下一孔、浇筑各孔端部现浇段混凝土,处理变形缝,使各孔地下综合管廊体系连续,这样就完成了节段拼装。

(2) 管节拼装施工技术

管节拼装施工过程中，节段拼装应具备几个条件：一是基坑开挖及支护。基坑开挖采用放坡开挖，垫层标高应比综合管廊底面低 2 cm，以确保地下综合管廊的拼装。二是临时支撑。一般来说，在地下综合管廊节段拼装过程中，临时支撑采用 C20 钢筋混凝土条形基础，每孔综合管廊布置两条 C20 钢筋混凝土条形基础，分别在左右两侧，钢筋混凝土条形基础的中心线距离地下综合管廊边缘 15 cm（距离综合管廊中心线 250 cm）。三是节段拼装设备。应根据节段的质量和尺寸选用。拼装施工要把握好首节段的定位、节段胶拼、临时预应力张拉三个关键点。而对于永久预应力张拉，则应在简支跨数据采集及箱梁线形调整、管道压浆、综合管廊和垫层之间的底部灌浆。另外，完成两孔地下综合管廊拼装后，即可进行湿接缝施工。

(3) 管节拼装施工后的防水

管节拼装施工后的防水，应待综合管廊管节拼装施工全部完成后，即进行防水施工。施工部位为地下综合管廊顶板及两外侧立面。综合管廊外包防水可采用防水涂料或防水卷材（黏结）；防水施工完成后，综合管廊顶面铺钢筋网，浇筑混凝土保护层，侧面抹水泥砂浆隔离层。防水施工时，基面需要坚实、平整、无缝无孔、无空鼓；预留管件需安装牢固，接缝密实；阴阳角为 10 mm 折角或弧形圆角；表面含水率小于 20%。

2. 管节拼装质量控制

地下综合管廊容纳着城市各种地下管线，其工程质量直接影响着各种管线的正常使用。预制拼装法综合管廊的质量控制有以下几点：

(1) 首节段定位

首节段作为整孔拼装的基准面，在综合管廊建设中，首节段定位是关键。城市核心道路建设地下综合管廊节段的施工，应在一跨节段吊装就位后，借助全站仪监测，结合起重天车及千斤顶对首节段进行调整，使其偏差控制符合要求后再将节段固定，以控制地下综合管廊节段的施工质量。首节段准确定位，对于后续节段拼装就位非常重要。

(2) 节段试拼、涂胶和拼装

节段运至施工现场前先对相邻节段的匹配面进行试拼接，验收合格后方可运至施工现场，同时检查预应力预留管道及相关预留孔洞，保持畅通。相邻节段结合面匹配满足地下综合管廊工程结构总体质量要求。节段涂胶时环氧涂料应充分搅拌确保色泽的均匀。在环氧涂料初凝时间段内控制好环氧搅拌、涂料涂刷、节段拼接、临时预应力张拉等工序，保证拼装的质量。

(3) 临时预应力

涂胶后的节段，应及时施加临时预应力，使相邻接合面紧密结合。预应力的控制，根据要求提供的预制节段结合面承压进行。张拉时采用三级逐步加载，以防止结合面受力不均。另外，监测点数据采集（轴线、高程）与线形调整，张拉后对各节段监控点予以采集、计算，并通过临时支撑千斤顶，对地下综合管廊的线形与高程偏差予以调节，以满足要求。

(4) 防水施工质量控制

防水施工质量控制不好，不但影响管廊的正常使用，而且会使混凝土腐蚀，钢筋生锈，影响工程的安全。为此，施工中严格控制各工序施工质量。防水施工时，基面需要坚实、平整、无缝无孔、无空鼓；预留管件需安装牢固，接缝密实；阴阳角为 10 mm 折角或弧形圆角，表面含水率小于 20%。

5.4 浅埋暗挖法及施工机械

5.4.1 暗挖法施工原理

浅埋暗挖法沿用了新奥法的基本原理，创建了信息化量测、反馈设计和施工的新理念。采用先柔后刚复合式衬砌支护结构体系，初期支护按承担全部基本荷载设计，二次模筑衬砌作为安全储备；初期支护和二次衬砌共同承担特殊荷载。应用浅埋暗挖法进行设计和施工时，同时采用多种辅助工法，超前支护，改善加固围岩，调动部分围岩的自承能力。采用不同的开挖方法及时支护、封闭成环，使其与围岩共同作用形成联合支护体系。在施工过程中应用检测量测、信息反馈和优化设计，实现不塌方、少沉降、安全生产和施工。

浅埋暗挖法大多应用于第四纪软弱地层中的地下工程，由于围岩自身承载能力很差，为避免对地面建筑物和地上构筑物造成破坏，需要严格控制地面沉降量。因此，要求初期支护刚度要大，支护要及时。这种设计思想的施工要点可概括为管超前、严注浆、短进尺、强支护、早封闭、勤量测、速反馈。初期支护必须从上向下施工，二次模筑衬砌必须通过变位量测，结构基本稳定时才能施工，而且必须从下向上施工，决不允许先拱后墙施工。

5.4.2 暗挖法适用条件

动态设计、动态施工的信息化施工方法，建立了一整套变位、应力监测系统；强调小导管注浆超前支护在稳定工作面中的作用；用劈裂注浆法加固地层；采用复合式衬砌技术。

浅埋暗挖法是隧道工程和城市地下工程施工的主要方法之一。它适用于不宜明挖施工的含水率较小的各种地层，尤其对城市地面建筑物密集、交通运输繁忙、地下管线密布，且对地面沉陷要求严格的情况下修建埋置较浅的地下结构工程更为适用，对于含水率较大的松散地层，采取堵水或降水等措施后该法仍能适用。

但大范围的淤泥质软土、粉细砂地层、降水有困难或经济上不合算的地层，不宜采用浅埋暗挖法施工；采用浅埋暗挖法施工要求开挖面具有一定的自稳性和稳定性，工作面土体的自立时间，应足以进行必要的初期支护作业，否则也不宜采用浅埋暗挖法施工。而且，浅埋暗挖法对覆土厚度没有特殊要求，最浅可至 1 m。

浅埋暗挖法的技术核心是依据新奥法的基本原理，施工中采用多种辅助措施加固围岩，充分调动围岩的自承能力，开挖后及时支护、封闭成环，使其与围岩共同作用形成联合支护体系，是一种抑制围岩过大变形的综合配套施工技术。

5.4.3 暗挖法常用施工方法

采用暗挖法施工时，依据工程地质、水文情况、工程规模、覆土埋深及工期等因素，常用施工方法有全断面法、台阶法、中隔墙法（CD 法）、交叉中隔墙法（CRD 法）、双侧壁导坑法（眼镜工法）、洞桩法（PBA 法）、中洞法及侧洞法等，表 5-4-1 为各种开挖方法的对比。

表 5-4-1 暗挖施工方法比较

施工方法	示意图	纵段示意图	重要指标比较			
			沉降	工期	支护拆除量	造价
全断面法	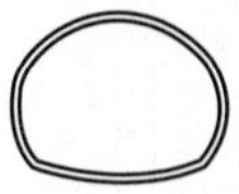	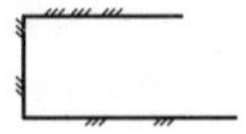	一般	最短	没有拆除	低
合阶法	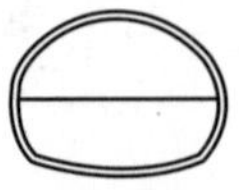	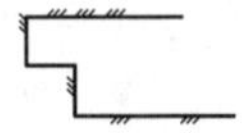	一般	短	没有拆除	低
中隔墙法(CD)法		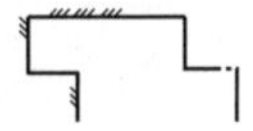	较大	短	拆除少	偏高
交叉中隔墙法(CRD法)	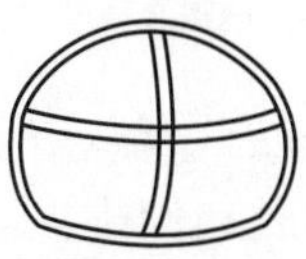	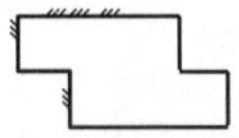	较小	长	拆除多	高
双侧壁导坑法(眼镜法)		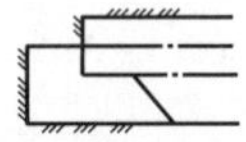	大	长	拆除多	高
洞桩法(PBA法)	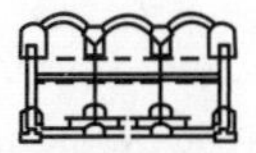	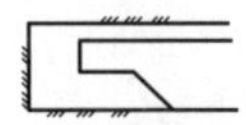	大	长	拆除多	高
中洞法	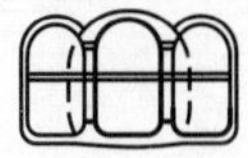	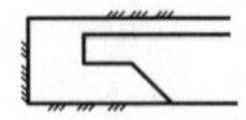	小	长	拆除多	高
侧洞法		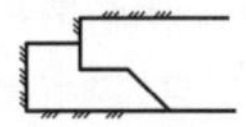	大	长	拆除多	高

5.4.4 暗挖法主要施工机械

1. 挖装运吊机械

挖装运吊机械主要有悬臂挖掘机、反铲挖掘机、单臂掘进机、钻岩机、电动轮式装载机、爪式扒渣机、耙斗式装渣机、铲斗式装渣机、侧卸式矿车、电瓶车、提升绞车、斗车、两臂钻孔台车、自卸汽车、挖装机、梭式矿车、侧卸式矿车等。

2. 混凝土机械

混凝土机械主要是潮式喷射机、机械手、混凝土搅拌机、电动空压机等。

3. 二次模筑衬砌机械

二次模筑衬砌机械主要是混凝土搅拌机、轨行式混凝土输送车、混凝土输送泵、模板台车等。

4. 其他辅助机械

其他辅助机械有风钻、通风机、注浆钻机、注浆泵、推土机、抽水机、皮带输送机等。

5. 施工机械配套模式

(1) 通常采用的模式如图 5-4-1 所示。

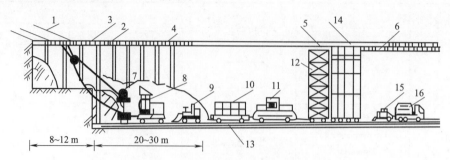

图 5-4-1　正台阶法施工机械配套模式

1—超前小导管(ϕ40 mm,长 3.5 m);2—网构拱架;3—喷混凝土、钢筋网;4—初期支护;5—无钉铺设防水板;6—模筑衬砌;7—喷混凝土机械手;8—潮喷机(5 m³/h);9—电动装载机;10—斗车(4~6 m³);11—电瓶车(12 t);12—铺设防水板台车;13—钢轨(24~30 kg/m);14—模筑衬砌台车;15—混凝土输送泵;16—轨行式混凝土输送车

(2) 正台阶施工时,扒装机将上台阶工作面的渣土转倒在隧道下部,由下半断面扒装机将渣土送入过桥皮带,再送入斗车。该过桥皮带的作用是为做铺底和仰拱混凝土施工创造工作空间,防止出渣运输车的干扰。如图 5-4-2 所示。

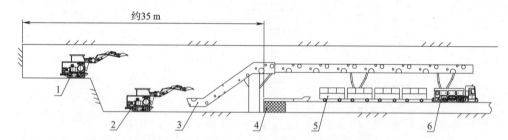

图 5-4-2　正台阶法向下半断面出渣配套模式图

1—上半断面扒装机;2—下半断面扒装机;3—过桥皮带;4—仰拱铺底;5—斗车;6—牵引机车

(3) 一般采用人工和机械混合开挖法,即上半断面采用人工开挖、机械出渣,下半断面采用机械开挖、机械出渣。有时为了解决上半断面出渣对下半断面的影响,可采用皮带运输机将上半断面的渣土送到下半断面的运输车中。图 5-4-3 为正台阶法上下台阶同时将渣土通过皮带桥和过桥皮带送到斗车上的示意图。该方法也不影响铺底仰拱混凝土施工,开挖采用单臂掘进机。

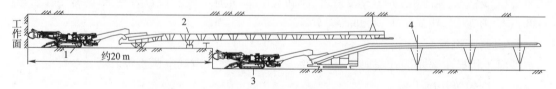

图 5-4-3　正台阶法上下断面同时出渣配套模式图

1—单臂掘进机;2—上台阶皮带输送机桥;3—单臂掘进机;4—过桥皮带

以上说明正台阶施工可以根据情况配属不同的机械设备,以满足地质和工期的要求,可借鉴实例创造自己的配套模式。

5.5 顶管法及施工机械

顶管施工是一种土层地下工程施工方法，主要用于地下进水管、排水管、煤气管、电信电缆管的施工。该施工方法不需要开挖面层，并且能够穿越公路、铁路、河川、地面建筑物、地下构筑物以及各种地下管线等，是一种非开挖敷设地下管道的施工方法。由于这种工艺不仅对穿越铁路、公路、河流等障碍物有特殊的适用意义，而且对于埋设较深、处于城市闹区的地下管道施工具有显著的经济效益和社会效益，从而被广泛推广应用。

5.5.1 概 述

1. 顶管法施工简介

顶管施工采用边顶进、边开挖、边将管段接长的管道埋设方法，可用于直线管道，也可用于曲线等管道。施工时，先制作顶管工作井及接收井，作为一段顶管的起点和终点。工作井中有一面或两面井壁设有预留孔，作为顶管出口，其对面井壁是承压壁。承压壁前侧安装有顶管的千斤顶和承压垫板，千斤顶将工具管顶出工作井预留孔，而后以工具管为先导，逐节将预制管节按设计轴线顶入土层中，直至工具管后第一节管节进入接收井预留孔，施工完成一段管道。为进行较长距离的顶管施工，可在管道中间设置一至几个中继站作为接力顶进，并在管道外周压注润滑泥浆。其基本工艺流程如图 5-5-1 所示。顶管施工需要的主要设备有：掘进机、主顶设备、测量设备、井内旁通、控制系统等。

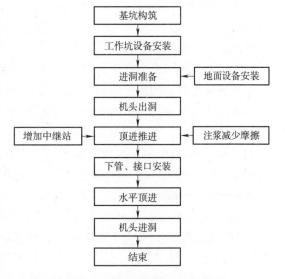

图 5-5-1 顶管施工工艺基本流程图

北京和上海早在 20 世纪 50 年代，就有用顶管方法穿越的先例。北京首次顶管是铁路下顶钢筋混凝土管，上海首次顶管是穿越黄浦江江堤的钢管。

工业大口径水下长距离顶管技术 70 年代在上海首先取得成功。1987 年研制成功三段双铰型顶管机，解决了百米顶管技术问题。三段双铰型顶管机研究获国家发明三等奖。1981 年 DN2 600 的管道穿越甬江，第一次应用中继站并获得成功，单根顶进长度达 581 m。1987 年引入计算机过程控制、激光导向、陀螺仪定向等先进技术，单根管道顶进长度达 1 120 m，使我国的顶管施工技术处于世界领先地位，并获得国家科技进步一等奖。从此以后顶管技术开始被交通、水利、电力、市政建设等方面广泛采用。

1984 年引进日本的 DN800 遥控顶管机。1989 年研制成功第一台泥水平衡遥控顶管机 DN1 200。1992 年研制成功第一台外径为 DN1 440 土压平衡掘进机。同时混凝土管的制作和接头技术都有很大的提高。1989 年上海第一期合流污水工程中引进德国的大口径混凝土顶管技术，从此大口径混凝土顶管得到较快的发展。上海某电力隧道混凝土顶管内径已达

3.5 m，正在设计和施工的上海某污水工程混凝土顶管内径更是达到 4 m。

2003 年，扬州某机械有限公司首次向埃及客户出口了顶管机及其他附属设备，这在我国还是第一次。后来，先后又向新加坡、俄罗斯、印度等国出口了许多顶管施工设备。

1992 年上海奉贤开发区污水排海顶管工程中，将一根直径为 DN1 600 的钢筋混凝土管，向杭州湾深水区单向一次顶进 1 511 m，成为我国第一根单向一次顶进超千米的钢筋混凝土管。

混凝土顶管技术成熟后，曲线顶管应运而生。在上海污水治理二期工程中得到比较广泛应用，过黄浦江的污水管道采用了竖向曲线顶管；在陆上多处采用曲线顶管，并且取得成功，这对在旧城区改造中敷设管道具有重要的意义。

我国的顶管用材与其他国家一样，多数是钢筋混凝土管，其次是钢管和玻璃钢管。钢管顶管是我国自主开发的顶管技术，具有显著的特色。混凝土管主要用于下水管，钢管主要用于上水管。随着玻璃钢制管技术的引进，我国的玻璃钢顶管开始显现。玻璃钢管有两种：离心式和缠绕式。缠绕式顶管始于 1999 年西安护城河下，管径 DN1 800，顶进长度 44 m。离心式顶管始于 2001 年上虞污水工程，管径 DN1 200，顶进长度 84 m 和 74 m。这些年来，缠绕式玻璃钢管顶管在西安、沈阳、广州、湛江、上海等城市都成功应用过，离心式玻璃钢管主要在浙江省附近地区和上海地区推广。

我国顶管技术发展较快的是沿海地带，特别是上海地区。据统计，到 2010 年底，仅就单向一次顶进千米以上的顶管约有 37 根，其中，上海占 12 根（钢管顶管）。1997 年 4 月完成的上海黄浦江上游引水工程中的长桥支线顶管，将 DN3 500 的钢管，单向一次顶进 1 743 m，又创钢管顶管的世界纪录。接着在 2008 年 6 月完工的汕头第二条过海顶管工程，将管道内径为 DN2 000 的钢管，单向一次顶进 2 080 m，再创钢管顶管的世界纪录。2001 年 12 月完成的浙江省嘉兴污水排海顶管，将一根 DN2 000 钢筋混凝土管单向顶进 2 059.9 m，创造了摩阻力最小的新纪录——仅用 9 000 kN 的顶力推动 2 km 长管道。不仅我国的钢管顶管技术处于世界领先地位，我国的超长距离混凝土顶管技术也进入世界先进行列。

我国钢管顶管处于世界领先地位。钢管顶管技术已列入《给水排水工程顶管技术规程》，钢管顶管列入规范在世界上还是首次。我国的钢管顶管成熟早于混凝土顶管，采用自主开发的"三段双铰型"顶管机，取得了很大的成绩，仅千米以上的超长距离顶管就完成过 7 根。

钢管顶管的特点是解决纵向弯矩的传递，"三段双铰型"顶管机能传递纵向弯矩，而混凝土顶管机不能。由于钢管顶管机的限制，钢管顶管几乎由专业公司承担，推广困难。用混凝土顶管机顶钢管是一条难以越过的门槛。

2009 年下半年开始的上海青草沙水源地输水总管，管径为 DN3 600，全长 54 km，全线采用钢管顶管。施工中全部采用混凝土顶管机，解决了纵向弯矩的传递，于 2010 年 6 月全部顶完。不但在我国的钢管顶管史上新增了 12 根超千米的超长距离顶管，而且还出现了我国第一根超长距离钢管曲线顶管和第一根大直径的玻璃钢曲线顶管。发达国家的玻璃钢顶管运用已成为发展趋势。

世界上混凝土顶管首次超千米的是德国的汉堡下水道顶管工程，将一根直径为 2.6 m 壁厚 350 mm 的钢筋混凝土管，从一只工作井单向顶进 1 200 m，其中包括 500 m 直线段、400 m 曲线段和 300 m 的直线段，采用全气压施工。该工程于 1970 年完成。世界上最长的混凝土顶管在荷兰，内径 DN3 000 的钢筋混凝土管，从 Europipe 市的海边工作井，呈曲线状向海域顶进，总顶进长度为 2 535 m。

目前国内最大断面的矩形顶管机由上海隧道工程股份有限公司设计、制造,用于郑州市下穿中州大道隧道工程2标,包括纬四路下穿隧道和沈庄北路—商鼎路下穿隧道。下穿隧道分为敞口段、明挖暗埋段和顶管段,敞口段和明挖暗埋段采用明挖顺作法进行施工。顶管段采用土压平衡式矩形顶管法进行施工,包括两条大顶管隧道和两条小顶管隧道。大顶管机断面10.4 m×7.5 m,是目前国内最大断面的矩形顶管机,施工难度大,许多先进技术在全国同类工程中首次采用。截至2014年1月30日,该顶管掘进机已顺利始发,并顶进了12.3 m,同时拼装了纠偏中继间和5节管节。由于管节是一次成形,单节重73 t,对于制作、运输、吊装和拼接都提出极高的要求。

2. 顶管法的适用范围及特点

(1)适用范围

管道穿越障碍物,如铁路、公路、河流或建筑物时;街道狭窄,两侧建筑多时;在交通量大的市区街道施工时;管道既不能改线又不能中断交通时;现场条件复杂,与地面工程交叉作业相互干扰,易发生危险时;管道覆土较深,开槽土方量大,并需要支撑时可采用顶管法施工。

(2)特点

与开槽施工比较顶管法具有以下特点:施工占地面积少,施工面移入地下,不影响交通、不污染环境;穿越铁路、公路、河流、建筑物等障碍物时可减少拆迁,节省资金与时间,降低工程造价;施工中不破坏现有的管线及构筑物,不影响其正常使用;大量减少土方的挖填量,利用管底以下的天然土作地基,可节省管道的全部混凝土基础。

(3)顶管法施工存在不足

受地层影响,土质不良或管顶超挖过多时,竣工后地面下沉,路表裂缝,需要采用灌浆处理。必须要有详细的工程地质和水文地质勘探资料,否则将出现不易克服的困难。遇到复杂地质情况,如松散的砂砾层、地下水位以下的粉土时,施工困难、工程造价增高。

影响顶管槽施工的因素主要有地质、管道埋深、管道种类、管材及接口、管径大小、管节长、施工环境、工期等,其中主要因素是地质和管节长。因此,顶管槽施工前,应详细勘察施工地质、水文地质和地下障碍物等情况。顶管槽施工一般适用于非岩性土层,在岩石层、含水层施工或遇到坚硬地下障碍物时,都需有相应的附加措施。用顶管槽施工方法敷设的给水排水管道有钢管、钢筋混凝土管及预制或现浇的钢筋混凝土管沟(渠、廊)等。采用最多的管材种类还是各种圆形钢管、钢筋混凝土管。

3. 顶管法施工分类

按所顶进的管材口径大小分:大口径、中口径、小口径和微型顶管四种。大口径多指2 m以上的顶管,人可以在其中直立行走,大型顶管机施工如图5-5-2所示。中口径顶管的管径多为1.2~1.8 m,人在其中需弯腰行走,大多数顶管为中口径顶管。小口径顶管直径为400~1 000 mm,人只能在其中爬行,有时甚至爬行都比较困难。微型顶管的直径通常在400 mm以下,最小的只

图5-5-2 大型顶管机施工

有75 mm。

按一次顶进的长度,即工作坑和接收井之间的距离分为普通距离顶管和长距离顶管。

按顶管机的类型分:手掘式人工顶管、挤压顶管、水射流顶管和机械顶管(泥水式、泥浆式、土压式、岩石式)。手掘式顶管的推进管前只是一个钢制的带刃口的管子(称为工具管),人在工具管内挖土。掘进机顶管的破土方式与盾构类似,也有机械式和半机械式之分。此外,按管材分钢筋混凝土顶管、钢管顶管和其他管材的顶管。按顶进管轨迹曲直分直线顶管和曲线顶管。

5.5.2 顶管工作坑

工作坑是顶管起始点,这里除安装顶进系统外,还设置有穿墙孔、后背以及各种预埋件。工作井的尺寸要考虑管道下放、各种设备进出、人员的上下、井内操作等必要空间以及排放弃土的位置等。工作坑(井)土方开挖过程中,应遵循"开槽支撑、先撑后挖、分层开挖、严禁超挖"的原则进行开挖与支撑。顶管工作坑位置选择时,需要考虑以下几方面:根据管线设计,排水管线可选在检查井处;单向顶进时,应选在管道下游端,以利排水;考虑地形和土质情况,有无可利用的原土后背;工作坑与被穿越建筑物要有一定安全距离,同时要距水、电源较近。

(1)工作坑尺寸确定

工作坑尺寸是指工作坑底的平面尺寸,它与管径大小、管节长度、覆盖深度、顶进形式、施工方法有关,并受土的性质、地下水等条件影响,还要考虑各种设备位置、操作空间、工期长短、垂直运输条件等多种因素。

工作坑长度:工作坑的最小长度取工具管长度和下井管段长度中的较大值。

工作坑宽度:工作坑的宽度与管道外径及坑的深度有关。较浅的坑,能放在地面的设备不再下坑,如油泵车、变电箱、电焊机和顶铁等。较深的坑一般是井,为了提高施工效率,诸如上述设备都要放在井下。所以前者工作坑较狭,后者较宽。

工作坑(井)的深度:自地面至基坑(井)底板面深度称工作坑(井)的深度,通过覆土厚度、管道外径及操作高度计算确定。其中,操作空间高度一般钢管取 0.80~0.90 m;钢筋混凝土管取 0.4~0.45 m。

(2)工作坑施工

工作坑施工一般有钢板桩、沉井和地下连续墙等方法。

1)钢板桩工作坑

对于埋置深度较浅、地下水位较低,管道直径较小或顶进距离较短的顶管,可以采用钢板桩工作坑。钢板桩工作坑一般是封闭的,土质比较坚硬时也可以不封闭。工作坑在安装主油缸一侧还应设置后背墙。后背墙的高度和宽度应根据计算确定。后背墙底端往往低于基坑底面 0.5~1.0 m。先开槽,后将后背墙插入槽内或者现浇后背墙。

2)沉井工作井

在地下水位以下修建工作坑可采用沉井法施工。沉井法即在钢筋混凝土井筒内挖土,井筒靠自重或加重使其下沉,直至沉到要求的深度,最后用钢筋混凝土封底。沉井式工作坑采用的平面形状有单孔圆形沉井和单孔矩形沉井。对于管道埋置较深,顶力较大的工作井常采用沉井。

3)地下连续墙工作井

地下连续墙式工作坑采取先深孔成槽,用泥浆护壁,然后放入钢筋网,浇筑混凝土时将泥浆挤出形成连续墙段,再在井内挖土封底而形成工作坑。与相同条件下施工的沉井式工作坑相比工期缩短。支顶管工作井如能采用沉井施工,一般不采用地下连续墙,这不仅仅是从经济上考虑的,主要是地下连续墙的穿墙管设置比较困难,特别是大口径管道。只有不允许采用沉井施工时,才采用地下连续墙。地下连续墙施工的工作井一般采用圆形,因圆形受力较好,但仍要层层设置圈梁,使地下连续墙横向连成整体。

(3) 导轨的施工

导轨安装在前方,接近穿墙管。它的作用是支托未入土的管段和顶铁,起导向的作用,并引导管子按设计的中心线和坡度顶进,保证管子在顶入土之前位置正确。导轨安装牢固与准确与否对管子的顶进质量影响较大,因此,安装导轨必须符合管子中心、高程和坡度的要求。导轨有木导轨和钢导轨。常用的钢导轨又分为轻轨和重轨,管径大时采用重轨。钢管顶管导轨是拼装式的,轴线方向的长度可任意组合。支托钢管的轮子间距是可以调节的,因此相同的导轨可适合几种不同管径的顶管。钢筋混凝土管导轨支托轨道有两种,面支承和线支承形式。管道较大时宜采用面支承。

导轨应牢固地固定在底板上,底板上应有预埋板与导轨连接。导轨对管道的支承角一般选用60°。导轨安装应顺直、平行,等高或略高于该处管道的设计高程,其纵坡应与管道的设计一致。导轨安装的允许偏差,轴线位置:左右 3 mm;顶面高程:0~+3 mm;两轨间距:±2 mm。

(4) 穿墙管的施工

穿墙管是预留在工作井井壁上的供管道顶入土层的一根套管,作用是使管道穿墙方便;穿墙管上还要安装穿墙止水,防止坑外的泥土和地下水流入坑内。采用触变泥浆时,还要制止触变泥浆压入坑内。目前国内常用的穿墙管止水形式有两种,一种是盘根止水穿墙管,最初主要使用于长距离、高水头、各种复杂土层(包括流砂层)的钢管顶管;另一种是"L"形橡胶板止水穿墙管。上述两种止水装置在钢管和混凝土管中均可采用,这两种止水装置与管材无直接关系,仅与管道穿越土层的水文地质有关。

(5) 后靠背的施工

后靠背是指将主油缸的顶力传递到土体上的承重结构。例如钢板桩围成的基坑,承受不了主站的后座反力,因此需要另浇筑钢筋混凝土的后背或者吊放一块钢后背。但是如果基坑是沉井,则井墙就是很大的后背,不需要再添加后背。这时为了使作用于井墙上的油缸反力扩散,保护井墙不受损伤,在井墙前加上后座。后背的结构要根据计算而定,构造可以是整体的,也可以是分散的,对于顶力较大的主油缸,加上后座是必要的

5.5.3 顶管施工工艺

顶管顶进的过程包括挖土、顶进、测量、纠偏等工序。根据管道顶进方式不同,顶管法施工可分为掘进式顶管法、挤压式顶管法。掘进顶管法又分为机械取土掘进顶管和水力掘进顶管,挤压式顶管法又分为不出土挤压顶管和出土挤压顶管两种;按照防塌方式不同,分为机械平衡、土压平衡、水压平衡、气压平衡等。另外,由于一次顶进长度受顶力大小、管材强度、后背强度等因素的限制,因此一次顶进长度约在 40~50 m,若再要增长,可采用中继间、泥浆套顶进等方法。提高一次顶进长度,可减少工作坑数目。

1. 掘进顶管

掘进顶管法施工工艺过程：开挖工作坑—工作坑底修筑基础、设置导轨—制作后背墙、顶进设备(千斤顶)安装—安放第一节管子(在导轨上)—开挖管前坑道—管子顶进—安接下一节管道—循环。

(1)机械取土掘进顶管

机械掘进与人工掘进的工作坑布置基本相同，不同处主要是管端挖土与运土。机械取土顶管是在被顶进管子前端安装机械钻进的挖土设备，配上皮带运土，可代替人工挖、运土。

主要适用于无地下水或水量不大能明排的土层，如黏性土、砂性土、砂砾层等；中、大口径的管径以及中、短距离的顶进。其构造是在工具管的外壳内，安装一台小型挖掘机，机械挖掘式工具管管端一般是敞开的，便于挖掘和排除障碍。

(2)水力掘进顶管

水力掘进主要设备在首节混凝土管前端装工具管。工具管内包括封板、喷射管、真空室、高压水管、排泥系统等。水力掘进顶管依靠环形喷嘴射出的高压水，将顶入管内的土冲散，利用中间喷射水枪将工具管内下方的碎土冲成泥浆，经过格网流入真空室，依靠射流原理将泥浆输送至地面储泥场。

校正管段设有水平铰、垂直铰和纠偏千斤顶。水平铰起纠正中心偏差作用，垂直铰起高程纠偏作用。水力掘进便于实现机械化和自动化，边顶进、边水冲、边排泥。水力掘进应控制土壤冲成的泥浆，在工具管内进行，防止高压水冲击管外，造成扰动管外土层，影响顶进的正常进行或发生较大偏差。所以顶入管内土壤应有一段长度，俗称土塞。水力掘进顶管法的优点是生产效率高，其冲土、排泥连续进行，设备简单成本低，改善劳动条件，减轻劳动强度。但是，需要耗用大量的水，顶进时方向不易控制，容易发生偏差，而且需要有存泥浆场地。

(3)挤压式顶管

挤压式工具管是由刃口发展而来的。对含水率较高、孔隙比较大的淤泥质土和部分淤泥，可采用挤压式工具管。

1)构造

将刃口工具管的刃口锥面向内延长成喇叭状，即成挤压式工具管。

2)原理

挤压式工具管的工作原理是当工具管在顶力的作用下向前推进时，工具管正面的土体向压力较低的方向流动，从进泥口进入工具管。

3)特点

刃口切土，挤压出泥，挤压防塌，简易纠偏。适用范围：①适用土质：淤泥质土和部分淤泥；②适用管径：中、小口径；③适用距离：中、短距离；④沉降要求：不高。

4)出土挤压顶管

挤压土顶管不用人工挖土装土，甚至顶管中不出土，使顶进、挖土、装土三个工序形成一个整体，提高了劳动生产率。挤压顶管的应用取决于土质、覆土厚度、顶进距离、施工环境等因素。挤压土顶管分为出土挤压顶管和不出土预管两种。主要设备包括带有挤压口的工具管、割土工具和运土工具。

工具管内部设有挤压口，工具管口加直径应大于挤压口直径或两者偏心布置。挤压口的开口率一般取 50%，工具管一般采用 10~20 mm 厚的钢板卷焊而成。要求工具管的椭圆度不大于 3 mm，挤压口的整圆度不大于 1 mm，挤压口中心位置的公差不大于 3 mm。其圆心必须落于工具管断面的纵轴线上。刃脚必须保持一定的刚度，焊接刃脚时坡口一定要用砂轮打光。割土工具沿挤压口周围布置成一圈且用钢丝绳固定，每隔 200 mm 左右夹上 R 形卡子。用卷扬机拖动旋辖进行切割土柱，运土工具将切割的土柱运至工作坑，再经吊车吊出工作坑。主要工作程序为：安管—顶进—输土—测量。

5) 不出土挤压顶管

不出土顶管是利用千斤顶将管子直接顶入土内，管周的土被挤压密实。不出土顶管的应用取决于土质，一般为具有天然含水率的黏性土、粉土。管材以钢管为主，也可以用铸铁管。管径一般要小于 3.0 mm，管径愈小，效果愈好。不出土顶管的主要设备是挤密土层的管尖和挤压切土的管帽。管尖安装在管子前端，顶进时，土不能挤进管内。

管帽安装在管子前端，顶进时管前端土挤入管帽内，挤进长度为管径的 4.6 倍时，土就不再挤入管帽内，而形成管内土塞。再继续顶进，土沿管壁挤入邻近土的空隙内，使管壁周围形成密实挤压层、挤压层和原状层三种土层。

(4) 中继站顶进

由于一次顶进长度受顶力大小、管材强度、后背强度等因素的限制，因此一次顶进长度约在 40~50 m，若再要增长，可采用中继站、泥浆套顶进等方法。提高一次顶进长度，可减少工作坑数目。中继站是在顶进管段中间设置的接力顶进工作间，此工作间内安装中继千斤顶，担负中继站之前的管段顶进。中继站千斤顶推进前面管段后，主压千斤顶再推进中继站后面的管段，此种分段接力顶进方法，称为中继站顶进。中继站的特点是减少顶力效果显著，操作机动，可按顶力大小自由选择，分段接力顶进。但也存在设备较复杂、加工成本高、操作不便、降低工效的不足。

(5) 泥浆套顶进

管壁与坑壁间注入触变泥浆，形成泥浆套，可减少管壁与土壁之间的摩擦阻力，一次顶进长度可较非泥浆套顶进增加 2~3 倍。长距离顶管时，经常采用中继站泥浆套顶进。

触变泥浆的要求是泥浆在输送和灌注过程中具有流动性、可变性和一定的承载力，经过一定的固结时间，产生强度。触变泥浆的主要组成是膨润土和水。触变泥浆在泥浆拌制机内采取机械或压缩空气拌制；拌制均匀后的泥浆储于泥浆池；经泵加压，通过输浆管输送到工具管的泥浆封闭环，经由封闭环上开设的注浆孔注入坑壁与管壁间孔隙，形成泥浆套。泥浆注入压力根据输送距离而定。一般采用 0.1~0.15 MPa 泵压，输浆管路采用 DN50~DN70 的钢管，每节长度与顶进管节长度相等或为顶进管的两倍。管路采取法兰连接输浆管前的工具管应有良好的密封，防止泥浆从管前端漏出。泥浆通过管前和沿程的灌浆孔灌注。灌注泥浆分为灌浆和补浆两种。

为防止灌浆后泥浆自刃脚处溢入管内，一般离刃脚 4~5 m 处设灌浆罐，由罐向管外壁间隙处灌注泥浆，要保证整个管线周被均匀泥浆层所包围。为了弥补第一个灌浆的不足并补充流失的泥浆量，还要在距离灌浆罐 15~20 m 处设置第一个补浆罐，此后每隔 30~40 m 设置补浆罐，以保证泥浆充满管外壁。为了在管外壁形成浆层，管前挖土直径要大于顶进管节的外径，以便灌注泥浆。泥浆套的厚度由工具管的尺寸而定，一般厚度为 15~20 mm。

2. 顶管测量与纠偏

(1)顶管测量

顶管施工时,为了使管节按规定的方向前进,在顶进前要求按设计的高程和方向精确地安装导轨、修筑后背及布置顶铁。这些工作要通过测量来保证规定的精度,在顶进过程中必须不断监测管节前进的轨迹,检查管节是否符合设计规定的位置。

测量工作应及时、准确,以使管节正确地就位于设计的管道轴线上。测量工作应频繁进行,以便较快地发现管道的偏移。当第一节管就位于导轨上以后即进行校测,符合要求后开始进行顶进。一般在工具管刚进入土层时,应加密测量次数。常规做法为每顶进 10 cm 测量不少于 1 次,每次测量都以测量管子的前端位置为准。

(2)顶管纠偏

当发现前端管节前进的方向或高程偏离原设计位置后,就要及时采取措施迫使管节恢复原位再继续顶进。这种操作过程,称为管道纠偏。

出现偏差的原因很多,管道在顶进的过程中,由于工具管迎面阻力的分布不均,管壁周围摩擦力不均和千斤顶顶力的微小偏心等都可能导致工具管前进的方向发生偏移或旋转。为了保证管道的施工质量必须及时纠正,才能避免施工偏差不超过允许值。这样就需要"勤顶、勤纠"或"勤顶、勤挖、勤测、勤纠",常见的几种纠偏方法如下:

1)挖土纠偏

采用在不同部位减挖土量的方法,以达到校正的目的。即管子偏向一侧,则该侧少挖些土,另一侧多挖些土,顶进时管子就偏向空隙大的一侧而使误差校正。这种方法消除误差的效果比较缓慢,适用于误差值不大于 10 mm 的范围。

2)斜撑纠偏

偏差较大时或采用挖土校正法无效时,可用圆木或方木,一端管子偏向一侧的内管壁上,另一端支撑在垫有木板的管前土层上,开动千斤顶,利用木撑产生的分力,使管子得到校正。

3)工具管纠偏

纠偏工具管是顶管施工的一项专用设备,根据不同管径采用不同直径的纠偏工具管。纠偏工具管主要由工具管、刃脚、纠偏千斤顶、后管等部分组成。

纠偏千斤顶按管内周向均匀布设,一端与工具管连接,另一端与后管连接。工具管与后管之间留有 10~15 mm 的间隙。当发现首节工具管位置误差时,启动各方向千斤顶的伸缩,调整工具管刃脚的走向,从而达到纠偏的目的。

4)衬垫纠偏

对淤泥、流砂地段的管子,因其地基承载力弱,常出现管子低头现象,这时在管底或管子的一侧加木楔,使管道沿着正确的方向顶进。正确的方法是将木楔做成光面或包一层铁皮,稍有些斜坡,使之慢慢恢复原状,使管道向正确方向前进。

3. 顶管施工接口

(1)钢管接口

给水排水钢管的接口一般采用焊接接口。顶进钢管采用钢丝网水泥砂浆和肋板保护层时,焊接后应补做焊口处的外防腐处理。

(2)钢筋混凝土管接口

钢筋混凝土管接口分为刚性接口和柔性接口。钢筋混凝土管在管节未进入土层前,接口外侧应垫以麻丝、油毡或木垫板，管口内侧应留有 10~20 mm 的空隙。顶紧后两管间的空隙宜为 10~15 mm；管节入土后，管节相邻接口处安装内胀圈时，应使管节接口位于内胀圈的中部，并将内胀圈与管道之间的缝隙用木楔塞紧。

5.5.4 顶管机

1. 顶管机的概述

顶管机是一种用于市政施工、隧道或地下管道穿越铁路、道路、河流或建筑物等各种障碍物时采用的一种暗挖式施工机械。顶管机适用于多种口径和各种土质，顶进速度快，施工后地面沉降小，操作方便，主轴密封可靠，使用寿命长。顶管机及其施工法的优点在于不影响周围环境或者影响较小，施工场地小，噪声小，而且能够深入地下作业，这是开挖埋管无法比拟的优点。但是顶管技术也有缺点，施工时间较长，工程造价高等。

2. 顶管机的工作原理

顶管机在施工时，通过传力顶铁和导向轨道克服管道与周围土壤的摩擦力，将管道按设计的坡度顶入土中，并将土方运走。当第一节管全部顶入土层后，接着将第二节管接在后面继续顶进，这样将一节节管子顶入，作好接口，建成涵管。其原理是借助于主顶油缸及管道间、中继站等推力，把工具管或掘进机从工作坑内穿过土层一直推进到接收坑内吊起。管道紧随工具管或掘进机后，埋设在两坑之间。顶管法特别适于修建穿过已建成筑物、交通线下面的涵管、河流、湖泊。

3. 顶管机的分类

在顶管过程中，当顶管机的前方及上方土体坍塌将会使顶管施工非常困难，为此在顶管施工中必须要求顶管机具的辅助功能，能保证顶管机前方挖掘面上的土体稳定，以及顶管机前上方的覆土层的稳定。

为了保证以上的稳定需要，欧洲及日本等国经过多年的施工总结，得出顶管施工中最为流行的 3 种平衡理论，即土压、泥水和气压平衡理论，现有顶管设备也根据该理论分为平衡理论类和非平衡理论类。

(1) 平衡理论类

目前世界上的顶管机具大部分都是根据以上三种平衡理论进行设计制造。根据不同的平衡理论所制造的顶管机可针对不同的土质及施工条件，也就是说在实际施工中必须根据地质勘探的结果选用不同的顶管机具进行施工。

目前世界上所生产的顶管机的主要类型如下：

1) 土压平衡顶管机

① 单刀盘土压平衡顶管机

该类型顶管机前头仅有一个大刀盘进行泥土切割，该种类型的顶管机有以下优点：

a. 施工后地面沉降小；

b. 弃土处理简单；

c. 可以在覆土层仅为管外径 0.8 倍的浅土层中施工；

d. 开口率达 100%，土压力更切合实际。

② 多刀盘土压平盘顶管机

该类型的顶管机前头设有 4 个独立的切削搅拌刀盘，该种类型的顶管有以下优点：

a. 施工后对地面及地下构筑物影响较小;
b. 施工速度快、效率高;
c. 结构紧凑、操作容易、维修方便、质量轻;
d. 排土系统可适应干土或含水率较多的泥浆;
e. 最小覆土深度可达一倍管外径左右。

2)泥水平衡顶管机

①刀盘可伸缩式泥水平衡顶管机优点

a. 通过伸缩量可控制推进速度及土压力;
b. 施工后的地面沉降可控制在 5 mm 内;
c. 适用于大部分的土质。

②偏心破碎泥水平衡顶管机

该种机型顶管机的入泥口处设置有破碎设备,将进入排泥系统的大块土、石破碎,其优点是:

a. 几乎是全土质掘进机,满足 N 值 0.15 的黏土,N 值 1.50 的砂土及 N 值 10.50 的砾石层;
b. 破碎粒径大,可达口径的 40%~50%;
c. 施工偏差极小,施工速度快;
d. 结构紧凑、维修保养简单,操作方便。

3)气压平衡顶管机

该种机型是通过气压作用在机头的前方形成一个相对稳定的状态。由于空气在土层中很容易渗漏,故气压顶管施工对土质的渗透性及周围环境有特定的要求:

①地层的渗透性系数不大于 10^{-4} m/s;
②只有在长距离的顶管施工中,这种工法才具有经济性;
③管道上部的覆土厚度应保证不发生气体泄漏;
④工作人员必需年青力壮,身体健康。

(2)非平衡理论类

以上所分析的顶管机都是根据3种土体平衡理论研制的设备,除以上分析的机型外,尚有以下几种非平衡理论的产品:

1)敞开式顶管机

该种型号的顶管机如图 5-5-3 所示,只是一个钢质的圆柱形外壳加上楔型的切削刃口、液压纠偏油缸、一个传压环以及一个用来导正和密封第一节顶进管道的盾尾组成。在施工时,采用人工或机械的手段来破碎工作面的土层,利用传送带、手推车等来输送破碎下来的泥土或岩石。该机型必需使用在工作面比较稳定或土体在自然情况下能够实现自我支撑的情况,亦称为"工作面压力自然平衡法"。为了避免出现地层坍塌的危险,一般敞开式顶管机壳体顶部向顶进方向伸出,如檐蓬仓,以备保持土体稳定及保护管口的操作工人。

2)岩盘顶管机

对于岩石类地质,亦有专门的顶管机,该顶管机配有专门的硬岩切削刀盘,以便对地下岩层进行切断、撕裂及破碎,如图 5-5-4 所示。

第5章 综合管廊传统施工方法　　153

图 5-5-3　敞开式顶管机

图 5-5-4　岩盘式顶管机

4. 顶管机与土质的适应性

顶管施工时,根据施工特点考虑操作难易程度、工作面稳定状态,并结合有关土层的分类方法,可将土划分为六类:即软土、黏土、砂黏土、粉土、砂土、砂砾石土。

由各地区的地质不同,就需针对不同的土质情况选用不同类型的顶管机。如果因勘探工作失误,造成工作人员对顶管线路沿线的地质未完全了解,而选用了不合适的顶管机,即需中途停顿下来重新开挖将机头吊出,另行建设工作井并更换其他类型的顶管机,如此一来造价增加、工期延误,后果严重,为此必须了解每种顶管机所适用的土质。顶管机的土质适用性见表5-5-1。

表 5-5-1　顶管机土质适用性

顶管机种类 地质条件	敞开式顶管机	多刀盘土压平衡顶管机	单刀盘土压平衡顶管机	刀盘可伸缩式泥水平衡顶管机	偏心破碎泥水平衡顶管机	岩盘顶管机
淤泥及淤泥质土	适用	适用	适用	适用	适用	适用
砂质土	不适用	适用	适用	适用	适用	适用
黄土	适用	不适用	适用	适用	不适用	适用
强风化岩	适用	不适用	适用	不适用	适用	适用
中风化机微风化岩	如含水率小适用	不适用	不适用	不适用	不适用	适用

5. 顶管机的结构

(1) 多刀盘土压平衡顶管机

多刀盘土压平衡顶管机如图5-5-5所示,土压仓内均布有四个刀盘,刀盘由电机通过安装在隔仓板上的减速器驱动、旋转。它们在切削土体的同时可对土体进行搅拌。下部设有螺旋输送机的喂料口。

切削下来的土体通过螺旋输送机排出。由于前壳体被隔仓板隔离成前面的土压仓和后面的动力仓两部分,地下水无法渗透进来,所以多刀盘土压平衡顶管机可在地下水位以下进行顶管施工。由于多刀盘土压平衡顶管机四个刀盘切削土体的面积只占顶管机全断面的60%左右,其余部分的土体都是通过挤压、搅拌,最终被螺旋输送机排出,这种结构决定了多刀盘土压平衡顶管机只适用于含水率比较大的软土地层。在泥土仓的隔仓板上部和中部两侧各设有三

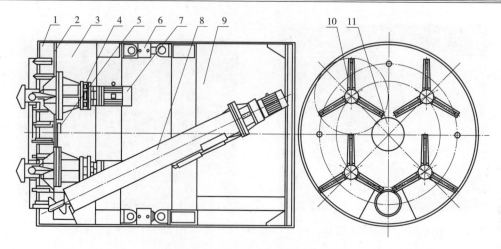

图 5-5-5　多刀盘土压平衡顶管机结构
1—土压仓；2—隔仓板；3—前壳体；4—减速器；5—土压力表；6—纠偏油缸；7—刀盘电机；
8—螺旋输送机；9—后壳体；10—刀盘；11—人孔

个土压力表。

前后壳体之间安装有壳体密封圈,壳体前后是用四组"井"字形布置的纠偏油缸连接起来。在后壳体内设有液压动力站,以控制各组纠偏油缸的伸缩,从而达到控制顶管机顶进的方向。

工作原理：顶进过程中,需根据土质、覆土深度等条件设定一个控制土压力 P,当泥土仓内的土压力 $>P$ 时,让螺旋输送机排土；当泥土仓内的土压力 $<P$ 时,让螺旋输送机停止排土。只要推进速度与排土量相匹配,就可做到连续排土。同时,也可把土压力控制在 $P \pm 20$ kPa 范围以内。

(2) 单刀盘土压平衡顶管机

单刀盘土压平衡顶管机可用于多刀盘土压平衡顶管机所无法顶进的固结性黏土和砂土,该机结构如图 5-5-6 所示。其中,刀盘由刀排座、刀排、切土切座、切土刀片、中心刀、搅拌棒等零件组成。

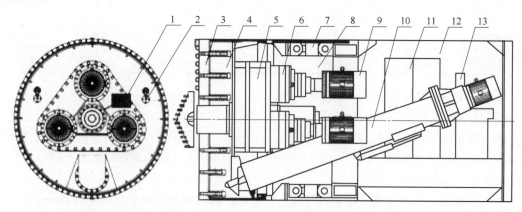

图 5-5-6　单刀盘土压平衡顶管机
1—测量靶；2—压力表；3—刀盘；4—土压仓；5—刀盘动力箱；6—行星减速器；7—纠偏油缸；8—前壳体；
9—刀盘驱动电机；10—螺旋输送机；11—电气控制箱；12—后壳体；13—操纵台

刀排呈放射状布置,与中间的刀排座焊成一体,刀排座通过连接键与主轴连接。在刀排座的前端,焊有一个呈三角形状的中心刀。在中心刀底部的刀排座上设有一注浆孔,该孔通过中空的主轴和主轴后的旋转接头与注浆管连接。

在刀盘的前端,焊有切土刀座,在切土刀座上镶有硬质合金刀片。刀座及刀片的形状及材料,与顶管机顶进的土层有着密切的关系。施工时,应根据不同土层而选择不同刀座及刀片。在刀盘的后面,焊有多根搅拌棒。通过注入一定比例的黏土浆,通过搅拌棒的搅拌,把原来不具塑性、流动性和止水性的砂或砂卵石土质,变成具有良好塑性、流动性和止水性的土体,使辐条式顶管机完全具有改良土体的功能。

有些土压平衡顶管机在隔仓板上开注浆孔,注入泥浆后似乎也有土体改善功能,其实并不然。因为隔仓板上注入的泥浆容易通过隔仓板与砂土之间的空隙,直接流至下部的螺旋输送机取土口,形成短路而被螺旋输送机排出。辐条式的浆液是直接注到挖掘面上,刀具切削的同时已把浆液与挖掘下来的土砂混合均匀,再通过后面的搅拌棒,使土体变成具有良好的塑性、流动性和止水性。有时为了增加注浆量和扩大注浆面,在刀盘的前面也设有注浆孔。

6. 顶管机的主要参数

表 5-5-2 列出了国外电机驱动土压平衡顶管机的技术参数,表 5-5-3 为国内几种典型电机驱动土压平衡顶管机的主要技术参数表。

表 5-5-2 国外顶管机主要参数

公称直径	外形尺寸 $\phi D \times L$(mm)	全长(mm)	力矩(kN·m) 50 Hz	力矩(kN·m) 60 Hz	回转数(r/min) 50 Hz	回转数(r/min) 60 Hz	动力(kW×st×set)	收缩油缸(kN×st×set)	液压工作站(kW×V)	螺旋输送机动力(kW×V)	通过粒径(mm) 有轴	通过粒径(mm) 无轴	排土量 50 Hz	排土量 60 Hz
ϕ1 200	1 460×2 900	3 500	91	76	2.4	2.88	7.5×3×400	270×50×8	3.7×400	2.2×3×400	115	200	5.5	6.6
ϕ1 360	1 630×2 900	3 900	133	111	2.19	2.63	7.5×4×400	420×50×8	3.7×400	7.5×400	120	230	7.0	8.5
ϕ1 350	1 810×3 150	4 150	176	147	1.83	2.19	11×3×400	270×50×8	3.7×400	7.5×400	120	230	7.0	8.5
ϕ1 500	1 980×3 150	4 300	234	195	1.83	2.19	11×4×400	420×50×8	3.7×400	11×400	145	260	12.0	14.5
ϕ1 650	2 150×3 150	4 000	296	246	1.45	1.74	11×4×400	450×50×8	3.7×400	11×400	145	260	12.0	15.3
ϕ1 800	2 375×3 150	4 150	406	337	1.32	1.59	11×5×400	550×50×8	3.7×400	15×400	175	325	12.7	17.0
ϕ2 200	2 610×3 180	4 250	545	453	1.18	1.42	11×6×400	630×50×8	3.7×400	15×400	175	325	14.0	17.0
ϕ2 400	2 840×3 180	4 300	636	530	1.01	1.21	11×6×400	750×100×8	3.7×400	15×400	175	325	14.0	
ϕ2 600	3 070×2 180	4 300	833	694	0.90	1.10	11×7×400	1 000×100×8	5.5×400	18.5×400	175	325	14.0	
ϕ2 800	3 300×3 180	4 600	980	820	0.77	0.92	11×7×400	1 000×100×5	5.5×400	18.5×400	175	325	14.0	

表 5-5-3 国内顶管机主要参数

项 目	1400 机型	1650 机型	1800 机型	2200 机型	2400 机型	2600 机型	3000 机型
掘进机外径(mm)	1 440	2 050	2 220	2 660	2 900	3 120	3 540
刀盘转矩(kN·m)	57.7	131.3	157	267	245(532)*	523	665.4
刀盘转矩系数	2.1	1.5	1.46	1.45	1.4(2.22)*	1.75	1.5
刀盘转速(r/min)	3.14	2.9	2.4	1.93	1.84(1.42)*	1.97	1.95
刀盘驱动所需电机功率(kW)	2×11	2×15	2×22	4×15	4×18.5(4×22)*	4×30	4×37

注:* 括号内参数是于 N 值大于 30 的硬黏土或砂砾土。

5.6 综合管廊通风、防灾与监控

由于共同沟属封闭型地下构筑物,废气的沉积、人员和微生物的活动都会造成沟内氧气含量的下降。另外,沟内敷设的电缆在运营时会散发大量热量。因此整个地下综合管廊必须设置通风系统,以保证沟内余热能及时排出并为检修人员提供适量的新鲜空气,同时当沟内发生火灾时,通风系统又能有助于控制火灾的蔓延和人员的疏散。

5.6.1 地下综合管廊通风方式的选择

地下综合管廊通风可采取多种方式,主要有以下三种,其各有相应的特点及适用范围。

(1)自然通风

由于地下综合管廊内敷设大量电缆,其运营时会散发大量热量,根据热压作用原理,理论上只要进、排风口的高差及风口面积达到一定要求时,通过自然通风就可以排走沟内电缆的散热,这样便可以节省通风设备投资和运行费用。但这种方式的缺点是需把排风井建得很高,且通风分区不宜过长,即进、排风口距离受限制,需设较多的进、排风竖井,常受到地面路况的影响,布置难度较大。

(2)自然通风辅以无风管的诱导式通风

在上述自然通风的基础上,辅以无风管的诱导式通风,即在沟内沿纵向方向布置若干台诱导风机,使室外新鲜空气从自然进风口进入沟内后以接力形式流向排风口,达到通风效果。诱导风机的功率一般仅为几十瓦,这样就以较低的日常运行费用解决了当沟内外温差较小而使热压过小,导致自然通风不足的问题。同时解决进、排风口距离受限制和排风竖井建得太高等影响景观的问题,这种方式缺点是通风设备初投资较大,但土建费用较自然通风方式大大降低。

上述两种通风方式均应用于正常工况下,其还需配备通风机以满足沟内温度超过40℃或氧气含量低于19%的非正常工况。

(3)机械通风

机械通风包括自然进风、机械排风;机械进风、自然排风以及机械进风、机械排风三种。机械通风的优点是增长了通风分区的长度,减少进、排风竖井的数量。但由于通风分区的增长,导致选用风机的风量及风压均较大。从而产生缺点:设备初投资及运行费用增加,另外噪声也是一个需考虑的问题。

综合比较以上各种通风方式,考虑到地下综合管廊一般位于城市新建区域内,对景观、噪声等有一定的要求,故选择自然通风辅以无风管的诱导式通风方式(另选通风机备用)来达到地下综合管廊的通风要求。

5.6.2 地下综合管廊防火分区、通风分区的划分

地下综合管廊一般均较长,根据消防要求,必须进行防火分区的划分。防火分区的划分需综合考虑设备初投资、日常运行费用、通风设备噪声、防火安全性能等多种因素。防火分区的长度与进排风口的数量(即土建造价)成反比,与通风机的风量、风压(即通风设备初投资、日常运行费用、噪声)成正比,与防火安全性能成反向关系。考虑地下综合管廊的基本情况:沟内电

缆一般均采用阻燃电缆；电缆支架采用金属材料制作；沟内设置水喷雾自动灭火系统；沟内除检修及定期巡视外，无人员进出，经综合比较并通过消防部门确认，一般防火分区长度不超过200 m。

同样整条地下综合管廊的通风分成若干个相对独立的通风系统。一般来说通风分区以不能跨越防火分区为原则，即一个防火分区视为一个通风分区。

5.6.3 城市地下管廊监控

综合管廊监控内容包含：机电设施自动化控制系统、火灾自动报警系统、视频监控系统及安防系统等。

1. 监控系统构成

根据控制与被控制的关系，监控系统总体上可以划分为三级。

第一级为管廊本地控制器。与管廊内监控设备构成现场工业以太网系统，本地控制可自动或手动控制网络上的每个设备。

第二级为本地控制器连接为冗余光纤环网（传输速率≥2 MB）。在此一级，控制器配有触摸显示屏，可联动控制各本地控制器所接设备，加强火灾、事故时的现场控制功能。

第三级为控制站通过传输设备与管理所各功能计算机连接而成的光纤以太网（传输速率：1 000 MB）。

根据管理要求，监控中心功能是对综合管廊进行综合管理，信息可与上级管理部门共享及接入。主要包含：综合管廊管理及监控需要的主要网络设备、火灾自动报警、视频监控及机电设施监控等。同时预留了与上述相关部门的管理需要的接口。

监控设备设施之间通过电气连接，并在其他机电设施的支持下，实现信号和信息的传送和交互，建立各种控制和被控制的关系，从而构成多个在功能上既相对独立，又紧密联系的功能子系统，并构成整个监控系统。同一个设备设施可以在多个子系统中发挥作用。

各子系统之间的相互关系：控制子系统构成整个监控系统的控制核心，其功能是从现场设备以及其他子系统获取数据，对数据进行统一管理，并控制其他子系统的工作；CCTV子系统为控制子系统提供数据，接受控制子系统的控制；火灾报警子系统为控制子系统提供数据，接受控制子系统的控制。其他辅助系统为各子系统的正常运行提供必要支持，包括提供不间断电源和安装防雷及保护接地。

2. 主要控制项目

系统应根据集水坑水位自动控制排水泵的运行，在较高水位时2台泵同时运行。自控系统和电气液位开关同时作用于排水泵时，电气控制级别优先；当超过水位电气控制不作为时，自控系统应自动按照要求启动排水泵，保证集水坑处于安全水位，避免水灾隐患。

系统可根据湿度自动启动通风机的运行，在24 h内必须进行定时自动通风，也可根据火灾监控系统的需要自动开启和停止风机运行。当自控系统和火灾监控系统同时作用于通风机时，火灾监控系统的级别为优先。

照明系统可自动、手动运行。当红外报警器输出信号时，自动开启照明，同时向视频监控系统发送指令自动开始视频监视和录像，图5-6-1为四川成都地下综合管廊与下穿隧道监控室。

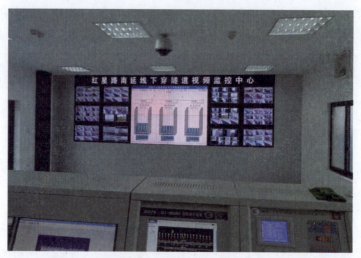

图 5-6-1　四川成都地下综合管廊与下穿隧道监控室

(1) 火灾自动报警系统

火灾自动报警系统采用感温光缆,火灾监测主机设在管理中心内。在每个仓分别布设感温光缆监测仓内火灾、温度情况。防火分区可根据消防要求采用软件进行划分,也可根据管理需要通过软件任意划分,达到火灾监控的目的。在进风口、排风机房内及入口设置点式智能感烟、感温探测器,报警信号接入区域火灾自动报警控制器。

火灾自动报警控制器安装在 PLC 机柜内,与管理中心报警控制主机通信采用光缆,以星形总线网络通信。

区域报警控制器运行、故障及火警信息通过硬链接的方式接入 PLC 控制器,作为 PLC 启动排烟阀、风机、照明及火灾时切断非消防电源的依据。

(2) 安防监控系统

在电力仓人孔、管道仓投料口设置被动红外探测器,监视该入口处人员进出情况,报警信号接入 PLC 控制器。一旦人员进入,可联动照明系统开启照明及视频监视系统监视及录像。

(3) 视频监视系统

在管道仓设置标清智能网络球机,信号传输采用 2 芯单模光缆,供电由 PLC 柜小母线集中供给。

视频及控制信号在光纤收发器光电转换处理后,接入视频网络交换机,通过主干视频光纤网络上传管理中心,在管理中心可以任意切换、显示各个场所的摄像机,同时配合其他子系统,对管廊进行高效管理。

(4) 环境检测仪表系统

为了保证管廊环境安全,在管廊内设置多通道气体检测装置。在电力仓、管道仓每隔 200 m 左右分别设置两套,监测仓内空气质量、温度湿度。监测探头将环境信息输入 PLC 控制器,控制器根据环境安全要求可联动风机运行,保证管廊内空气质量。

(5) 电话通信系统

在综合管廊内没电话插座,以在紧急情况下或人员维护时与外界通信。配置电话光端机,采用光纤复用传输音频信号;设置程控交换机,安装在管理中心。工程所有系统无缝接入监控中心,实现整体管理。

5.7 综合管廊施工应急预案

5.7.1 施工中可能发生的生产安全事故种类

施工过程中存在的危险源进行辨识与风险评价,确定施工过程中可能存在的安全生产事故类型及危险分析如下:

(1)火灾事故:施工现场及营区因动火作业点、施工临时用电和易燃易爆物品等管理不善造成火灾事故,并由此而可能导致的人员伤亡和财产损失。

(2)高温中暑事件:施工人员在气温超过35℃情况下作业时,易产生头昏、面色潮红、大量出汗、全身疲乏、心悸等中暑症状,并由此而可能导致的人员中暑事故。

(3)触电事故:所有施工现场及营区的临时施工用电,因安全用电管理疏忽及管理制度不到位,并由此而可能导致的人员触电事故。

(4)大型设备倒塌事故:各类起重机械、冲击钻机、挖槽机械、旋挖钻机、拌和楼、等大型设备及设施的安装、拆卸及使用过程中,因安全防护措施不到位及操作失误等原因引起大型设备倾覆、倒塌,并由此而可能导致的人员伤亡和财产损失。

(5)物体打击事故:施工现场脚手架工程、模板支撑工程等上下交叉作业场所施工过程中,因安全防护措施及管理不到位或不遵守高空作业等安全操作规程造成物体打击事故,并由此而可能导致的人员伤亡。

(6)脚手架坍塌事故:隧道、暗挖、盾构和各类竖井施工现场因脚手架基础承载力不够、扣件连接不牢固,以及未按方案进行安装拆卸等问题造成的脚手架坍塌事故,并由此而可能导致的人员伤亡及财产损失。

(7)基坑坍塌事故:包括明挖隧道、明挖段、各类竖井、盾构井的深基坑开挖支护过程中发生的基坑坍塌,以及周边建筑沉降开裂或管线破坏等意外事故,并由此而可能导致的人员伤亡及财产损失。

(8)地表坍陷、地下管线损坏安全事故:包括沿线的给水、雨水、污水、电力、通信等管线受施工影响造成断水、断电、燃气泄漏、触电、中毒等事故,并由此而可能导致的人员伤亡及财产损失。

(9)暗挖隧道施工安全事故:暗挖隧道施工中发生的掌子面塌方、地表沉降、建筑物裂缝、倾斜、倒塌、噪声及周边建筑裂缝、倾斜、倒塌、变形,暴雨引起竖井、隧道被淹、井架和工棚倒塌,以及井下、隧道内作业发生的中毒等意外事故,并由此而可能导致的人员伤亡及财产损失。

(10)模板支撑系统坍塌事故:施工竖井、明挖隧道和盾构井等混凝土构件模板支撑系统因地基不稳、连接不牢、装拆不按方案等造成坍塌事故,并由此而可能导致的人员伤亡及财产损失。

(11)盾构始发井施工安全事故:始发井施工过程中发生的高空坠落、基坑坍塌、起重伤害等事故,并由此而可能导致的人员伤亡及财产损失。

(12)盾构区间施工安全事故:破洞门发生突水突泥、地面建筑物沉降塌陷、换刀时作业面坍塌等事故,并由此而可能导致的人员伤亡及财产损失。

(13)以及施工现场发生环境污染、水污染、职业病、交通事故等意外事故,并由此而可能导致人员伤亡及财产损失。

根据本项目安全生产现状、生产工艺、生产能力、重要目标、场所、设施的分布情况,同时考虑气象、环境等多方面因素的影响,经综合分析和评估,主要存在以下重大潜在危害因素:火灾、爆炸、坍塌、起重吊装、物体打击等。以上因素,都有可能导致重大生产安全事故,这些危害因素导致的事故既有可能是责任事故,也有可能是非责任事故或破坏类事故,全体人员必须对上述危险因素有清醒的认识,常备不懈,警钟长鸣,防患于未然,随时做好应急救援准备工作。

5.7.2 建立应急组织机构应急组织体系

根据工程实际需要成立项目部生产安全事故应急救援总指挥部、总指挥部属下各工作组、各工程队生产安全事故应急救援指挥机构。其组织架构和应急处理程序如图5-7-1和图5-7-2所示。

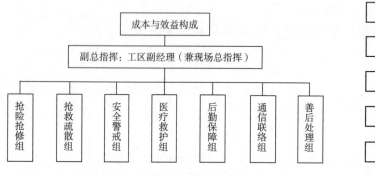

图5-7-1 应急组织体系框架图

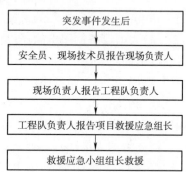

图5-7-2 突发事件应急处理程序

项目部成立生产安全事故应急救援指挥部,负责项目部应急救援工作的综合组织、指挥和协调。

施工现场发生事故紧急情况后,事故现场应急领导小组根据事故的种类、大小和发展态势,以及单位控制事态的能力等情况,启动相应的应急预案,并采取相应的应急程序及应急措施,及时有效的控制局面,最大限度的减少人员伤亡和财产损失。

5.7.3 城市地下管廊应急预案

1. 火灾事故应急响应预案

火灾发生后,现场安全员要立即采取措施并通知值班员,现场施工人员要立即切断电源、控制通风等;火灾袭来时要迅速疏散逃生,不要贪恋财物;必须穿越浓烟逃生时,应尽量用浸湿的衣物披裹身体,用湿毛巾或湿布捂住口鼻或贴近地面爬行;身上着火时,可就地打滚或用厚重衣物等压灭火苗。

工程队应急领导小组要及时组织急救人员奔赴现场进行抢险。

(1)灭火组:负责灭火和火场供水等直接扑灭火灾的任务;

(2)通信联络组:负责向公安消防队报告火警、火场通信联络以及上报火情、下传命令等通信联络任务,必要时通报当地急救中心、医疗、消防部门和友邻单位;

(3)疏散引导组:采取必要的防护措施组织人员迅速疏散;

(4)救护组：负责救人、疏散物资等；救援中要与灭火组紧密配合，共同作战。如果有人员受伤，根据情况进行现场包扎或立即送附近医院进行抢救，确保人员的安全。

在扑救现场过程中，应行动统一，如火势扩大，一般扑救不可能时，应及时组织撤离扑救人员，避免不必要的伤亡。同时应注意周围情况，防止中毒、坍塌、坠落、触电、物体打击等二次事故的发生。

2. 坍塌事故应急响应预案

(1)发现隧道内、深基坑基础、盾构施工中有坍方的迹象，应在危险地段设立标志及派人监守，并迅速报告现场负责人及时采取有效措施，情况严重时应将全部施工人员撤离危险地段。

(2)一旦发生坍塌事件，现场人员要立即采取有效的措施控制，并及时报告值班员，值班员要立即报告现场负责人，现场负责人立即报告工程队值班员，工程队值班员要及时报告组长、副组长。

(3)各小组成员要迅速行动。疏散引导组和救护组要以最快的速度，携带必要的装备和药品赶赴现场，组织现场人员及时撤离。同时，一方面立即疏散人员，抢救伤员并密切注意伤员情况，防止人员二次受伤；另一方面对土(石)体采取临时支撑措施或注浆加固措施，防止二次塌方伤及抢救者或加重事故后果。需外方协作时，通信联络组应及时通报当地急救中心、医疗卫生部门和友邻单位。

3. 火工品爆炸事故应急响应预案

若发生爆炸事故，现场人员应立即采取控制措施，控制事故扩大，使灾害限制在尽可能小的范围，并尽可能减少损失(对隧道尽量加大通风系统，并采取通风方式等来降低浓度)；及时报告现场负责人、领导小组，应急领导小组接到报告，应及时组织急救人员奔赴现场进行抢险。

4. 触电事故应急响应预案

(1)发生触电事件，要尽快断开与触电人接触的带电体，这是减轻触电伤害和实施紧急救护的关键和首要工作。如果现场人员没能有效的切断电源，人员抢救组可依照以下办法实施第一步救援行动。

(2)切断电源，如果电源开关或插座就在触电者附近，救护人员应尽快拉开开关或拔掉插头。

(3)割断电线，如果电源开关或插座离触电地点较远，而电源线为明线，则可用带绝缘柄的工具割断导线，并将断口做好防护。

(4)挑、拉电源线，如果导线是断落在人身上或身下，并且电源开关又远离现场，救护人可用干燥木杆、竹竿等绝缘物将掉下的电源线挑开。

(5)拉开触电者，发生触电时，若身边没有上述工具，救护者可戴上绝缘手套或用干燥衣服、帽子、围巾等把手包缠好后，去拉触电人的干燥衣服，使其脱离电源。若附近有干燥木板或木凳时，救护人可将其垫在脚下去拉触电者则更为可靠。为确保安全，救护时最好只用一只手拉，切勿碰及触电者接触的金属物体或裸露的身躯。

(6)若触电者倒在地上并紧握电源线，则可用干燥的木板塞至触电人身下，使其与大地隔离，然后用绝缘器具将电源线剪断。救护过程中，救护人尽可能站在干燥木板上进行操作。

(7)触电者的紧急抢救。当触电人脱离电源后，人员抢救组应根据其临床表现、伤害程度，确定触电急救措施,并快速投入急救,若发现触电者呼吸或呼吸心跳均停止,则立即进行人工呼吸或同时进行体外心脏按压,要求心肺复苏要坚持不间断地进行,包括送医院途中,坚持抢救直至伤者清醒或确定死亡时为止,不能随便放弃。

5. 电烧伤及救护应急预案

(1)电烧伤的分类

电接触烧伤:人体与带电体接触而形成的烧伤,其特点是人体皮肤及深组织,如肌肉、神经、血管乃至骨骼等都可能严重烧伤。

电弧烧伤:人体接触高温电弧时的烧伤,这类烧伤虽时间短,但温度高,故往往造成深度烧伤,甚至将人身或四肢烧断。

火焰烧伤:由电弧或点火花引燃衣服而造成烧伤,此类烧伤一般为表皮烧伤,但烧伤面积往往较大。

(2)电烧伤急救

发现电烧伤患者,首先按照上述方法脱离电源和急救。注意保护好受伤面,避免感染,在有条件时,应采用酒精及消毒灭菌敷料或洁净的衣物、被单包裹伤面,同时与医院联系,以便尽快将伤员送往医院治疗。

医院医护人员到位后,救护组要积极配合和协助其救护工作,适时将触电者送往医院进行进一步治疗。

6. 洪涝、台风、雷电事故应急响应预案

(1)遇有台风、暴雨、雷电等恶劣天气时,应立即停止室外作业,特别是深基坑、起重吊装等作业,并采取可靠的防护措施,使排水系统畅通,抽水设施及设备及时布设到位。并安排专人昼夜进行值班,随时注意水情。

(2)当现场发生事故或出现险情时,现场人员要大声呼叫险情,并迅速报告应急领导小组的现场应急指挥长或通信联络组成员。并在确保自身安全和可以进行抢险救援的情况下,进行抢险救援。

(3)当现场发生大雨、暴雨导致基坑积水发生基坑坍塌、设备损毁、人员淹溺等事故时,应由现场救援应急领导小组负责人统一指挥,进行现场应急处理。

(4)当现场因台风影响发生高大机械设备、临时建筑物及设施倒塌事故时,现场发现人员应迅速向应急领导小组组长进行报告,应急领导小组组长接到报告后,立即召集所有成员赶赴事故现场,并在对现场的地形、周边环境以及人员伤亡情况进行初步勘察和了解后,进行应急处置。

(5)当现场发生雷击事故后,现场发现人员应迅速向应急领导小组组长进行报告,应急领导小组组长立即召集所有成员第一时间赶赴事故现场,按照制定的应急救援预案,立足自救或者实施援救。

7. 高处坠落事故应急响应预案

一旦发生高空人员坠落,现场安全员应立即报告队应急领导组组长、副组长,队应急领导组组长应及时报告项目部应急领导小组办公室或调度室,项目部应急领导小组办公室在接到报告后,立即报告项目部领导并及时向附近急救中心联系,项目部应急救援领导小组在接到报告后立即前往现场察看,同工程队领导现场共同制定处理措施。

8. 煤气等有害气体中毒事故应急响应预案

若出现有害气体,施工人员要立即脱离现场,加强通风及吸氧,安全员应及时报告现场负责人,工程队应急领导小组接到报告后,按分工各负其责开展工作。指挥组负责现场协调及救援指挥工作;通信联络组负责各方面的联络任务,积极配合救护组要求的联络工作;疏散引导组组织人员疏散,疏散人员时要采取必要的防护措施;救护组组织人力进行抢救,视情况将伤员立即送往当地联系的定点医疗部门或请求医疗部门到现场进行抢救,确保人员生命安全。同时工程队应急领导小组组长将情况报告项目部应急领导小组办公室,项目部应急领导小组办公室在接到报告后,立即报领导小组组长并及时前往现场察看,同工程队领导现场共同制定处理措施。

9. 扩大应急响应

当所启动的应急响应级别无法满足事故的应急救援工作需要时,由现场应急救援总指挥负责向上一级应急指挥机构及属地政府应急管理部门报告,提请扩大应急响应级别。

5.7.4 保障措施

(1) 通信与信息保障

①设立应急救援24 h值守电话;

②项目部生产安全事故应急救援指挥机构通信录;

③安全事故主要接报单位及相关应急救援指挥机构通信录;

④项目部安全生产事故应急办公室,负责收集、研究和追踪国家以及各级政府相关政策。

应急救援最新信息和重大危险源、重大事故隐患等方面信息,负责组织、协调公司内、外部之间的应急救援工作的交流与协作。

(2) 应急队伍保障

总指挥由项目经理担任,副总指挥由分管安全生产的领导担任,成员由各工程队、各部门负责人组成。应急救援办公室设在安全生产管理部。

(3) 应急物资装备保障

材料库按规定配备工具、消防器材和工程材料,明确应急物资和装备的类型、数量、性能、存放位置、管理责任人及其联系方式,并定期由应急救援指挥部负责检查、补充,确保应急物资能够满足应急需要。

(4) 经费保障

严格按照法律法规相关规定按时足额提取安全费用,专户储存,专项用于安全生产。设立安全生产风险抵押金,实行专户管理,专门用于企业生产安全事故后产生的抢险、救灾及善后处理费用。事故应急救援资金由总经理、财务部负责,保证应急资金按时足额到位,确保应急工作的顺利开展。

(5) 其他保障

1) 医疗保障

重要场所备有一定数量的应急救援医疗设备,卫生室承担事故救援中的医疗任务,必要时请求外部医院支援。

2) 交通运输保障

各工程队所属车辆,随时准备调用。若车辆不足,可以雇用出租车和社会车辆,必要时由应急救援指挥部及时协调公安交警部门,对事故现场进行道路交通管制,并根据需要,开设应急救援特殊通道,确保救援物资、器材和人员及时运送到位,满足应急处置工作需要。具体事宜由综合办公室负责处置。

3)治安保障

发生重特大安全生产事故后,后勤保卫部应按照应急救援指挥部的安排,迅速对事故现场进行治安警戒和治安管理,加强对重要单位、重要场所、重要人群、重要设施和物资的防范保护,维持现场秩序,及时疏散现场群众,同时请求地方公安部门增援。

第 6 章 综合管廊盾构法施工

6.1 管道盾构法施工

6.1.1 概 述

21 世纪是地下空间开发与利用的世纪。在西方国家有人称 21 世纪是"隧道工程世纪"。在资源和环境问题日趋严重的国际形势下,现阶段世界各国都日益重视地下空间的开发利用,人们把地下空间当成一种新型的国土资源,并在总体上称之为地下产业(Underground Industry)。

随着我国城市化建设发展越来越快,全国开展大规模的城市市政工程建设,尤其是几个重要城市都已开始建设地下铁路工程、市政工程(排污管、输水管、通信、电缆等)、越江隧道工程。与此同时,网络型公用事业的快速发展,大规模的各类城市市政基础设施管网在城市的地下纵横交织、错综复杂,各类管线埋设深度不同,建设有先后时序。另外这些管线的产权分属不同的企业主体,分别由各自进行建设和管理。因此很多城市地下空间的统一规划和综合利用、管理方面做的还比较落后。随着城市的发展,各类市政管网设施不断的扩容、增加、维修、更新造成城市内市政建设工地也随处可见,很多城市的道路路面像拉拉链一样频繁的开挖、修复、再开挖、再修复,道路成了"拉链马路"。近几年,各大城市地铁发展很快,因地铁建设导致原有管网设施破坏或者需要改建为地铁让路的情况并不少见。不仅给市民的正常生活带来负面影响,也带来巨大的经济损失。城市基础设施扩建、更新、相互冲突等导致的各类社会资源浪费和社会矛盾更是层出不穷。

因此,解决城市基础设施发展瓶颈,引入城市基础设施建设和发展的新模式,在中国目前快速城市化的社会发展时期迫在眉睫。这种情况下城市地下综合管廊成为了解决城市基础设施相互矛盾比较有效的方式。综合管廊也称"地下综合管廊",顾名思义就是城市地下管线的综合走廊——即在城市地下建设一个将水、电、气、热、通信等各类市政管线集于一体,并设有专门的检修口、吊装口和监测系统,人和小型机械可以进入廊内作业的隧道空间。修建综合管廊的目标是对市政基础设施实现统一规划、统一建设、统一管理。然而在此类工程的修建施工中由于受到施工场地、道路交通等城市环境因素的限制,使得传统的施工方法难以普遍适用。在这种情况下,对城市正常机能影响很小的隧道施工方法——盾构施工法,得到人们的普遍关注,并且在一些地区已经有了较为广泛的使用。

盾构法隧道施工专用工具为盾构掘进机(Shield tunneling machine),它是一种隧道掘进的专用工程机械。现代盾构机集机、电、液、传感、信息技术于一体,具有开挖切削土体、输送渣土、拼装隧道衬砌、测量导向纠偏等功能,是目前最先进的隧道掘进设备。与传统的隧道掘进技术相比,盾构法施工具有对周围环境影响小、机械化程度高、施工速度快、施工成本低、安全环保等优点,尤其在地质条件复杂、地下水位高而隧道埋深较大时,只能依赖盾构。

6.1.2 管道盾构发展及基本特点

1. 管道盾构的发展

(1) 国外管道盾构发展情况

自 1818 年法国学者布鲁诺(M. I. Brunel)获得隧道盾构法施工专利至今,盾构技术已经延续了将近 200 年的历史。在这将近 200 年的发展历程中,盾构施工技术取得巨大的进步,同时被应用到越来越广阔的工程领域。M. I. Brunel 发明的盾构施工法如图 6-1-1 所示。

图 6-1-1 M. I. Brunel 发明的盾构施工法

1818 年,M. I. Brunel 获得隧道施工法的专利,并在 1825～1843 年间首次使用矩形 (6.8 m×11.4 m)盾构在伦敦的泰晤士河下修建了第一条河底隧道,该技术初步奠基了盾构法在隧道施工中的价值。

1869 年,Barlow 和 Great 采用圆形小直径盾构(外径 2.21 m 的铸铁管片)在泰晤士河下成功修建了第二条盾构隧道。

1876 年,第一台用机械开挖代替人工开挖的机械化盾构产生。

1959 年,日本用液体水泥支撑隧道工作面的想法由 Gardner 成功地应用于一条直径为 3.35 m 的排污隧道。

1963 年,土压平衡盾构首先由日本 Sato Kogyo 公司开发出来。

1967 年,英国提出的泥水加压系统在日本得到了实施。日本研制成功第一台有切削刀盘、水力出土的泥水加压式盾构(直径为 3.1 m)。

目前,由于作为上下水道及电缆隧道的需要不断增加。自 20 世纪 70 年代以来,管道盾构在英国、德国和日本等国家有了较大发展,最小直径只有 1 m 左右,能适用于城市上下水道、煤气管道、电力和通信电缆隧道等工程中,并能适应各种不同土质和不同工程规模,特别是在大城市地下管线密集,无法开槽施工时用管道盾构施工更显示其优越性。管道盾构按掘进方式分类有人工掘进式、转刀掘进式和 TBM 式管道盾构法。

盾构对城市地下工程,特别是市政供排水、电缆管道建设有着重要的意义。就日本钢管(NKK)而言,在近 20 年中接受订货,总共制造了 389 台盾构。其中 $D<250$ mm 的管道盾构就有 178 台,占总数的 46%。我国的盾构使用较少,处在起步阶段,管道盾构更少。

(2) 国内管道盾构发展情况

我国从 20 世纪 50 年代开始盾构技术的研究,但是由于受这一时期经济技术的限制,盾构技术一直没有受到足够的重视,发展非常缓慢,应用于工业相当有限。

1963年,上海隧道工程公司结合上海软土地层对盾构掘进机、预制钢筋混凝土衬砌、隧道掘进施工参数、隧道接缝防水进行系统的试验研究。研制了1台直径4.2 m的手掘式盾构进行浅埋和深埋隧道掘进试验,隧道掘进长度68 m。

1965年,由上海隧道工程设计院设计,江南造船厂制造的2台直径5.8 m的网格挤压型盾构掘进机,掘进了2条地铁区间隧道,掘进总长度1 200 m。

70年代,采用1台直径3.6 m和两台直径4.3 m的网格挤压型盾构,在上海金山石化总厂建设1条污水排放隧道和2条引水隧道,掘进了3 926 m海底隧道,并首创了垂直顶升建筑取排水的新技术。

1987年,上海隧道股份成功研制了我国第一台直径4.35 m加泥式土压平衡盾构掘进机,用于市南站过江电缆隧道工程,穿越黄浦江江底粉砂层,掘进长度583 m,技术成果达到20世纪80年代国际先进水平,并获得1990年国家科技进步一等奖。

90年代,上海隧道工程股份有限公司自行设计制造6台直径3.8~6.34 m土压平衡盾构,用于地铁隧道、取排水隧道、电缆隧道等,掘进总长度约10 km。

在90年代中,直径1.5~3.0 m的顶管工程也采用了小刀盘和大刀盘的土压平衡顶管机,在上海地区使用了10余台,掘进管道约20 km。

1998年8月,上海隧道股份研制成功国内第1台直径2.2 m泥水加压平衡顶管机,用于上海污水治理二期过江倒虹管工程,顶进1 220 m。

2000年2月,广州地铁2号线海珠广场到江南新村区间隧道采用上海隧道股份改制的2台6.14 m复合型土压平衡盾构,在珠江底风化岩地层中掘进。

2003年,上海隧道工程公司率先采用双圆隧道工程掘进机施工上海M8线地铁区间隧道,将中国盾构法隧道工程建设带入一个与世界先进水平同步发展的新时代。

2010年8月,广州市220千伏奥林输变电工程电缆隧道过广深铁路段4.35 m盾构隧道工程施工顺利贯通。

2014年2月,中铁装备集团有限公司自主研发的开挖直径为4 180 mm 36号小直径盾构机,在北京勇士营郊野公园—顾家庄桥西南角绿地第一标段成功掘进贯通,最高日进度22.8 m,最高月进度339 m。

目前,广州市沙太北路220 kV犀牛站电缆隧道工程,全长3 975 m,盾构隧道外径4 100 mm,内径3 600 mm,管片幅宽1 000 mm。隧道采用一台开挖直径4 340 mm的德国海瑞克土压平衡式盾构进行掘进。

重庆江北供电公司施工的110 kV龙溪线路送出工程隧道采用直径4 340 mm盾构施工,全长3.45 km。

据资料显示,在2001~2020年间,我国将完成近6 000 km的地下隧道工程。随着我国城市化建设步伐的稳步进行,经过近20年来的高速发展,我国的盾构技术已经取得了长足的进步。盾构经过将近200年的发展,已形成了各种各样的盾构结构和盾构施工方法,来满足不同地质条件,不同施工情况的要求。

2. 管道盾构基本特点

盾构在地下管道建设时,其中最主要的是考虑施工进度,而盾构的推进是以衬砌作为支承提供反力,也就不宜采用就地灌注混凝土,因其需等待初凝强度,应尽量采用预制砌块安装法。

盾构在地下推进时,虽可根据设计要求沿曲线穿行,但曲率半径不宜过小,以利于平缓的转向。但因城市地上建筑物林立,常迫使盾构沿曲率半径小于 100 m 的曲线行进,给盾构的推进带来困难。当曲率半径小于 100 m 时,宜采用前后盾铰接式盾构,用以提高其灵敏度,减少超挖。铰接摆角从 3°~8°不等。

盾构在地下的埋深,可以小到 2~3 m,也可以大到 30~40 m,视具体情况而定。

管道盾构不宜太小。如衬砌块外径小于 1 800 mm,此时不但各部件挤满在壳体内腔中,而且会造成砌块运输、拆装保养、通风供氧和作业人员难以站立等困难。小于此直径时,应用顶管法取代。

盾构,特别是各种密封型盾构,有的刀盘还装有出土缝可调可开闭装置,可以保证作业面的稳定。也可在螺旋输送机出土口上装有保压装置。每台盾构可掘进数百米,必要时可掘进 2 000 m 以上。

管道盾构作业时,损坏的刀具更换困难,应合理地规定掘进长度。如果刀具磨损超限,可在前方加竖井换刀或采用后装式刀具,这又使结构复杂化。盾构作业时,要特别重视防水,包括作业面防水、盾尾防水、装配式砌块接缝的防水。

管道盾构施工基本原理、特点与地铁盾构施工相同,但有其鲜明的特点:

(1)稳定性及强度较高。管道盾构衬砌一般由无螺栓连接的、三块等分管片组成,三铰接形式,稳定性好、强度高。

(2)成本相对较低。管道盾构法施工,标准断面相对较小(比矿山法施工断面小 15%~25%),排土量减少(减少约 30%~50%);且衬砌管片厚度一般只有 30 cm,地层土质好时甚至不用配筋,因此成本较低。

(3)可适应长距离、曲线施工需要。在城市地下管线施工时,由于受地下既有建(构)筑物的制约,有曲线施工的要求。管道盾构可实现曲线半径 10 m 的曲线施工。

(4)外壁建筑空隙较大,需分两次进行衬砌背部外的压注工作。

(5)衬砌防水要求高。由于没有二次衬砌,要求衬砌本身能满足防水要求。一是提高衬块本身的防渗性能;二是对衬砌拼缝进行防水处理。在衬砌的接缝中贴上防水胶条或者在衬砌的嵌缝槽中用石棉水泥嵌缝。

(6)可有效利用城市狭窄空间。出发、接收工作井相对较小,且地面临时设施、材料堆场较小,可实现基地紧凑化,减少对城市生活空间的影响。

3. 管道盾构施工注意事项

(1)管道盾构上覆盖层大多较薄,有时还不到 2 m,因此需考虑到衬砌结构可能受到集中荷载的影响。此外由于埋深较浅,泥土流失会很快反映到地面上来,影响周围其他地下管线的安全,必须考虑及时进行衬砌背外填充及压注。

(2)施工往往在交通繁忙的街道进行,因此工作井(坑)必须尽量少占地盘,施工所产生的噪声必须控制在许可范围内。

(3)城市浅层土层往往较复杂,且变化也较大,往往会遇到杂填土或旧基础等障碍物,必须考虑其排除措施。

(4)由于盾构空间小,空间内只能容纳 1~2 人操作,故所有工序应力求简单有效,尽量实现自动控制。

在我国,由于历史及社会经济原因,很多城市的城区没有完善的排水管道系统。而随着我国城市建设和社会经济的发展以及环保理念的进步,越来越多的城市需要在老城区建造排水管道。而老城区往往地面建筑物密集、地下管线(缆)多、交通繁忙、施工场地狭窄,无法采用开槽埋管法施工,必须采用非开挖施工技术施工。管道盾构技术的发展,为老城区排水管道非开挖施工提供了另一种可行甚至更佳的选择。管道盾构施工动力设备在盾构机内。工作井空间相对较小,同时因盾构法施工推进力在前端顶力基本恒定,而且靠已施工好的衬砌作为顶推支撑。对工作井强度及工作井后土层承载力要求较低。衬砌外围的空隙也可以及时进行填充处理。能有效控制地面沉降。因此,在某些条件下,采用管道盾构法施工城市排水管道具有其他方法无法比拟的优势。

6.1.3 综合管廊管道盾构法施工工艺

盾构施工的主要工序有:竖井的施工、盾构的安装与拆卸、土体开挖与推进、衬砌拼装与防水等。盾构施工如图6-1-2所示。

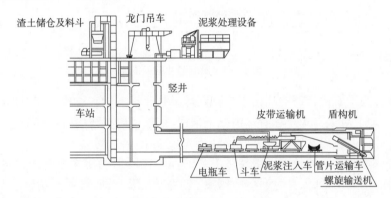

图 6-1-2 盾构法施工示意图

1. 管道盾构竖井施工

管道盾构隧道施工一般都建设在市区的道路之下,将竖井规划在道路宽度范围内,施工时在有限交通情况、地面建筑物和地下构筑物等条件限制下进行施工。管道盾构竖井一般兼顾作为检修井、投料口、通风口和人员出入口的功效。包括始发井、到达井、中间工作井或者吊装竖井等。

(1)竖井的一般要求和作用

采用盾构法施工时,一般需要盾构掘进的始发阶段、中间阶段和盾构结束阶段设置工作井(也叫竖井),按照竖井的用途一般分为始发井、到达井、工作井和中间吊装竖井。对于长距离隧道来说,由于盾构检修、隧道通风和线路中间改变掘进方向等需要,还有可能设置中间竖井。竖井施工结束后多被用作检修井、投料口、通风口和人员出入口等永久性结构工程。

竖井一般都设置在隧道轴线上,根据需要主要用于盾构组装、调试、始发和转场等;隧道施工期间管片、泡沫、油脂等施工材料运输;设备材料调运和人员通道等。设计施工时竖井施工的平面净尺寸必须满足以上述各种需要。

(2)管道盾构竖井尺寸

施工盾构竖井的尺寸主要考虑盾构拼装时的尺寸、掘进尺寸、运输材料及设备操作需要空间尺寸综合确定。

在没有限制占地的情况下,始发竖井的功能越多越好,但功能越多费用就越高,因此一般都采用满足其功能所必需的最小净空。但是要注意,这并不是功能上或计算上留有余度的尺寸,而必须是考虑有关作业者能宽松、安全作业的空间尺寸。盾构的覆土随始发方法而异,一般竖井的大小按以下方法决定:如图 6-1-3 所示,除盾构机外,还考虑反力架、洞门破除空间、始发洞口大小,另外再加上若干余量。竖井长度等于盾构机长加 3.5～5 m。

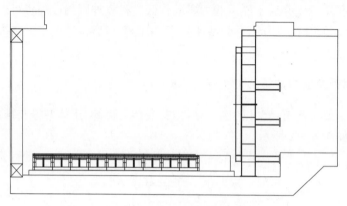

图 6-1-3　始发竖井平面图

到达竖井。两条盾构隧道的连接方式有到达竖井连接方式和盾构机与盾构机在地下对接的方式。其中,地下对接方式是在特殊情况下采用,如连接段在海中难以建造竖井或没有场地不能设置竖井等。但在正常情况下,一般都以到达竖井连接。

采用盾构修建的隧道的长度一般超过 1 000 m,不论隧道的用途如何,这样长的距离都应考虑设置隧道的出入口,如人孔、换气孔、阀室、车站等。因此,盾构的到达竖井常常既是盾构管道的连接段,又是设置这些设施的场所。因而,作为决定到达竖井尺寸的因素,与其说是由容纳盾构机的场所决定,不如说是由上述各设施所必需的尺寸决定。但是,为了容纳盾构机,到达竖井与盾构机路线轴垂直方向的宽度,应大于盾构机外径,这是必要条件。

(3)竖井的施工方法

盾构竖井的施工方法较多,根据不同地质条件目前我国主要采用沉井法和挡土墙维护法施工。沉井施工有排水下沉、不排水下沉和气压沉箱工法。挡土墙围护有钢板桩、柱列桩、钻孔灌注桩和地下连续等施工法。

竖井的施工平面形状一般为矩形、圆形和其他形状,主要由竖井深度、挡土墙、挡土支护、建筑强度等决定。从净空使用角度而言,圆形竖井是不利的,主要是从建筑的强度考虑才采用圆形。如在竖井较深的情况下,优先考虑竖井整体结构的刚性,所以采用结构上有利的圆形;如果将挡土墙做成刚性的地下连续墙,用圆形支护也是可以的,此时也容易使用内部空间。

对受用地制约或一座竖井用作几条隧道的始发和到达场所的情况,竖井的平面形状不能设计成矩形或圆形,而应根据实际需要设计成特殊的形状。

2. 盾构机的吊装施工

盾构机的吊装及下井组装是盾构施工的一个重要组成部分,是隧道掘进的前提和保障,保证盾构机吊装安全有序的完成以及盾构机的组装质量,为盾构机始发掘进做准备。以 ZEJ4950 直径 4 950 mm 盾构机组装为例介绍,该盾构机具体参数见第 6.4 节。

(1) 吊装前的准备

人员准备：成立以盾构项目经理为领导核心，施工时实行 24 h 两班作业制，每班安排一名现场负责人，现场负责人为专业的机电工程师。为确保盾构机下井、拼装工作的安全有序和高效稳妥，由项目经理全面协调各个吊装环节的工作。

物资和材料准备：常用物资材料包括盾构管片、管片螺栓、管片橡胶密封；走道板及走道板支架；盾构消耗材料包括盾尾油脂、密封、泡沫和添加剂；洞门橡胶帘布、洞门环；同步注浆材料；始发基座、反力架；负环及负环紧固装置等。

设备和工具准备：履带吊、汽车吊起重设备；组装工具套筒扳手、双头扳手、拉拔器等；龙门吊、拌和站、液压千斤顶泵站及出渣列车编组等配套设备；充电房、充电器；水泵、水管和消防器材等。

施工场地布置原则：出入有序，倒运便捷，功能明确，视野开阔，基础牢固，作业安全。施工前对吊机运行场地进行硬化，硬化前对底部地基压实找平，在铺设为 10 cm 细石垫层，上浇筑 20 cm 厚 C30 混凝土。吊装前混凝土强度达到 70% 以上。

(2) 盾构组装流程

盾构设备入场及组装需严格按预设的先后顺序进行，任何一个环节的颠倒，均可能导致设备下井困难或无法下井，组装工序如下：

洞门密封止水帘布安装→盾构托架、反力架下横梁下井及始发井轨道铺设→盾构机台车下井→平板车下井一列→连接桥下井→管片 2 环下井→螺旋机下井→盾构机中盾下井→前盾下井并与中盾对接→螺旋机安装→刀盘下井并与前盾对接→盾尾下井→盾构机前移→反力架安装→调试始发（如始发井长度不够需要分体始发）。

盾构机进场顺序为：250 t 吊车入场→台车→连接桥→螺旋机→中盾→前盾→刀盘→盾尾→其他部件（井下组装完成）。

(3) 井下辅助设施布置

盾构底板施工时，预埋钢板作为固定始发井内辅助设施始发托架、反力架等的基础结构，布置要求所有中线与盾构隧道始发中线重合，安装满足焊接要求，始发托架二侧最少需要三道工字钢对称支撑，防止盾构始发时托架左右移动。设施结构参考图 6-1-4 始发井内辅助设施布置图、图 6-1-5 盾构托架示意图和图 6-1-6 反力架示意图。

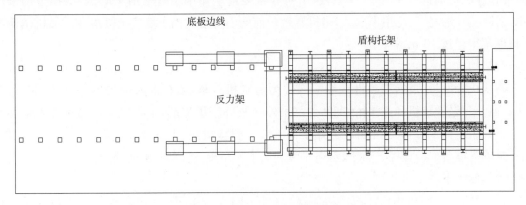

图 6-1-4 始发井内辅助设施布置图

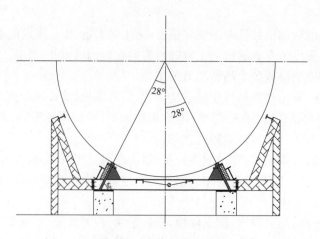

图 6-1-5　盾构托架示意图

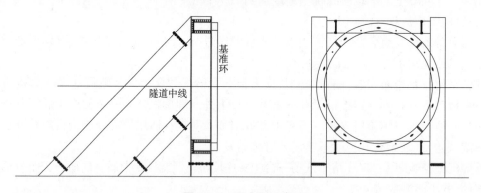

图 6-1-6　反力架示意图

(4)盾构机组装

1)250 t 履带吊组装

250 t 履带吊在始发竖井侧墙施工完成,并办理完入场作业所有手续后进场组装。组装前,在作业区地面铺设 40 mm 厚钢板,吊机履带最前端作用于冠梁挡土墙上,该挡土墙采用 C30 钢筋混凝土浇筑,可用于承载,吊机履带最前端不得超过挡土墙背土侧边线。吊机吊臂组装长度不得超过 18 m。

2)盾构入场

盾构机分两批入场,第一批入场的部件为盾构机台车,第二批入场的部件包括:前盾、中盾、盾尾、刀盘、螺旋机和连接桥,期间龙门吊停至竖井小里程端,不得使用。第一批入场部件全部下井组装完成后,第二批部件开始下井组装。盾构机前、中盾及其他部件入场后,用事先加工好的支撑台(架)支撑平放于场内,吊装时,用一台 90 t 汽车吊协助翻身。

3)螺旋机下井

台车托架等全部辅助结构安装完成后,在托架上安装轨道,轨道高程与隧道内预计高程同。从竖井端头孔侧放下一列平板车,利用 250 t 履带吊将螺旋机放在列车上,利用 2 t 卷扬机(或手拉葫芦)将螺旋机拉至竖井后端,两端设置轨挡。拆除始发托架上轨道。

4) 中盾下井

中盾下井示意图如图 6-1-7 所示。利用 250 t 履带吊将中盾水平吊至场地中央并支撑平放。利用 90 t 汽车吊配合 250 t 履带吊,对盾体进行翻身,使盾体竖直。

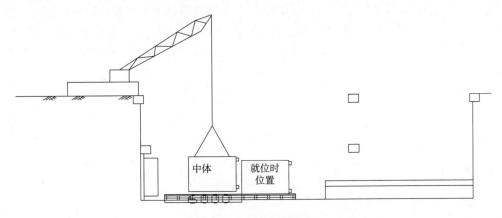

图 6-1-7　中盾下井示意图

将中盾吊放至始发托架上,下放点尽量靠近第一道支撑,盾体将接触轨道时,继续向台车方向靠笼,使得中盾尽可能的靠后,调整中盾姿态,使标记好的点与托架轨道和托架中线对正,保证前盾的摆放姿态。

在中盾和托架上焊接牛腿,利用液压千斤顶将中盾向后移动至中前盾接口距离始发托架前端面 6 000 mm 处。

5) 前盾下井

前盾下井时,250 t 吊车跨距为 6 862 mm,250 t 履带吊机跨距为 7 m 时,额定负荷为 144.2 t,符合起吊要求。把前盾安放在前段始发架的前端。下井前,做中盾同样的标记,翻身及下井方法同中盾。前盾下井就位后(切口环距离洞门密封 1 700 mm),安装铰接密封,并利用液压千斤顶移动中盾,将中盾和前盾对接,然后割除前中盾吊耳。前盾下井示意图如图 6-1-8 所示。

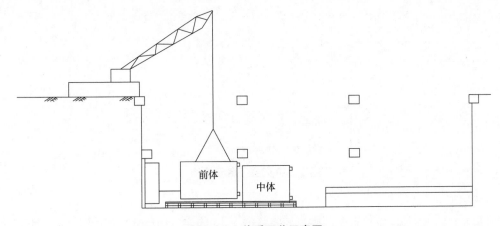

图 6-1-8　前盾下井示意图

6) 螺旋机安装

螺旋机设置前中后三个吊点,同时在前盾内上方焊接一个吊点。延长轨道至中盾螺旋托架下方,将螺旋机移动至前端到达中盾托架下方,利用吊机、2个15 t手动葫芦和1个5 t手动葫芦进行安装。利用吊机的大小钩起吊螺旋机,将螺旋机前端放入中盾螺旋机托架上;用固定在前盾上的5 t手动葫芦固定在螺旋机的前吊点上,用固定在中盾内上方的15 t手拉葫芦固定在螺旋机中部吊点上,用固定在竖井支撑上的15 t手动葫芦固定在螺旋机尾部吊点上;拉紧两个15 t手动葫芦,使吊车自动松钩;拉动手动葫芦将螺旋机安装到位,并固定。安装示意图如图6-1-9所示。

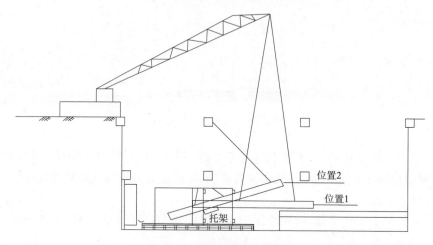

图6-1-9 螺旋机安装示意图

7) 刀盘安装

复核盾体前净空是否满足刀盘安装空间,安装要求空间为1 700 mm;刀采用盾体同样方法翻身下井组装;连接刀盘法兰,紧固螺栓;割除吊耳。刀盘吊装示意图如图6-1-10所示。

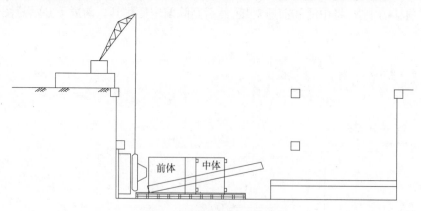

图6-1-10 刀盘下井示意图

8) 盾尾下井

刀盘安装完成后,再次检查洞门密封的安装情况,并确保盾构组装过程中没有破坏洞门密封帘布和压板,利用液压千斤顶将盾构机前移,使得刀盘距离洞门连续墙10 cm,移动距离为刀盘移动前位置距离止水帘布的距离$L+1\ 200$ mm,然后安装盾尾。盾尾吊装示意图如图6-1-11所示。

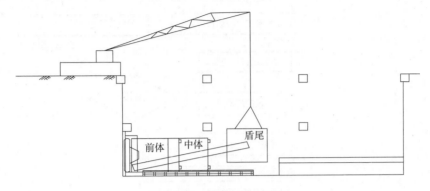

图 6-1-11 盾尾下井示意图

①盾尾从竖井中部空间下井，翻身方法同上；
②盾尾套入螺旋机后，缓慢下放，避免碰撞螺旋机；
③盾尾放到始发托架上后，利用液压千斤顶使之与中盾连接；
④割除吊耳。

9）盾体与连接桥、台车连接

盾体与连接桥连接、各种管线对号连接，连接桥与1号台车连接、各种管线对号连接。

10）其他工作

割除吊耳及牛腿，安装反力架，检查台车行走线路是否畅通。给盾构机加注液压油、润滑油；全机调试。

3. 盾构的始发和到达

（1）盾构机的始发

盾构机的始发是指利用临时拼装管片等承受反作用力的设备，使盾构机从始发口进入地层，沿所定的线路方向掘进的一系列施工作业。根据临时拆除方法和防止开挖面地层坍塌方法的不同有两种。

第1种方法，如果开挖面地层能够自稳，再将盾构机贯入自稳的开挖面。一般是通过化学注浆、高压喷射注浆、冻结施工法等来加固开挖面地层或向始发竖井压气，平衡开挖面地下水压，使地层自稳。

第2种方法，利用挡土墙防止开挖面崩塌，让盾构机开始掘进。

以上始发作业的施工方法，一般多采用地基改良使开挖面自稳，再开始开挖。此外，始发作业可以单独采用或组合采用以上施工方法，这取决于地质、地下水、覆盖层、盾构直径、盾构机型、施工环境等因素。

始发设备一般包括始发台、反力座、负环管片。始发台根据盾构机设置的位置（高度、方向）和盾构机的重量、盾构机械组装作业的施工等来确定，用工字钢和钢轨等材料安装而成。反力座和负环管片是根据管片的运输和出渣空间等来确定形状，注意要根据主体管片开始衬砌的位置来确定负环管片和反力座的位置。

盾构机一般在始发井内预先组装、调试，盾构始发井是盾构始发前必不可缺的土建工程，盾构始发的所有环节一般都在始发井内进行。始发施工作业步骤包括始发准备作业、拆除洞门和掘进，始发流程如图 6-1-12 所示。

1）始发基座及反力架的安装及定位

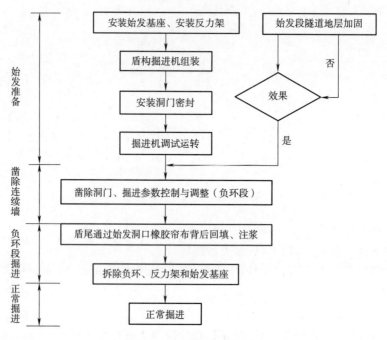

图 6-1-12 始发施工流程图

盾构下井组装之前,依据隧道设计轴线定出盾构始发姿态空间位置,正确安装始发基座和反力架。始发基座和反力架的正确安装和定位是保证盾构始发姿态的关键因素。

①始发基座是盾构始发时的承载体。它不仅要承受竖直压力,而且还要承受来自纵向、横向的推力以及抵抗盾构旋转的扭矩。为保证始发基座具有足够的强度和整体性,首先加工厂家要技术过硬,其次始发前必须对始发台周边进行可靠的加固,基座四周每隔一定距离加设一定数量的 H 型钢横向支撑在主体结构上,以便提高始发基座的整体稳定性。

由于地质和设备本身原因,盾构机通过加固区时容易出现"栽头"现象,严重时可能出现隧道净空超限的情况。为此,通常采用抬高盾构机的始发姿态、合理安装始发导轨以及快速通过的方法尽量避免"叩头"或减少"叩头"的影响。

②反力架是始发阶段提供盾构推进所需反力的一组焊接钢结构。始发架的正确安装定位是盾构能否按正常姿态始发的前提条件。反力架安放时要进行精确定位使之与盾构中心轴线保持垂直。安装完毕后必须对其姿态和结构性能进行安全校核。

a. 姿态控制

始发要求反力架左右偏差控制在±10 mm 之内,高程偏差控制在±5 mm 之内。为了保证始发推力水平特别要求始发基座水平轴线的垂直方向与反力架的夹角<±2‰,盾构机姿态与设计轴线竖直趋势偏差<2‰,水平趋势偏差<±3‰。

b. 结构性能

一般反力架底部固定于底板上。为保证结构强度和稳定性,反力架上部与主体中板预埋刚板焊接牢固,下部与底板预埋件固定牢固,顶部水平支撑型钢焊接固定,两侧各用两个水平支撑固定,为保证盾构推进时反力架横向稳定性,始发前用 20a 型工字钢对反力架两侧进行加固处理。

c. 反力架受力演算

反力架受力时,自身结构形变很大程度上影响管片拼装的质量和姿态,严重时始发失败。

所以在确定钢结构形式的前提下,有必要根据推进时所施加的最大推力进行结构安全校核。始发推力按以下公式计算:

$$F_{max}=F(N_1+0.7N_2)+\mu W \quad (6-1)$$

式中　F——单只滚刀载荷;

　　　N_1——正面滚刀数量;

　　　N_2——边缘滚刀数量;

　　　W——主机重量(盾体+刀盘);

　　　μ——钢—钢滑动摩擦系数,$\mu=0.15$。

2)端头加固

盾构始发之前,一般要根据洞口抽芯地质情况评价地层,并采取有针对性的加固处理措施。其选择基本原则为加固后的地层要具备最少四周的侧向自稳能力,且不能有地下水的过渡流失。始发前需要对端头加固效果进行检查,如果效果不理想必须进行二次端头加固。素混凝土加桩间止水咬合桩如图 6-1-13 所示。

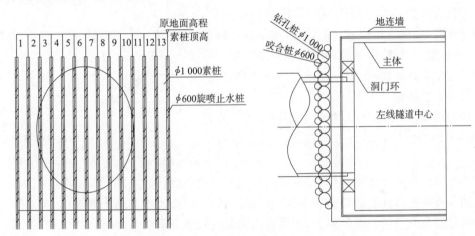

图 6-1-13　素混凝土加桩间止水咬合桩

3)洞门密封

为了防止盾构始发掘进时渣土、地下水从盾壳与洞门的间隙处流失造成开挖面失稳,在盾构始发时需安装洞门临时密封装置。临时密封由洞门预埋钢环、橡胶帘布、扇形压板、折页翻板和螺栓等组成,如图 6-1-14 所示。

①洞门预埋钢环的安装

洞门钢环是为安装橡胶帘布和扇形压板的环状钢板,根据洞门直径大小加工一定数量的双头螺钉安装孔,主体施工时提前预埋。预埋时须注意:

a. 钢环加工完成后必须采用型钢保形,破除维护结构前割掉;

b. 在浇筑混凝土时,预埋钢环内部必须支撑牢固以免钢环变形;

c. 安装之前必须对螺钉安装孔涂抹黄油并用胶带封口。

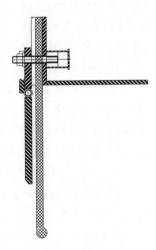

图 6-1-14　洞门密封安装示意图

②橡胶帘布及其他装置安装

为保证橡胶帘布始发时不被破坏,既要使其具有充足的延展性,又要具有较高的韧性。加工时内部添加纤维要横向密排、纵向疏排。注意扇形压板和双头螺钉制造材质要过关,特别是双头螺栓强度等级要达标,另外加工尺寸要和预埋环形钢板保持一致。否则,始发时容易对其不均受力造成压板脱落,橡胶帘布密封失效。一旦发现在始发过程中洞门密封效果不好时可即时调整注浆配合比,使注浆后尽早封闭。也可采用在洞门密封外侧向密封内部注速凝双液浆的办法解决。以便确保盾构连续正常地从非土压平衡过渡到土压平衡,以达到控制地面沉降,保证工程质量的目的。

4)洞门凿除

盾构施工需要在始发或到达前将洞门端头围护结构进行凿除。凿除前必须进行抽芯检验。为了避免洞门凿除产生扰动,实际中围护结构钢筋混凝土凿除分五步进行,如图6-1-15所示。

5)始发初始参数设定与调整

盾构掘进过程必须严格控制盾构机的掘进参数,降低掘进速度,控制盾构掘进方向,同时时刻注意调整各系统参数、掘进参数,保证盾构的顺利掘进。由于盾构始发是完全敞开式掘进,为保证地面的安全,盾构机始发过程必须快速建立土压,采用土压平衡模式掘进,建立方法为尽量少出渣、不出渣直至达到设计参数要求后,保持按初设土仓压力进行掘进。其主要目的在于:

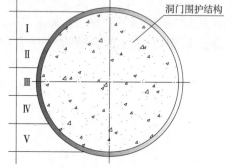

图6-1-15 洞门凿除示意图

①熟悉盾构机各项性能指标,完成盾构整机磨合负载运转;
②熟练盾构机和配套设备各项操作,掌握盾构施工操作流程和施工顺序;
③检验后配套设备的匹配能力,如垂直运输系统和水平运输系统等;
④加强对地面变形情况的监测分析,减少盾构机出洞和推进时对周围环境的影响,掌握盾构推进参数及同步注浆量;
⑤收集、整理、分析及归纳总结各地层的掘进参数,制定正常掘进各地层操作规程,实现快速、连续、高效的正常掘进,为下一步正常快速的掘进施工提供依据参考。

(2)盾构机的到达

从一般意义上来讲盾构到达是盾构始发的逆工序,除了成形管片代替了负环作用外,只是先后顺序的变化。按照国内盾构达到正常施工方法,在盾构机到达之前要完成盾构接收井维护结构和主体结构施工,并且要提前做好盾构到达前的准备工作。如:洞门钢环的前期预埋、端头区地质加固、洞门凿除、接收基座的安放、固定和洞门帘布的安装和盾构姿态测量等工作。

4. 管廊盾构开挖与推进

盾构在始发井内始发后,通过前期试掘进采集数据。针对施工需要进行适当的调整,以便建立土压平衡模式下正常施工。

土压平衡工况掘进时,把切削下来的土体充满土仓,利用这种土压与作业面的水土压平衡,同时利用螺旋输送机进行与盾构推进速度相匹配的排土作业,掘进过程中始终维持开挖量与排土量的平衡,以保持正面土体稳定。

在施工中根据不同地层采用配置合理的滚刀、齿刀、刮刀以及超挖刀,以低转速、大扭矩推进。并在掘进中不断调整优化土仓内土压力值。通过采取"设定掘进速度、调整排土量"或"设定排土量、调整掘进速度"两种方法来建立,维持开挖量与排土量的平衡,以使土仓内的压力平衡。

盾构机的掘进速度主要通过调整盾构推进力、转速来控制,排土量则主要通过调整螺旋输送机的转速来调节。在实际掘进施工中,根据地质条件、排出的渣土状态,以及盾构机的各项工作状态参数等动态地调整优化,采取渣土改良措施增加渣土的流动性和止水性。

盾构正常推时注意控制排土量的排土操作控制模式,即通过土压传感器反馈,改变螺旋输送机的转速控制排土量,以维持开挖面土压稳定的控制模式,控制出土量以维持开挖面土压稳定的控制模式下正常推进。

在实际施工中,由于地质突变等原因,盾构机推进方向可能会偏离设计轴线并超过管理警戒值;在稳定地层中掘进,因地层提供的滚动阻力小,可能会产生盾体滚动偏差;在线路变坡段掘进,有可能产生较大的偏差。因此,需及时调整盾构机姿态、纠正偏差。其措施如下:

(1)采用分区操作盾构机推进油缸调整盾构机姿态,纠正偏差,将盾构机的方向控制调整到符合要求的范围。

(2)在变坡段,必要时可利用盾构机的超挖刀进行局部超挖来纠偏。

(3)在变坡段,必要时可利用盾构机的中盾和尾盾的铰接油缸进行盾构机的姿态调整,纠正偏差。

(4)由于特殊原因造成盾构偏离设计轴线过大,需要长距离纠偏时,要根据实际情况,制定纠偏方案,逐步进行纠偏,盾构一次纠偏量不宜过大,以减少对地层的扰动。

5. 衬砌拼装、压注与防水

软土层盾构施工的隧道,多采用预制拼装衬砌形式。少数也采用复合式衬砌,即先采用薄层预制块拼装,然后复壁注内衬。

预制拼装通常由称作"管片"的多块弧形预制构件拼装而成。拼装程序有"先纵后环"和"先环后纵"两种。先环后纵法是拼装前缩回所有千斤顶,将管片先拼成圆环,然后用千斤顶把拼好的圆环,沿纵向向已安装好的衬砌靠拢连接成洞。用此法拼装时,环面平整纵缝质量好,但可能形成盾构后退。先纵后环因拼装时只缩回该管片部分的千斤顶,其他千斤顶则轴对称地支撑或升压,所以可有效地防止盾构后退,管片拼装施工图如图6-1-16所示。

图6-1-16 管片拼装施工

(1)一次衬砌

在推进完成后,必须迅速地按设计要求完成一次衬砌的施工。一般是在推进完成后将几块管片组成环状,使盾构处于可随时进行下一次推进的状态。

一次装配式衬砌的施工是依照组装管片的顺序从下部开始逐次收回千斤顶。管片的环向接头一般均错缝拼装。组装前彻底清扫,防止产生错台存有杂物,管片间应互相密贴。注意对管片的保管、运输及在盾尾内进行安装时,管片放置问题,应防止变形及开裂的出现,防止翻转时损伤防水材料及管片端部。

保持衬砌环的真圆度,对确保隧道断面尺寸、提高施工速度及防水效果、减少地表下沉等甚为重要。除在组装时要保证真圆度外,在离开盾尾至注浆材料凝固的期间内,应采用真圆度保持设备,确保衬砌环的组装精度是有效的。

紧固和再次紧固螺栓,紧固衬砌接头螺栓必须按规定执行,以不损害组装好的管片为准。由于盾构推进时的推力要传递到相当远的距离,故必须在此推力的影响消失后,进行再次紧固螺栓。

不用螺栓接头的管片和有衔接接头的管片,这时在环间设置棒头,管片间做成柔软的转向节结构。以错缝拼装及数环间的共同作用来保持稳定,不能用暗榫头对接结构。由于组装是从前方插入,故使推力与隧道方向平行是极为重要的。

(2) 回填注浆

采用与围岩条件完全相适合的注浆材料及注浆方法,在盾构推进的同时或其后立即进行注浆,将衬砌背后的空隙全部填实,防止围岩松弛和下沉,是工程成败的关键因素之一。

回填注浆除可以防止围岩松弛和下沉之外,还有防止衬砌漏水、漏气,保持衬砌环早期稳定的作用,故必须尽快进行注浆,而且应将空隙全部填实。为填充衬砌背后的空隙,在衬砌背后安装浆袋,向浆袋中注浆。

注浆材料需具有的特点:不产生材料离析、具有流动性、压注后体积变化小、压注后的强度很快就超过围岩的强度、具有不透水性等。

一般常用的注浆材料有水泥砂浆、加气砂浆、速凝砂浆、小砾石混凝土、纤维砂浆、可塑性注浆材料等,可因地制宜地选择。

管片背后注浆可在盾构推进时进行,也可在盾构推进结束后进行二次补浆。一般从埋设在管片上的注浆孔进行。盾构同步注浆如图 6-1-17 所示。

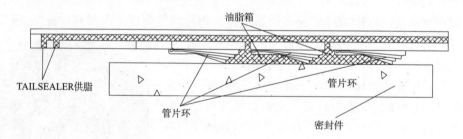

图 6-1-17 盾构同步注浆示意图

(3) 衬砌防水

由于盾构隧道多修建在地下水位以下,故需进行衬砌接头的防水施工,以承受地下水压。隧道内的漏水,使隧道竣工后的功能及维修管理方面出现许多问题,所以必须注意。根据隧道的使用目的,选择适合于作业环境的方法进行防水施工。

衬砌防水分为密封、嵌缝、螺栓孔防水三种。根据使用目的的不同,有时只采用密封,有时三种措施同时采用。密封防水是在管片接头表面进行喷涂或粘贴胶条的方法;螺栓孔防水是在螺栓垫圈及螺栓孔间放入环形衬垫,在紧固螺栓时,此衬垫的一部分产生变形,填满在螺栓孔壁和垫圈表面间形成的空隙中,防止从螺栓孔中漏水;嵌缝防水指预先在管片的内侧边缘留有嵌缝槽,以后用嵌缝材料填塞。

6. 中途换刀方案

(1) 施工计划安排

1) 换刀的里程计划。施工时主要考虑刀具磨损情况和地层稳定性两方面确定换刀地点。当掘进速度变慢,刀盘扭矩加大时考虑检查刀具,但开仓前选择地层条件较好、开挖面自稳定性较好的里程。对于地层条件不稳定而又急需换刀的情况则需要注浆加固处理。一般情况下,提前对地层进行加固处理,尽量做到常压开仓换刀。

2) 施工机具配置。换刀时要提前准备物资材料,主要包括拉链葫芦、短钢丝绳、长短撬棒;气动扳手、扳手加长套筒、各种套筒、气动扳手用气管、风炮、风炮用气管;24 V 灯(带特殊插头)、鼓风机、供风管、冲洗用水管;潜水泵;铁皮工具箱用于盛装拆下的螺栓螺母及各种工具等。

3) 人员配置:换刀时根据需要,一般配备土木工程师、机电工程师、安全员、仓外操作主管、压缩空气操作手、人闸管理员,必要时配置带压作业班班长、带压作业人员、紧急医务人员、后备带压作业人员等。

(2) 施工方法

1) 换刀准备

刀具安装在刀盘上,分三大类:中心双刃滚刀、正面(含边缘)单刃滚刀和刮刀。

换刀原则:在稳定地层,可全部拆下,再统一换上;不稳定地层,则拆下一把换完后,再换另一把。

换刀频率:定期换刀可根据地层情况及施工经验而定;不定期换刀是根据地层及推进速度来考虑。

换刀具标准:正面滚刀刀圈磨损量在 25~30 mm 时即需换刀,特殊情况下(如无完好刀具备件更换时),可在磨损量为 30~35 mm 时更换;边缘滚刀刀圈磨损量为 15~20 mm 时需换刀;刮刀出现较严重崩齿或刀具上的合金堆焊层磨损较严重时需更换。

2) 换刀方法

①刀具检查

根据地质情况掘进一段距离,如操作手发现掘进速度明显降低或盾构机推力明显增大时,立即报告讨论是否开仓检查刀具。

②开仓

开仓前,根据盾构机所处位置的地质情况,决定是否采取压气作业方式或地层加固技术。若采用压气作业应严格按照人闸带压作业规定的步骤。

③清理

检查刀具之前必须尽量排空土仓内的渣土和水,冲洗干净所有刀具,然后开启气阀往土仓内送气,以降低土仓内的环境温度,并提供排水和照明。

④排水和照明

打开土仓壁上的维修管,接好水泵及灯管供排水及照明用。

⑤检查与记录

检查刀具磨损情况,作好记录,然后将所需更换的刀具在刀盘布置图上做好标记。

⑥换刀

根据当前地质情况及刀具检查结果决定是否换刀及须更换刀具的编号。换刀过程中的安全及换刀注意事项等应进行交底,并负责换刀全过程的跟踪管理。刀具安装示意如图 6-1-18 所示。

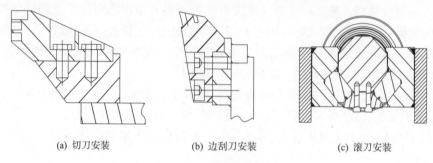

(a) 切刀安装　　　　　(b) 边刮刀安装　　　　　(c) 滚刀安装

图 6-1-18　刀盘安装示意图

⑦收尾工作

在换刀工作完成并通过检查确认后,必须安排换刀人员做好人闸清洁工作,盘好所有气管、水管,并将所有剩余螺栓、垫圈、螺母、锁紧块等放入工具箱内随同旧刀具运出地面,换刀过程中用到的所有工具及其他材料全部收齐一并运出地面。并最后确认所有人员、材料、工具、物件等都已安全撤离。

⑧试运转及复检

上述工作完成后,进行刀盘试运转,如为土压平衡模式,则关闭仓门,反之则开土仓门进行试运转。盾构机推进半环左右,由机电工程师进行复检,观察刀盘的运转情况,如正常则开始正式掘进;如刀具松动,由机电工程师安排机电维修班进行复紧,复紧后确认一切正常开始正式掘进。

3)安全保证措施

作业时的注意事项及措施:

①作业前必须进行严格的技术交底,确保作业人员掌握技术要领及采取安全保护措施。

②严格按有关安全操作规程的相关规定执行。

③换刀前密切观察出土情况,掌握盾构机前土体的工程地质特性并及时向盾构刀盘处注入膨润土进行护壁,减小洞顶坍塌的可能性。

④严格控制土仓与人员仓的压力,一般控制在 0.8~1.6 bar。

⑤进入土仓前,土仓内的渣土排至仓高五分之一以下。土仓内作业人员严格按作业分工进行操作,其中带压作业领班要密切注意开挖面及人员状况,发现异常立即通知仓外的人闸管理员,并立即离开土仓。

⑥压力作业时,带压作业人员轻微不适应时立刻停止作业。现场做好医疗救护工作,并联系好医院做随时的应急治疗。

6.2　管道盾构机选型

6.2.1　管道盾构机分类

管道盾构机主要用于各类市政管道工程,需要说明的是基于操作性考虑,管道盾构机的直径不宜小于1 800 mm。若直径过小,各部件挤在壳体内腔中,会造成砌块运入、拼装、通风及作业人员难以站立等困难,小于此直径的隧道一般采用顶管法作业。

根据开挖面的稳定原理和出渣系统的不同,管道盾构机主要分为土压平衡盾构机、泥水平衡盾构机、硬岩盾构机和泥浓式推盾机。图6-2-1为管道盾构机作业剖面图。图6-2-2为管道盾构机实物图。

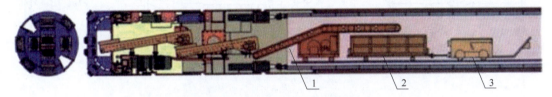

图6-2-1 管道盾构机作业剖面图
1—皮带传输机;2—土砂料斗车;3—电动车

图6-2-2 管道盾构机实物图

1. 土压平衡式管道盾构机

土压平衡式管道盾构机是将切下的土先留在封闭的土仓内,针对不同地层条件,通过渣土改良技术向刀盘面添加各种添加材料(泥浆、膨润土浆、泡沫、泡沫聚合物等)通过搅拌,将切割进入土仓中的渣土,改良成流塑性好、密水性好的承压渣土,达到传递开挖面水、土压力传至土仓隔板传感器上的目的。渣土改良不好,就很难实现通过出土压控制出土量实现土压平衡掘进,排土则用螺旋输送机。土压平衡盾构机具体分为土压式,适用于切下的土本身即具有塑性流动性,如软黏土、泥渣等;泥土加压式,亦称加泥式,当土屑为砂质土时,内摩擦角大,塑性流动困难,为此,应从刀盘前方注入加泥材料使土压保持平衡。泥土加压式土压平衡盾构机把和刀盘同时旋转的搅拌叶板置于盾构机壳内,进一步提高泥材和土屑的混合效果。

图6-2-3为ϕ2 780 mm泥土加压式管道盾构机的结构。泥土加压盾构机由盾壳、刀盘及其驱动装置、螺旋输送机、盾构机推进装置、砌块安装器、盾尾密封装置等主要部件组成。刀盘按照其支承方式,又可分为中心支承式、周边支承式和中间支承式三种。而螺旋输送机则有无中心轴和有中心轴之分,后者给螺旋以较高的强度,前者则使排土更为流畅。

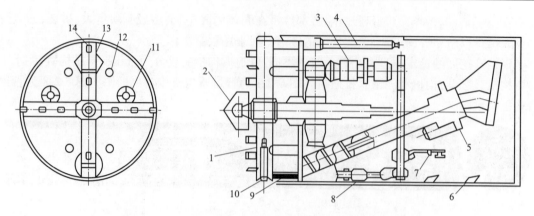

图 6-2-3 φ2 780 mm 泥土加压式土压平衡管道盾构机结构

1—刀盘；2—中心刀(通称鱼尾刀 Fish Tail)；3—刀盘旋转驱动电动机；4—盾构机推进千斤顶；5—螺旋输送；6—盾尾密封；7—砌块安装器；8—铰接千斤顶；9—搅拌叶片；10—扩孔刀；11—土压计；12—注液口；13—人孔；14—装刀槽

2. 泥水加压式管道盾构机

泥水加压式是将加压泥水注入被隔板封闭的仓内。利用膨润土泥水的特性，减弱刀片上的土压，稳定刀片的工作状态，并通过循环的泥水，把土屑随泥浆送出。此方法适用的土质范围相当广。泥水加压管道盾构机是经泥浆管道将切下的土随泥浆带到地表。该方法在地表需设置一容积相当大的沉淀池，以及一套强有力的泥浆液流泵送系统。

3. 复合盾构

盾构按地层的形式可分为敞开式盾构(自然、机械支护式)、压缩空气盾构(压缩空气支护式)、泥水盾构(泥浆支护式)、土压平衡盾构(土压平衡支护式)，分别适用相应的土层结构。当某一段隧道穿越不同地层结构时，用以上任一形式的盾构都不适于单独将此段隧道掘进贯通，而根据相应土层情况要用两台或多台盾构，在隧道掘进长度较短时很不经济或由于条件限制布置多台盾构非常困难。此时需要将以上不同形式的盾构进行组合，在结构空间允许的情况下，将不同形式盾构的功能部件同时布置在一台盾构上，掘进时可根据地质情况进行功能或工作方式的切换和调整；或对不同形式盾构的功能部件进行模块化设计，掘进时根据土层情况进行部件调整和跟换。这样一台盾构在不同的地层经转换后可以不同的工作原理和方式运行，这类盾构称为复合盾构，也称混合盾构。

6.2.2 管道盾构机的选型

盾构机是根据工程地质、水文地质、地貌、地面建筑物及地下管线和构筑物等具体特征来"量身定做"，盾构机不同于常规设备，其核心技术不仅仅是设备本身的机电工业设计，还在于设备如何适用于各类工程地质。盾构机施工的成功率，主要取决于盾构机的选型，决定于盾构机是否适应现场的施工环境，选型正确与否决定着盾构施工的成败。

1. 管道盾构机选型原则

盾构机选型是盾构法施工的关键环节，直接影响盾构隧道的施工安全、施工质量、施工工艺及施工成本，同时盾构机选型应从安全适应性(可靠性)、技术先进性、经济性等方面综合考虑。不同形式的盾构机所适应的地质范围不同，盾构机选型的总原则是安全适应性第一，以确保盾构法施工的安全可靠；在安全可靠的情况下再考虑技术的先进性，即技术先进性第二位；

然后再考虑盾构机的价格,即经济性第三位。所选择的盾构机形式要能尽量减少辅助施工工法并确保开挖面稳定。盾构机施工时,施工沿线的地质条件可能变化较大,在选型时一般选择适合于施工区间大多数围岩的机型。

2. 管道盾构机选型依据

盾构机选型应以工程地质和水文地质为主要依据,综合考虑周围环境条件、隧道断面尺寸、施工长度、埋深、线路的曲率半径、沿线地形、地面及地下构筑物等环境条件,以及周围环境对地面变形的控制要求、工期、环保等因素,同时,参考国内外已有的盾构工程实例及相关的盾构技术规范、施工规范及相关标准,对盾构机类型、驱动方式、功能要求、主要技术参数,辅助设备的配置等进行研究。选型的主要依据如下:

(1)应对工程地质、水文地质有较强的适应性,首先要满足施工安全的要求。

工程地质、水文地质条件:颗粒分析及粒度分布,单轴抗压强度,含水率,砾石直径,液限及塑限,N 值,黏聚力 c,内摩擦角 φ,土粒子相对密度,孔隙率及孔隙比,地层反力系数,压密特性,弹性波速度,孔隙水压,渗透系数,地下水位(最高、最低、平均),地下水的流速、流向,河床变迁情况等。

(2)满足隧道外径、长度、埋深、施工现场、周围环境等条件。

隧道长度、隧道平纵断面及横断面形状和尺寸参数。

周围环境条件:地上及地下建筑物分布,地下管线埋深及分布,沿线河流、湖泊、海洋的分布,沿线交通情况,施工场地条件,水电供应情况等。

(3)满足安全、质量、工期、造价及环保要求。

(4)后配套的能力与主机配套,满足生产能力与主机掘进速度相匹配,同时具有施工安全、结构简单、布置合理、易于维护保养的特点。

(5)安全适应性、技术先进性和经济性相统一,在安全可靠的前提下,考虑技术先进性和经济合理性。

根据以上依据,对盾构机的形式及主要参数进行研究分析,以确保盾构法施工的安全、可靠,选择最佳的盾构施工方法和最适宜的盾构机,保证工程的顺利完成。

3. 管道盾构机选型程序及主要步骤

综合管道盾构选型的原则与选型的依据,管道盾构机选型的一般程序如图 6-2-4 所示,其主要步骤如下:

(1)在对工程地质、水文地质、周围环境、工期要求、经济性等充分研究的基础上选定盾构的类型;对敞开式、闭胸式盾构进行比选。

(2)目前,一般采用闭胸式盾构,然后根据地层的渗透系数、颗粒级配、地下水压、环保、辅助施工方法、施工环境、安全等因素对土压平衡盾构机和泥水盾构机进行比选。

(3)根据详细的地质勘探资料,对盾构各主要功能部件进行选择和设计(如刀盘驱动形式,刀盘结构形式、开口率,刀具种类与配置,螺旋输送机的形式和尺寸,沉浸墙的结构设计与泥浆门的形式,破碎机的布置与形式,送泥管的直径等),并根据地质条件等确定盾构的主要技术参数,主要包括刀盘直径,刀盘开口率,刀盘转速,刀盘扭矩,刀盘驱动功率,推力,掘进速度,螺旋输送机功率、直径、长度,送排泥管直径,送排泥泵功率、扬程等。

(4)根据地质条件选择与盾构掘进速度相匹配的盾构后配套施工设备。

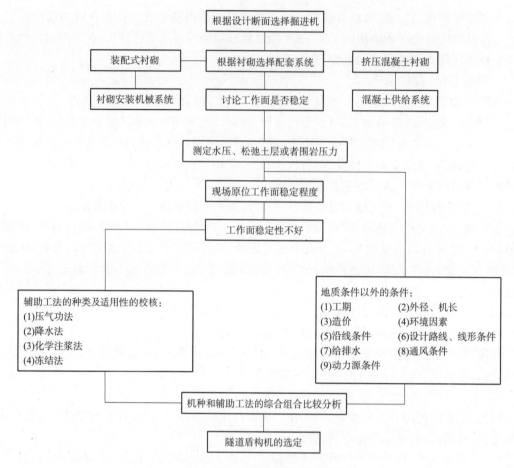

图 6-2-4 盾构机选型流程图

6.2.3 管道盾构机的特点及适应性分析

（1）土压平衡盾构机

土压盾构机主要适用于粉土、粉质黏土、淤泥质粉土、粉砂层等黏稠土壤的施工，在黏性土层中掘进时，由刀盘切削下来的土体进入土仓后由螺旋输送机输出，在螺旋输送机内形成压力梯降，保持土仓压力稳定，使开挖面土层处于稳定。盾构机向前推进的同时，螺旋输送机排土，排土量等于开挖量，使开挖面的地层始终保持稳定。排土量通过调节螺旋输送机的转速和出土闸门的开度予以控制。

当含砂量超过某一限度时，泥土的流塑性明显变差，土仓内土体因固结作用而被压密，导致渣土难以排送，须向土仓内加水、泡沫、泥浆等添加材料，以改善土体的流塑性。在砂性土层施工时，由于砂性土流动性差、砂土摩擦力大、渗透系数高、地下水丰富等原因，土仓压力不易稳定，须进行渣土改良。

根据以上，土压平衡主要分两种：一种适用于含水率和粒度组成比较适中，开挖面土砂可直接流入土仓及螺旋输送机内，从而维持开挖面稳定的土压式盾构机；另一种是对应于砂粒含量较多而不具有流动性的土质，需通过水、泡沫、泥浆等添加材料使泥土压力可以很好的传递到开挖面的加泥式土压平衡盾构机。

土压平衡盾构机根据土压力的情况进行开挖和推进,通过检查土仓压力不但可以控制开挖面的稳定性,还可以减少对周围地基的影响。土压平衡盾构机一般不需要实施辅助工法。

加泥式土压平衡盾构机可以适用于砂砾、砂、粉土、黏土等固结度比较低的软弱地层、洪积地层以及软硬不均地层;在土质方面的适应性最为广泛。但在高水压(大于0.3 MPa),仅用螺旋输送机排土难以保持开挖面的稳定性,还需安装保压泵或进行切削土的改良。

(2)泥水平衡盾构机

泥水盾构机通过施加略高于开挖面水土压力的泥浆来稳定开挖面。除泥浆压力外,合理地选择泥浆的状态也可增加开挖面的稳定性。泥水盾构机比较适合于河底、江底、海底等高水压条件下的隧道施工。

泥水盾构机使用送排泥泵通过管道从地面直接向开挖面进行送排泥,开挖面完全封闭,具有高安全性和良好的施工环境,既不对围岩产生过大的压力也不会受到围岩压力的反压,对周围地基影响较小,一般不需辅助施工。特别是在开挖面较大时,控制地表沉降方面优于土压平衡盾构机。

泥水盾构机适用于冲击形成的砂砾、砂、粉砂、黏土层、弱固结的互层以及含水率高开挖面不稳定的地层。但对于难以维持开挖面稳定的高透水性地层、砾石地层,有时也要考虑采用辅助工法。

根据控制开挖面泥浆压力方式不同,泥水盾构机有两种:一种日本体系的直接控制型;另一种是德国体系的间接控制型(即气压复合控制型)。直接控制型的泥水仓为单仓结构形式;间接控制型的泥水仓为双仓结构,前仓称为开挖仓,后仓称为气垫调压仓,开挖仓内完全充满受压的泥浆后平衡外部水土压力,开挖仓内的受压泥浆通过沉浸墙的下面与气垫仓相连。

隧道开挖过程中,直接控制型泥水盾构机开挖仓内的泥水压力波动较大,波动幅度一般在$\pm(0.5\sim1.0)\times10^5$ Pa之间变化,如图 6-2-5 所示。

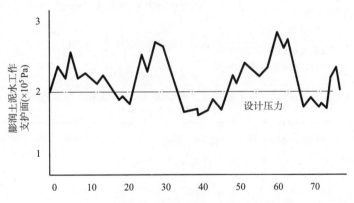

图 6-2-5 直接控制型泥水盾构机压力波动曲线图

间接控制型泥水盾构机的气垫调压仓通过压缩空气系统精确地进行控制和调节压力,开挖仓内的压力波动较小,波动幅度一般为$\pm(1\sim2)\times10^4$ Pa,泥浆管路内的浮动变化将被准确、迅速平衡,减少外界压力的变化对开挖面的稳定造成的影响,如图 6-2-6 所示。

(3)复合盾构机

复合盾构既适用于软土、又适用于硬岩,主要用于既有软土又有硬岩的复杂地层施工。复合盾构的主要特点是刀盘上既有安装有切刀和刮刀等软土刀具,又安装有滚刀等硬岩刀具。

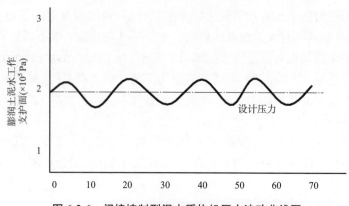

图 6-2-6　间接控制型泥水盾构机压力波动曲线图

复合盾构的另一个主要特点是一般具有两套出渣系统。从开挖仓内输出开挖土渣,与泥水盾构、土压平衡盾构、敞开式盾构是完全不同的,一般泥水模式使用泥浆管,土压平衡模式使用螺旋输送机,敞开式使用皮带输送机。因此在复合式盾构中至少有两种出渣系统。

6.2.4　管道盾构机选型建议

三种盾构机的机型对比见表 6-2-1。

表 6-2-1　三种盾构机机型对比

对　比	泥水平衡盾构	土压平衡盾构	复合盾构
适用地层	砂性土中掘进效果最好,也适用于粒径大于 100 mm 的砂卵石地层	几乎适用于所有地层	复杂多变地层
不适用地层	硬黏土、松散卵石层	漂石地层	
关键技术	开挖面形成泥膜	改良土仓内土体,使其具有塑流性和低透水性	根据需要穿越的地层设计相应的结构功能模块
缺点	需设置泥浆处理和循环系统,成本高,排土效率低,地面施工场地大	掘进过程中对开挖面的挤压作用引起地层扰动大,掘削摩擦阻力大,刀具磨损大,换刀风险大	成本高,对于小型盾构空间限制较大
优点	开挖面有泥浆渗入地层,刀盘掘削扭矩小,适用于大直径盾构隧道	地面施工场地小,排土效率高,成本低,工期短,适用范围广	适用范围最广,综合两种以上盾构优点。

根据城市地下综合管廊的建设施工特点,在保证施工安全、质量、工期的前提下,应该优先选择适用范围较广,同时成本又较低的土压平衡管道盾构。

6.3　管道盾构机

城市地下空间的开发与利用是现代化城市的发展趋势,这极大地促进了管道盾构施工技术的研究与应用。国外如日本、欧洲国家等,盾构技术已十分成熟,盾构工法也有了相当多的工程成功实例,并进行了相对较多的研究;近年来,盾构施工技术在国内进行了广泛的研究,加快了盾构施工技术在市政管道及地铁隧道工程中的应用。

6.3.1 管道盾构机系统组成

管道盾构机盾体如图 6-3-1 所示。

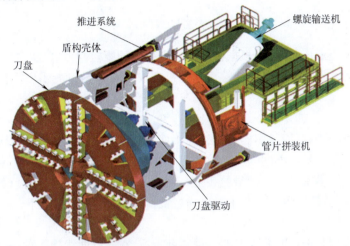

图 6-3-1　管道盾构机盾体

1. 主要系统及功能

(1) 主要系统

开挖系统；推进系统；加泥与注浆系统；螺旋输送机系统；管片拼装系统；铰接系统；盾尾密封系统；皮带运输机系统；数据采集与监控系统；后续台车系统。

(2) 主要系统功能

1) 开挖系统

① 刀盘驱动系统

刀盘驱动系统为变频电机驱动或液压驱动方式，包括主轴承及其密封系统、变速箱、变频电机及变频器等。

为优化主轴承的寿命及使刀盘前面达到稳定的开挖条件，可设计考虑刀盘驱动装置配备较大的刚性。

② 刀盘和刀具

刀盘：根据地质条件设计。对于地质条件单一的软土地层，刀盘采用辐条式刀盘，刀盘开口的优化设计，开口率不小于 50%，防止管道盾构在砂土性地层中出现泥饼或涌砂等现象。刀梁及隔板上有 5 路渣土改良的注入孔（泡沫、膨润土、水注入管路）。刀盘表面采用耐磨材料或堆焊耐磨材料，确保刀盘的耐磨性。

刀具：对于软土地质，刀盘配置的刀具主要有中心鱼尾刀、切削刀、先行刀、保径刀、仿形刀。

2) 推进系统

推进系统实现主机的向前推进，推进系统主要是由推进油缸、液压泵站及控制装置组成。推进油缸共分为四组，推进油缸作用在前一环的管片上，借助球铰接的撑靴将力均匀地分散在接触表面，以防止对混凝土管片的任何损坏。每组推进油缸的压力可通过操纵控制台上的电位计手工调整，在管片拼装模式下，推进油缸也可单独或分组选择控制。

3)管片拼装系统

管片拼装机构就是将管片按照隧道施工要求安装成环。精确完成一片管片的拼装,必须对该管片的 6 个自由度进行定位,管片拼装机构主要由回转盘体、悬臂梁、提升横梁、举重钳以及千斤顶等组成。

4)螺旋输送系统

螺旋输送机采用液压驱动,可根据密封仓内土压力伺服控制,是控制密封舱内保持一定土压与开挖面土压和水压平衡的关键。螺旋输送机还设有断电紧急关闭出土口装置,以保证隧道的施工安全。

5)铰接系统

切口环、支承环及盾尾通过螺栓与铰接连接而成圆形筒体,在内部焊有筋板、环板等一些加强板,具有一定耐土压、水压的强度。盾构机壳体间若采用铰接液压油缸连接成一个整体,则铰接部分需设有防水密封(铰接密封)装置。通过调整铰接液压油缸的行程差来弯曲盾构机本体的一种装置,即铰接装置。此装置可以通过液压油缸的动作,在上下、左右方向上调整盾构机本体弯曲角度。

铰接装置是为顺利进行曲线施工的一种辅助手段,在进行曲线施工时,一定要与推进油缸的单侧推进、管片的使用、超挖的实施共同进行,以实现所定的曲率半径。

6)盾尾密封系统

盾尾密封是盾构机用于防止周围地层的土砂、地下水及背后的填充浆液、掘削面上的泥水、泥土从盾尾间隙流向盾构机掘削仓而设置的密封措施,是盾构机内的重要组成部分。其由盾尾钢丝密封刷和盾尾油脂组成,如图 6-3-2 所示。

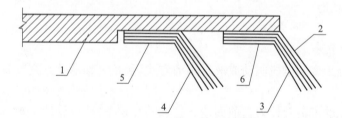

图 6-3-2　盾尾密封示意图

1—盾壳;2—弹簧钢板;3—钢丝束;4—密封油脂;5—压板;6—螺栓

盾尾密封装置要能适应盾尾与衬砌间的空隙。由于施工中纠偏的频率很高,因此要求密封材料富有弹性、耐磨、防撕裂等,其最终目的是要能够止水。目前常用的是采用多道、可更换的盾尾密封装置,盾尾的道数根据隧道埋深、水位高低来定,一般取 2~3 道。

7)注浆系统

注浆分为衬背同步注浆与管片二次注浆两种,其中,衬背同步注浆效果直接影响到地面的沉降。衬背同步注浆系统可根据地层和地表面构筑物状况,进行双液或单液注浆。注浆压力和注浆量均可自由设定和调节。此外,还配有一套注浆管路清洗系统,从而保证衬背注浆系统正常使用。

8)数据采集与监控系统

采用 PLC 系统,可对挖掘数据进行采集、数值运算、逻辑控制、故障报警、实时画面显示与数据输出等管理工作。

9）后配套系统

后配套根据在隧道内轨道上运行的服务列车进行设计，台车采用门型双轨双轮行走单侧装载形式，后配套为盾构机的工作提供各种支持，机器的电气、液压、控制等系统及其他辅助设备都安装在后配套台车上，开挖物料也在后配套上卸入出渣矿车并运出洞外。

6.3.2 管道盾构机主要参数计算

1. 工程地质条件

确定综合管廊的净空尺寸及断面形状，综合管廊的最小转弯半径、埋深，盾构机的开挖直径，管片的外径、内径及厚度，管片的分块形式，综合管廊的埋深等工程条件。

观察和掌握地形情况，由于地形往往反映地下的围岩条件，配合地形调查进行收集资料和勘察，应掌握范围较广的地层结构。在进行盾构法施工的地区，一般说既有资料是很丰富的，可收集到较丰富的有用情报。作为代表性的资料有地质图及土地利用图等。

调查地质情况的主要参数是地质颗粒组成，地下水位，标准贯入值，岩土内摩擦角，黏聚力，含水率，砾石的形状、大小、数量及硬度，此外，还应调查匀质系数、参透系数等地质参数。

2. 主要参数计算

工程地质条件是管道盾构机选型设计的主要依据，根据工程要求和地质条件确定管道盾构的主要关键参数如下。

(1) 盾构机外径

盾构机外径取决于管片外径，保证管片安装的富裕量、盾构机结构形式、盾尾壳体厚度及修正蛇行时的最小余量等。

设备直径一旦决定，开挖断面的尺寸不可改变，所以确定盾构机直径很重要。

盾构机几何尺寸的选定主要指盾构机外径和盾构机长度的选择，管道盾构机可用于城市合流污水管道、污水处理厂截流干道及城市综合管廊等。由于盾构机施工在排水工程中同样具有优势，所以盾构机直径成为重要的技术数据。

选择合理的盾构机直径，要有明确的工程目标，它涉及到城市排水管网规划，如污水处理厂污水截流干道直径及工程量大小，市内新区排水主干管线等。目前国家标准中规定的大型排水管为 D1 800 mm，D2 000 mm，D2 200 mm，D2 400 m，D2 600 mm，D2 800 mm，D3 000 mm 等。通过对施工现场调研认为将盾构机施工用在排水管道施工时其直径不能太小。因为盾构机头中各种管线及出土设备占去很大空间，另外的空间还要保证操作人员的安全工作环境，所以认为最小管径应为 D2 600 mm。

在确定了排水管内径之后再考虑制造管片厚度及管片外径与盾尾内径应留空隙，再加上盾尾厚度，最终确定出盾构机的合理外径。

盾构机外径为：

$$D = D_s + 2(\delta + t) \tag{6-2}$$

式中 D_s——管片外径(mm)；

δ——盾尾壳体厚度(mm)；

t——盾尾间隙(mm)。

盾尾间隙主要考虑保证管片安装和修正蛇行时的最小富裕量。盾尾间隙在施工时即可以满足管片安装，又可以满足修正蛇行的需要，同时应考虑盾构机施工中一些不可预见的因素。

盾尾间隙一般为 25～40 mm。

(2)盾壳长度

盾壳长度由前盾(切口环)、中盾(支撑环)、盾尾三部分组成。盾壳长度主要取决于地质条件、隧道的平面形状、开挖方式、运转操作、衬砌形式及封顶块的插入方式。

$$L=\varepsilon D \tag{6-3}$$

式中　L——盾构机长度(mm);
　　　ε——灵敏度系数;
　　　D——盾构机外径(mm)。

根据国外盾构机设计经验,一般在盾构机直径确定后,盾构机灵敏度(即盾壳总长与盾构机外径之比)的参考值如下:

1)小型盾构机($D\leqslant 3.5$ m):$\varepsilon=1.2\sim1.5$。
2)中型盾构机(3.5 m$<D\leqslant 9$ m):$\varepsilon=0.8\sim1.2$。
3)大型盾构机($D>9$ m):$\varepsilon=0.7\sim0.8$。

(3)盾构机重量

盾构机的重量是盾壳、刀盘、推进油缸、铰接油缸、管片安装机、人舱、螺旋输送机(泥水盾构机为破石机及送排泥管路)等安装在盾壳内的所有设备的重量的总和。

一般的,盾构机重量(W)与盾构机直径(D)的关系如下:

1)对手掘式盾构机或半机械式盾构机:$W=(25\sim40)D^2$ (6-4)
2)对机械式盾构机:　　　　　　　　$W=(45\sim55)D^2$ (6-5)
3)对泥水盾构机:　　　　　　　　　$W=(45\sim65)D^2$ (6-6)
4)对土压平衡盾构机:　　　　　　　$W=(55\sim70)D^2$ (6-7)

式中　D——盾构机外径(m);
　　　W——盾构机主机重量(kN)。

(4)盾构机推力

在设计盾构机推进装置时,必须考虑的主要阻力有以下 6 项:盾构机推进时的盾壳与周围地层的阻力 F_1;刀盘面板的推进阻力 F_2;管片与盾尾间的摩擦阻力 F_3;切口环贯入地层的贯入阻力 F_4;转向阻力(曲线施工和纠偏)F_5;牵引后配套拖车的牵引阻力 F_6。

推力必须留有足够的余量,总推力一般为总阻力的 1.5～2 倍。

$$F_e=AF_d \tag{6-8}$$

式中　F_e——盾构机装配总推力(kN);
　　　A——安全储备系数,一般为 1.5～2;
　　　F_d——盾构机推进总阻力。

$$F_d=F_1+F_2+F_3+F_4+F_5+F_6 \tag{6-9}$$

F_d 也可以按下式估算:

$$F_d=\frac{\pi D^2 P_J}{4} \tag{6-10}$$

式中　D——盾构机外径(m);
　　　P_J——单位掘削面上的经验推力,也称比推力;一般比推力装备的标准,敞开式盾构机为 700～1 100 kN/m²,闭胸式盾构机为 1 000～1 500 kN/m²。

(5) 刀盘扭矩

刀盘扭矩的计算比较复杂,刀盘在地层中掘进时的扭矩,一般包含切削土阻力扭矩(克服泥土切削阻力所需的扭矩)、刀盘的旋转阻力矩(克服与泥土的摩擦阻力所需的扭矩)、刀盘所受推力载荷产生的反力矩、密封装置所产生的摩擦力矩、刀盘的前端面的摩擦力、刀盘后面的摩擦力矩、刀盘开口的剪切力矩、土压内的搅动力矩。

刀盘扭矩的计算包括:刀盘切削扭矩 T_1;刀盘自重形成的轴承扭矩 T_2;刀盘轴向载荷形成的轴承扭矩 T_3;密封装置摩擦力矩 T_4;刀盘前表面摩擦扭矩 T_5;刀盘圆周面的摩擦反力矩 T_6;刀盘背面摩擦力矩 T_7;刀盘开口槽的剪切力矩 T_8。

刀盘设计扭矩:

$$T_d = T_1 + T_2 + T_3 + T_4 + T_5 + T_6 + T_7 + T_8 \tag{6-11}$$

刀盘驱动扭矩应有一定的富裕量,扭矩储备系数 A_k 一般为 1.5~2。同时,根据国外盾构机设计经验,刀盘扭矩可按下式进行估算,即:

$$T_d = K_a D^3 \tag{6-12}$$

式中 K_a——相对于刀盘直径的扭矩系数,一般土压平衡盾构机 $K_a = 14 \sim 23$;泥水盾构机 $K_a = 9 \sim 18$;

D——盾构机直径(m)。

(6) 主驱动功率

$$W_0 = \frac{A_w T \omega}{\eta} \tag{6-13}$$

式中 W_0——主驱动系统功率(kW);

A_w——功率储备系数,一般为 1.2~1.5;

T——刀盘额定扭矩(kN·m);

ω——刀盘角速度,n 为刀盘转速,取值为 2.5 r/min;

η——主驱动系统效率。

(7) 推进系统功率

$$W_0 = \frac{A_w T \omega}{\eta_w} \tag{6-14}$$

式中 W_f——推进系统功率(kW);

A_w——功率储备系数,一般为 1.2~1.5;

F——最大推力(kN);

v——最大推进速度(m/s);

η_w——推进系统的效率,$\eta_w = \eta_{pm} \eta_{pv} \eta_c$(其中,$\eta_{pm}$ 为推进泵的机械效率,η_{pv} 为推进泵的容积效率,η_c 为联轴器的效率)。

(8) 同步注浆系统能力及注浆压力

1) 同步注浆系统能力

① 每环管片的理论注浆量

$$Q = 0.25\pi(D_0^2 - D_s^2)L\alpha \tag{6-15}$$

式中 Q——每环管片的建筑空隙,即每环管片的理论注浆量(m³);

D_0——刀盘开挖直径(m);

D_s——管片外径(m);

L——管片宽度(m);

α——充填系数,一般为 1.3～1.8。

②每推进一环的最短时间

$$t = L/v \tag{6-16}$$

式中 L——管片厚度(m);

v——最大推进速度(m/h)。

2)理论注浆能力

$$q = \frac{Q}{v} = 0.25\pi v(D_0^2 - D_s^2) \tag{6-17}$$

式中 q——同步注浆系统理论注浆能力(m^3/h);

D_0——刀盘开挖直径(m);

D_s——管片外径(m);

v——最大推进速度(m/h)。

3)额定注浆能力

同步注浆泵需要的额定注浆能力 q_p,主要考虑地层注入率和注浆泵的效率两个因素,即:

$$q_p = \lambda q/\eta = 0.25\pi v(D_0^2 - D_s^2)/\eta \tag{6-18}$$

式中 λ——地层的注入系数,根据地层而异,一般为 1.5～1.8;

D_0——刀盘的开挖直径(m);

D_s——管片外径(m);

v——最大推进速度(m/h);

η——注浆泵效率。

4)注浆压力设定综合考虑地质条件、管片强度、盾构机参数、浆液特性等确定。根据经验值,注浆压力一般取 0.09～0.19 MPa,注浆过程中应防止压力过大造成管片发生变形或错台。

(9)泥水输送系统

1)排送泥流量的计算

①开挖土体流量

$$Q_E = 0.25\pi D_0^2 v \tag{6-19}$$

式中 D_0——刀盘开挖直径(m);

v——最大推进速度(m/h);

Q_E——开挖土体流量(m^3/h)。

②排泥流量

$$Q_2 = Q_E(\rho_E - \rho_1)/(\rho_2 - \rho_1) \tag{6-20}$$

式中 Q_E——开挖土体流量(m^3/h);

ρ_E——开挖土体流量(t/m^3);

ρ_1——送泥密度(t/m^3);

ρ_2——排泥密度(t/m^3);

Q_2——排泥流量(t/m^3)。

③送泥流量

$$Q_1 = Q_2 - Q_E \tag{6-21}$$

式中 Q_1——送泥流量(m^3/h);

Q_2——排泥流量(m^3/h);

Q_E——开挖土体流量(m^3/h)。

在以上计算的基础上,送排泥流量应考虑一点的富裕量,储备系数一般为1.2~1.5。同时考虑到送排泥系统在旁通模式时,送排泥流量相等的特点,在送泥泵选型时,其排量值的选取应不小于计算的排泥流量。

2)送排泥流速的计算

送泥管内流速

$$v_1 = \frac{4Q_1}{(\pi D_1^2)} \tag{6-22}$$

式中 v_1——送泥管内流速(m/h);

Q_1——送泥流量(m^3/h);

D_1——送泥管内径(m)。

3)排泥管内流速

$$v_2 = \frac{4Q_2}{(\pi D_2^2)} \tag{6-23}$$

式中 v_2——排泥管内流速(m/h);

Q_2——排泥流量(m^3/h);

D_2——排泥管内径(m)。

(10)螺旋输送机参数的确定

1)螺旋输送机直径的确定

螺旋式输送机见表6-3-1,通常螺旋直径可以用到300~1 000 mm。

表6-3-1 盾构机外径与装配螺旋直径及搬运砾石直径的关系

盾构机外径	装备螺旋直径	最大搬运砾石尺寸(mm)	
		轴 式	带 式
2~2.5 m	300 mm	$\phi 105 \times 2\,301$	$\phi 200 \times 3\,001$
2.5~3 m	350 mm	$\phi 125 \times 2\,501$	$\phi 250 \times 3\,401$
3~3.5 m	400 mm	$\phi 145 \times 2\,801$	$\phi 270 \times 3\,751$
3.5~4.5 m	500 mm	$\phi 180 \times 3\,051$	$\phi 340 \times 4\,001$
4.5~6 m	650 mm	$\phi 250 \times 4\,051$	$\phi 435 \times 6\,501$
6.0 m 以上	700~1 000 mm	$\phi 280 \times 4\,151$	$\phi 470 \times 700$
		$\phi 425 \times 7\,501$	$\phi 650 \times 10\,001$

由螺旋直径、轴径(当为带式时为中空直径)螺旋间距及板厚,可以求出砾石等的搬出可能的最大尺寸。考虑到估计的砾石大小及可能装备的螺旋式输送机的直径,可以选择轴式的或带式螺旋输送机。

一般情况下,当重视止水性时选择轴式,当用轴式不能搬出预计的砾石时选择带式的。另外,也有当掘进黏着力比较大的土质时,为了防止螺旋式输送机内黏附土砂和防止打滑而降低排土量,而选用带式螺旋输送机。

2) 螺旋输送机出渣的计算

螺旋输送机设计参数:筒体内径 D_1、螺杆直径 d_1、螺旋节距 S、螺旋输送机全部长度 L、螺旋输送机倾斜角度、最大转速 n(r/min)。

①螺栓输送机横断面积

$$A = 0.25\pi(D_1^2 - d_1^2) \tag{6-24}$$

式中 A——螺旋输送机横截面积(m^2);
  D_1——螺栓输送机直径(m);
  d_1——螺杆直径(m)。

②物料轴向最大的运输速度

$$V = Sn/60 \tag{6-25}$$

式中 V——物料最大的运输速度(m/s);
  S——螺距(m);
  n——转速(r/min)。

③螺栓输送机出渣量

$$Q = 3\,600AV\beta \tag{6-26}$$

式中 Q——螺旋输送机的出渣能力(m^3/h);
  A——螺旋输送机横截面积(m^2);
  β——填充系数,全部充满时=1。

(11) 空压机主要参数

土仓除刀盘后的容积 V_1(m^3)、人仓总容积 V_2(m^3)。

开仓时需要充气的容积 $V = V_1 + V_2$。

假设开仓时土仓压力需保持 $P=3$ bar,将充气容积达到要求时需要的空气换算到标况下的体积为 V_N,则有

$$V_N = PV \tag{6-27}$$

式中 P——标准大气压,$P=3$ bar。

根据经验,土仓在 3 bar 压力下每分钟泄漏量不会超过总体积的 3%。

每分钟泄漏量 $V_L = 3\% V_N <$ 空压机排量 V_m(m^3/min)。

盾构机上配有两台空压机,一用一备,保证施工安全。

(12) 刀具磨损形态及磨损系数

1) 刀具的磨损形态

近年来的盾构机挖掘施工中,刀盘上配置先行刀等辅助刀具,有效降低切削刀的磨损,提高刀盘挖掘性能和耐久性。当先行刀尚未磨损或磨损轻微,能有效保护切削刀时状态称为"先行保护状态"。

另一方面,如果先行刀磨损至与切削刀高度相同时,先行刀几乎不起作用,切削刀磨损急剧增大,这种情况称为"无先行保护状态"。

2) 刀具的磨损系数

表 6-3-2 和表 6-3-3 是根据盾构机在不同地质条件下按"有先行刀保护"和"无先行刀保护"分类的刀盘磨损系数统计表。

3)先行刀磨损量

先行刀磨损计算公式如下:

$$\delta = \frac{LKN\pi D}{1\,000V} \quad (6\text{-}28)$$

式中　δ——刀具磨损量;
　　　L——挖掘距离;
　　　K——刀具磨损系数;
　　　D——挖掘外径(m);
　　　N——刀盘旋转速度(r/min);
　　　V——推进速度(m/min)。

4)切削刀磨损量计算

切削刀的磨损计算,根据有先行刀保护区间和先行刀磨损后无保护区间来进行探讨推定的。

表 6-3-2　先行刀的磨损系数(10^{-3} mm/km)

土质条件	土压平衡
黏性土、淤泥	10
砂性土	30
砂卵石	50
卵石	60
卵石(破碎)附带滚刀	50(滚刀)
岩层	150

表 6-3-3　切削刀的磨损系数(10^{-3} mm/km)

地质条件	土压平衡	
	有先行刀保护	无先行刀保护
黏性土、淤泥	5	10
砂质土	15	30
砂卵石	25	50
卵石	40	60
卵石(破碎)附带滚刀	33	70
岩层	40	150

(13)三排圆柱滚子轴承计算

1)土载荷的计算

①盾构机顶部水平方向的土载荷:

$$P_1 = K_1 H_1 W \quad (6\text{-}29)$$

②盾构机底部水平方向的土载荷:

$$P_2 = K_2 W (H_1 + D) \quad (6\text{-}30)$$

式中　H_1——土体松弛高度采用全覆土高度(m);
　　　W——土的单位体积重量(t/m^3);
　　　K_1——盾构机顶部土压系数;

K_2——盾构机底部土压系数(静止土压系数)。

2)作用于三排圆柱滚柱轴承上的载荷的计算

①载荷中心位置:

$$L_1 = \frac{D}{2} - \frac{D}{3} \cdot \frac{(2P_1 - P_2)}{P_1 + P_2} \tag{6-31}$$

式中 L_1——从盾构机中心到载荷重心位置的距离(m)。

②轴向载荷 F_{a_1}:

$$F_{a_1} = \frac{\pi D^2}{4} \cdot \frac{(P_1 + P_2)}{2} \cdot (1-\psi) \tag{6-32}$$

式中 ψ——刀盘开口率。

③径向载荷 F_{r_1}:

$$F_{r_1} = P_1 Db + G_c \tag{6-33}$$

式中 b——刀盘厚度(m);

G_c——刀盘重量(t)。

(14)加泡沫量的确定

1)加泡沫量的确定

此处所说的泡沫加入量是指泡沫添加剂按一定比例兑水之后的混合液的体积。泡沫的组成比例如下:泡沫添加剂:5%~7%;水:93%~95%;泡沫组成:90%~95%;压缩空气和10%~12%泡沫溶液。

根据以往施工经验,盾构机掘进时泡沫注入量以掘进每环切削土体体积的 45%~55% 计算。

2)泡沫注入压力

在密封土仓内加入泡沫,主要是为了增加土仓内土体间的疏松性,并可以在渣土表面形成黏土膜,润滑密封土仓内切削土体,起到顺利出土的作用;另外可以形成压力膜起到稳定挖掘面的作用。它的注入压力一般稍高于土仓内的土压,通常泡沫注入压力设定为 0.25~0.30 MPa。

6.4 土压平衡管道盾构机及其配套技术研究

由于城市建设的飞速发展,特别是地铁、污水管道、城市地下综合管廊等工程的建设需要,已将盾构工法的开发应用工作提上日程。盾构工法,特别是盾构设备,为了适应不同的工程地质和水文条件、隧道条件(如隧道直径、长度、埋深、坡度、曲率半径、衬砌结构等)和环境条件(如地面建筑、道路、地下管线状况、地表沉降控制要求等),其构造和性能必须有针对性和适应性。西安地区地质情况复杂多变,虽属软土地质,但在老城区除了地表人工杂填土、素填土,主要是老黄土,粉质黏土和少量砂土。因此,盾构机及其配套技术必须有相应的适应性。本节以西安地区地质情况为依据,探讨盾构机及配套技术。

6.4.1 土压平衡管道盾构机关键技术

(1)地面沉降控制技术

在城市地下综合管廊修建过程中,尤其是在老城区地下空间有限、地层组成复杂、地下管线错综复杂、地表建筑物高度集中的区域内施工,工程施工不可避免的会引起周围地层变形和地表沉降。随着对环境控制的要求越来越高,盾构穿过城市中心重要建筑时的影响要求极为严格(一般要求施工时地面沉降控制在+10 mm~-30 mm之内)。与此同时,城市地下综合管廊一般埋深较浅,通常在10 m左右,管道盾构施工不可避免地干扰原土层的平衡状态。所以将地表沉降控制在合理的范围内,并保证已有建(构)筑物的安全稳定是管道盾构施工重要关键技术。

(2)不易结泥饼技术

由于浅表层的地质条件为人工回填土、粉质黏土、老黄土的地区,粉质黏土和老黄土流动性较差,容易固结成块饼状,所以在一般的土压平衡盾构机刀盘(尤其在刀盘中心部位)很容易结泥饼,而土压平衡管道盾构机通过特殊的刀盘设计,可以永不结泥饼。

(3)管道盾构机断面小,空间利用最大化布置技术

由于管片内径只有4 100 mm,所以盾构机的盾体及后配套的相关设备都要满足空间限制的要求。

1)盾体主要解决:主驱动干涉问题;螺旋输送机和管片拼装机的空间布置干涉问题等。

2)后配套主要解决:具体设备的尺寸与后配套台车的宽度配合问题,主要是空压机和变压器的宽度布置问题;后配套台车之间的净宽与电动瓶车的载重和宽度限制问题;人行走道设置问题;自动导向系统的空间预留问题等。

6.4.2 土压平衡管道盾构机主要技术特点

(1)不易结泥饼的刀盘结构

辐板式刀盘,刀盘由4根长辐板和4个短辐板组成,配备的贝壳刀和齿刀安装在辐条两侧。直径为4 980 mm,最大开挖直径为5 080 mm,如图6-4-1所示。刀盘开口率为51%,便于渣土的流动,尤其在黏性土地层和卵石中,可防止黏土和卵石堵住开口。由于刀盘旋转时,中间部位线速度小,在黏性土地层极易形成泥饼。作为一个防止中间黏结的措施是刀盘设计中一大特点,中心部位的开口率较大,从而使中心部位的渣土极易进入土仓,同时使得刀盘中心部分的土压随时可以被控制。刀盘的开口限制了进入土仓的渣土粒径在0.3 m以下。这种设计使特大尺寸的石块(漂石或砾石)留在刀盘的前面,然后用刀具来破碎。

刀盘采用Q345B钢材,刀盘结构具有足够的刚度、强度和耐磨性,保证在单轴抗压强度160 MPa漂石或孤石等不利地质条件下掘进时,不出现变形及超出正常的磨损。刀盘辐板表面和土仓处全部堆焊耐磨层,可保证在连续掘进3 km后母材无严重磨损。

这样的刀盘设计有效地保证了土压平衡的稳定,并在一定程度上减少超挖概率,有利于保证良好的掘进姿态,可以为地表沉降的控制提供良好的条件。

(2)小曲率半径掘进技术

刀盘最大开挖直径为4 980 mm,管片外径为4 700 mm的盾构机要实现小曲率掘进较为困难,所以采用超挖刀可以容易地解决此类施工难题。

超挖刀系统是盾构机的重要组成部件,是为盾构曲线掘进、转弯、纠偏而设计的。超挖刀安装在刀盘边缘,通过一个油缸来控制超挖刀的伸缩,盾构机在转向掘进时,可以操作油缸使超挖刀沿刀盘的径向伸出,扩大开挖直径,易于实现盾构的转向。最早的超挖刀是在盾构刀盘

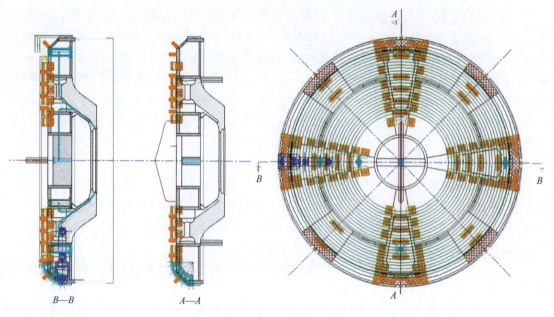

图 6-4-1　刀盘结构示意图

外周全体超挖,伸出量不能控制,盾构转向容易但方向难以控制,对土体扰动大,造成较大的土体沉降。配套的土压平衡管道盾构机上超挖刀具备控制伸出量的功能,即在超挖刀系统上添加了位移监测装置,超挖刀能根据需要将切削头突出刀盘外周一定长度,旋转刀盘在局部范围完成超挖,能够满足盾构转向的需要。

(3) 地表隆沉控制同步注浆技术

1) 地表隆沉原因分析

盾构掘进时引起的地表沉降和侧向变形,主要为以下几点:

① 盾构到达前地表沉降,是由盾构掘进引起土体应力状态的改变造成,一般表现为地表隆起。

② 盾构到达时地表沉降,是由开挖面上的平衡土压力引起。

③ 盾构通过时地表沉降,是由盾构与土层之间的摩擦剪切力,以及盾构"抬头"、"叩头"等自身姿态引起。

④ 盾构通过后脱出盾尾时地表沉降,是由"间隙"和应力释放引起。"间隙"是指管片和盾构之间未能及时补充填充物而造成的土体损失引起的空隙。

⑤ 盾构通过后长期固结沉降,是由土体受盾构掘进扰动,土体再固结引起。

通常前4项地表沉降的总和称为即时地表沉降。其中,对"间隙"的填充处理对地表沉降影响最大,为了减少盾构施工对地层位移的影响,必须对盾尾进行及时有效充填,也就是及时充分地对盾尾脱离管片所产生的空隙充填的盾构注浆技术,即同步注浆技术。

2) 盾构同步注浆的关键技术难点

① 同步注浆要求注浆压力随盾构掘进过程中水土压力的变化而变化,注浆量随盾构掘进速度的变化而变化,即要达到精确注浆的目的,同步注浆系统需要具有跟随性。

② 盾构机为大型耗能设备,要求同步注浆满足节能性。

管道盾构机从注浆设备和控制算法的优化设计来解决关键技术难点。

③同步注浆设备。同步注浆设备主要有：负载敏感变量泵；优化设计的同步注浆（双液浆）管路；PLC同步注浆控制系统；最优跟踪控制器。

a. 负载敏感变量泵：采用负载敏感变量泵，可以大大提高同步注浆系统的性能；负载敏感变量泵液压系统相对于以往的溢流阀加调速阀系统，甚至同类阀控敏感系统几乎没有溢流损失，可以达到节能的效果；对负载的适应性可以提高注浆精度，实现对注浆压力和注浆量的精确控制；负载敏感变量泵高的控制精度，可以提高注浆效果，从而简化后续施工过程。

b. 优化设计的同步注浆（双液浆）管路：鉴于城市地下综合管廊埋深浅，地表建筑物密集，地下管线复杂，为了更好地控制地表沉降和地面建筑物的安全，决定采取双液浆（A液为水泥浆液，B液一般为水玻璃溶液）同步注浆，注浆管路设计为既可以双液注浆（A液与B液按一定比例混合），亦可以单液注浆且可以进行直接清洗；如图6-4-2所示，1#～4#管路系统分别分布在盾尾的上下左右4点，1#～4#管路系统可以从四个方向同时注浆，亦可以单独进行注浆。同步注浆系统由液压系统、液压注浆泵、管路以及孔口混合器组成。其中，由于注入压力的不同，1#～2#、3#～4#系统分别共用一套液压系统，除压力设定不同外，其他功能都相同，这里仅给出1#～2#系统管路图。

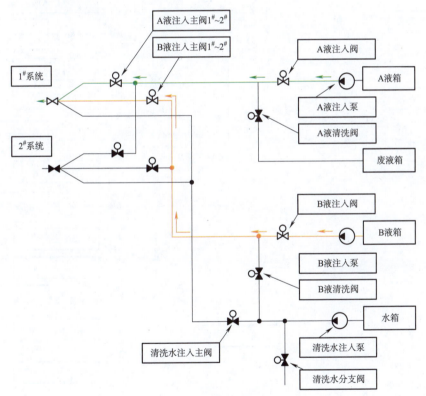

图6-4-2　同步注浆管路图

系统采用负载敏感液压系统，可以驱动A液泥浆注入泵和B液泥浆注入泵得到压力相同流量不同的泥浆。以1#系统为例分析注浆过程，1#系统工作时，开启A液、B液注入泵，并打开A液、B液注入阀，A液、B液注入主阀，以及孔口混合器控制阀，然后通过液压系统控制液压泥浆泵的输出压力与流量来进行双液注浆，当系统有干扰时，负载敏感液压系统可以适应负载的变化而变化,也可以通过调节 A 液、B 液注入阀来调节注浆压力和注浆量。根据掘进位置的水压和土压设定注浆泵的终注压力,以注浆压力优先,兼顾流量的方式进行注浆。注浆压力小时,注浆泵自动快速注浆;当接近终注压力时,泵慢速注浆。这样既可以保证快速注浆,又可以浆压不超,确保对管环结构、土层不造成损伤,以及避免浆液进入盾构土压仓和损坏盾尾钢刷(起密封作用)。双液注浆的混合接头为特制加工,使得两种浆液在此充分混合后很快注入管片背面。

$2^\#$ 管路系统与 $1^\#$ 管路系统注浆压力要求相同,注浆量的不同通过 $2^\#$ 管路系统的 A 液、B 液注入主阀来调节。

图 6-4-3 为同步注浆 A 液管路清洗图,同步注浆清洗管路系统工作过程:关闭 A 液、B 液注入泵,开启清洗水注入泵,关闭 A 液注入阀、B 液注入阀、B 液注入主阀、孔口混合器控制阀,打开洗净水注入阀、A 液清洗阀,适当调定泵的压力可以实现 $1^\#$ 系统 A 液的清洗。$1^\#$ 系统 B 液清洗过程与 A 液类似。

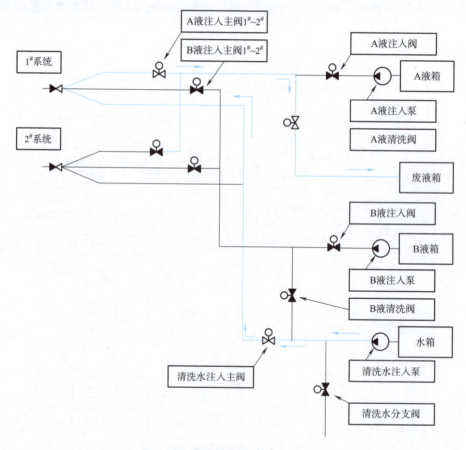

图 6-4-3 同步注浆 A 液管路清洗图

c. PLC 同步注浆控制系统:设计同步注浆控制有手动控制和自动控制两种控制模式,当同步注浆处于启动初期,没有达到稳定状态时,以及同步注浆过程出现故障时,同步注浆各组成部分状态较复杂。此时选用手动控制,也可以综合手动和部分自动控制来使系统达到稳定运行状态。稳定后以自动控制为主,从而达到方便、简单、省时、省力的效果。盾构同步注浆控制部分包括油箱液位监控、过滤泵启动控制、砂浆搅拌电机控制、砂浆注入控制,以及相关的连锁控制。在控制逻辑中不仅包括各部分的控制逻辑,还要包括各部分的连锁关系,以及同步注浆作为盾构的重要组成部分,与盾构以及盾构其他部分的连锁关系。

d. 最优跟踪控制器:盾构在同步注浆中,要求注浆压力随盾构掘进过程中的水土压力的变化而变化,注浆量随盾构掘进速度的变化而变化,即要求注浆压力与注浆量满足跟随性要求。同时盾构为大型耗能设备,要求系统具有节能性,所以选用最优跟踪控制算法实现随系统的优化控制。最优跟踪控制器可以满足同步注浆的跟随性和节能性要求。

(4)土压管理技术

土压管理是指谋求土仓内泥土压稳定在目标范围内的原理,即一边恒定地维持土仓内的泥土量,一边以排土来管理掘削。从挖土和排土之间的控制关系来讲,土压管理是调整盾构的推进速度处于一定的范围内,控制螺旋输送机的转速和排土量,即所谓的排土控制。螺旋输送机的转速自动控制又分为体积控制和土压控制,体积控制螺旋输送机的转速由与盾构掘进速度成比例的挖掘土量的多少来控制,土压控制是指使土仓内泥土压保持一定值来控制螺旋输送机转速,螺旋输送机的土压控制方式实际上是和体积控制相互并用的控制方式,由体积控制粗调排土量,使螺旋输送机的转速随掘进速度的变化而变化,然后进一步由土压控制微调螺旋输送机的转速使泥土压同设定的目标值相同。

螺旋输送机能否顺畅排土,是实现土压管理的基本前提。为此必要时需对掘削下来的土砂加泥、加水或者泡沫来控制土仓内土砂的塑性、流动性处于适当的范围内,保证螺旋输送机排土顺畅。配套的管道盾构机正是在开挖仓、刀盘处共有 4 个泡沫口,螺旋输送机处有 2 个,配备膨润土浆液的预留口,在盾构机操作室可对添加剂作业所有参数进行控制。添加剂管路及注入口可方便清洗并有防止堵塞装置。实现土压管理的另一个前提是适当的位置安装土压力传感器。配套的管道盾构机在刀盘开挖仓内安装 5 个土压传感器,螺旋输送机前端和尾端分别安装 1 个传感器,保证精度可达 0.01 MPa,可安装和拆卸方便。

综上所述,土压管理的一般办法可归纳为,设定目标土压,根据土压传感器的计测值,调整螺旋输送机转速,恒定地维持泥土压力处于设定的目标范围内。当泥土压力超过目标土压设定上限时,螺旋输送机的转速增加,加大排土量;当土压力低于目标压力设定的下限时,螺旋输送机的转速降低减少排土量;当土压力位于目标土压设定的范围内时,螺旋输送机定速旋转排土。此外,刀盘的转速、扭矩以及推力、推进速度也是土压管理的依据。

(5)变压器、空压机合理布置技术

地铁盾构机由于内部空间尺寸宽裕,所以在空间布置上很少出现布置不下或者布置困难的问题。但城市地下综合管廊的尺寸一般较小($\phi 3 \sim \phi 5$ m)与管道盾构机配套的管片内径只有 $\phi 4\ 100$ mm,且后配套设备中间还得预留足够空间供电动平车行走通过,所以后配套设备的尺寸,尤其是在高度和宽度上有很大的限制。所有后配套设备中,除了砂浆罐、液压油箱,就是空压机和变压器,其外形尺寸较大,且砂浆罐和液压油箱只需改变外形尺寸即可,对功能不会产生什么影响。但是空压机和变压器由于技术限制,尺寸改变必须要考虑到性能是否能达到要求。

管道盾构机的后配套台车采用对称布置,空压机和变压器的尺寸要求如图 6-4-4 和图 6-4-5 所示,为了尽量节省空间,宽度≤800 mm 以内,高度≤1 800 mm。可特制满足相关技术性能的前提下,同时满足尺寸限制的厂家。

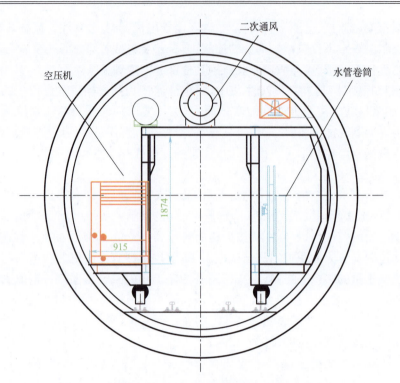

图 6-4-4　空压机断面图（单位：mm）

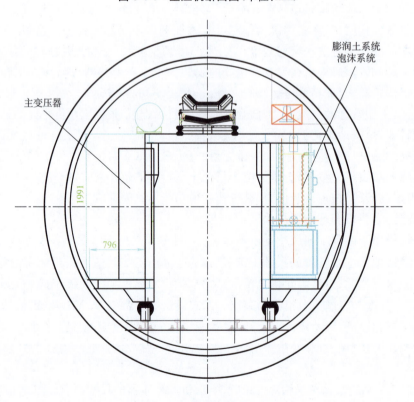

图 6-4-5　变压器断面图（单位：mm）

(6)出渣装置(1 竖井/1 km)

一般的盾构机采用皮带输送机加渣土车的方式将渣土运出洞外,但这样速度过慢,且影响整体的施工进度。配套的管道盾构机通过二次皮带输送机,直接将渣土运送到盾构沿线每隔 1 km 的设置竖井外,这样既可以节省渣土运送时间,也提高了施工出土的效率,同时减轻了电动平车的运输压力和能源消耗。

(7)配套管片设计技术

1)管片设计综述

盾构隧道一般采用管片衬砌作为永久支护结构。作为永久支护结构的管片制造、安装技术是隧道建设的关键技术之一。管片类型基本上分为钢管片、铸铁管片、复合管片、钢筋混凝土预制管片等;管片的连接主要有螺栓连接、销接等连接方式。

随着盾构隧道衬砌技术的快速发展,由于钢管片、球墨铸铁管片的成本高、资源耗费大,使用比例越来越少,只在少数特殊衬砌中使用(如隧道连通道、急转弯处等);国内外大量的隧道衬砌均采用钢筋混凝土预制管片衬砌技术,使钢筋混凝土管片预制、衬砌技术得到飞速发展。

2)西安地下综合管廊隧道管片设计

①管片结构型式

管片结构型式主要有带肋的箱形管片和不带肋的平板形管片等型式。具体分类如图 6-4-6 所示。

管片选型的原则既要求适合综合管廊隧道设计线路,也要求适应管道盾构机的工作姿态,因此根据上述几种管片类型的比较,结合以往同类型工程经验,管片形状分类对照表见表 6-4-1,计划采用预制混凝土平板形管片。

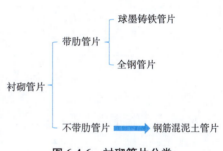

图 6-4-6 衬砌管片分类

表 6-4-1 管片形状分类对照表

分类	优 点	缺 点
菱形	管片之间不用螺栓连接,安装方便	管片接触面多,制造和安装精度高,防水性能差
平板形	防水效果好	需要螺栓连接
梯形	不需要做单独的防水	管片环易变性(片间斜面接触),最后管片从轴向放入,推力油缸和护盾需要加长

②管片的厚度及宽度

管片厚度与其内径比值为 5.56%~6.36%,根据比例相似原则,4 100 mm 内径管片厚度应为 228~260 mm;根据《地下工程防水技术规范》防水混凝土结构厚度不应小于 250 mm,故综合管廊隧道管片厚度定为 300mm。国内地铁盾构隧道管片宽度与外径的比值基本维持在 0.2~0.25 之间,按照比例相似原则,外径 4.7 m 管片宽度应为考虑到线路最小转弯半径 160 m,管片宽度选用 1 m。

③管片的分块

衬砌管片的分块数与隧道直径大小、纵向螺栓个数及管片的制作、运输、吊装及拼装方式有关。管片环一般由数块标准 A 型管片、两块 B 型管片和一块封顶 K 型管片组成。K 型管片有的使用从隧道内侧插入的(半径方向插入型),有的使用从隧道轴方向插入的(轴向插入型),也有两者都采用。其中,从隧道内侧插入的(半径方向插入型)K 型管片的长度取小于 A、B 型管片的为好。从过去的经验及实际运用情况来看,根据管片的外径,铁路隧道等的分块为 6~11 块,其中分为 6~8 块的较多。上下水道和电力通信等的隧道,一般分为 5~7 块。

共考虑了 7 种分块方式,均采用错缝拼装,见表 6-4-2。

表 6-4-2 管片分块方式

序号	分块形式	说　　明	拼装布置
1	5+1	3B(67.5°)+2L(67.5°)+K(22.5°)	一环内纵向采用 20 个等圆心角布置
2	6+1	3B(54°)+2L(54°)+K(36°)	一环内纵向采用 14 个等圆心角布置
3	7+1	3B(51.428°)+2L(46.43°)+K(10°)	一环内纵向采用 28 个等圆心角布置
4	等分 8 块	3B(45°)+2L(45°)+K(45°)	一环内纵向采用 24 个等圆心角布置
5	8+1	3B(45°)+2L(40°)+K(10°)	一环内纵向采用 24 个等圆心角布置
6	等分 9 块	3B(40°)+2L(40°)+K(40°)	一环内纵向采用 36 个等圆心角布置
7	9+1	3B(40°)+2L(36°)+K(8°)	一环内纵向采用 36 个等圆心角布置

根据国内的施工实践,结合本工程特点,现将管片分块为:内径 D4 100 mm 综合管廊隧道采用 4+1 分块模式:2 个标准块、1 个特殊块、2 个邻接块,如图 6-4-7 所示。

④管片的连接方式

依据工程应用情况:国外弯螺栓、斜螺栓采用较多;国内在上海三种均有采用,但主要是直螺栓,其他如北京地铁、广州地铁等均采用弯螺栓。结合国内的施工水平和材料的生产能力,管片连接采用 U 形弯螺栓。

⑤管片接触面构造形式

管片接触面构造包括密封垫槽、嵌缝槽及凸凹榫的设计,其中前两者为通用的构造形式,而凸凹榫

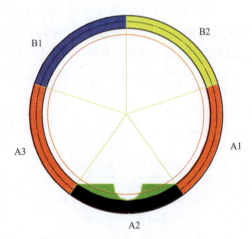

图 6-4-7 管片分块及拼装布置

的设置与否在不同时期、不同区域的工程实践中有着不同的理解,从降低管片制造、拼装的难度,减少拼装及隧道后期沉降过程中管片开裂的角度考虑,综合管廊管片接触面不设凸凹榫。

⑥管片制作及拼装精度要求

为保证装配式结构良好的受力性能,提供符合计算假定的条件,管片制作及拼装必须达到的精度见表 6-4-3。

表 6-4-3 管片制作允许误差

项 目		允许值	备 注
单块检查	管片宽度	±0.3mm	
	管片弧长、弦长	1.0 mm	
	四周沿边管片厚度	1.0 mm	
	管片内半径	±1.0 mm	
	管片外半径	±3.0 mm	
整环拼装检查	螺栓孔直径与孔位	±1.0 mm	
	环面间隙	0.6~0.8 mm	内表面测定
	纵缝间隙	1.5~2.5 mm	
	对应的环向螺栓孔的不同轴度	<1.0 mm	

⑦管片设计方案

城市地下综合管廊隧道管片采用 4+1 分块模式,如图 6-4-7 所示,其特点如下:

a. 将管片 A2 块固定,通过 A1、A3 交换拼装方式来实现错缝拼装,稳定成形隧道。

b. 根据管片 A2 的模块,中间设有水槽,隧道里面的积水排出更加流畅,而且方便施工时,工人行走。

c. 地下综合管廊内径相对比较小,将台车和电瓶车的轨道插入管片 A2 预留的轨道槽中,这样可以提高轨道的稳定性,电瓶车不会发生脱轨及后期的轨道维护工作。

d. 降低了台车的整体高度,能够充分利用有限的隧道空间,可以一次性完成隧道贯通后对管片的二次垫层浇筑。

6.5 综合管廊盾构管片衬砌结构力学特性分析

6.5.1 管廊条件分析

1. 围岩地质与水文条件

城市综合管廊盾构施工的主干线一般位于城市道路下方,其中心线平面线形与道路中心线一致。全国各个城市的工程地质及水文地质条件差异较大,分布规律也不相同。针对盾构施工适应于软岩及土体中的隧道掘进,同时考虑城市综合管廊的埋深较小,因此,选取有代表性的土层进行数值分析,以掌握衬砌结构的受力特点。具有代表性的土层初步选为Ⅴ级围岩,根据《铁路隧道设计规范》(TB 10003—2005)选取围岩重度为 18.5 kN/m^3,计算摩擦角为 45°。城市水文条件各城市差别较大,一般情况下水头较高,按照水头超过隧顶并与路面齐平考虑。

2. 管廊断面形状及尺寸

由于施工条件制约必须采用非开挖技术,如顶管法、盾构法施工综合管廊时,一般采用圆形断面形式。圆形断面主要有单仓和多仓综合管廊,如图 6-5-1~图 6-5-3 所示。单仓管廊主要布置给水、中水、电信置于一仓。多仓管廊主要布置给水、通信置于一仓;热水、中水置于一仓;雨、污水暗渠排放。另外也可布置热水管道置于一仓,给水置于一仓,中水、电力、通信置于一仓。单仓管廊内径一般 3.4 m 左右,多仓管廊内径一般 4.1 m 左右。主要针对同一种盾构机直径,当采用厚管片时,内径适用于单仓,当采用薄管片时,内径适用于多仓,建立多组工况分析其受力特性。

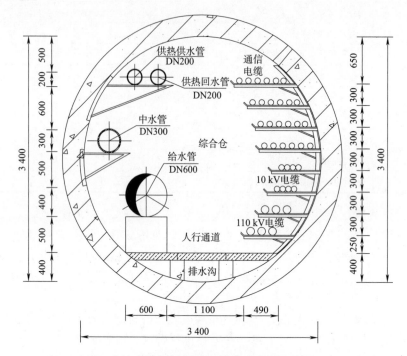

图 6-5-1　单仓综合管廊断面示意图(单位:mm)

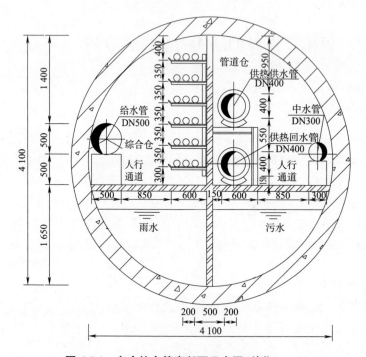

图 6-5-2　多仓综合管廊断面示意图(单位:mm)

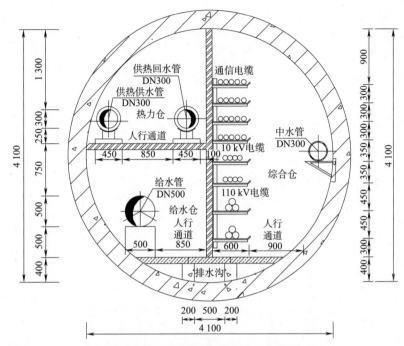

图 6-5-3 多仓综合管廊断面示意图(单位:mm)

3. 断面资料

综合管廊断面内径为一般为 3 400~4 100 mm 左右,断面开挖直径为断面内径、管片厚度及施工间隙组成。根据设计要求,管片厚度与其内径比值为 5.56%~6.36%,根据比例相似原则,3 400 mm 内径管片厚度应为 189~216 mm,4 100 mm 内径管片厚度应为 228 mm~260 mm。根据《地下工程防水技术规范》防水混凝土结构厚度不应小于 250 mm,故分析综合管廊盾构管片厚度选定为 300 mm、400 mm、500 mm、600 mm 四种。

综合管廊工程中的材料应根据结构类型、受力条件、使用要求和所处环境等选用,并考虑耐久性、可靠性和经济性。主要材料宜采用钢筋混凝土,在有条件的地区可采用纤维塑料筋、高性能混凝土等新型高性能工程建设材料。根据盾构管片设计及施工要求,钢筋混凝土管片的混凝土强度等级不应低于 C30。选取 C30、C40、C50 三种强度等级进行分析。

综合管廊盾构隧道一般属于浅埋工程。根据城市地铁施工规定,盾构法施工隧道应有足够的埋深,覆土深度不宜小于 6.0 m。隧道覆土太浅,盾构法施工难度较大。尤其在水下修建隧道时,覆土太浅盾构施工安全风险极大。根据理论分析需计算浅埋和深埋的分界深度,以选取一个特定计算深度进行分析。

根据铁路等工程规范,荷载主要包括永久荷载(围岩压力、结构自重、水压力、注浆压力等)、可变荷载(车辆荷载、人群荷载等)及偶然荷载(地震荷载)。根据城市管廊工程的具体条件及周围环境情况,计算中主要确定永久荷载及车辆可变荷载的影响,并考虑其分项系数下的基本组合。

4. 设计计算内容

(1)围岩压力计算;

(2)盾构隧道衬砌计算模型;

(3)隧道衬砌结构检算分析。

5. 采用规范

(1)《铁路隧道设计规范》(TB 10003—2005);
(2)《公路隧道设计规范》(JTG D70—2004);
(3)《混凝土结构设计规范》(GB 50010—2010);
(4)《地铁设计规范》(GB 50157—2013);
(5)《公路桥涵设计通用规范》(JTG D60—2004)。

6. 计算原理

(1)地下工程设计分析力学模型

该设计分析方法主要有工程类比法、荷载—结构法和地层—结构法。分析选用荷载—结构法进行计算,主要将衬砌简化为弹性梁,地层与衬砌的相互作用简化为弹簧(链杆),其力学模型示意图如图 6-5-4 所示。

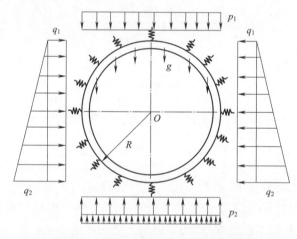

图 6-5-4　荷载—结构法力学模型示意图

图 6-5-4 中的 p_1 为上覆土体压力及地面荷载,p_2 为底部作用力,q_1、q_2 为上、下侧的侧向土压力。

采用荷载—结构法中的弹性支承法(链杆法)进行计算,将连续围岩离散成彼此互不相干的独立岩柱,岩柱的一个边长是衬砌的纵向计算宽度,通常取单位长度,另一边长是两个相邻的衬砌单元的长度之半。使用弹性链杆代替岩柱,分布于衬砌周围的围岩上,节点力严格按照静力等效的原则进行(虚功原理)。关于弹性支承的设置,采用的是衬砌周围全部设置,但是支承一旦受拉就失去作用。

(2)管片衬砌力学模型

根据对管片接头力学上的处理方法不同,盾构隧道管片衬砌受力分析的力学模型主要有:铰接圆环、匀质圆环和梁—弹簧模型。选用匀质圆环法进行分析计算。

采用匀质圆环计算时,将衬砌圆环考虑为弹性匀质圆环,用小于 1 的刚度折减系数 η 来体现环向接头的影响,不具体考虑接头的位置,即仅降低衬砌圆环的整体抗弯刚度。采用梁单元模拟刚度折减后的衬砌圆环,在计算中 η 取 0.75。同时,当为错缝拼装时,用弯矩增大系数 ξ 来表示引起的附加内力值,根据国内外经验,ξ 取为 0.30(通缝时 ξ 取为 0),用于管片主截面设计的弯矩为 $(1+\xi)M$,轴力为 N;用于管片接头设计的弯矩为 $(1-\xi)M$,轴力为 N。M、N 为计算弯矩和轴力。

7. 计算依据

(1)设计分析方法:荷载—结构模式;

(2)管片衬砌力学模型:匀质圆环法;

(3)计算程序:有限元计算程序;

(4)荷载确定:只考虑主要荷载,即围岩压力和结构自重、车辆荷载、注浆压力及水压力;

(5)根据《铁路隧道设计规范》(TB 10003—2005)附录E,计算浅埋及深埋情况下的垂直压力与水平压力,并确定深、浅埋的分界线,以选取特定埋深进行计算;

(6)围岩及衬砌材料的物理力学指标按规范确定,其具体数值见表6-5-1和表6-5-2;

(7)计算中考虑管片背后完全注浆密实,计算均假定衬砌背后围岩能提供可靠的弹性反力;

(8)按照水土分算情况计算土压力和水压力,水位以下土体重度按有效重度计算,有效重度取 10 kN/m³。

表 6-5-1 围岩参数表

围岩力学指标 V 级		
K(MPa/m)	γ(kN/m³)	φ_c(°)
150	18.5	45

表 6-5-2 衬砌参数表

C30				C40				C50			
E(GPa)	ρ(kg/m³)		μ	E(GPa)	ρ(kg/m³)		μ	E(GPa)	ρ(kg/m³)		μ
30.0	2 500		0.20	32.5	2 550		0.18	34.5	2 600		0.15

6.5.2 荷载计算

1. 浅埋隧道荷载土压力

针对地面基本水平的浅埋隧道,其荷载具有对称性,其荷载分布如图6-5-5所示。根据《铁路隧道设计规范》(TB 10003—2005)附录E,浅埋情况下的垂直压力与水平压力计算如下。

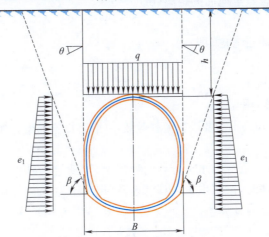

图 6-5-5 浅埋隧道荷载分布图

(1)作用于隧道顶部的垂直压力

$$q=\gamma h\left(1-\frac{\lambda h\tan\theta}{B}\right) \quad (6-34)$$

$$\lambda=\frac{\tan\beta-\tan\varphi_c}{\tan\beta[1+\tan\beta(\tan\varphi_c-\tan\theta)+\tan\varphi_c\tan\theta]} \quad (6-35)$$

$$\tan\beta=\tan\varphi_c+\sqrt{\frac{(\tan^2\varphi_c+1)\tan(\varphi_c)}{\tan\varphi_c-\tan\theta}} \quad (6-36)$$

$$h_a=0.45\omega\times 2^{S-1} \quad (6-37)$$

式中 q——垂直压力；

B——坑道跨度(m)；

γ——围岩重度(kN/m³)；

h——洞顶地面高度(m)；

h_a——深埋隧道垂直荷载计算高度；当 $h<h_a$ 时，取 θ 等于 0，属超浅埋隧道；当 $h\geqslant 2.5h_a$ 时，垂直荷载计算公式不适用；此公式适用于 $h_a\leqslant h<2.5h_a$ 的浅埋隧道。

θ——洞顶土柱两侧摩擦角(°)，无实测资料时，取值参考下表 6-5-3；

λ——侧压力系数；

φ_c——围岩计算摩擦角(°)；

β——产生最大推力时的破裂角(°)；

S——围岩级别；

ω——宽度影响系数，$\omega=1+i(B-5)$，i 为 B 每增减 1 m 时的围岩压力递减率；当 $B<5$ m 时，取 $i=0.2$，当 $B>5$ m 时，取 $i=0.1$。

表 6-5-3 洞顶土柱两侧摩擦角 θ 取值

围岩级别	Ⅰ～Ⅲ	Ⅳ	Ⅴ	Ⅵ
洞顶土柱两侧摩擦角	$0.90\varphi_c$	$(0.70\sim 0.90)\varphi_c$	$(0.50\sim 0.70)\varphi_c$	$(0.30\sim 0.50)\varphi_c$

(2)均布侧压力

$$e_i=\gamma h_i\lambda \quad (6-38)$$

式中 h_i——内外侧任意点至地面的距离(m)。

2. 衬砌自重荷载

根据重力加速度和质量考虑，即：

$$G=mg \quad (6-39)$$

式中 m——衬砌质量(kg)；

g——重力加速度(m/s²)。

数值计算中施加重力时，不需要进行荷载等效，一般直接施加重力加速度，取 $g=10$ m/s²。

3. 水压力计算

水压力的考虑，有水土合算与水土分算两种情况，当地层为砂性土时，按照水土分算模式进行计算。当地层为黏性时，按照水土合算考虑，即把水压力考虑到地层土压力中。水土分算时水压力按地表水头静压力计算。

$$q_w=\gamma_w h_w \quad (6-40)$$

式中 γ_w——水的重度(kN/m³)；

h_w——计算点处的水头高度(m)。

计算中采用水土分算考虑,水压力按照实际计算点的水头高度计算,作用于管片周围。

4. 注浆荷载

按注浆模式与实际压力考虑,假设隧道衬砌周围均匀注浆,其注浆压力按照 0.2 MPa 均匀作用于衬砌结构进行计算。

5. 地表车辆荷载

由于城市综合管廊盾构隧道的主干线一般位于城市主干道下方,因此需考虑车辆荷载对衬砌结构的影响。根据《公路桥涵设计通用规范》(JTG D60—2004)取车辆荷载为均布荷载 $q_c=10.5$ kN/m。不考虑集中荷载的影响。

6. 荷载组合

通过荷载的组合进行分析,选取永久荷载的分项系数为 1.2,可变荷载的分项系数为 1.4。按照基本组合进行分析计算。

6.5.3 计算工况与模型

1. 计算工况

在前述计算资料的基础上,确定浅埋条件后进行计算,计算中选取埋深为 8.0 m。管片外径采用 4.7 m,施工间隙采用 0.4 m,盾构机直径选择 5.1 m。为更好地了解管片材料强度与厚度对其受力的影响,确定管片材料强度和厚度的合理配比,分别计算 12 种工况,其组合见表 6-5-4。

表 6-5-4 浅埋管片衬砌检算工况组合

工况组合	1	2	3	4	5	6
管廊内径(m)	4.1	3.9	3.7	3.5	4.1	3.9
混凝土强度等级	C30	C30	C30	C30	C40	C40
管片厚度(m)	0.30	0.40	0.50	0.60	0.30	0.40
工况组合	7	8	9	10	11	12
管廊内径(m)	3.7	3.5	4.1	3.9	3.7	3.5
混凝土强度等级	C40	C40	C50	C50	C50	C50
管片厚度(m)	0.50	0.60	0.30	0.40	0.50	0.60

2. 计算模型

针对城市综合管廊的实际情况建立计算模型,如图 6-5-6 所示。

3. 数值模型

按照荷载—结构法建立有限元数值模型,其模型节点编号图、单元编号图和施加荷载与约束图如图 6-5-7~图 6-5-9 所示(施加荷载包括竖向和水平向的地层压力等效节点力、水压力、重力)。

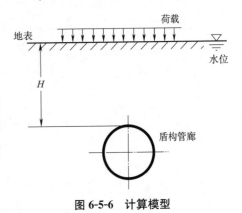

图 6-5-6 计算模型

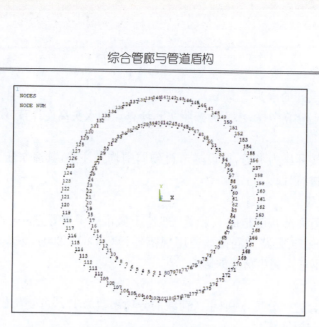

图 6-5-7 节点编号

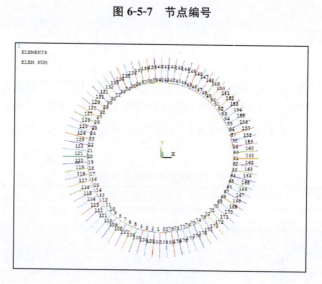

图 6-5-8 单元编号

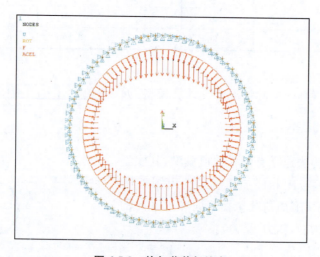

图 6-5-9 施加荷载与约束

其中,考虑到在盾构施工过程中土体开挖与管片的架设几乎是同步进行,因此荷载来不及释放,因此在隧道底部作用有垂直向上的主动土压力,也按照荷载等效原理进行施加于节点上。

6.5.4 浅埋情况下计算结果及分析

1. 工况 1

城市综合管廊内径为 4.1 m,管片混凝土采用 C30,管片厚度为 0.30 m,其计算变形、内力结果如图 6-5-10～图 6-5-13 和表 6-5-5 所示。

(1)图形显示

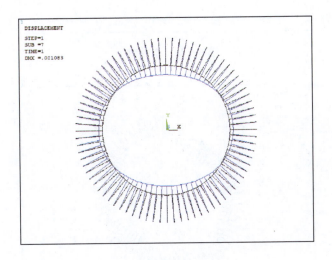

图 6-5-10 管片变形

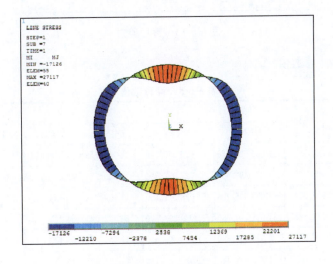

图 6-5-11 管片弯矩

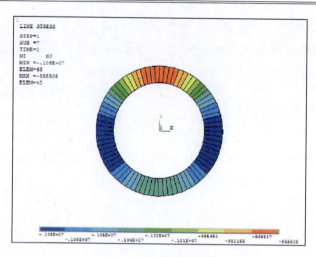

图 6-5-12 管片轴力

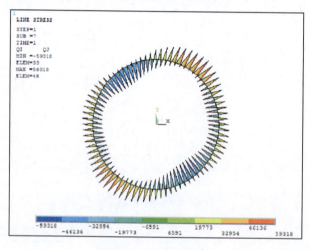

图 6-5-13 管片剪力

(2)内力、位移计算数值

表 6-5-5 计算数值

ELEM	单元内力						节点位移		
	MI(N·m)	MJ(N·m)	NI(N)	NJ(N)	QI(N)	QJ(N)	NODE	UX(mm)	UY(mm)
1	23 693.057	23 264.792	−1 026 302.320	−1 026 237.120	−33 049.715	37 688.948	1	0.000	1.063
2	23 264.792	21 996.725	−1 027 197.490	−1 027 002.300	−28 490.230	42 226.632	2	0.021	1.054
3	21 996.725	19 938.671	−1 028 895.780	−1 028 571.800	−24 189.853	46 483.541	3	0.039	1.027
4	19 938.671	17 172.426	−1 031 344.380	−1 030 893.600	−20 322.025	50 286.503	4	0.052	0.984
5	17 172.426	13 809.945	−1 034 465.610	−1 033 890.810	−17 050.373	53 472.290	5	0.057	0.926
6	13 809.945	9 990.827	−1 038 158.410	−1 037 463.140	−14 524.965	55 891.364	6	0.054	0.857
7	9 990.827	5 879.151	−1 042 300.420	−1 041 488.970	−12 878.775	57 411.406	7	0.042	0.779
8	5 879.151	1 659.708	−1 046 750.490	−1 045 827.860	−12 224.419	57 920.578	8	0.019	0.695

续上表

ELEM	单元内力						NODE	节点位移	
	MI(N·m)	MJ(N·m)	NI(N)	NJ(N)	QI(N)	QJ(N)		UX(mm)	UY(mm)
9	1 659.708	−2 466.312	−1 051 351.670	−1 050 323.550	−12 651.229	57 330.443	9	−0.012	0.610
10	−2 466.312	−6 286.081	−1 055 934.560	−1 054 807.280	−14 222.734	55 578.480	10	−0.051	0.526
11	−6 286.081	−9 580.292	−1 060 321.130	−1 059 101.640	−16 974.609	52 630.125	11	−0.095	0.445
12	−9 580.292	−12 128.585	−1 064 328.760	−1 063 024.600	−20 913.160	48 480.283	12	−0.144	0.371
13	−12 128.585	−13 715.140	−1 067 774.650	−1 066 393.840	−26 014.401	43 154.245	13	−0.193	0.304
14	−13 715.140	−14 530.658	−1 070 564.660	−1 069 115.710	−30 075.926	38 855.801	14	−0.242	0.246
15	−14 530.658	−14 840.205	−1 072 710.400	−1 071 202.260	−32 695.423	35 988.725	15	−0.287	0.195
16	−14 840.205	−14 864.754	−1 074 235.580	−1 072 677.540	−34 112.619	34 314.815	16	−0.328	0.152
17	−14 864.754	−14 780.133	−1 075 152.730	−1 073 554.390	−34 572.954	33 590.215	17	−0.364	0.115
18	−14 780.133	−14 717.341	−1 075 465.240	−1 073 836.460	−34 320.183	33 572.799	18	−0.394	0.084
19	−14 717.341	−14 763.533	−1 075 169.680	−1 073 520.500	−33 592.744	34 025.793	19	−0.416	0.057
20	−14 763.533	−14 963.134	−1 074 258.010	−1 072 598.600	−32 623.063	34 718.466	20	−0.432	0.033
21	−14 963.134	−15 319.073	−1 072 666.390	−1 071 006.980	−31 636.866	35 426.799	21	−0.440	0.011
22	−15 319.073	−15 797.374	−1 070 278.580	−1 068 629.400	−30 835.020	35 951.637	22	−0.441	−0.011
23	−15 797.374	−16 331.044	−1 067 038.380	−1 065 409.600	−30 397.311	36 114.902	23	−0.434	−0.034
24	−16 331.044	−16 819.369	−1 062 951.560	−1 061 353.220	−30 507.340	35 734.685	24	−0.419	−0.060
25	−16 819.369	−17 126.296	−1 058 031.710	−1 056 473.660	−31 357.455	34 620.305	25	−0.396	−0.089
26	−17 126.296	−17 078.668	−1 052 298.520	−1 050 790.370	−33 149.559	32 571.488	26	−0.365	−0.123
27	−17 078.668	−16 464.832	−1 045 775.510	−1 044 326.560	−36 093.084	29 380.383	27	−0.328	−0.164
28	−16 464.832	−15 034.286	−1 038 487.470	−1 037 106.650	−40 399.334	24 837.214	28	−0.284	−0.213
29	−15 034.286	−12 499.184	−1 030 457.930	−1 029 153.760	−46 271.428	18 740.323	29	−0.235	−0.271
30	−12 499.184	−8 945.637	−1 021 793.820	−1 020 574.340	−51 683.442	13 117.019	30	−0.184	−0.338
31	−8 945.637	−4 635.018	−1 012 727.100	−1 011 599.820	−55 686.220	8 917.761	31	−0.133	−0.415
32	−4 635.018	162.342	−1 003 533.020	−1 002 504.890	−58 231.809	6 191.713	32	−0.084	−0.498
33	162.342	5 175.557	−994 488.789	−993 566.159	−59 317.803	4 942.394	33	−0.040	−0.587
34	5 175.557	10 141.586	−985 865.727	−985 054.278	−58 987.203	5 127.811	34	−0.003	−0.678
35	10 141.586	14 813.342	−977 921.526	−977 226.262	−57 326.960	6 661.906	35	0.024	−0.769
36	14 813.342	18 967.313	−970 892.871	−970 318.078	−54 465.218	9 417.313	36	0.041	−0.854
37	18 967.313	22 410.431	−964 988.614	−964 537.836	−50 567.328	13 229.338	37	0.048	−0.930
38	22 410.431	24 986.014	−960 383.727	−960 059.742	−45 830.742	17 901.058	38	0.046	−0.994
39	24 986.014	26 578.574	−957 214.212	−957 019.019	−40 478.941	23 209.391	39	0.035	−1.042
40	26 578.574	27 117.369	−955 573.141	−955 507.943	−34 754.565	28 911.966	40	0.019	−1.072
41	27 117.369	26 578.574	−955 507.943	−955 573.141	−28 911.966	34 754.565	41	0.000	−1.083
42	26 578.574	24 986.014	−957 019.019	−957 214.212	−23 209.391	40 478.941	42	−0.019	−1.072
43	24 986.014	22 410.431	−960 059.742	−960 383.727	−17 901.058	45 830.742	43	−0.035	−1.042
44	22 410.431	18 967.313	−964 537.836	−964 988.614	−13 229.338	50 567.328	44	−0.046	−0.994

续上表

	单元内力						节点位移	
ELEM	MI(N·m)	MJ(N·m)	NI(N)	NJ(N)	QI(N)	QJ(N)	NODE	UX(mm)	UY(mm)
45	18 967.313	14 813.342	−970 318.078	−970 892.871	−9 417.313	54 465.218	45	−0.048	−0.930
46	14 813.342	10 141.586	−977 226.262	−977 921.526	−6 661.906	57 326.960	46	−0.041	−0.854
47	10 141.586	5 175.557	−985 054.278	−985 865.727	−5 127.811	58 987.203	47	−0.024	−0.769
48	5 175.557	162.342	−993 566.159	−994 488.789	−4 942.394	59 317.803	48	0.003	−0.678
49	162.342	−4 635.018	−1 002 504.890	−1 003 533.020	−6 191.713	58 231.809	49	0.040	−0.587
50	−4 635.018	−8 945.637	−1 011 599.820	−1 012 727.100	−8 917.761	55 686.220	50	0.084	−0.498
51	−8 945.637	−12 499.184	−1 020 574.340	−1 021 793.820	−13 117.019	51 683.442	51	0.133	−0.415
52	−12 499.184	−15 034.286	−1 029 153.760	−1 030 457.930	−18 740.323	46 271.428	52	0.184	−0.338
53	−15 034.286	−16 464.832	−1 037 106.650	−1 038 487.470	−24 837.214	40 399.334	53	0.235	−0.271
54	−16 464.832	−17 078.668	−1 044 326.560	−1 045 775.510	−29 380.383	36 093.084	54	0.284	−0.213
55	−17 078.668	−17 126.296	−1 050 790.370	−1 052 298.520	−32 571.488	33 149.559	55	0.328	−0.164
56	−17 126.296	−16 819.369	−1 056 473.660	−1 058 031.710	−34 620.305	31 357.455	56	0.365	−0.123
57	−16 819.369	−16 331.044	−1 061 353.220	−1 062 951.560	−35 734.685	30 507.340	57	0.396	−0.089
58	−16 331.044	−15 797.374	−1 065 409.600	−1 067 038.380	−36 114.902	30 397.311	58	0.419	−0.060
59	−15 797.374	−15 319.073	−1 068 629.400	−1 070 278.580	−35 951.637	30 835.020	59	0.434	−0.034
60	−15 319.073	−14 963.134	−1 071 006.980	−1 072 666.390	−35 426.799	31 636.866	60	0.441	−0.011
61	−14 963.134	−14 763.533	−1 072 598.600	−1 074 258.010	−34 718.466	32 623.063	61	0.440	0.011
62	−14 763.533	−14 717.341	−1 073 520.500	−1 075 169.680	−34 025.793	33 592.744	62	0.432	0.033
63	−14 717.341	−14 780.133	−1 073 836.460	−1 075 465.240	−33 572.799	34 320.183	63	0.416	0.057
64	−14 780.133	−14 864.754	−1 073 554.390	−1 075 152.730	−33 590.215	34 572.954	64	0.394	0.084
65	−14 864.754	−14 840.205	−1 072 677.540	−1 074 235.580	−34 314.815	34 112.619	65	0.364	0.115
66	−14 840.205	−14 530.658	−1 071 202.260	−1 072 710.400	−35 988.725	32 695.423	66	0.328	0.152
67	−14 530.658	−13 715.140	−1 069 115.710	−1 070 564.660	−38 855.801	30 075.926	67	0.287	0.195
68	−13 715.140	−12 128.585	−1 066 393.840	−1 067 774.650	−43 154.245	26 014.401	68	0.242	0.246
69	−12 128.585	−9 580.292	−1 063 024.600	−1 064 328.760	−48 480.283	20 913.160	69	0.193	0.304
70	−9 580.292	−6 286.081	−1 059 101.640	−1 060 321.130	−52 630.125	16 974.609	70	0.144	0.371
71	−6 286.081	−2 466.312	−1 054 807.280	−1 055 934.560	−55 578.480	14 222.734	71	0.095	0.445
72	−2 466.312	1 659.708	−1 050 323.550	−1 051 351.670	−57 330.443	12 651.229	72	0.051	0.526
73	1 659.708	5 879.151	−1 045 827.860	−1 046 750.490	−57 920.578	12 224.419	73	0.012	0.610
74	5 879.151	9 990.827	−1 041 488.970	−1 042 300.420	−57 411.406	12 878.775	74	−0.019	0.695
75	9 990.827	13 809.945	−1 037 463.140	−1 038 158.410	−55 891.364	14 524.965	75	−0.042	0.779
76	13 809.945	17 172.426	−1 033 890.810	−1 034 465.610	−53 472.290	17 050.373	76	−0.054	0.857
77	17 172.426	19 938.671	−1 030 893.600	−1 031 344.380	−50 286.503	20 322.025	77	−0.057	0.926
78	19 938.671	21 996.725	−1 028 571.800	−1 028 895.780	−46 483.541	24 189.853	78	−0.052	0.984
79	21 996.725	23 264.792	−1 027 002.300	−1 027 197.490	−42 226.632	28 490.230	79	−0.039	1.027
80	23 264.792	23 693.057	−1 026 237.120	−1 026 302.320	−37 688.948	33 049.715	80	−0.021	1.054

(3)计算结果分析

由上述计算结果可以得到:

1)弯矩呈对称分布,在拱顶范围内侧受拉,其最大值为 27.117 kN·m;在隧道两侧外侧受拉,其最大值为 17.126 kN·m;在拱底范围内侧受拉,其最大值为 23.693 kN·m。

2)轴力呈对称分布,管片全周均为受压,在隧道偏下两侧最大,其最大值为 1 080 kN,向拱顶及拱底轴力逐渐减小,拱顶处轴力最小,其最小值为 955.508 kN。

3)剪力呈反对称分布,其最大值为 59.318 kN。

4)拱顶节点位移最大,拱顶最大下沉位移为 1.083 mm,拱底隆起最大位移为 1.063 mm。

综上计算分析,可依据上述结果选取主筋、箍筋和纵筋规格。

2. 工况 2

城市综合管廊内径为 3.9 m,管片混凝土采用 C30,管片厚度为 0.40 m,其计算变形、内力结果如图 6-5-14~图 6-5-17 和表 6-5-6 所示。

(1)图形显示

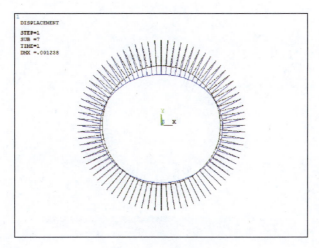

图 6-5-14 管片变形

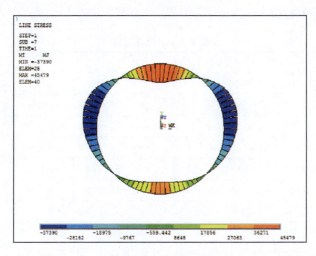

图 6-5-15 管片弯矩

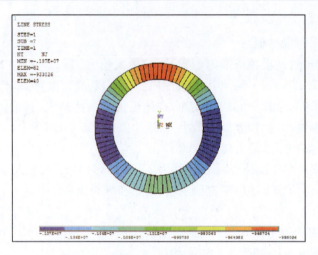

图 6-5-16　管片轴力

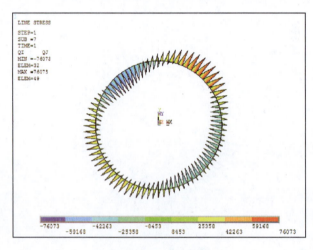

图 6-5-17　管片剪力

(2)内力、位移计算数值

表 6-5-6　计算数值

单元内力							节点位移		
ELEM	MI(N·m)	MJ(N·m)	NI(N)	NJ(N)	QI(N)	QJ(N)	NODE	UX(mm)	UY(mm)
1	29 100.444	28 702.222	−1 023 407.130	−1 023 320.190	−32 935.962	37 249.564	1	0.000	0.262
2	28 702.222	27 523.470	−1 024 255.080	−1 023 994.830	−28 699.400	41 467.735	2	0.016	0.257
3	27 523.470	25 611.567	−1 025 838.030	−1 025 406.050	−24 710.446	45 420.021	3	0.030	0.243
4	25 611.567	23 044.282	−1 028 104.960	−1 027 503.920	−21 133.885	48 941.863	4	0.041	0.220
5	23 044.282	19 927.992	−1 030 980.870	−1 030 214.480	−18 124.916	51 878.399	5	0.049	0.188
6	19 927.992	16 395.231	−1 034 368.350	−1 033 441.330	−15 825.501	54 088.113	6	0.051	0.150
7	16 395.231	12 601.603	−1 038 149.520	−1 037 067.590	−14 360.920	55 446.279	7	0.049	0.106
8	12 601.603	8 722.104	−1 042 188.560	−1 040 958.390	−13 836.591	55 848.135	8	0.040	0.058

续上表

	单元内力						节点位移		
ELEM	MI(N·m)	MJ(N·m)	NI(N)	NJ(N)	QI(N)	QJ(N)	NODE	UX(mm)	UY(mm)
9	8 722.104	4 946.926	−1 046 334.610	−1 044 963.780	−14 335.229	55 211.721	9	0.026	0.007
10	4 946.926	1 325.232	−1 050 457.350	−1 048 954.320	−15 092.942	54 301.777	10	0.006	−0.044
11	1 325.232	−2 196.184	−1 054 473.760	−1 052 847.780	−15 555.409	53 673.565	11	−0.019	−0.095
12	−2 196.184	−5 662.206	−1 058 318.050	−1 056 579.150	−15 768.231	53 282.504	12	−0.049	−0.144
13	−5 662.206	−9 106.580	−1 061 919.520	−1 060 078.430	−15 792.305	53 068.798	13	−0.082	−0.191
14	−9 106.580	−12 549.403	−1 065 203.540	−1 063 271.620	−15 702.178	52 959.066	14	−0.117	−0.234
15	−12 549.403	−15 994.827	−1 068 092.700	−1 066 081.840	−15 584.872	52 867.521	15	−0.154	−0.273
16	−15 994.827	−19 428.910	−1 070 508.090	−1 068 430.690	−15 539.078	52 696.758	16	−0.190	−0.308
17	−19 428.910	−22 817.560	−1 072 370.630	−1 070 239.510	−15 674.662	52 338.248	17	−0.226	−0.339
18	−22 817.560	−26 104.538	−1 073 602.370	−1 071 430.660	−16 112.328	51 672.659	18	−0.258	−0.365
19	−26 104.538	−29 209.521	−1 074 127.610	−1 071 928.700	−16 983.303	50 570.170	19	−0.287	−0.387
20	−29 209.521	−32 026.250	−1 073 873.940	−1 071 661.390	−18 428.841	48 890.955	20	−0.310	−0.407
21	−32 026.250	−34 421.237	−1 072 719.770	−1 070 507.220	−20 597.250	46 488.148	21	−0.326	−0.424
22	−34 421.237	−36 236.574	−1 070 496.840	−1 068 297.930	−23 621.572	43 230.149	22	−0.335	−0.440
23	−36 236.574	−37 293.058	−1 067 102.080	−1 064 930.370	−27 617.957	39 002.251	23	−0.336	−0.457
24	−37 293.058	−37 389.834	−1 062 499.460	−1 060 368.340	−32 704.439	33 687.846	24	−0.328	−0.475
25	−37 389.834	−36 304.298	−1 056 666.140	−1 054 588.750	−38 999.615	27 169.742	25	−0.312	−0.496
26	−36 304.298	−33 792.920	−1 049 591.710	−1 047 580.850	−46 617.567	19 335.234	26	−0.288	−0.522
27	−33 792.920	−29 706.502	−1 041 301.200	−1 039 369.280	−55 047.748	10 696.202	27	−0.258	−0.554
28	−29 706.502	−24 272.858	−1 031 937.660	−1 030 096.570	−62 247.632	3 296.460	28	−0.221	−0.593
29	−24 272.858	−17 750.285	−1 021 745.720	−1 020 006.830	−68 052.619	−2 698.160	29	−0.181	−0.639
30	−17 750.285	−10 420.170	−1 010 993.050	−1 009 367.070	−72 338.178	−7 161.958	30	−0.140	−0.692
31	−10 420.170	−2 578.941	−999 963.306	−998 460.269	−75 023.371	−10 012.896	31	−0.099	−0.751
32	−2 578.941	5 470.423	−988 948.689	−987 577.858	−76 073.192	−11 214.947	32	−0.061	−0.814
33	5 470.423	13 427.065	−978 242.057	−977 011.883	−75 499.642	−10 779.174	33	−0.027	−0.881
34	13 427.065	21 000.890	−968 128.983	−967 047.052	−73 361.473	−8 763.478	34	0.000	−0.949
35	21 000.890	27 920.903	−958 879.911	−957 952.893	−69 762.595	−5 271.015	35	0.020	−1.015
36	27 920.903	33 943.019	−950 742.669	−949 976.278	−64 849.183	−447.303	36	0.032	−1.076
37	33 943.019	38 857.107	−943 935.553	−943 334.515	−58 805.536	5 523.911	37	0.036	−1.131
38	38 857.107	42 493.062	−938 641.208	−938 209.229	−51 848.823	12 425.903	38	0.034	−1.176
39	42 493.062	44 725.734	−935 001.480	−934 741.222	−44 222.846	20 015.213	39	0.026	−1.210
40	44 725.734	45 478.549	−933 113.408	−933 026.477	−36 191.001	28 028.667	40	0.014	−1.231
41	45 478.549	44 725.734	−933 026.477	−933 113.408	−28 028.667	36 191.001	41	0.000	−1.238
42	44 725.734	42 493.062	−934 741.222	−935 001.480	−20 015.213	44 222.846	42	−0.014	−1.231
43	42 493.062	38 857.107	−938 209.229	−938 641.208	−12 425.903	51 848.823	43	−0.026	−1.210
44	38 857.107	33 943.019	−943 334.515	−943 935.553	−5 523.911	58 805.536	44	−0.034	−1.176

续上表

	单元内力						节点位移		
ELEM	MI(N·m)	MJ(N·m)	NI(N)	NJ(N)	QI(N)	QJ(N)	NODE	UX(mm)	UY(mm)
45	33 943.019	27 920.903	−949 976.278	−950 742.669	447.303	64 849.183	45	−0.036	−1.131
46	27 920.903	21 000.890	−957 952.893	−958 879.911	5 271.015	69 762.595	46	−0.032	−1.076
47	21 000.890	13 427.065	−967 047.052	−968 128.983	8 763.478	73 361.473	47	−0.020	−1.015
48	13 427.065	5 470.423	−977 011.883	−978 242.057	10 779.174	75 499.642	48	0.000	−0.949
49	5 470.423	−2 578.941	−987 577.858	−988 948.689	11 214.947	76 073.192	49	0.027	−0.881
50	−2 578.941	−10 420.170	−998 460.269	−999 963.306	10 012.896	75 023.371	50	0.061	−0.814
51	−10 420.170	−17 750.285	−1 009 367.070	−1 010 993.050	7 161.958	72 338.178	51	0.099	−0.751
52	−17 750.285	−24 272.858	−1 020 006.830	−1 021 745.720	2 698.160	68 052.619	52	0.140	−0.692
53	−24 272.858	−29 706.502	−1 030 096.570	−1 031 937.660	−3 296.460	62 247.632	53	0.181	−0.639
54	−29 706.502	−33 792.920	−1 039 369.280	−1 041 301.200	−10 696.202	55 047.748	54	0.221	−0.593
55	−33 792.920	−36 304.298	−1 047 580.850	−1 049 591.710	−19 335.234	46 617.567	55	0.258	−0.554
56	−36 304.298	−37 389.834	−1 054 588.750	−1 056 666.140	−27 169.742	38 999.615	56	0.288	−0.522
57	−37 389.834	−37 293.058	−1 060 368.340	−1 062 499.460	−33 687.846	32 704.439	57	0.312	−0.496
58	−37 293.058	−36 236.574	−1 064 930.370	−1 067 102.080	−39 002.251	27 617.957	58	0.328	−0.475
59	−36 236.574	−34 421.237	−1 068 297.930	−1 070 496.840	−43 230.149	23 621.572	59	0.336	−0.457
60	−34 421.237	−32 026.250	−1 070 507.220	−1 072 719.770	−46 488.148	20 597.250	60	0.335	−0.440
61	−32 026.250	−29 209.521	−1 071 661.390	−1 073 873.940	−48 890.955	18 428.841	61	0.326	−0.424
62	−29 209.521	−26 104.538	−1 071 928.700	−1 074 127.610	−50 570.170	16 983.303	62	0.310	−0.407
63	−26 104.538	−22 817.560	−1 071 430.660	−1 073 602.370	−51 672.659	16 112.328	63	0.287	−0.387
64	−22 817.560	−19 428.910	−1 070 239.510	−1 072 370.630	−52 338.248	15 674.662	64	0.258	−0.365
65	−19 428.910	−15 994.827	−1 068 430.690	−1 070 508.090	−52 696.758	15 539.078	65	0.226	−0.339
66	−15 994.827	−12 549.403	−1 066 081.840	−1 068 092.700	−52 867.521	15 584.872	66	0.190	−0.308
67	−12 549.403	−9 106.580	−1 063 271.620	−1 065 203.540	−52 959.066	15 702.178	67	0.154	−0.273
68	−9 106.580	−5 662.206	−1 060 078.430	−1 061 919.520	−53 068.798	15 792.305	68	0.117	−0.234
69	−5 662.206	−2 196.184	−1 056 579.150	−1 058 318.050	−53 282.504	15 768.231	69	0.082	−0.191
70	−2 196.184	1 325.232	−1 052 847.780	−1 054 473.760	−53 673.565	15 555.409	70	0.049	−0.144
71	1 325.232	4 946.926	−1 048 954.320	−1 050 457.350	−54 301.777	15 092.942	71	0.019	−0.095
72	4 946.926	8 722.104	−1 044 963.780	−1 046 334.610	−55 211.721	14 335.229	72	−0.006	−0.044
73	8 722.104	12 601.603	−1 040 958.390	−1 042 188.560	−55 848.135	13 836.591	73	−0.026	0.007
74	12 601.603	16 395.231	−1 037 067.590	−1 038 149.520	−55 446.279	14 360.920	74	−0.040	0.058
75	16 395.231	19 927.992	−1 033 441.330	−1 034 368.350	−54 088.113	15 825.501	75	−0.049	0.106
76	19 927.992	23 044.282	−1 030 214.480	−1 030 980.870	−51 878.399	18 124.916	76	−0.051	0.150
77	23 044.282	25 611.567	−1 027 503.920	−1 028 104.960	−48 941.863	21 133.885	77	−0.049	0.188
78	25 611.567	27 523.470	−1 025 406.050	−1 025 838.030	−45 420.021	24 710.446	78	−0.041	0.220
79	27 523.470	28 702.222	−1 023 994.830	−1 024 255.080	−41 467.735	28 699.400	79	−0.030	0.243
80	28 702.222	29 100.444	−1 023 320.190	−1 023 407.130	−37 249.564	32 935.962	80	−0.016	0.257

(3) 计算结果分析

由上述计算数据可以得到：

1) 弯矩呈对称分布，在拱顶范围内侧受拉，其最大值为 45.479 kN·m；在隧道两侧外侧受拉，其最大值为 37.390 kN·m；在拱底范围内侧受拉，其最大值为 29.100 kN·m。

2) 轴力呈对称分布，在隧道偏下两侧最大，其最大值为 1 070 kN，向拱顶及拱底轴力逐渐减小，拱顶处轴力最小，其最小值为 933.026 kN。

3) 剪力呈反对称分布，其最大值为 76.073 kN。

4) 拱顶节点位移最大，拱顶下沉最大位移为 1.238 mm，拱底隆起最大位移为 0.262 mm。

综上计算分析，可依据上述结果选取主筋、箍筋和纵筋规格。

3. 工况 3

城市综合管廊内径为 3.7 m，管片混凝土采用 C30，管片厚度为 0.50m，其计算变形、内力结果如图 6-5-18～图 6-5-21 和表 6-5-7 所示。

(1) 图形显示

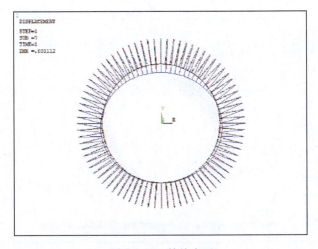

图 6-5-18 管片变形

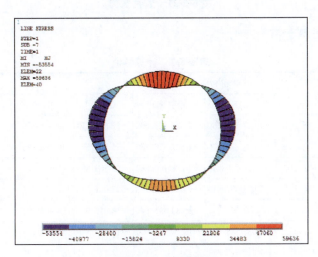

图 6-5-19 管片弯矩

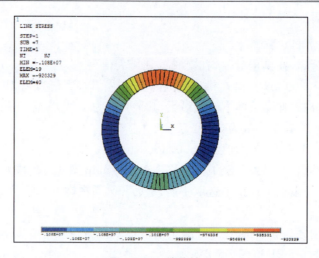

图 6-5-20　管片轴力

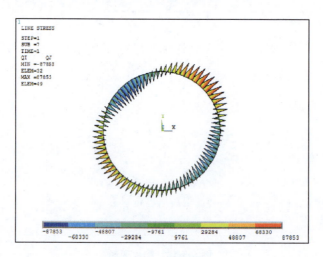

图 6-5-21　管片剪力

(2) 内力、位移计算数值

表 6-5-7　计算数值

	单元内力						节点位移		
ELEM	MI(N·m)	MJ(N·m)	NI(N)	NJ(N)	QI(N)	QJ(N)	NODE	UX(mm)	UY(mm)
1	37 900.815	37 558.266	−1 027 070.160	−1 026 961.500	−32 961.113	36 671.276	1	0.000	−0.009
2	37 558.266	36 533.836	−1 027 851.600	−1 027 526.280	−29 260.874	40 356.536	2	0.013	−0.012
3	36 533.836	34 837.216	−1 029 290.660	−1 028 750.680	−25 605.693	43 981.847	3	0.024	−0.022
4	34 837.216	32 484.720	−1 031 357.810	−1 030 606.510	−22 031.535	47 511.434	4	0.034	−0.038
5	32 484.720	29 499.520	−1 034 009.550	−1 033 051.570	−18 575.673	50 908.294	5	0.041	−0.060
6	29 499.520	25 911.957	−1 037 188.860	−1 036 030.090	−15 277.145	54 133.754	6	0.044	−0.086
7	25 911.957	21 759.935	−1 040 825.880	−1 039 473.460	−12 177.141	57 147.076	7	0.044	−0.118
8	21 759.935	17 089.370	−1 044 838.740	−1 043 301.030	−9 319.327	59 905.128	8	0.040	−0.152

续上表

	单元内力						节点位移		
ELEM	MI(N·m)	MJ(N·m)	NI(N)	NJ(N)	QI(N)	QJ(N)	NODE	UX(mm)	UY(mm)
9	17 089.370	11 954.684	−1 049 134.660	−1 047 421.120	−6 750.100	62 362.127	9	0.031	−0.189
10	11 954.684	6 419.334	−1 053 611.100	−1 051 732.310	−4 518.768	64 469.457	10	0.017	−0.227
11	6 419.334	556.367	−1 058 157.210	−1 056 124.740	−2 677.651	66 175.564	11	−0.001	−0.265
12	556.367	−5 551.032	−1 062 655.360	−1 060 481.750	−1 282.110	67 425.917	12	−0.022	−0.302
13	−5 551.032	−11 808.989	−1 066 982.950	−1 064 681.590	−390.508	68 163.051	13	−0.046	−0.338
14	−11 808.989	−18 112.416	−1 071 014.180	−1 068 599.270	−64.084	68 326.677	14	−0.073	−0.372
15	−18 112.416	−24 344.521	−1 074 622.070	−1 072 108.500	−366.760	67 853.879	15	−0.101	−0.402
16	−24 344.521	−30 376.373	−1 077 680.470	−1 075 083.730	−1 364.842	66 679.397	16	−0.129	−0.430
17	−30 376.373	−36 066.539	−1 080 066.050	−1 077 402.150	−3 126.618	64 736.032	17	−0.155	−0.454
18	−36 066.539	−41 260.827	−1 081 660.370	−1 078 945.730	−5 721.796	61 955.196	18	−0.180	−0.474
19	−41 260.827	−45 792.159	−1 082 351.680	−1 079 603.040	−9 220.762	58 267.647	19	−0.200	−0.492
20	−45 792.159	−49 480.639	−1 082 036.760	−1 079 271.080	−13 693.581	53 604.482	20	−0.217	−0.507
21	−49 480.639	−52 134.237	−1 080 569.290	−1 077 803.610	−19 206.591	47 900.540	21	−0.228	−0.521
22	−52 134.237	−53 553.633	−1 077 763.130	−1 075 014.490	−25 799.882	41 116.903	22	−0.233	−0.534
23	−53 553.633	−53 537.326	−1 073 505.070	−1 070 790.430	−33 485.867	33 242.335	23	−0.232	−0.548
24	−53 537.326	−51 883.135	−1 067 757.420	−1 065 093.520	−42 268.822	24 273.722	24	−0.224	−0.563
25	−51 883.135	−48 389.667	−1 060 504.960	−1 057 908.220	−52 145.038	14 215.917	25	−0.211	−0.580
26	−48 389.667	−43 128.759	−1 051 812.210	−1 049 298.640	−61 634.340	4 550.216	26	−0.192	−0.601
27	−43 128.759	−36 322.689	−1 041 853.680	−1 039 438.770	−69 921.964	−3 907.532	27	−0.168	−0.626
28	−36 322.689	−28 230.022	−1 030 861.140	−1 028 559.780	−76 811.799	−10 960.164	28	−0.141	−0.656
29	−28 230.022	−19 138.777	−1 019 095.110	−1 016 921.490	−82 144.720	−16 447.553	29	−0.112	−0.691
30	−19 138.777	−9 358.765	−1 006 838.450	−1 004 805.980	−85 803.113	−20 251.134	30	−0.082	−0.730
31	−9 358.765	786.713	−994 389.315	−992 510.519	−87 714.338	−22 297.369	31	−0.054	−0.773
32	786.713	10 969.589	−982 053.451	−980 339.912	−87 852.985	−22 560.017	32	−0.029	−0.818
33	10 969.589	20 865.932	−970 136.300	−968 598.583	−86 241.857	−21 061.117	33	−0.007	−0.866
34	20 865.932	30 164.782	−958 934.906	−957 582.492	−82 951.620	−17 870.643	34	0.011	−0.913
35	30 164.782	38 576.676	−948 729.987	−947 571.214	−78 099.106	−13 104.811	35	0.023	−0.959
36	38 576.676	45 841.623	−939 778.361	−938 820.372	−71 844.292	−6 923.064	36	0.030	−1.001
37	45 841.623	51 736.279	−932 305.955	−931 554.657	−64 386.052	476.174	37	0.031	−1.039
38	51 736.279	56 080.145	−926 501.623	−925 961.649	−55 956.762	8 860.892	38	0.028	−1.070
39	56 080.145	58 740.578	−922 511.948	−922 186.626	−46 815.934	17 971.851	39	0.021	−1.093
40	58 740.578	59 636.484	−920 437.192	−920 328.528	−37 243.042	27 529.763	40	0.011	−1.107
41	59 636.484	58 740.578	−920 328.528	−920 437.192	−27 529.763	37 243.042	41	0.000	−1.112
42	58 740.578	56 080.145	−922 186.626	−922 511.948	−17 971.851	46 815.934	42	−0.011	−1.107
43	56 080.145	51 736.279	−925 961.649	−926 501.623	−8 860.892	55 956.762	43	−0.021	−1.093
44	51 736.279	45 841.623	−931 554.657	−932 305.955	−476.174	64 386.052	44	−0.028	−1.070

续上表

	单元内力						节点位移	
ELEM	MI(N·m)	MJ(N·m)	NI(N)	NJ(N)	QI(N)	QJ(N)	NODE	UX(mm)	UY(mm)
45	45 841.623	38 576.676	−938 820.372	−939 778.361	6 923.064	71 844.292	45	−0.031	−1.039
46	38 576.676	30 164.782	−947 571.214	−948 729.987	13 104.811	78 099.106	46	−0.030	−1.001
47	30 164.782	20 865.932	−957 582.492	−958 934.906	17 870.643	82 951.620	47	−0.023	−0.959
48	20 865.932	10 969.589	−968 598.583	−970 136.300	21 061.117	86 241.857	48	−0.011	−0.913
49	10 969.589	786.713	−980 339.912	−982 053.451	22 560.017	87 852.985	49	0.007	−0.866
50	786.713	−9 358.765	−992 510.519	−994 389.315	22 297.369	87 714.338	50	0.029	−0.818
51	−9 358.765	−19 138.777	−1 004 805.980	−1 006 838.450	20 251.134	85 803.113	51	0.054	−0.773
52	−19 138.777	−28 230.022	−1 016 921.490	−1 019 095.110	16 447.553	82 144.720	52	0.082	−0.730
53	−28 230.022	−36 322.689	−1 028 559.780	−1 030 861.140	10 960.164	76 811.799	53	0.112	−0.691
54	−36 322.689	−43 128.759	−1 039 438.770	−1 041 853.680	3 907.532	69 921.964	54	0.141	−0.656
55	−43 128.759	−48 389.667	−1 049 298.640	−1 051 812.210	−4 550.216	61 634.340	55	0.168	−0.626
56	−48 389.667	−51 883.135	−1 057 908.220	−1 060 504.960	−14 215.917	52 145.038	56	0.192	−0.601
57	−51 883.135	−53 537.326	−1 065 093.520	−1 067 757.420	−24 273.722	42 268.822	57	0.211	−0.580
58	−53 537.326	−53 553.633	−1 070 790.430	−1 073 505.070	−33 242.335	33 485.867	58	0.224	−0.563
59	−53 553.633	−52 134.237	−1 075 014.490	−1 077 763.130	−41 116.903	25 799.882	59	0.232	−0.548
60	−52 134.237	−49 480.639	−1 077 803.610	−1 080 569.290	−47 900.540	19 206.591	60	0.233	−0.534
61	−49 480.639	−45 792.159	−1 079 271.080	−1 082 036.760	−53 604.482	13 693.581	61	0.228	−0.521
62	−45 792.159	−41 260.827	−1 079 603.040	−1 082 351.680	−58 267.647	9 220.762	62	0.217	−0.507
63	−41 260.827	−36 066.539	−1 078 945.730	−1 081 660.370	−61 955.196	5 721.796	63	0.200	−0.492
64	−36 066.539	−30 376.373	−1 077 402.150	−1 080 066.050	−64 736.032	3 126.618	64	0.180	−0.474
65	−30 376.373	−24 344.521	−1 075 083.730	−1 077 680.470	−66 679.397	1 364.842	65	0.155	−0.454
66	−24 344.521	−18 112.416	−1 072 108.500	−1 074 622.070	−67 853.879	366.760	66	0.129	−0.430
67	−18 112.416	−11 808.989	−1 068 599.270	−1 071 014.180	−68 326.677	64.084	67	0.101	−0.402
68	−11 808.989	−5 551.032	−1 064 681.590	−1 066 982.950	−68 163.051	390.508	68	0.073	−0.372
69	−5 551.032	556.367	−1 060 481.750	−1 062 655.360	−67 425.917	1 282.110	69	0.046	−0.338
70	556.367	6 419.334	−1 056 124.740	−1 058 157.210	−66 175.564	2 677.651	70	0.022	−0.302
71	6 419.334	11 954.684	−1 051 732.310	−1 053 611.100	−64 469.457	4 518.768	71	0.001	−0.265
72	11 954.684	17 089.370	−1 047 421.120	−1 049 134.660	−62 362.127	6 750.100	72	−0.017	−0.227
73	17 089.370	21 759.935	−1 043 301.030	−1 044 838.740	−59 905.128	9 319.327	73	−0.031	−0.189
74	21 759.935	25 911.957	−1 039 473.460	−1 040 825.880	−57 147.076	12 177.141	74	−0.040	−0.152
75	25 911.957	29 499.520	−1 036 030.090	−1 037 188.860	−54 133.754	15 277.145	75	−0.044	−0.118
76	29 499.520	32 484.720	−1 033 051.570	−1 034 009.550	−50 908.294	18 575.673	76	−0.044	−0.086
77	32 484.720	34 837.216	−1 030 606.510	−1 031 357.810	−47 511.434	22 031.535	77	−0.041	−0.060
78	34 837.216	36 533.836	−1 028 750.680	−1 029 290.660	−43 981.847	25 605.693	78	−0.034	−0.038
79	36 533.836	37 558.266	−1 027 526.280	−1 027 851.600	−40 356.536	29 260.874	79	−0.024	−0.022
80	37 558.266	37 900.815	−1 026 961.500	−1 027 070.160	−36 671.276	32 961.113	80	−0.013	−0.012

(3)计算结果分析

由上述计算数据可以得到:

1)弯矩呈对称分布,在拱顶范围内侧受拉,其最大值为 59.636 kN·m;在隧道两侧外侧受拉,其最大值为 53.554 kN·m;在拱底范围内侧受拉,其最大值为 37.900 kN·m。

2)轴力呈对称分布,在隧道偏下两侧最大,其最大值为 1 080 kN,向拱顶及拱底轴力逐渐减小,拱顶处轴力最小,其最小值为 920.329 kN。

3)剪力呈反对称分布,其最大值为 87.853 kN。

4)拱顶节点位移最大,拱顶下沉最大位移为 1.112 mm,拱底下沉值为 0.009 mm。

综上计算分析,可依据上述结果选取主筋、箍筋和纵筋规格。

4. 工况 4

城市综合管廊内径为 3.5 m,管片混凝土采用 C30,管片厚度为 0.60 m,其计算变形、内力结果如图 6-5-22~图 6-5-25 和表 6-5-8 所示。

(1)图形显示

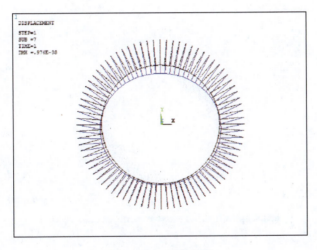

图 6-5-22　管片变形

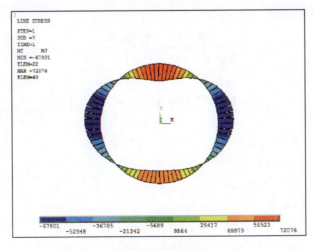

图 6-5-23　管片弯矩

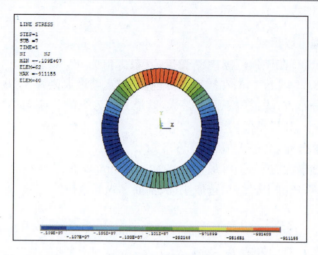

图 6-5-24 管片轴力

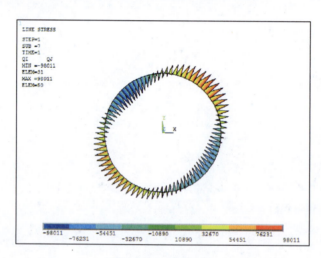

图 6-5-25 管片剪力

(2)内力、位移计算数值

表 6-5-8 计算数值

	单元内力						节点位移		
ELEM	MI(N·m)	MJ(N·m)	NI(N)	NJ(N)	QI(N)	QJ(N)	NODE	UX(mm)	UY(mm)
1	54 035.986	53 494.176	−1 030 461.930	−1 030 331.540	−31 604.662	37 474.591	1	0.000	−0.116
2	53 494.176	51 876.459	−1 031 390.340	−1 030 999.950	−25 770.735	43 296.948	2	0.010	−0.119
3	51 876.459	49 205.951	−1 033 097.890	−1 032 449.920	−20 056.307	48 988.307	3	0.020	−0.127
4	49 205.951	45 521.104	−1 035 547.920	−1 034 646.360	−14 544.556	54 465.632	4	0.028	−0.140
5	45 521.104	40 875.597	−1 038 686.360	−1 037 536.780	−9 318.073	59 646.544	5	0.034	−0.158
6	40 875.597	35 338.154	−1 042 442.470	−1 041 051.940	−4 458.546	64 449.638	6	0.038	−0.180
7	35 338.154	28 992.311	−1 046 729.650	−1 045 106.760	−46.378	68 794.857	7	0.038	−0.205
8	28 992.311	21 936.082	−1 051 446.700	−1 049 601.440	3 839.755	72 603.938	8	0.034	−0.233

续上表

ELEM	单元内力						NODE	节点位移	
	MI(N·m)	MJ(N·m)	NI(N)	NJ(N)	QI(N)	QJ(N)		UX(mm)	UY(mm)
9	21 936.082	14 281.545	−1 056 479.110	−1 054 422.860	7 123.422	75 800.926	9	0.027	−0.263
10	14 281.545	6 154.311	−1 061 700.730	−1 059 446.170	9 731.026	78 312.757	10	0.017	−0.293
11	6 154.311	−2 307.121	−1 066 975.650	−1 064 536.690	11 592.439	80 069.894	11	0.004	−0.324
12	−2 307.121	−10 952.138	−1 072 160.290	−1 069 551.960	12 641.694	81 007.014	12	−0.013	−0.354
13	−10 952.138	−19 618.913	−1 077 105.710	−1 074 344.080	12 817.694	81 063.710	13	−0.031	−0.383
14	−19 618.913	−28 135.445	−1 081 660.090	−1 078 762.200	12 064.933	80 185.211	14	−0.051	−0.409
15	−28 135.445	−36 320.722	−1 085 671.360	−1 082 655.070	10 334.197	78 323.081	15	−0.072	−0.433
16	−36 320.722	−43 986.010	−1 088 989.950	−1 085 873.860	7 583.256	75 435.897	16	−0.092	−0.455
17	−43 986.010	−50 936.269	−1 091 471.500	−1 088 274.820	3 777.498	71 489.889	17	−0.111	−0.474
18	−50 936.269	−56 971.666	−1 092 979.610	−1 089 722.050	−1 109.458	66 459.539	18	−0.129	−0.490
19	−56 971.666	−61 889.208	−1 093 388.480	−1 090 090.120	−7 095.192	60 328.153	19	−0.143	−0.505
20	−61 889.208	−65 484.468	−1 092 585.380	−1 089 266.560	−14 187.918	53 088.413	20	−0.154	−0.517
21	−65 484.468	−67 553.804	−1 090 419.660	−1 087 100.840	−22 383.822	44 745.041	21	−0.160	−0.529
22	−67 553.804	−67 900.540	−1 086 706.700	−1 083 408.340	−31 645.628	35 336.222	22	−0.162	−0.540
23	−67 900.540	−66 341.126	−1 081 341.090	−1 078 083.530	−41 902.632	24 933.565	23	−0.160	−0.551
24	−66 341.126	−62 707.358	−1 074 299.600	−1 071 102.920	−53 072.134	13 620.670	24	−0.152	−0.564
25	−62 707.358	−57 076.580	−1 065 636.940	−1 062 520.850	−63 823.846	2 728.707	25	−0.141	−0.579
26	−57 076.580	−49 657.176	−1 055 509.350	−1 052 493.060	−73 448.042	−7 031.731	26	−0.126	−0.596
27	−49 657.176	−40 699.288	−1 044 129.540	−1 041 231.650	−81 718.840	−15 433.924	27	−0.108	−0.616
28	−40 699.288	−30 488.732	−1 031 744.140	−1 028 982.520	−88 443.328	−22 284.150	28	−0.088	−0.639
29	−30 488.732	−19 339.912	−1 018 628.070	−1 016 019.730	−93 466.964	−27 427.090	29	−0.067	−0.666
30	−19 339.912	−7 587.912	−1 005 078.030	−1 002 639.070	−96 678.053	−30 750.314	30	−0.046	−0.696
31	−7 587.912	4 420.040	−991 405.320	−989 150.764	−98 011.139	−32 187.675	31	−0.026	−0.728
32	4 420.040	16 333.513	−977 928.069	−975 871.823	−97 449.199	−31 721.509	32	−0.009	−0.762
33	16 333.513	27 807.982	−964 963.181	−963 117.921	−95 024.544	−29 383.533	33	0.006	−0.797
34	27 807.982	38 513.854	−952 818.170	−951 195.273	−90 818.374	−25 254.415	34	0.017	−0.831
35	38 513.854	48 145.159	−941 783.134	−940 392.606	−84 958.980	−19 461.970	35	0.024	−0.864
36	48 145.159	56 427.677	−932 123.105	−930 973.519	−77 618.627	−12 178.051	36	0.028	−0.895
37	56 427.677	63 126.244	−924 070.989	−923 169.432	−69 009.182	−3 614.176	37	0.027	−0.922
38	63 126.244	68 051.053	−917 821.322	−917 173.352	−59 376.606	5 983.974	38	0.024	−0.944
39	68 051.053	71 062.752	−913 525.023	−913 134.636	−48 994.461	16 343.051	39	0.017	−0.960
40	71 062.752	72 076.198	−911 285.313	−911 154.916	−38 156.611	27 169.331	40	0.009	−0.970
41	72 076.198	71 062.752	−911 154.916	−911 285.313	−27 169.331	38 156.611	41	0.000	−0.974
42	71 062.752	68 051.053	−913 134.636	−913 525.023	−16 343.051	48 994.461	42	−0.009	−0.970
43	68 051.053	63 126.244	−917 173.352	−917 821.322	−5 983.974	59 376.606	43	−0.017	−0.960
44	63 126.244	56 427.677	−923 169.432	−924 070.989	3 614.176	69 009.182	44	−0.024	−0.944

续上表

ELEM	单元内力						NODE	节点位移	
	MI(N·m)	MJ(N·m)	NI(N)	NJ(N)	QI(N)	QJ(N)		UX(mm)	UY(mm)
45	56 427.677	48 145.159	−930 973.519	−932 123.105	12 178.051	77 618.627	45	−0.027	−0.922
46	48 145.159	38 513.854	−940 392.606	−941 783.134	19 461.970	84 958.980	46	−0.028	−0.895
47	38 513.854	27 807.982	−951 195.273	−952 818.170	25 254.415	90 818.374	47	−0.024	−0.864
48	27 807.982	16 333.513	−963 117.921	−964 963.181	29 383.533	95 024.544	48	−0.017	−0.831
49	16 333.513	4 420.040	−975 871.823	−977 928.069	31 721.509	97 449.199	49	−0.006	−0.797
50	4 420.040	−7 587.912	−989 150.764	−991 405.320	32 187.675	98 011.139	50	0.009	−0.762
51	−7 587.912	−19 339.912	−1 002 639.070	−1 005 078.030	30 750.314	96 678.053	51	0.026	−0.728
52	−19 339.912	−30 488.732	−1 016 019.730	−1 018 628.070	27 427.090	93 466.964	52	0.046	−0.696
53	−30 488.732	−40 699.288	−1 028 982.520	−1 031 744.140	22 284.150	88 443.328	53	0.067	−0.666
54	−40 699.288	−49 657.176	−1 041 231.650	−1 044 129.540	15 433.924	81 718.840	54	0.088	−0.639
55	−49 657.176	−57 076.580	−1 052 493.060	−1 055 509.350	7 031.731	73 448.042	55	0.108	−0.616
56	−57 076.580	−62 707.358	−1 062 520.850	−1 065 636.940	−2 728.707	63 823.846	56	0.126	−0.596
57	−62 707.358	−66 341.126	−1 071 102.920	−1 074 299.600	−13 620.670	53 072.134	57	0.141	−0.579
58	−66 341.126	−67 900.540	−1 078 083.530	−1 081 341.090	−24 933.565	41 902.632	58	0.152	−0.564
59	−67 900.540	−67 553.804	−1 083 408.340	−1 086 706.700	−35 336.222	31 645.628	59	0.160	−0.551
60	−67 553.804	−65 484.468	−1 087 100.840	−1 090 419.660	−44 745.041	22 383.822	60	0.162	−0.540
61	−65 484.468	−61 889.208	−1 089 266.560	−1 092 585.380	−53 088.413	14 187.918	61	0.160	−0.529
62	−61 889.208	−56 971.666	−1 090 090.120	−1 093 388.480	−60 328.153	7 095.192	62	0.154	−0.517
63	−56 971.666	−50 936.269	−1 089 722.050	−1 092 979.610	−66 459.539	1 109.458	63	0.143	−0.505
64	−50 936.269	−43 986.010	−1 088 274.820	−1 091 471.500	−71 489.889	−3 777.498	64	0.129	−0.490
65	−43 986.010	−36 320.722	−1 085 873.860	−1 088 989.950	−75 435.897	−7 583.256	65	0.111	−0.474
66	−36 320.722	−28 135.445	−1 082 655.070	−1 085 671.360	−78 323.081	−10 334.197	66	0.092	−0.455
67	−28 135.445	−19 618.913	−1 078 762.200	−1 081 660.090	−80 185.211	−12 064.933	67	0.072	−0.433
68	−19 618.913	−10 952.138	−1 074 344.080	−1 077 105.710	−81 063.710	−12 817.694	68	0.051	−0.409
69	−10 952.138	−2 307.121	−1 069 551.960	−1 072 160.290	−81 007.014	−12 641.694	69	0.031	−0.383
70	−2 307.121	6 154.311	−1 064 536.690	−1 066 975.650	−80 069.894	−11 592.439	70	0.013	−0.354
71	6 154.311	14 281.545	−1 059 446.170	−1 061 700.730	−78 312.757	−9 731.026	71	−0.004	−0.324
72	14 281.545	21 936.082	−1 054 422.860	−1 056 479.110	−75 800.926	−7 123.422	72	−0.017	−0.293
73	21 936.082	28 992.311	−1 049 601.440	−1 051 446.700	−72 603.938	−3 839.755	73	−0.027	−0.263
74	28 992.311	35 338.154	−1 045 106.760	−1 046 729.650	−68 794.857	46.378	74	−0.034	−0.233
75	35 338.154	40 875.597	−1 041 051.940	−1 042 442.470	−64 449.638	4 458.546	75	−0.038	−0.205
76	40 875.597	45 521.104	−1 037 536.780	−1 038 686.360	−59 646.544	9 318.073	76	−0.038	−0.180
77	45 521.104	49 205.951	−1 034 646.360	−1 035 547.920	−54 465.632	14 544.556	77	−0.034	−0.158
78	49 205.951	51 876.459	−1 032 449.920	−1 033 097.890	−48 988.307	20 056.307	78	−0.028	−0.140
79	51 876.459	53 494.176	−1 030 999.950	−1 031 390.340	−43 296.948	25 770.735	79	−0.020	−0.127
80	53 494.176	54 035.986	−1 030 331.540	−1 030 461.930	−37 474.591	31 604.662	80	−0.010	−0.119

(3)计算结果分析

由上述计算数据可以得到：

1)弯矩呈对称分布，在拱顶范围内侧受拉，其最大值为 72.076 kN·m；在隧道两侧外侧受拉，其最大值为 67.901 kN·m；在拱底范围内侧受拉，其最大值为 54.036 kN·m。

2)轴力呈对称分布，在隧道偏下两侧最大，其最大值为 1 090 kN，向拱顶及拱底轴力逐渐减小，拱顶处轴力最小，其最小值为 911.155 kN。

3)剪力呈反对称分布，其最大值为 98.011 kN。

4)拱顶节点位移最大，拱顶下沉最大位移为 0.974 mm，拱底下沉值为 0.166 mm。

综上计算分析，可依据上述结果选取主筋、箍筋和纵筋规格。

5. 工况 5

城市综合管廊内径为 4.1 m，管片混凝土采用 C40，管片厚度为 0.30 m，其计算变形、内力结果如图 6-5-26~图 6-5-29 和表 6-5-9 所示。

(1)图形显示

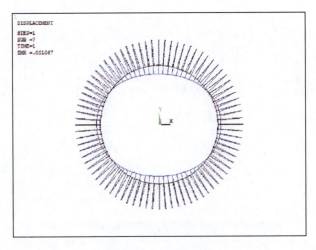

图 6-5-26　管片变形

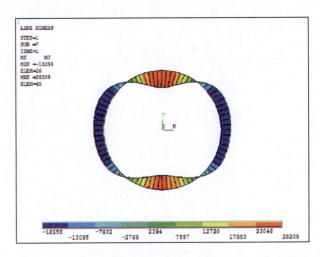

图 6-5-27　管片弯矩

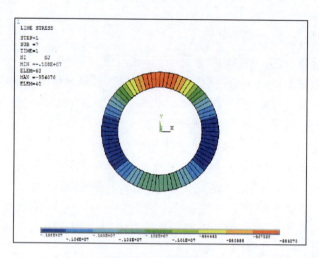

图 6-5-28 管片轴力

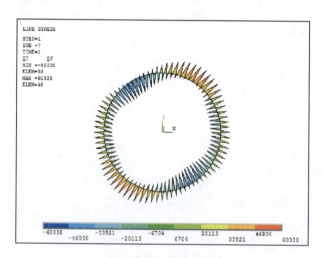

图 6-5-29 管片剪力

(2) 内力、位移计算数值

表 6-5-9 计算数值

ELEM	单元内力						NODE	节点位移	
	MI(N·m)	MJ(N·m)	NI(N)	NJ(N)	QI(N)	QJ(N)		UX(mm)	UY(mm)
1	23 953.415	23 526.475	−1 026 062.660	−1 025 996.160	−33 040.299	37 665.176	1	0.000	0.963
2	23 526.475	22 262.335	−1 026 955.410	−1 026 756.310	−28 495.023	42 188.855	2	0.019	0.955
3	22 262.335	20 210.675	−1 028 647.580	−1 028 317.120	−24 208.213	46 432.606	3	0.036	0.930
4	20 210.675	17 453.062	−1 031 086.500	−1 030 626.700	−20 352.822	50 223.740	4	0.048	0.889
5	17 453.062	14 101.137	−1 034 194.600	−1 033 608.310	−17 092.001	53 399.501	5	0.053	0.835
6	14 101.137	10 294.102	−1 037 871.060	−1 037 161.900	−14 575.365	55 810.801	6	0.050	0.770
7	10 294.102	6 195.558	−1 041 993.780	−1 041 166.100	−12 935.455	57 325.747	7	0.037	0.697
8	6 195.558	1 989.745	−1 046 421.900	−1 045 480.820	−12 284.482	57 832.899	8	0.016	0.619

续上表

	单元内力						节点位移		
ELEM	MI(N·m)	MJ(N·m)	NI(N)	NJ(N)	QI(N)	QJ(N)	NODE	UX(mm)	UY(mm)
9	1 989.745	−2 122.763	−1 050 998.820	−1 049 950.130	−12 711.409	57 244.180	9	−0.013	0.540
10	−2 122.763	−5 929.820	−1 055 555.530	−1 054 405.700	−14 279.433	55 497.391	10	−0.050	0.461
11	−5 929.820	−9 212.849	−1 059 914.420	−1 058 670.550	−17 023.940	52 558.248	11	−0.092	0.385
12	−9 212.849	−11 752.263	−1 063 893.360	−1 062 563.110	−20 950.992	48 421.889	12	−0.138	0.316
13	−11 752.263	−13 342.929	−1 067 312.110	−1 065 903.680	−25 982.898	43 167.295	13	−0.186	0.253
14	−13 342.929	−14 256.720	−1 070 096.260	−1 068 618.330	−29 535.230	39 380.268	14	−0.233	0.197
15	−14 256.720	−14 728.666	−1 072 268.480	−1 070 730.170	−31 808.359	36 861.884	15	−0.277	0.149
16	−14 728.666	−14 954.019	−1 073 840.780	−1 072 251.580	−33 018.628	35 397.310	16	−0.317	0.108
17	−14 954.019	−15 087.102	−1 074 815.830	−1 073 185.530	−33 388.610	34 765.543	17	−0.353	0.073
18	−15 087.102	−15 241.278	−1 075 188.890	−1 073 527.530	−33 141.098	34 745.404	18	−0.383	0.044
19	−15 241.278	−15 489.446	−1 074 949.900	−1 073 267.740	−32 496.201	35 118.433	19	−0.407	0.018
20	−15 489.446	−15 864.629	−1 074 085.600	−1 072 393.000	−31 670.854	35 669.372	20	−0.423	−0.004
21	−15 864.629	−16 360.729	−1 072 527.970	−1 070 835.370	−30 877.925	36 187.044	21	−0.433	−0.025
22	−16 360.729	−16 936.718	−1 070 157.560	−1 068 475.400	−30 307.557	36 483.003	22	−0.435	−0.045
23	−16 936.718	−17 520.264	−1 066 915.740	−1 065 254.390	−30 130.256	36 388.437	23	−0.429	−0.066
24	−17 520.264	−18 006.900	−1 062 806.560	−1 061 176.250	−30 520.997	35 730.044	24	−0.415	−0.090
25	−18 006.900	−18 258.438	−1 057 842.540	−1 056 253.330	−31 663.377	34 325.879	25	−0.393	−0.117
26	−18 258.438	−18 101.353	−1 052 043.040	−1 050 504.730	−33 749.712	31 985.240	26	−0.363	−0.149
27	−18 101.353	−17 325.642	−1 045 432.050	−1 043 954.120	−36 978.470	28 511.227	27	−0.327	−0.188
28	−17 325.642	−15 684.783	−1 038 035.740	−1 036 627.310	−41 548.337	23 706.664	28	−0.284	−0.235
29	−15 684.783	−12 897.529	−1 029 880.070	−1 028 549.810	−47 648.231	17 384.083	29	−0.236	−0.290
30	−12 897.529	−9 105.322	−1 021 085.330	−1 019 841.460	−52 988.117	11 834.890	30	−0.186	−0.354
31	−9 105.322	−4 571.712	−1 011 895.880	−1 010 746.060	−56 906.895	7 721.476	31	−0.135	−0.427
32	−4 571.712	430.940	−1 002 588.030	−1 001 539.340	−59 357.422	5 092.184	32	−0.087	−0.507
33	430.940	5 629.890	−993 439.944	−992 498.861	−60 338.186	3 949.628	33	−0.044	−0.593
34	5 629.890	10 760.415	−984 723.828	−983 896.150	−59 893.170	4 250.822	34	−0.008	−0.680
35	10 760.415	15 573.946	−976 698.160	−975 988.991	−58 110.379	5 908.649	35	0.019	−0.767
36	15 573.946	19 845.692	−969 600.314	−969 014.025	−55 119.077	8 794.615	36	0.036	−0.849
37	19 845.692	23 381.529	−963 639.725	−963 179.931	−51 085.792	12 742.841	37	0.044	−0.922
38	23 381.529	26 023.940	−958 991.838	−958 661.374	−46 209.200	17 555.176	38	0.042	−0.983
39	26 023.940	27 656.838	−955 793.017	−955 593.920	−40 714.042	23 007.274	39	0.033	−1.029
40	27 656.838	28 209.119	−954 136.577	−954 070.075	−34 844.248	28 855.472	40	0.018	−1.057
41	28 209.119	27 656.838	−954 070.075	−954 136.577	−28 855.472	34 844.248	41	0.000	−1.067
42	27 656.838	26 023.940	−955 593.920	−955 793.017	−23 007.274	40 714.042	42	−0.018	−1.057
43	26 023.940	23 381.529	−958 661.374	−958 991.838	−17 555.176	46 209.200	43	−0.033	−1.029
44	23 381.529	19 845.692	−963 179.931	−963 639.725	−12 742.841	51 085.792	44	−0.042	−0.983

续上表

	单元内力						节点位移		
ELEM	MI(N·m)	MJ(N·m)	NI(N)	NJ(N)	QI(N)	QJ(N)	NODE	UX(mm)	UY(mm)
45	19 845.692	15 573.946	−969 014.025	−969 600.314	−8 794.615	55 119.077	45	−0.044	−0.922
46	15 573.946	10 760.415	−975 988.991	−976 698.160	−5 908.649	58 110.379	46	−0.036	−0.849
47	10 760.415	5 629.890	−983 896.150	−984 723.828	−4 250.822	59 893.170	47	−0.019	−0.767
48	5 629.890	430.940	−992 498.861	−993 439.944	−3 949.628	60 338.186	48	0.008	−0.680
49	430.940	−4 571.712	−1 001 539.340	−1 002 588.030	−5 092.184	59 357.422	49	0.044	−0.593
50	−4 571.712	−9 105.322	−1 010 746.060	−1 011 895.880	−7 721.476	56 906.895	50	0.087	−0.507
51	−9 105.322	−12 897.529	−1 019 841.460	−1 021 085.330	−11 834.890	52 988.117	51	0.135	−0.427
52	−12 897.529	−15 684.783	−1 028 549.810	−1 029 880.070	−17 384.083	47 648.231	52	0.186	−0.354
53	−15 684.783	−17 325.642	−1 036 627.310	−1 038 035.740	−23 706.664	41 548.337	53	0.236	−0.290
54	−17 325.642	−18 101.353	−1 043 954.120	−1 045 432.050	−28 511.227	36 978.470	54	0.284	−0.235
55	−18 101.353	−18 258.438	−1 050 504.730	−1 052 043.040	−31 985.240	33 749.712	55	0.327	−0.188
56	−18 258.438	−18 006.900	−1 056 253.330	−1 057 842.540	−34 325.879	31 663.377	56	0.363	−0.149
57	−18 006.900	−17 520.264	−1 061 176.250	−1 062 806.560	−35 730.044	30 520.997	57	0.393	−0.117
58	−17 520.264	−16 936.718	−1 065 254.390	−1 066 915.740	−36 388.437	30 130.256	58	0.415	−0.090
59	−16 936.718	−16 360.729	−1 068 475.400	−1 070 157.560	−36 483.003	30 307.557	59	0.429	−0.066
60	−16 360.729	−15 864.629	−1 070 835.370	−1 072 527.970	−36 187.044	30 877.925	60	0.435	−0.045
61	−15 864.629	−15 489.446	−1 072 393.000	−1 074 085.600	−35 669.372	31 670.854	61	0.433	−0.025
62	−15 489.446	−15 241.278	−1 073 267.740	−1 074 949.900	−35 118.433	32 496.201	62	0.423	−0.004
63	−15 241.278	−15 087.102	−1 073 527.530	−1 075 188.890	−34 745.404	33 141.098	63	0.407	0.018
64	−15 087.102	−14 954.019	−1 073 185.530	−1 074 815.830	−34 765.543	33 388.610	64	0.383	0.044
65	−14 954.019	−14 728.666	−1 072 251.580	−1 073 840.780	−35 397.310	33 018.628	65	0.353	0.073
66	−14 728.666	−14 256.720	−1 070 730.170	−1 072 268.480	−36 861.884	31 808.359	66	0.317	0.108
67	−14 256.720	−13 342.929	−1 068 618.330	−1 070 096.260	−39 380.268	29 535.230	67	0.277	0.149
68	−13 342.929	−11 752.263	−1 065 903.680	−1 067 312.110	−43 167.295	25 982.898	68	0.233	0.197
69	−11 752.263	−9 212.849	−1 062 563.110	−1 063 893.360	−48 421.889	20 950.992	69	0.186	0.253
70	−9 212.849	−5 929.820	−1 058 670.550	−1 059 914.420	−52 558.248	17 023.940	70	0.138	0.316
71	−5 929.820	−2 122.763	−1 054 405.700	−1 055 555.530	−55 497.391	14 279.433	71	0.092	0.385
72	−2 122.763	1 989.745	−1 049 950.130	−1 050 998.820	−57 244.180	12 711.409	72	0.050	0.461
73	1 989.745	6 195.558	−1 045 480.820	−1 046 421.900	−57 832.899	12 284.482	73	0.013	0.540
74	6 195.558	10 294.102	−1 041 166.100	−1 041 993.780	−57 325.747	12 935.455	74	−0.016	0.619
75	10 294.102	14 101.137	−1 037 161.900	−1 037 871.060	−55 810.801	14 575.365	75	−0.037	0.697
76	14 101.137	17 453.062	−1 033 608.310	−1 034 194.600	−53 399.501	17 092.001	76	−0.050	0.770
77	17 453.062	20 210.675	−1 030 626.700	−1 031 086.500	−50 223.740	20 352.822	77	−0.053	0.835
78	20 210.675	22 262.335	−1 028 317.120	−1 028 647.580	−46 432.606	24 208.213	78	−0.048	0.889
79	22 262.335	23 526.475	−1 026 756.310	−1 026 955.410	−42 188.855	28 495.023	79	−0.036	0.930
80	23 526.475	23 953.415	−1 025 996.160	−1 026 062.660	−37 665.176	33 040.299	80	−0.019	0.955

(3)计算结果分析

由上述计算数据可以得到:

1)弯矩呈对称分布,在拱顶范围内侧受拉,其最大值为 28.209 kN·m;在隧道两侧外侧受拉,其最大值为 18.258 kN·m;在拱底范围内侧受拉,其最大值为 23.953 kN·m。

2)轴力呈对称分布,在隧道偏下两侧最大,其最大值为 1 080 kN,向拱顶及拱底轴力逐渐减小,拱顶处轴力最小,其最小值为 954.070 kN。

3)剪力呈反对称分布,其最大值为 60.338 kN。

4)拱顶节点位移最大,拱顶下沉最大位移为 1.067 mm,拱底隆起最大位移 0.963 mm。

综上计算分析,可依据上述结果选取主筋、箍筋和纵筋规格。

6. 工况 6

城市综合管廊内径为 3.9 m,管片混凝土采用 C40,管片厚度为 0.40 m,其计算变形、内力结果如图 6-5-30~图 6-5-33 和表 6-5-10 所示。

(1)图形显示

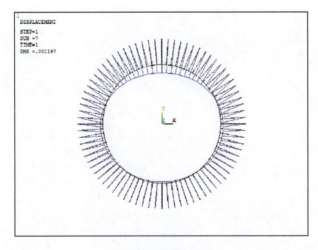

图 6-5-30 管片变形

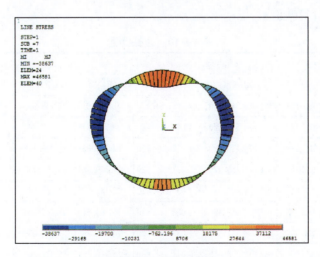

图 6-5-31 管片弯矩

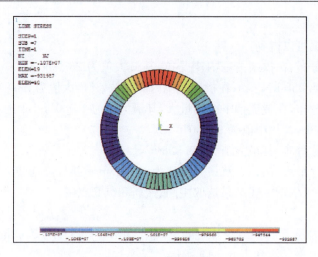

图 6-5-32 管片轴力

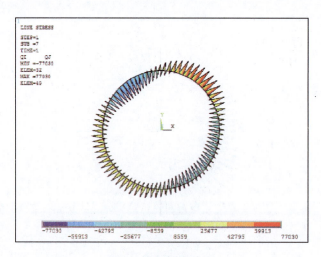

图 6-5-33 管片剪力

(2)内力、位移计算数值

表 6-5-10 计算数值

ELEM	单元内力						节点位移		
	MI(N·m)	MJ(N·m)	NI(N)	NJ(N)	QI(N)	QJ(N)	NODE	UX(mm)	UY(mm)
1	29 387.658	28 996.658	−1 023 840.140	−1 023 751.470	−32 952.976	37 188.300	1	0.000	0.214
2	28 996.658	27 839.477	−1 024 680.220	−1 024 414.760	−28 794.313	41 328.844	2	0.014	0.209
3	27 839.477	25 963.210	−1 026 245.780	−1 025 805.160	−24 881.857	45 205.176	3	0.027	0.196
4	25 963.210	23 445.156	−1 028 485.970	−1 027 872.920	−21 379.381	48 653.745	4	0.038	0.174
5	23 445.156	20 391.042	−1 031 326.130	−1 030 544.410	−18 441.097	51 520.670	5	0.045	0.145
6	20 391.042	16 932.573	−1 034 669.190	−1 033 723.630	−16 208.013	53 665.384	6	0.047	0.109
7	16 932.573	13 224.359	−1 038 397.790	−1 037 294.220	−14 804.495	54 964.065	7	0.044	0.068
8	13 224.359	9 440.242	−1 042 376.660	−1 041 121.880	−14 335.099	55 312.805	8	0.036	0.023

续上表

	单元内力						节点位移		
ELEM	MI(N·m)	MJ(N·m)	NI(N)	NJ(N)	QI(N)	QJ(N)	NODE	UX(mm)	UY(mm)
9	9 440.242	5 737.231	−1 046 462.380	−1 045 064.130	−14 708.941	54 803.230	9	0.022	−0.024
10	5 737.231	2 077.812	−1 050 550.330	−1 049 017.230	−14 872.234	54 489.965	10	0.003	−0.072
11	2 077.812	−1 569.941	−1 054 571.560	−1 052 913.070	−14 855.709	54 343.204	11	−0.021	−0.120
12	−1 569.941	−5 229.780	−1 058 451.450	−1 056 677.780	−14 704.139	54 319.180	12	−0.049	−0.166
13	−5 229.780	−8 914.964	−1 062 110.630	−1 060 232.730	−14 474.954	54 361.545	13	−0.080	−0.211
14	−8 914.964	−12 626.113	−1 065 466.190	−1 063 495.620	−14 237.181	54 402.425	14	−0.114	−0.251
15	−12 626.113	−16 349.224	−1 068 432.910	−1 066 381.830	−14 070.698	54 363.155	15	−0.150	−0.288
16	−16 349.224	−20 053.756	−1 070 924.730	−1 068 805.790	−14 065.731	54 154.778	16	−0.185	−0.321
17	−20 053.756	−23 690.793	−1 072 856.130	−1 070 682.390	−14 322.534	53 678.355	17	−0.219	−0.350
18	−23 690.793	−27 191.240	−1 074 143.520	−1 071 928.380	−14 951.131	52 825.217	18	−0.251	−0.375
19	−27 191.240	−30 464.082	−1 074 706.460	−1 072 463.580	−16 070.998	51 477.270	19	−0.278	−0.396
20	−30 464.082	−33 394.743	−1 074 468.750	−1 072 211.950	−17 810.526	49 507.532	20	−0.300	−0.414
21	−33 394.743	−35 844.006	−1 073 306.080	−1 071 049.280	−20 303.974	46 783.162	21	−0.316	−0.430
22	−35 844.006	−37 651.051	−1 071 048.610	−1 068 805.730	−23 669.112	43 187.814	22	−0.325	−0.445
23	−37 651.051	−38 636.805	−1 067 592.990	−1 065 377.850	−28 005.593	38 623.254	23	−0.325	−0.460
24	−38 636.805	−38 603.792	−1 062 904.170	−1 060 730.420	−33 413.831	32 990.474	24	−0.318	−0.477
25	−38 603.792	−37 336.205	−1 056 961.770	−1 054 842.830	−39 993.892	26 190.794	25	−0.302	−0.497
26	−37 336.205	−34 600.826	−1 049 759.260	−1 047 708.190	−47 840.793	18 130.548	26	−0.279	−0.521
27	−34 600.826	−30 292.957	−1 041 333.630	−1 039 363.060	−56 258.711	9 506.878	27	−0.249	−0.551
28	−30 292.957	−24 642.893	−1 031 838.150	−1 029 960.240	−63 432.802	2 135.893	28	−0.214	−0.588
29	−24 642.893	−17 911.335	−1 021 518.750	−1 019 745.080	−69 198.912	−3 817.036	29	−0.176	−0.631
30	−17 911.335	−10 381.963	−1 010 644.320	−1 008 985.830	−73 433.069	−8 226.788	30	−0.136	−0.681
31	−10 381.963	−2 353.375	−999 499.691	−997 966.593	−76 055.006	−11 012.012	31	−0.097	−0.737
32	−2 353.375	5 869.422	−988 378.145	−986 979.897	−77 030.494	−12 137.472	32	−0.060	−0.797
33	5 869.422	13 983.711	−977 573.559	−976 318.783	−76 372.408	−11 615.118	33	−0.029	−0.860
34	13 983.711	21 697.710	−967 372.431	−966 268.861	−74 140.460	−9 503.826	34	−0.003	−0.924
35	21 697.710	28 738.935	−958 046.033	−957 100.474	−70 439.605	−5 907.808	35	0.017	−0.986
36	28 738.935	34 862.017	−949 842.916	−949 061.197	−65 417.132	−973.705	36	0.028	−1.044
37	34 862.017	39 855.757	−942 981.992	−942 368.933	−59 258.518	5 113.550	37	0.033	−1.096
38	39 855.757	43 549.213	−937 646.406	−937 205.787	−52 182.160	12 136.001	38	0.031	−1.139
39	43 549.213	45 816.628	−933 978.386	−933 712.924	−44 433.125	19 848.912	39	0.024	−1.171
40	45 816.628	46 581.065	−932 075.231	−931 986.561	−36 276.111	27 987.808	40	0.013	−1.191
41	46 581.065	45 816.628	−931 986.561	−932 075.231	−27 987.808	36 276.111	41	0.000	−1.197
42	45 816.628	43 549.213	−933 712.924	−933 978.386	−19 848.912	44 433.125	42	−0.013	−1.191
43	43 549.213	39 855.757	−937 205.787	−937 646.406	−12 136.001	52 182.160	43	−0.024	−1.171
44	39 855.757	34 862.017	−942 368.933	−942 981.992	−5 113.550	59 258.518	44	−0.031	−1.139

续上表

ELEM	单元内力						NODE	节点位移	
	MI(N·m)	MJ(N·m)	NI(N)	NJ(N)	QI(N)	QJ(N)		UX(mm)	UY(mm)
45	34 862.017	28 738.935	−949 061.197	−949 842.916	973.705	65 417.132	45	−0.033	−1.096
46	28 738.935	21 697.710	−957 100.474	−958 046.033	5 907.808	70 439.605	46	−0.028	−1.044
47	21 697.710	13 983.711	−966 268.861	−967 372.431	9 503.826	74 140.460	47	−0.017	−0.986
48	13 983.711	5 869.422	−976 318.783	−977 573.559	11 615.118	76 372.408	48	0.003	−0.924
49	5 869.422	−2 353.375	−986 979.897	−988 378.145	12 137.472	77 030.494	49	0.029	−0.860
50	−2 353.375	−10 381.963	−997 966.593	−999 499.691	11 012.012	76 055.006	50	0.060	−0.797
51	−10 381.963	−17 911.335	−1 008 985.830	−1 010 644.320	8 226.788	73 433.069	51	0.097	−0.737
52	−17 911.335	−24 642.893	−1 019 745.080	−1 021 518.750	3 817.036	69 198.912	52	0.136	−0.681
53	−24 642.893	−30 292.957	−1 029 960.240	−1 031 838.150	−2 135.893	63 432.802	53	0.176	−0.631
54	−30 292.957	−34 600.826	−1 039 363.060	−1 041 333.630	−9 506.878	56 258.711	54	0.214	−0.588
55	−34 600.826	−37 336.205	−1 047 708.190	−1 049 759.260	−18 130.548	47 840.793	55	0.249	−0.551
56	−37 336.205	−38 603.792	−1 054 842.830	−1 056 961.770	−26 190.794	39 993.892	56	0.279	−0.521
57	−38 603.792	−38 636.805	−1 060 730.420	−1 062 904.170	−32 990.474	33 413.831	57	0.302	−0.497
58	−38 636.805	−37 651.051	−1 065 377.850	−1 067 592.990	−38 623.254	28 005.593	58	0.318	−0.477
59	−37 651.051	−35 844.006	−1 068 805.730	−1 071 048.610	−43 187.814	23 669.112	59	0.325	−0.460
60	−35 844.006	−33 394.743	−1 071 049.280	−1 073 306.080	−46 783.162	20 303.974	60	0.325	−0.445
61	−33 394.743	−30 464.082	−1 072 211.950	−1 074 468.750	−49 507.532	17 810.526	61	0.316	−0.430
62	−30 464.082	−27 191.240	−1 072 463.580	−1 074 706.460	−51 477.270	16 070.998	62	0.300	−0.414
63	−27 191.240	−23 690.793	−1 071 928.380	−1 074 143.520	−52 825.217	14 951.131	63	0.278	−0.396
64	−23 690.793	−20 053.756	−1 070 682.390	−1 072 856.130	−53 678.355	14 322.534	64	0.251	−0.375
65	−20 053.756	−16 349.224	−1 068 805.790	−1 070 924.730	−54 154.778	14 065.731	65	0.219	−0.350
66	−16 349.224	−12 626.113	−1 066 381.830	−1 068 432.910	−54 363.155	14 070.698	66	0.185	−0.321
67	−12 626.113	−8 914.964	−1 063 495.620	−1 065 466.190	−54 402.425	14 237.181	67	0.150	−0.288
68	−8 914.964	−5 229.780	−1 060 232.730	−1 062 110.630	−54 361.545	14 474.954	68	0.114	−0.251
69	−5 229.780	−1 569.941	−1 056 677.780	−1 058 451.450	−54 319.180	14 704.139	69	0.080	−0.211
70	−1 569.941	2 077.812	−1 052 913.070	−1 054 571.560	−54 343.204	14 855.709	70	0.049	−0.166
71	2 077.812	5 737.231	−1 049 017.230	−1 050 550.330	−54 489.965	14 872.234	71	0.021	−0.120
72	5 737.231	9 440.242	−1 045 064.130	−1 046 462.380	−54 803.230	14 708.941	72	−0.003	−0.072
73	9 440.242	13 224.359	−1 041 121.880	−1 042 376.660	−55 312.805	14 335.099	73	−0.022	−0.024
74	13 224.359	16 932.573	−1 037 294.220	−1 038 397.790	−54 964.065	14 804.495	74	−0.036	0.023
75	16 932.573	20 391.042	−1 033 723.630	−1 034 669.190	−53 665.384	16 208.013	75	−0.044	0.068
76	20 391.042	23 445.156	−1 030 544.410	−1 031 326.130	−51 520.670	18 441.097	76	−0.047	0.109
77	23 445.156	25 963.210	−1 027 872.920	−1 028 485.970	−48 653.745	21 379.381	77	−0.045	0.145
78	25 963.210	27 839.477	−1 025 805.160	−1 026 245.780	−45 205.176	24 881.857	78	−0.038	0.174
79	27 839.477	28 996.658	−1 024 414.760	−1 024 680.220	−41 328.844	28 794.313	79	−0.027	0.196
80	28 996.658	29 387.658	−1 023 751.470	−1 023 840.140	−37 188.300	32 952.976	80	−0.014	0.209

(3)计算结果分析

由上述计算数据可以得到:

1)弯矩呈对称分布,在拱顶范围内侧受拉,其最大值为 46.581 kN·m;在隧道两侧外侧受拉,其最大值为 38.637 kN·m;在拱底范围内侧受拉,其最大值为 29.387 kN·m。

2)轴力呈对称分布,在隧道偏下两侧最大,其最大值为 1 070 kN,向拱顶及拱底轴力逐渐减小,拱顶处轴力最小,其最小值为 931.987 kN。

3)剪力呈反对称分布,其最大值为 77.030 kN。

4)拱顶节点位移最大,拱顶下沉最大位移为 1.197 mm,拱底隆起最大位移 0.214 mm。

综上计算分析,可依据上述结果选取主筋、箍筋选用和纵筋规格。

7. 工况 7

城市综合管廊内径为 3.7 m,管片混凝土采用 C40,管片厚度为 0.50 m,其计算变形、内力结果如图 6-5-34～图 6-5-37 和表 6-5-11 所示。

(1)图形显示

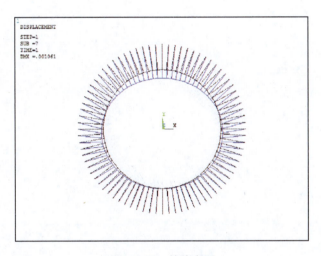

图 6-5-34　管片变形

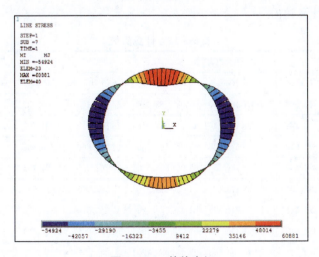

图 6-5-35　管片弯矩

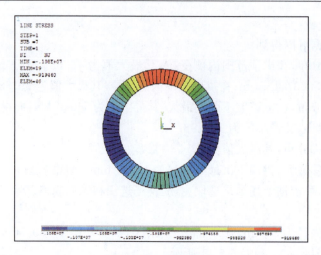

图 6-5-36 管片轴力

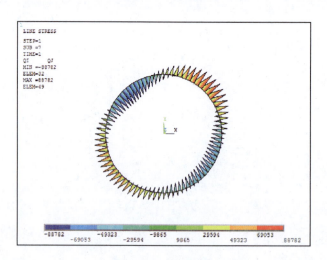

图 6-5-37 管片剪力

(2)内力、位移计算数值

表 6-5-11 计算数值

ELEM	单元内力						节点位移		
	MI(N·m)	MJ(N·m)	NI(N)	NJ(N)	QI(N)	QJ(N)	NODE	UX(mm)	UY(mm)
1	39 651.763	39 285.908	−1 027 400.750	−1 027 289.910	−32 807.145	36 769.931	1	0.000	−0.021
2	39 285.908	38 192.144	−1 028 199.740	−1 027 867.910	−28 857.639	40 704.797	2	0.012	−0.024
3	38 192.144	36 381.918	−1 029 671.230	−1 029 120.450	−24 962.866	44 570.382	3	0.022	−0.033
4	36 381.918	33 874.432	−1 031 784.750	−1 031 018.430	−21 164.936	48 324.754	4	0.031	−0.049
5	33 874.432	30 696.831	−1 034 495.420	−1 033 518.270	−17 507.000	51 925.031	5	0.037	−0.069
6	30 696.831	26 884.441	−1 037 744.370	−1 036 562.420	−14 033.576	55 327.052	6	0.040	−0.095
7	26 884.441	22 481.071	−1 041 459.560	−1 040 080.100	−10 790.825	58 485.093	7	0.040	−0.125
8	22 481.071	17 539.341	−1 045 556.600	−1 043 988.120	−7 826.756	61 351.672	8	0.035	−0.158

续上表

		单元内力					节点位移		
ELEM	MI(N·m)	MJ(N·m)	NI(N)	NJ(N)	QI(N)	QJ(N)	NODE	UX(mm)	UY(mm)
9	17 539.341	12 121.043	−1 049 939.840	−1 048 192.030	−5 191.350	63 877.405	9	0.026	−0.193
10	12 121.043	6 297.504	−1 054 503.710	−1 052 587.330	−2 936.615	66 010.961	10	0.012	−0.229
11	6 297.504	149.949	−1 059 134.140	−1 057 061.020	−1 116.562	67 699.077	11	−0.005	−0.265
12	149.949	−6 230.148	−1 063 710.240	−1 061 493.160	212.898	68 886.655	12	−0.026	−0.301
13	−6 230.148	−12 740.760	−1 068 106.150	−1 065 758.770	994.112	69 516.917	13	−0.049	−0.335
14	−12 740.760	−19 269.023	−1 072 192.950	−1 069 729.740	1 167.924	69 531.637	14	−0.075	−0.366
15	−19 269.023	−25 691.026	−1 075 840.780	−1 073 276.930	673.968	68 871.430	15	−0.101	−0.395
16	−25 691.026	−31 871.658	−1 078 920.940	−1 076 272.260	−548.961	67 476.118	16	−0.128	−0.421
17	−31 871.658	−37 664.540	−1 081 308.060	−1 078 590.880	−2 562.443	65 285.181	17	−0.153	−0.443
18	−37 664.540	−42 912.066	−1 082 882.220	−1 080 113.290	−5 427.873	62 238.320	18	−0.176	−0.463
19	−42 912.066	−47 445.571	−1 083 530.950	−1 080 727.350	−9 205.734	58 276.169	19	−0.196	−0.479
20	−47 445.571	−51 085.670	−1 083 151.140	−1 080 330.140	−13 954.691	53 341.200	20	−0.211	−0.493
21	−51 085.670	−53 643.196	−1 081 597.510	−1 078 776.510	−19 728.332	47 380.972	21	−0.222	−0.506
22	−53 643.196	−54 924.250	−1 078 686.030	−1 075 882.430	−26 552.873	40 370.418	22	−0.226	−0.518
23	−54 924.250	−54 735.459	−1 074 306.730	−1 071 537.810	−34 426.032	32 312.970	23	−0.225	−0.530
24	−54 735.459	−52 885.558	−1 068 426.310	−1 065 709.130	−43 336.971	23 220.599	24	−0.217	−0.544
25	−52 885.558	−49 186.841	−1 061 035.120	−1 058 386.440	−53 266.954	13 113.162	25	−0.204	−0.561
26	−49 186.841	−43 718.293	−1 052 202.440	−1 049 638.590	−62 771.217	3 436.515	26	−0.185	−0.580
27	−43 718.293	−36 704.929	−1 042 105.200	−1 039 641.990	−71 058.905	−5 017.424	27	−0.162	−0.604
28	−36 704.929	−28 407.990	−1 030 976.660	−1 028 629.270	−77 934.215	−12 051.826	28	−0.136	−0.632
29	−28 407.990	−19 118.087	−1 019 078.730	−1 016 861.650	−83 238.468	−17 507.031	29	−0.108	−0.665
30	−19 118.087	−9 147.515	−1 006 695.670	−1 004 622.550	−86 854.630	−21 265.075	30	−0.080	−0.702
31	−9 147.515	1 178.074	−994 126.893	−992 210.520	−88 710.761	−23 253.143	31	−0.054	−0.742
32	1 178.074	11 528.413	−981 679.388	−979 931.579	−88 782.274	−23 445.835	32	−0.029	−0.785
33	11 528.413	21 577.546	−969 659.725	−968 091.253	−87 092.906	−21 866.139	33	−0.008	−0.830
34	21 577.546	31 012.680	−958 365.979	−956 986.517	−83 714.356	−18 585.081	34	0.009	−0.874
35	31 012.680	39 542.731	−948 079.795	−946 897.846	−78 764.581	−13 720.015	35	0.020	−0.917
36	39 542.731	46 906.306	−939 058.801	−938 081.652	−72 404.768	−7 431.605	36	0.027	−0.957
37	46 906.306	52 878.899	−931 529.613	−930 763.289	−64 835.066	80.438	37	0.028	−0.993
38	52 878.899	57 279.096	−925 681.645	−925 130.871	−56 289.188	8 582.758	38	0.026	−1.022
39	57 279.096	59 973.593	−921 661.909	−921 330.081	−47 028.028	17 814.730	39	0.019	−1.043
40	59 973.593	60 880.898	−919 570.960	−919 460.123	−37 332.475	27 495.643	40	0.010	−1.057
41	60 880.898	59 973.593	−919 460.123	−919 570.960	−27 495.643	37 332.475	41	0.000	−1.061
42	59 973.593	57 279.096	−921 330.081	−921 661.909	−17 814.730	47 028.028	42	−0.010	−1.057
43	57 279.096	52 878.899	−925 130.871	−925 681.645	−8 582.758	56 289.188	43	−0.019	−1.043
44	52 878.899	46 906.306	−930 763.289	−931 529.613	−80.438	64 835.066	44	−0.026	−1.022

续上表

	单元内力						节点位移		
ELEM	MI(N·m)	MJ(N·m)	NI(N)	NJ(N)	QI(N)	QJ(N)	NODE	UX(mm)	UY(mm)
45	46 906.306	39 542.731	−938 081.652	−939 058.801	7 431.605	72 404.768	45	−0.028	−0.993
46	39 542.731	31 012.680	−946 897.846	−948 079.795	13 720.015	78 764.581	46	−0.027	−0.957
47	31 012.680	21 577.546	−956 986.517	−958 365.979	18 585.081	83 714.356	47	−0.020	−0.917
48	21 577.546	11 528.413	−968 091.253	−969 659.725	21 866.139	87 092.906	48	−0.009	−0.874
49	11 528.413	1 178.074	−979 931.579	−981 679.388	23 445.835	88 782.274	49	0.008	−0.830
50	1 178.074	−9 147.515	−992 210.520	−994 126.893	23 253.143	88 710.761	50	0.029	−0.785
51	−9 147.515	−19 118.087	−1 004 622.550	−1 006 695.670	21 265.075	86 854.630	51	0.054	−0.742
52	−19 118.087	−28 407.990	−1 016 861.650	−1 019 078.730	17 507.031	83 238.468	52	0.080	−0.702
53	−28 407.990	−36 704.929	−1 028 629.270	−1 030 976.660	12 051.826	77 934.215	53	0.108	−0.665
54	−36 704.929	−43 718.293	−1 039 641.990	−1 042 105.200	5 017.424	71 058.905	54	0.136	−0.632
55	−43 718.293	−49 186.841	−1 049 638.590	−1 052 202.440	−3 436.515	62 771.217	55	0.162	−0.604
56	−49 186.841	−52 885.558	−1 058 386.440	−1 061 035.120	−13 113.162	53 266.954	56	0.185	−0.580
57	−52 885.558	−54 735.459	−1 065 709.130	−1 068 426.310	−23 220.599	43 336.971	57	0.204	−0.561
58	−54 735.459	−54 924.250	−1 071 537.810	−1 074 306.730	−32 312.970	34 426.032	58	0.217	−0.544
59	−54 924.250	−53 643.196	−1 075 882.430	−1 078 686.030	−40 370.418	26 552.873	59	0.225	−0.530
60	−53 643.196	−51 085.670	−1 078 776.510	−1 081 597.510	−47 380.972	19 728.332	60	0.226	−0.518
61	−51 085.670	−47 445.571	−1 080 330.140	−1 083 151.140	−53 341.200	13 954.691	61	0.222	−0.506
62	−47 445.571	−42 912.066	−1 080 727.350	−1 083 530.950	−58 276.169	9 205.734	62	0.211	−0.493
63	−42 912.066	−37 664.540	−1 080 113.290	−1 082 882.220	−62 238.320	5 427.873	63	0.196	−0.479
64	−37 664.540	−31 871.658	−1 078 590.880	−1 081 308.060	−65 285.181	2 562.443	64	0.176	−0.463
65	−31 871.658	−25 691.026	−1 076 272.260	−1 078 920.940	−67 476.118	548.961	65	0.153	−0.443
66	−25 691.026	−19 269.023	−1 073 276.930	−1 075 840.780	−68 871.430	−673.968	66	0.128	−0.421
67	−19 269.023	−12 740.760	−1 069 729.740	−1 072 192.950	−69 531.637	−1 167.924	67	0.101	−0.395
68	−12 740.760	−6 230.148	−1 065 758.770	−1 068 106.150	−69 516.917	−994.112	68	0.075	−0.366
69	−6 230.148	149.949	−1 061 493.160	−1 063 710.240	−68 886.655	−212.898	69	0.049	−0.335
70	149.949	6 297.504	−1 057 061.020	−1 059 134.140	−67 699.077	1 116.562	70	0.026	−0.301
71	6 297.504	12 121.043	−1 052 587.330	−1 054 503.710	−66 010.961	2 936.615	71	0.005	−0.265
72	12 121.043	17 539.341	−1 048 192.030	−1 049 939.840	−63 877.405	5 191.350	72	−0.012	−0.229
73	17 539.341	22 481.071	−1 043 988.120	−1 045 556.600	−61 351.672	7 826.756	73	−0.026	−0.193
74	22 481.071	26 884.441	−1 040 080.100	−1 041 459.560	−58 485.093	10 790.825	74	−0.035	−0.158
75	26 884.441	30 696.831	−1 036 562.420	−1 037 744.370	−55 327.052	14 033.576	75	−0.040	−0.125
76	30 696.831	33 874.432	−1 033 518.270	−1 034 495.420	−51 925.031	17 507.000	76	−0.040	−0.095
77	33 874.432	36 381.918	−1 031 018.430	−1 031 784.750	−48 324.754	21 164.936	77	−0.037	−0.069
78	36 381.918	38 192.144	−1 029 120.450	−1 029 671.230	−44 570.382	24 962.866	78	−0.031	−0.049
79	38 192.144	39 285.908	−1 027 867.910	−1 028 199.740	−40 704.797	28 857.639	79	−0.022	−0.033
80	39 285.908	39 651.763	−1 027 289.910	−1 027 400.750	−36 769.931	32 807.145	80	−0.012	−0.024

(3) 计算结果分析

由上述计算数据可以得到：

1) 弯矩呈对称分布，在拱顶范围内侧受拉，其最大值为 60.881 kN·m；在隧道两侧外侧受拉，其最大值为 54.924 kN·m；在拱底范围内侧受拉，其最大值为 39.651 kN·m。

2) 轴力呈对称分布，在隧道偏下两侧最大，其最大值为 1 080 kN，向拱顶及拱底轴力逐渐减小，拱顶处轴力最小，其最小值为 919.460 kN。

3) 剪力呈反对称分布，其最大值为 88.782 kN。

4) 拱顶节点位移最大，拱顶下沉最大位移为 1.061 mm，拱底下沉值为 0.021 mm。

综上计算分析，可依据上述结果选取主筋、箍筋和纵筋规格。

8. 工况 8

城市综合管廊内径为 3.5 m，管片混凝土采用 C40，管片厚度为 0.60 m，其计算变形、内力结果如图 6-5-38～图 6-5-41 和表 6-5-12 所示。

(1) 图形显示

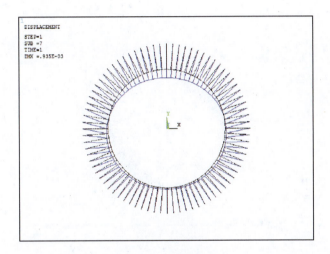

图 6-5-38　管片变形

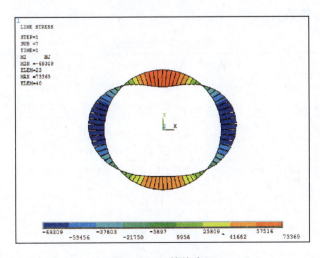

图 6-5-39　管片弯矩

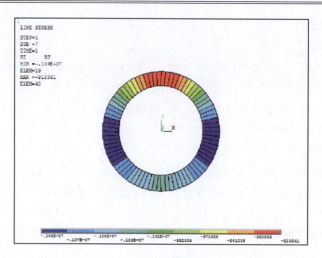

图 6-5-40　管片轴力

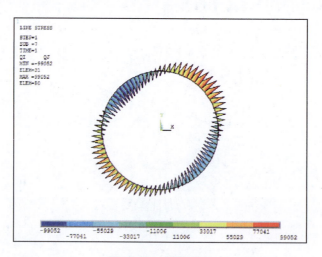

图 6-5-41　管片剪力

(2) 内力、位移计算数值

表 6-5-12　计算数值

ELEM	单元内力						NODE	节点位移	
	MI(N·m)	MJ(N·m)	NI(N)	NJ(N)	QI(N)	QJ(N)		UX(mm)	UY(mm)
1	55 880.029	55 313.107	−1 031 110.170	−1 030 977.160	−31 435.377	37 577.499	1	0.000	−0.130
2	55 313.107	53 620.734	−1 032 057.200	−1 031 659.000	−25 333.155	43 668.560	2	0.010	−0.133
3	53 620.734	50 828.054	−1 033 798.840	−1 033 137.910	−19 361.631	49 617.832	3	0.019	−0.140
4	50 828.054	46 976.851	−1 036 297.320	−1 035 377.730	−13 611.032	55 335.223	4	0.026	−0.153
5	46 976.851	42 125.356	−1 039 496.980	−1 038 324.410	−8 170.581	60 731.715	5	0.031	−0.170
6	42 125.356	36 347.970	−1 043 325.010	−1 041 906.670	−3 128.022	65 719.836	6	0.034	−0.191
7	36 347.970	29 734.882	−1 047 692.340	−1 046 036.980	1 430.917	70 214.194	7	0.034	−0.215
8	29 734.882	22 391.586	−1 052 494.900	−1 050 612.740	5 423.111	74 132.062	8	0.031	−0.241

续上表

	单元内力						节点位移		
ELEM	MI(N·m)	MJ(N·m)	NI(N)	NJ(N)	QI(N)	QJ(N)	NODE	UX(mm)	UY(mm)
9	22 391.586	14 438.274	−1 057 615.090	−1 055 517.710	8 768.696	77 394.033	9	0.024	−0.269
10	14 438.274	6 009.097	−1 062 923.430	−1 060 623.780	11 391.773	79 924.725	10	0.014	−0.298
11	6 009.097	−2 748.708	−1 068 280.580	−1 065 792.840	13 221.161	81 653.526	11	0.001	−0.327
12	−2 748.708	−11 675.842	−1 073 539.550	−1 070 879.040	14 191.171	82 515.366	12	−0.015	−0.355
13	−11 675.842	−20 602.099	−1 078 548.040	−1 075 731.180	14 242.387	82 451.497	13	−0.033	−0.382
14	−20 602.099	−29 347.671	−1 083 151.110	−1 080 195.270	13 322.431	81 410.252	14	−0.052	−0.407
15	−29 347.671	−37 724.589	−1 087 193.920	−1 084 117.300	11 386.691	79 347.763	15	−0.071	−0.430
16	−37 724.589	−45 538.274	−1 090 524.490	−1 087 346.080	8 398.981	76 228.630	16	−0.091	−0.450
17	−45 538.274	−52 589.214	−1 092 996.650	−1 089 736.040	4 332.147	72 026.506	17	−0.109	−0.468
18	−52 589.214	−58 674.720	−1 094 472.840	−1 091 150.120	−831.415	66 724.623	18	−0.125	−0.483
19	−58 674.720	−63 590.782	−1 094 826.810	−1 091 462.490	−7 099.310	60 316.227	19	−0.138	−0.496
20	−63 590.782	−67 133.981	−1 093 946.240	−1 090 561.040	−14 468.753	52 804.970	20	−0.148	−0.508
21	−67 133.981	−69 103.862	−1 091 681.780	−1 088 296.580	−22 924.120	44 207.351	21	−0.154	−0.518
22	−69 103.862	−69 309.208	−1 087 851.060	−1 084 486.730	−32 415.781	34 573.876	22	−0.156	−0.529
23	−69 309.208	−67 574.253	−1 082 351.900	−1 079 029.180	−42 860.448	23 988.709	23	−0.154	−0.539
24	−67 574.253	−63 740.865	−1 075 165.280	−1 071 904.660	−54 162.974	12 547.860	24	−0.147	−0.551
25	−63 740.865	−57 903.256	−1 066 352.040	−1 063 173.630	−64 956.252	1 619.293	25	−0.136	−0.565
26	−57 903.256	−50 272.888	−1 056 073.070	−1 052 996.450	−74 605.252	−8 161.131	26	−0.121	−0.581
27	−50 272.888	−41 102.951	−1 044 542.770	−1 041 586.920	−82 884.254	−16 566.880	27	−0.104	−0.600
28	−41 102.951	−30 682.247	−1 032 009.430	−1 029 192.570	−89 600.666	−23 404.582	28	−0.085	−0.622
29	−30 682.247	−19 328.074	−1 018 749.560	−1 016 089.060	−94 600.423	−28 519.424	29	−0.065	−0.647
30	−19 328.074	−7 378.293	−1 005 061.440	−1 002 573.700	−97 772.459	−31 799.630	30	−0.045	−0.675
31	−7 378.293	4 817.236	−991 257.826	−988 958.180	−99 052.091	−33 179.848	31	−0.026	−0.705
32	4 817.236	16 905.621	−977 658.233	−975 560.862	−98 423.203	−32 643.346	32	−0.010	−0.737
33	16 905.621	28 540.067	−964 580.853	−962 698.687	−95 919.142	−30 222.899	33	0.004	−0.769
34	28 540.067	39 388.925	−952 334.373	−950 679.018	−91 622.259	−26 000.342	34	0.015	−0.802
35	39 388.925	49 144.406	−941 209.946	−939 791.607	−85 662.103	−20 104.768	35	0.022	−0.833
36	49 144.406	57 530.718	−931 473.526	−930 300.948	−78 212.290	−12 709.391	36	0.025	−0.861
37	57 530.718	64 311.390	−923 358.803	−922 439.214	−69 486.115	−4 027.176	37	0.025	−0.886
38	64 311.390	69 295.589	−917 060.951	−916 400.023	−59 731.040	5 694.691	38	0.022	−0.907
39	69 295.589	72 343.220	−912 731.380	−912 333.186	−49 222.177	16 181.301	39	0.016	−0.922
40	72 343.220	73 368.694	−910 473.642	−910 340.638	−38 254.980	27 137.338	40	0.008	−0.932
41	73 368.694	72 343.220	−910 340.638	−910 473.642	−27 137.338	38 254.980	41	0.000	−0.935
42	72 343.220	69 295.589	−912 333.186	−912 731.380	−16 181.301	49 222.177	42	−0.008	−0.932
43	69 295.589	64 311.390	−916 400.023	−917 060.951	−5 694.691	59 731.040	43	−0.016	−0.922
44	64 311.390	57 530.718	−922 439.214	−923 358.803	4 027.176	69 486.115	44	−0.022	−0.907

续上表

	单元内力						节点位移		
ELEM	MI(N·m)	MJ(N·m)	NI(N)	NJ(N)	QI(N)	QJ(N)	NODE	UX(mm)	UY(mm)
45	57 530.718	49 144.406	−930 300.948	−931 473.526	12 709.391	78 212.290	45	−0.025	−0.886
46	49 144.406	39 388.925	−939 791.607	−941 209.946	20 104.768	85 662.103	46	−0.025	−0.861
47	39 388.925	28 540.067	−950 679.018	−952 334.373	26 000.342	91 622.259	47	−0.022	−0.833
48	28 540.067	16 905.621	−962 698.687	−964 580.853	30 222.899	95 919.142	48	−0.015	−0.802
49	16 905.621	4 817.236	−975 560.862	−977 658.233	32 643.346	98 423.203	49	−0.004	−0.769
50	4 817.236	−7 378.293	−988 958.180	−991 257.826	33 179.848	99 052.091	50	0.010	−0.737
51	−7 378.293	−19 328.074	−1 002 573.700	−1 005 061.440	31 799.630	97 772.459	51	0.026	−0.705
52	−19 328.074	−30 682.247	−1 016 089.060	−1 018 749.560	28 519.424	94 600.423	52	0.045	−0.675
53	−30 682.247	−41 102.951	−1 029 192.570	−1 032 009.430	23 404.582	89 600.666	53	0.065	−0.647
54	−41 102.951	−50 272.888	−1 041 586.920	−1 044 542.770	16 566.880	82 884.254	54	0.085	−0.622
55	−50 272.888	−57 903.256	−1 052 996.450	−1 056 073.070	8 161.131	74 605.252	55	0.104	−0.600
56	−57 903.256	−63 740.865	−1 063 173.630	−1 066 352.040	−1 619.293	64 956.252	56	0.121	−0.581
57	−63 740.865	−67 574.253	−1 071 904.660	−1 075 165.280	−12 547.860	54 162.974	57	0.136	−0.565
58	−67 574.253	−69 309.208	−1 079 029.180	−1 082 351.900	−23 988.709	42 860.448	58	0.147	−0.551
59	−69 309.208	−69 103.862	−1 084 486.730	−1 087 851.060	−34 573.876	32 415.781	59	0.154	−0.539
60	−69 103.862	−67 133.981	−1 088 296.580	−1 091 681.780	−44 207.351	22 924.120	60	0.156	−0.529
61	−67 133.981	−63 590.782	−1 090 561.040	−1 093 946.240	−52 804.970	14 468.753	61	0.154	−0.518
62	−63 590.782	−58 674.720	−1 091 462.490	−1 094 826.810	−60 316.227	7 099.310	62	0.148	−0.508
63	−58 674.720	−52 589.214	−1 091 150.120	−1 094 472.840	−66 724.623	831.415	63	0.138	−0.496
64	−52 589.214	−45 538.274	−1 089 736.040	−1 092 996.650	−72 026.506	−4 332.147	64	0.125	−0.483
65	−45 538.274	−37 724.589	−1 087 346.080	−1 090 524.490	−76 228.630	−8 398.981	65	0.109	−0.468
66	−37 724.589	−29 347.671	−1 084 117.300	−1 087 193.920	−79 347.763	−11 386.691	66	0.091	−0.450
67	−29 347.671	−20 602.099	−1 080 195.270	−1 083 151.110	−81 410.252	−13 322.431	67	0.071	−0.430
68	−20 602.099	−11 675.842	−1 075 731.180	−1 078 548.040	−82 451.497	−14 242.387	68	0.052	−0.407
69	−11 675.842	−2 748.708	−1 070 879.040	−1 073 539.550	−82 515.366	−14 191.171	69	0.033	−0.382
70	−2 748.708	6 009.097	−1 065 792.840	−1 068 280.580	−81 653.526	−13 221.161	70	0.015	−0.355
71	6 009.097	14 438.274	−1 060 623.780	−1 062 923.430	−79 924.725	−11 391.773	71	−0.001	−0.327
72	14 438.274	22 391.586	−1 055 517.710	−1 057 615.090	−77 394.033	−8 768.696	72	−0.014	−0.298
73	22 391.586	29 734.882	−1 050 612.740	−1 052 494.900	−74 132.062	−5 423.111	73	−0.024	−0.269
74	29 734.882	36 347.970	−1 046 036.980	−1 047 692.340	−70 214.194	−1 430.917	74	−0.031	−0.241
75	36 347.970	42 125.356	−1 041 906.670	−1 043 325.010	−65 719.836	3 128.022	75	−0.034	−0.215
76	42 125.356	46 976.851	−1 038 324.410	−1 039 496.980	−60 731.715	8 170.581	76	−0.034	−0.191
77	46 976.851	50 828.054	−1 035 377.730	−1 036 297.320	−55 335.223	13 611.032	77	−0.031	−0.170
78	50 828.054	53 620.734	−1 033 137.910	−1 033 798.840	−49 617.832	19 361.631	78	−0.026	−0.153
79	53 620.734	55 313.107	−1 031 659.000	−1 032 057.200	−43 668.560	25 333.155	79	−0.019	−0.140
80	55 313.107	55 880.029	−1 030 977.160	−1 031 110.170	−37 577.499	31 435.377	80	−0.010	−0.133

(3)计算结果分析

由上述计算数据可以得到:

1)弯矩呈对称分布,在拱顶范围内侧受拉,其最大值为 73.369 kN·m;在隧道两侧外侧受拉,其最大值为 69.309 kN·m;在拱底范围内侧受拉,其最大值为 55.880 kN·m。

2)轴力呈对称分布,在隧道偏下两侧最大,其最大值为 1 090 kN,向拱顶及拱底轴力逐渐减小,拱顶处轴力最小,其最小值为 910.341 kN。

3)剪力呈反对称分布,其最大值为 99.052 kN。

4)拱顶节点位移最大,拱顶下沉最大位移为 0.935 mm,拱底下沉值为 0.130 mm。

综上计算分析,可依据上述结果选取主筋、箍筋和纵筋规格。

9. 工况 9

城市综合管廊内径为 4.1 m,管片混凝土采用 C50,管片厚度为 0.30 m,其计算变形、内力结果如图 6-5-42～图 6-5-45 和表 6-5-13 所示。

(1)图形显示

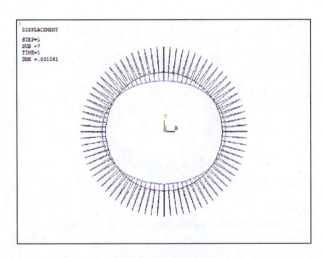

图 6-5-42　管片变形

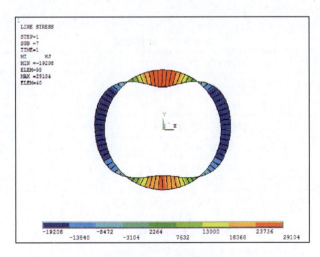

图 6-5-43　管片弯矩

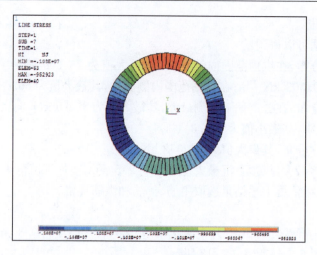

图 6-5-44 管片轴力

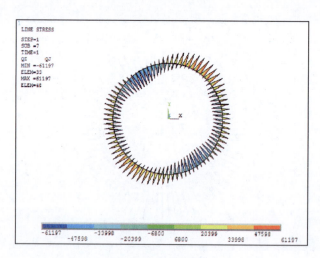

图 6-5-45 管片剪力

(2)内力、位移计算数值

表 6-5-13 计算数值

ELEM	单元内力						节点位移		
	MI(N·m)	MJ(N·m)	NI(N)	NJ(N)	QI(N)	QJ(N)	NODE	UX(mm)	UY(mm)
1	24 040.802	23 617.219	−1 026 103.390	−1 026 035.590	−33 041.899	37 630.388	1	0.000	0.887
2	23 617.219	22 363.093	−1 026 991.980	−1 026 788.980	−28 532.798	42 118.097	2	0.018	0.879
3	22 363.093	20 327.927	−1 028 674.600	−1 028 337.660	−24 281.317	46 326.927	3	0.034	0.856
4	20 327.927	17 593.000	−1 031 098.680	−1 030 629.870	−20 459.786	50 084.808	4	0.045	0.817
5	17 593.000	14 269.553	−1 034 186.860	−1 033 589.080	−17 230.754	53 229.588	5	0.049	0.766
6	14 269.553	10 496.278	−1 037 838.560	−1 037 115.480	−14 743.245	55 612.758	6	0.046	0.705
7	10 496.278	6 436.167	−1 041 931.970	−1 041 088.060	−13 129.245	57 102.978	7	0.035	0.636
8	6 436.167	2 272.751	−1 046 326.620	−1 045 367.090	−12 500.442	57 589.323	8	0.015	0.562

续上表

ELEM	单元内力						节点位移		
	MI(N·m)	MJ(N·m)	NI(N)	NJ(N)	QI(N)	QJ(N)	NODE	UX(mm)	UY(mm)
9	2 272.751	−1 794.191	−1 050 866.330	−1 049 797.080	−12 945.311	56 984.194	9	−0.013	0.486
10	−1 794.191	−5 553.388	−1 055 382.550	−1 054 210.180	−14 526.609	55 225.825	10	−0.049	0.411
11	−5 553.388	−8 787.212	−1 059 698.190	−1 058 429.930	−17 279.328	52 280.314	11	−0.089	0.340
12	−8 787.212	−11 277.087	−1 063 631.680	−1 062 275.340	−21 209.190	48 143.128	12	−0.134	0.273
13	−11 277.087	−12 911.441	−1 067 023.060	−1 065 587.010	−25 736.905	43 394.836	13	−0.179	0.213
14	−12 911.441	−13 936.465	−1 069 812.530	−1 068 305.630	−28 924.291	39 974.978	14	−0.225	0.159
15	−13 936.465	−14 564.680	−1 072 012.690	−1 070 444.220	−30 954.524	37 701.813	15	−0.268	0.113
16	−14 564.680	−14 972.123	−1 073 626.830	−1 072 006.460	−32 026.050	36 378.392	16	−0.308	0.074
17	−14 972.123	−15 297.080	−1 074 650.300	−1 072 988.020	−32 344.258	35 800.880	17	−0.344	0.040
18	−15 297.080	−15 639.743	−1 075 072.330	−1 073 378.390	−32 116.365	35 763.658	18	−0.375	0.012
19	−15 639.743	−16 062.334	−1 074 877.990	−1 073 162.850	−31 548.975	36 061.755	19	−0.399	−0.013
20	−16 062.334	−16 589.287	−1 074 050.110	−1 072 324.320	−30 847.693	36 491.228	20	−0.417	−0.034
21	−16 589.287	−17 207.636	−1 072 517.590	−1 070 791.800	−30 216.060	36 850.212	21	−0.427	−0.054
22	−17 207.636	−17 870.900	−1 070 158.550	−1 068 443.400	−29 836.524	36 957.940	22	−0.430	−0.073
23	−17 870.900	−18 502.507	−1 066 912.520	−1 065 218.590	−29 873.033	36 652.139	23	−0.425	−0.092
24	−18 502.507	−18 994.849	−1 062 782.160	−1 061 119.880	−30 494.580	35 765.476	24	−0.412	−0.114
25	−18 994.849	−19 207.700	−1 057 779.100	−1 056 158.730	−31 878.788	34 121.964	25	−0.391	−0.140
26	−19 207.700	−18 966.689	−1 051 922.280	−1 050 353.810	−34 211.494	31 537.363	26	−0.362	−0.171
27	−18 966.689	−18 062.330	−1 045 235.820	−1 043 728.920	−37 683.781	27 822.144	27	−0.326	−0.208
28	−18 062.330	−16 250.189	−1 037 746.620	−1 036 310.570	−42 485.812	22 787.642	28	−0.284	−0.253
29	−16 250.189	−13 252.890	−1 029 482.100	−1 028 125.760	−48 796.842	16 256.035	29	−0.237	−0.307
30	−13 252.890	−9 261.395	−1 020 574.080	−1 019 305.820	−54 079.417	10 766.135	30	−0.187	−0.369
31	−9 261.395	−4 541.190	−1 011 278.040	−1 010 105.670	−57 930.329	6 722.431	31	−0.137	−0.440
32	−4 541.190	633.561	−1 001 871.230	−1 000 801.980	−60 303.142	4 172.547	32	−0.090	−0.518
33	633.561	5 988.457	−992 632.701	−991 673.166	−61 197.135	3 118.295	33	−0.047	−0.600
34	5 988.457	11 257.280	−983 835.452	−982 991.546	−60 657.157	3 515.814	34	−0.012	−0.685
35	11 257.280	16 190.138	−975 738.676	−975 015.602	−58 772.147	5 277.044	35	0.015	−0.769
36	16 190.138	20 561.103	−968 580.371	−967 982.586	−55 672.364	8 272.489	36	0.032	−0.849
37	20 561.103	24 175.105	−962 570.500	−962 101.690	−51 525.382	12 335.217	37	0.040	−0.920
38	24 175.105	26 873.883	−957 884.940	−957 547.996	−46 530.969	17 265.982	38	0.039	−0.979
39	26 873.883	28 540.817	−954 660.380	−954 457.380	−40 914.990	22 839.310	39	0.030	−1.023
40	28 540.817	29 104.480	−952 990.363	−952 922.556	−34 922.522	28 810.386	40	0.017	−1.051
41	29 104.480	28 540.817	−952 922.556	−952 990.363	−28 810.386	34 922.522	41	0.000	−1.061
42	28 540.817	26 873.883	−954 457.380	−954 660.380	−22 839.310	40 914.990	42	−0.017	−1.051
43	26 873.883	24 175.105	−957 547.996	−957 884.940	−17 265.982	46 530.969	43	−0.030	−1.023
44	24 175.105	20 561.103	−962 101.690	−962 570.500	−12 335.217	51 525.382	44	−0.039	−0.979

续上表

	单元内力						节点位移		
ELEM	MI(N·m)	MJ(N·m)	NI(N)	NJ(N)	QI(N)	QJ(N)	NODE	UX(mm)	UY(mm)
45	20 561.103	16 190.138	−967 982.586	−968 580.371	−8 272.489	55 672.364	45	−0.040	−0.920
46	16 190.138	11 257.280	−975 015.602	−975 738.676	−5 277.044	58 772.147	46	−0.032	−0.849
47	11 257.280	5 988.457	−982 991.546	−983 835.452	−3 515.814	60 657.157	47	−0.015	−0.769
48	5 988.457	633.561	−991 673.166	−992 632.701	−3 118.295	61 197.135	48	0.012	−0.685
49	633.561	−4 541.190	−1 000 801.980	−1 001 871.230	−4 172.547	60 303.142	49	0.047	−0.600
50	−4 541.190	−9 261.395	−1 010 105.670	−1 011 278.040	−6 722.431	57 930.329	50	0.090	−0.518
51	−9 261.395	−13 252.890	−1 019 305.820	−1 020 574.080	−10 766.135	54 079.417	51	0.137	−0.440
52	−13 252.890	−16 250.189	−1 028 125.760	−1 029 482.100	−16 256.035	48 796.842	52	0.187	−0.369
53	−16 250.189	−18 062.330	−1 036 310.570	−1 037 746.620	−22 787.642	42 485.812	53	0.237	−0.307
54	−18 062.330	−18 966.689	−1 043 728.920	−1 045 235.820	−27 822.144	37 683.781	54	0.284	−0.253
55	−18 966.689	−19 207.700	−1 050 353.810	−1 051 922.280	−31 537.363	34 211.494	55	0.326	−0.208
56	−19 207.700	−18 994.849	−1 056 158.730	−1 057 779.100	−34 121.964	31 878.788	56	0.362	−0.171
57	−18 994.849	−18 502.507	−1 061 119.880	−1 062 782.160	−35 765.476	30 494.580	57	0.391	−0.140
58	−18 502.507	−17 870.900	−1 065 218.590	−1 066 912.520	−36 652.139	29 873.033	58	0.412	−0.114
59	−17 870.900	−17 207.636	−1 068 443.400	−1 070 158.550	−36 957.940	29 836.524	59	0.425	−0.092
60	−17 207.636	−16 589.287	−1 070 791.800	−1 072 517.590	−36 850.212	30 216.060	60	0.430	−0.073
61	−16 589.287	−16 062.334	−1 072 324.320	−1 074 050.110	−36 491.228	30 847.693	61	0.427	−0.054
62	−16 062.334	−15 639.743	−1 073 162.850	−1 074 877.990	−36 061.755	31 548.975	62	0.417	−0.034
63	−15 639.743	−15 297.080	−1 073 378.390	−1 075 072.330	−35 763.658	32 116.365	63	0.399	−0.013
64	−15 297.080	−14 972.123	−1 072 988.020	−1 074 650.300	−35 800.880	32 344.258	64	0.375	0.012
65	−14 972.123	−14 564.680	−1 072 036.460	−1 073 626.830	−36 378.392	32 026.050	65	0.344	0.040
66	−14 564.680	−13 936.465	−1 070 444.220	−1 072 012.690	−37 701.813	30 954.524	66	0.308	0.074
67	−13 936.465	−12 911.441	−1 068 305.630	−1 069 812.530	−39 974.978	28 924.291	67	0.268	0.113
68	−12 911.441	−11 277.087	−1 065 587.010	−1 067 023.060	−43 394.836	25 736.905	68	0.225	0.159
69	−11 277.087	−8 787.212	−1 062 275.340	−1 063 631.680	−48 143.128	21 209.190	69	0.179	0.213
70	−8 787.212	−5 553.388	−1 058 429.930	−1 059 698.190	−52 280.314	17 279.328	70	0.134	0.273
71	−5 553.388	−1 794.191	−1 054 210.180	−1 055 382.550	−55 225.825	14 526.609	71	0.089	0.340
72	−1 794.191	2 272.751	−1 049 797.080	−1 050 866.330	−56 984.194	12 945.311	72	0.049	0.411
73	2 272.751	6 436.167	−1 045 367.090	−1 046 326.620	−57 589.323	12 500.442	73	0.013	0.486
74	6 436.167	10 496.278	−1 041 088.060	−1 041 931.970	−57 102.978	13 129.245	74	−0.015	0.562
75	10 496.278	14 269.553	−1 037 115.480	−1 037 838.560	−55 612.758	14 743.245	75	−0.035	0.636
76	14 269.553	17 593.000	−1 033 589.080	−1 034 186.860	−53 229.588	17 230.754	76	−0.046	0.705
77	17 593.000	20 327.927	−1 030 629.870	−1 031 098.680	−50 084.808	20 459.786	77	−0.049	0.766
78	20 327.927	22 363.093	−1 028 337.660	−1 028 674.600	−46 326.927	24 281.317	78	−0.045	0.817
79	22 363.093	23 617.219	−1 026 788.980	−1 026 991.980	−42 118.097	28 532.798	79	−0.034	0.856
80	23 617.219	24 040.802	−1 026 035.590	−1 026 103.390	−37 630.388	33 041.899	80	−0.018	0.879

(3)计算结果分析

由上述计算数据可以得到:

1)弯矩呈对称分布,在拱顶范围内侧受拉,其最大值为 29.104 kN·m;在隧道两侧外侧受拉,其最大值为 19.208 kN·m;在拱底范围内侧受拉,其最大值为 24.040 kN·m。

2)轴力呈对称分布,在隧道偏下两侧最大,其最大值为 1 080 kN,向拱顶及拱底轴力逐渐减小,拱顶处轴力最小,其最小值为 952.923 kN。

3)剪力呈反对称分布,其最大值为 61.197 kN。

4)拱顶节点位移最大,拱顶下沉最大位移为 1.061 mm,拱底隆起最大位移为 0.887 mm。

综上计算分析,可依据上述结果选取主筋、箍筋和纵筋规格。

10. 工况 10

城市综合管廊内径为 3.9 m,管片混凝土采用 C50,管片厚度为 0.40 m,其计算变形、内力结果如图 6-5-46~图 6-5-49 和表 6-5-14 所示。

(1)图形显示

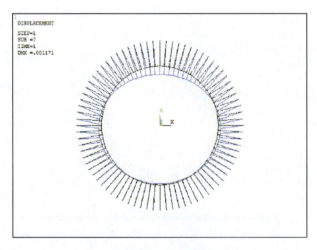

图 6-5-46　管片变形

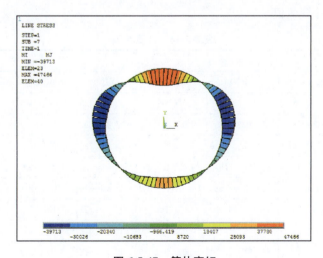

图 6-5-47　管片弯矩

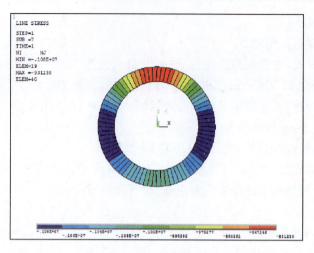

图 6-5-48 管片轴力

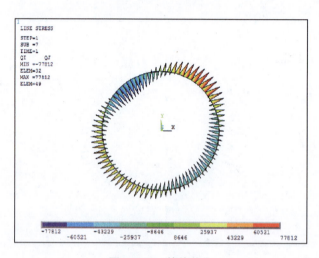

图 6-5-49 管片剪力

(2)内力、位移计算数值

表 6-5-14 计算数值

ELEM	单元内力						节点位移		
	MI(N·m)	MJ(N·m)	NI(N)	NJ(N)	QI(N)	QJ(N)	NODE	UX(mm)	UY(mm)
1	29 516.489	29 134.585	−1 024 531.650	−1 024 441.240	−32 980.145	37 116.879	1	0.000	0.178
2	29 134.585	28 004.585	−1 025 362.260	−1 025 091.590	−28 919.632	41 159.548	2	0.014	0.173
3	28 004.585	26 173.267	−1 026 907.240	−1 026 457.980	−25 103.736	44 939.863	3	0.026	0.160
4	26 173.267	23 717.402	−1 029 115.970	−1 028 490.890	−21 695.096	48 295.407	4	0.036	0.140
5	23 717.402	20 741.984	−1 031 914.080	−1 031 117.030	−18 846.816	51 073.403	5	0.042	0.112
6	20 741.984	17 377.792	−1 035 204.960	−1 034 240.860	−16 698.829	53 134.351	6	0.044	0.078
7	17 377.792	13 778.315	−1 038 871.760	−1 037 746.550	−15 374.472	54 355.449	7	0.042	0.039
8	13 778.315	10 116.100	−1 042 779.840	−1 041 500.460	−14 977.328	54 633.754	8	0.034	−0.003

续上表

ELEM	单元内力						节点位移		
	MI(N·m)	MJ(N·m)	NI(N)	NJ(N)	QI(N)	QJ(N)	NODE	UX(mm)	UY(mm)
9	10 116.100	6 440.246	−1 046 809.180	−1 045 383.520	−14 838.730	54 638.663	9	0.020	−0.048
10	6 440.246	2 728.559	−1 050 875.020	−1 049 311.860	−14 572.712	54 756.968	10	0.002	−0.094
11	2 728.559	−1 035.282	−1 054 901.990	−1 053 210.980	−14 211.543	54 957.309	11	−0.021	−0.140
12	−1 035.282	−4 859.554	−1 058 809.040	−1 057 000.590	−13 799.299	55 196.603	12	−0.048	−0.184
13	−4 859.554	−8 742.493	−1 062 510.510	−1 060 595.780	−13 390.931	55 420.965	13	−0.079	−0.227
14	−8 742.493	−12 670.415	−1 065 917.450	−1 063 908.240	−13 051.580	55 566.387	14	−0.112	−0.266
15	−12 670.415	−16 615.933	−1 068 938.990	−1 066 847.690	−12 856.100	55 559.212	15	−0.147	−0.301
16	−16 615.933	−20 536.231	−1 071 483.830	−1 069 323.340	−12 888.745	55 316.436	16	−0.181	−0.333
17	−20 536.231	−24 371.363	−1 073 461.740	−1 071 245.380	−13 242.959	54 745.909	17	−0.214	−0.361
18	−24 371.363	−28 042.610	−1 074 784.990	−1 072 526.420	−14 021.166	53 746.541	18	−0.245	−0.384
19	−28 042.610	−31 450.879	−1 075 369.630	−1 073 082.770	−15 334.458	52 208.605	19	−0.272	−0.404
20	−31 450.879	−34 475.210	−1 075 136.660	−1 072 835.610	−17 302.021	50 014.298	20	−0.293	−0.421
21	−34 475.210	−36 971.854	−1 073 959.700	−1 071 658.650	−20 048.066	47 040.808	21	−0.309	−0.436
22	−36 971.854	−38 777.473	−1 071 667.700	−1 069 380.840	−23 679.442	43 182.689	22	−0.317	−0.450
23	−38 777.473	−39 712.647	−1 068 156.960	−1 065 898.380	−28 284.024	38 353.463	23	−0.318	−0.464
24	−39 712.647	−39 581.870	−1 063 393.050	−1 061 176.680	−33 949.673	32 466.653	24	−0.310	−0.480
25	−39 581.870	−38 173.727	−1 057 357.210	−1 055 196.730	−40 763.286	25 436.728	25	−0.295	−0.500
26	−38 173.727	−35 261.892	−1 050 045.600	−1 047 954.300	−48 806.356	17 183.526	26	−0.273	−0.523
27	−35 261.892	−30 778.250	−1 041 504.680	−1 039 495.480	−57 222.124	8 565.103	27	−0.244	−0.552
28	−30 778.250	−24 955.297	−1 031 896.270	−1 029 981.540	−64 382.063	1 211.236	28	−0.209	−0.587
29	−24 955.297	−18 055.866	−1 021 467.440	−1 019 658.990	−70 122.390	−4 713.098	29	−0.172	−0.628
30	−18 055.866	−10 365.682	−1 010 488.190	−1 008 797.170	−74 319.613	−9 083.272	30	−0.134	−0.676
31	−10 365.682	−2 185.274	−999 244.422	−997 681.263	−76 894.048	−11 818.534	31	−0.096	−0.730
32	−2 185.274	6 178.546	−988 030.416	−986 604.752	−77 812.144	−12 884.343	32	−0.060	−0.787
33	6 178.546	14 421.395	−977 140.971	−975 861.591	−77 087.544	−12 293.432	33	−0.029	−0.848
34	14 421.395	22 249.988	−966 863.429	−965 738.221	−74 780.812	−10 105.540	34	−0.004	−0.909
35	22 249.988	29 390.508	−957 469.818	−956 505.718	−70 997.830	−6 425.816	35	0.014	−0.969
36	29 390.508	35 596.434	−949 209.351	−948 412.305	−65 886.879	−1 401.904	36	0.026	−1.025
37	35 596.434	40 655.616	−942 301.504	−941 676.424	−59 634.486	4 780.205	37	0.031	−1.074
38	40 655.616	44 396.358	−936 929.878	−936 480.620	−52 460.144	11 901.451	38	0.029	−1.115
39	44 396.358	46 692.363	−933 237.052	−932 966.384	−44 610.056	19 715.959	39	0.023	−1.146
40	46 692.363	47 466.367	−931 320.561	−931 230.153	−36 350.081	27 958.089	40	0.012	−1.165
41	47 466.367	46 692.363	−931 230.153	−931 320.561	−27 958.089	36 350.081	41	0.000	−1.171
42	46 692.363	44 396.358	−932 966.384	−933 237.052	−19 715.959	44 610.056	42	−0.012	−1.165
43	44 396.358	40 655.616	−936 480.620	−936 929.878	−11 901.451	52 460.144	43	−0.023	−1.146
44	40 655.616	35 596.434	−941 676.424	−942 301.504	−4 780.205	59 634.486	44	−0.029	−1.115

续上表

	单元内力						节点位移		
ELEM	MI(N·m)	MJ(N·m)	NI(N)	NJ(N)	QI(N)	QJ(N)	NODE	UX(mm)	UY(mm)
45	35 596.434	29 390.508	−948 412.305	−949 209.351	1 401.904	65 886.879	45	−0.031	−1.074
46	29 390.508	22 249.988	−956 505.718	−957 469.818	6 425.816	70 997.830	46	−0.026	−1.025
47	22 249.988	14 421.395	−965 738.221	−966 863.429	10 105.540	74 780.812	47	−0.014	−0.969
48	14 421.395	6 178.546	−975 861.591	−977 140.971	12 293.432	77 087.544	48	0.004	−0.909
49	6 178.546	−2 185.274	−986 604.752	−988 030.416	12 884.343	77 812.144	49	0.029	−0.848
50	−2 185.274	−10 365.682	−997 681.263	−999 244.422	11 818.534	76 894.048	50	0.060	−0.787
51	−10 365.682	−18 055.866	−1 008 797.170	−1 010 488.190	9 083.272	74 319.613	51	0.096	−0.730
52	−18 055.866	−24 955.297	−1 019 658.990	−1 021 467.440	4 713.098	70 122.390	52	0.134	−0.676
53	−24 955.297	−30 778.250	−1 029 981.540	−1 031 896.270	−1 211.236	64 382.063	53	0.172	−0.628
54	−30 778.250	−35 261.892	−1 039 495.480	−1 041 504.680	−8 565.103	57 222.124	54	0.209	−0.587
55	−35 261.892	−38 173.727	−1 047 954.300	−1 050 045.600	−17 183.526	48 806.356	55	0.244	−0.552
56	−38 173.727	−39 581.870	−1 055 196.730	−1 057 357.210	−25 436.728	40 763.286	56	0.273	−0.523
57	−39 581.870	−39 712.647	−1 061 176.680	−1 063 393.050	−32 466.653	33 949.673	57	0.295	−0.500
58	−39 712.647	−38 777.473	−1 065 898.380	−1 068 156.960	−38 353.463	28 284.024	58	0.310	−0.480
59	−38 777.473	−36 971.854	−1 069 380.840	−1 071 667.700	−43 182.689	23 679.442	59	0.318	−0.464
60	−36 971.854	−34 475.210	−1 071 658.650	−1 073 959.700	−47 040.808	20 048.066	60	0.317	−0.450
61	−34 475.210	−31 450.879	−1 072 835.610	−1 075 136.660	−50 014.298	17 302.021	61	0.309	−0.436
62	−31 450.879	−28 042.610	−1 073 082.770	−1 075 369.630	−52 208.605	15 334.458	62	0.293	−0.421
63	−28 042.610	−24 371.363	−1 072 526.420	−1 074 784.990	−53 746.541	14 021.166	63	0.272	−0.404
64	−24 371.363	−20 536.231	−1 071 245.380	−1 073 461.740	−54 745.909	13 242.959	64	0.245	−0.384
65	−20 536.231	−16 615.933	−1 069 323.340	−1 071 483.830	−55 316.436	12 888.745	65	0.214	−0.361
66	−16 615.933	−12 670.415	−1 066 847.690	−1 068 938.990	−55 559.212	12 856.100	66	0.181	−0.333
67	−12 670.415	−8 742.493	−1 063 908.240	−1 065 917.450	−55 566.387	13 051.580	67	0.147	−0.301
68	−8 742.493	−4 859.554	−1 060 595.780	−1 062 510.510	−55 420.965	13 390.931	68	0.112	−0.266
69	−4 859.554	−1 035.282	−1 057 000.590	−1 058 809.040	−55 196.603	13 799.299	69	0.079	−0.227
70	−1 035.282	2 728.559	−1 053 210.980	−1 054 901.990	−54 957.309	14 211.543	70	0.048	−0.184
71	2 728.559	6 440.246	−1 049 311.860	−1 050 875.020	−54 756.968	14 572.712	71	0.021	−0.140
72	6 440.246	10 116.100	−1 045 383.520	−1 046 809.180	−54 638.663	14 838.730	72	−0.002	−0.094
73	10 116.100	13 778.315	−1 041 500.460	−1 042 779.840	−54 633.754	14 977.328	73	−0.020	−0.048
74	13 778.315	17 377.792	−1 037 746.550	−1 038 871.760	−54 355.449	15 374.472	74	−0.034	−0.003
75	17 377.792	20 741.984	−1 034 240.860	−1 035 204.960	−53 134.351	16 698.829	75	−0.042	0.039
76	20 741.984	23 717.402	−1 031 117.030	−1 031 914.080	−51 073.403	18 846.816	76	−0.044	0.078
77	23 717.402	26 173.267	−1 028 490.890	−1 029 115.970	−48 295.407	21 695.096	77	−0.042	0.112
78	26 173.267	28 004.585	−1 026 457.980	−1 026 907.240	−44 939.863	25 103.736	78	−0.036	0.140
79	28 004.585	29 134.585	−1 025 091.590	−1 025 362.260	−41 159.548	28 919.632	79	−0.026	0.160
80	29 134.585	29 516.489	−1 024 441.240	−1 024 531.650	−37 116.879	32 980.145	80	−0.014	0.173

(3) 计算结果分析

由上述计算数据可以得到：

1) 弯矩呈对称分布，在拱顶范围内侧受拉，其最大值为 47.466 kN·m；在隧道两侧外侧受拉，其最大值为 39.713 kN·m；在拱底范围内侧受拉，其最大值为 29.516 kN·m。

2) 轴力呈对称分布，在隧道偏下两侧最大，其最大值为 1 080 kN，向拱顶及拱底轴力逐渐减小，拱顶处轴力最小，其最小值为 931.230 kN。

3) 剪力呈反对称分布，其最大值为 77.812 kN。

4) 拱顶节点位移最大，拱顶下沉最大位移为 1.171 mm，拱底隆起最大位移为 0.178 mm。

综上计算分析，可依据上述结果选取主筋、箍筋和纵筋规格。

11. 工况 11

城市综合管廊内径为 3.7 m，管片混凝土采用 C50，管片厚度为 0.50 m，其计算变形、内力结果如图 6-5-50～图 6-5-53 和表 6-5-15 所示。

(1) 图形显示

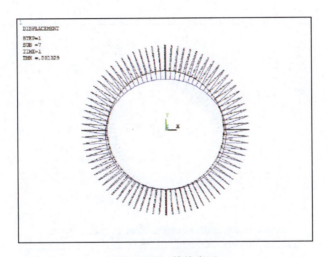

图 6-5-50　管片变形

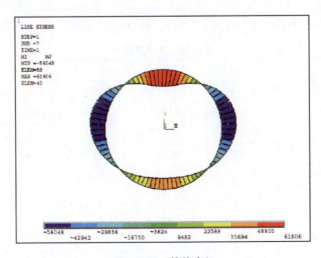

图 6-5-51　管片弯矩

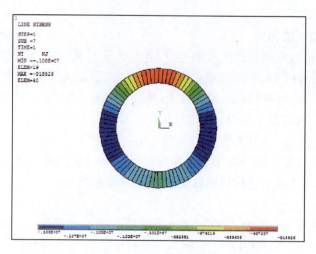

图 6-5-52 管片轴力

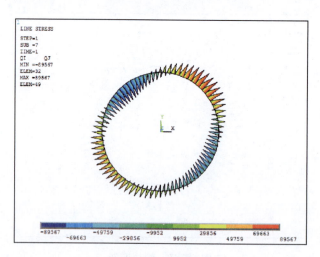

图 6-5-53 管片剪力

(2)内力、位移计算数值

表 6-5-15 计算数值

ELEM	单元内力						NODE	节点位移	
	MI(N·m)	MJ(N·m)	NI(N)	NJ(N)	QI(N)	QJ(N)		UX(mm)	UY(mm)
1	41 031.350	40 647.446	−1 028 029.280	−1 027 916.270	−32 681.678	36 840.084	1	0.000	−0.031
2	40 647.446	39 499.985	−1 028 841.360	−1 028 503.030	−28 539.146	40 968.318	2	0.011	−0.035
3	39 499.985	37 601.748	−1 030 336.500	−1 029 774.930	−24 458.747	45 020.208	3	0.021	−0.044
4	37 601.748	34 974.134	−1 032 483.530	−1 031 702.180	−20 487.269	48 949.143	4	0.029	−0.059
5	34 974.134	31 647.308	−1 035 236.490	−1 034 240.180	−16 672.325	52 707.772	5	0.035	−0.079
6	31 647.308	27 660.390	−1 038 535.190	−1 037 330.070	−13 062.595	56 247.761	6	0.038	−0.104
7	27 660.390	23 061.674	−1 042 305.930	−1 040 899.420	−9 708.014	59 519.607	7	0.037	−0.132
8	23 061.674	17 908.878	−1 046 462.400	−1 044 863.180	−6 659.882	62 472.519	8	0.032	−0.164

续上表

ELEM	单元内力						节点位移		
	MI(N·m)	MJ(N·m)	NI(N)	NJ(N)	QI(N)	QJ(N)	NODE	UX(mm)	UY(mm)
9	17 908.878	12 269.393	−1 050 906.880	−1 049 124.800	−3 970.903	65 054.379	9	0.022	−0.198
10	12 269.393	6 220.526	−1 055 531.500	−1 053 577.550	−1 695.145	67 211.781	10	0.009	−0.233
11	6 220.526	−150.271	−1 060 219.810	−1 058 106.040	112.076	68 890.139	11	−0.008	−0.268
12	−150.271	−6 745.216	−1 064 848.480	−1 062 587.920	1 394.382	70 033.868	12	−0.028	−0.302
13	−6 745.216	−13 456.049	−1 069 289.230	−1 066 895.820	2 094.581	70 586.632	13	−0.051	−0.335
14	−13 456.049	−20 163.949	−1 073 410.820	−1 070 899.310	2 154.974	70 491.639	14	−0.076	−0.365
15	−20 163.949	−26 739.503	−1 077 081.210	−1 074 467.100	1 517.715	69 692.002	15	−0.102	−0.393
16	−26 739.503	−33 042.770	−1 080 169.830	−1 077 469.220	125.232	68 131.151	16	−0.128	−0.417
17	−33 042.770	−38 923.418	−1 082 549.740	−1 079 779.280	−2 079.287	65 753.311	17	−0.152	−0.439
18	−38 923.418	−44 220.976	−1 084 099.880	−1 081 276.660	−5 151.326	62 504.067	18	−0.174	−0.457
19	−44 220.976	−48 765.209	−1 084 707.170	−1 081 848.590	−9 144.345	58 331.051	19	−0.193	−0.472
20	−48 765.209	−52 376.645	−1 084 268.480	−1 081 392.170	−14 108.943	53 184.774	20	−0.208	−0.486
21	−52 376.645	−54 867.690	−1 082 639.190	−1 079 762.880	−20 089.704	47 021.773	21	−0.217	−0.498
22	−54 867.690	−56 047.822	−1 079 636.670	−1 076 778.100	−27 103.064	39 826.734	22	−0.221	−0.509
23	−56 047.822	−55 728.950	−1 075 153.130	−1 072 329.910	−35 136.400	31 613.402	23	−0.220	−0.521
24	−55 728.950	−53 727.047	−1 069 158.270	−1 066 387.810	−44 168.252	22 404.344	24	−0.212	−0.534
25	−53 727.047	−49 863.592	−1 061 646.270	−1 058 945.660	−54 169.318	12 229.958	25	−0.199	−0.550
26	−49 863.592	−44 226.619	−1 052 690.640	−1 050 076.520	−63 695.574	2 535.333	26	−0.181	−0.569
27	−44 226.619	−37 043.636	−1 042 471.070	−1 039 959.570	−71 991.668	−5 923.139	27	−0.158	−0.591
28	−37 043.636	−28 578.328	−1 031 222.190	−1 028 828.780	−78 862.055	−12 948.911	28	−0.133	−0.618
29	−28 578.328	−19 123.678	−1 019 207.240	−1 016 946.680	−84 148.441	−18 382.733	29	−0.106	−0.649
30	−19 123.678	−8 994.254	−1 006 711.730	−1 004 597.960	−87 734.304	−22 107.173	30	−0.079	−0.685
31	−8 994.254	1 482.134	−994 036.313	−992 082.365	−89 548.335	−24 050.067	31	−0.053	−0.723
32	1 482.134	11 973.203	−981 489.102	−979 707.022	−89 566.687	−24 186.774	32	−0.029	−0.765
33	11 973.203	22 151.136	−969 377.726	−967 778.501	−87 813.943	−22 541.149	33	−0.009	−0.807
34	22 151.136	31 701.457	−958 001.230	−956 594.719	−84 362.747	−19 185.174	34	0.007	−0.850
35	31 701.457	40 331.586	−947 642.123	−946 436.999	−79 332.084	−14 237.246	35	0.018	−0.891
36	40 331.586	47 778.843	−938 558.792	−937 562.484	−72 884.247	−7 859.150	36	0.025	−0.929
37	47 778.843	53 817.652	−930 978.500	−930 197.150	−65 220.559	−251.777	37	0.027	−0.963
38	53 817.652	58 265.755	−925 091.186	−924 529.613	−56 575.960	8 350.279	38	0.024	−0.991
39	58 265.755	60 989.241	−921 044.264	−920 705.930	−47 212.616	17 685.114	39	0.018	−1.012
40	60 989.241	61 906.250	−918 938.564	−918 825.553	−37 412.721	27 470.711	40	0.010	−1.024
41	61 906.250	60 989.241	−918 825.553	−918 938.564	−27 470.711	37 412.721	41	0.000	−1.029
42	60 989.241	58 265.755	−920 705.930	−921 044.264	−17 685.114	47 212.616	42	−0.010	−1.024
43	58 265.755	53 817.652	−924 529.613	−925 091.186	−8 350.279	56 575.960	43	−0.018	−1.012
44	53 817.652	47 778.843	−930 197.150	−930 978.500	251.777	65 220.559	44	−0.024	−0.991

续上表

ELEM	单元内力						NODE	节点位移	
	MI(N·m)	MJ(N·m)	NI(N)	NJ(N)	QI(N)	QJ(N)		UX(mm)	UY(mm)
45	47 778.843	40 331.586	−937 562.484	−938 558.792	7 859.150	72 884.247	45	−0.027	−0.963
46	40 331.586	31 701.457	−946 436.999	−947 642.123	14 237.246	79 332.084	46	−0.025	−0.929
47	31 701.457	22 151.136	−956 594.719	−958 001.230	19 185.174	84 362.747	47	−0.018	−0.891
48	22 151.136	11 973.203	−967 778.501	−969 377.726	22 541.149	87 813.943	48	−0.007	−0.850
49	11 973.203	1 482.134	−979 707.022	−981 489.102	24 186.774	89 566.687	49	0.009	−0.807
50	1 482.134	−8 994.254	−992 082.365	−994 036.313	24 050.067	89 548.335	50	0.029	−0.765
51	−8 994.254	−19 123.678	−1 004 597.960	−1 006 711.730	22 107.173	87 734.304	51	0.053	−0.723
52	−19 123.678	−28 578.328	−1 016 946.680	−1 019 207.240	18 382.733	84 148.441	52	0.079	−0.685
53	−28 578.328	−37 043.636	−1 028 828.780	−1 031 222.190	12 948.911	78 862.055	53	0.106	−0.649
54	−37 043.636	−44 226.619	−1 039 959.570	−1 042 471.070	5 923.139	71 991.668	54	0.133	−0.618
55	−44 226.619	−49 863.592	−1 050 076.520	−1 052 690.640	−2 535.333	63 695.574	55	0.158	−0.591
56	−49 863.592	−53 727.047	−1 058 945.660	−1 061 646.270	−12 229.958	54 169.318	56	0.181	−0.569
57	−53 727.047	−55 728.950	−1 066 387.810	−1 069 158.270	−22 404.344	44 168.252	57	0.199	−0.550
58	−55 728.950	−56 047.822	−1 072 329.910	−1 075 153.130	−31 613.402	35 136.400	58	0.212	−0.534
59	−56 047.822	−54 867.690	−1 076 778.100	−1 079 636.670	−39 826.734	27 103.064	59	0.220	−0.521
60	−54 867.690	−52 376.645	−1 079 762.880	−1 082 639.190	−47 021.773	20 089.704	60	0.221	−0.509
61	−52 376.645	−48 765.209	−1 081 392.170	−1 084 268.480	−53 184.774	14 108.943	61	0.217	−0.498
62	−48 765.209	−44 220.976	−1 081 848.590	−1 084 707.170	−58 331.051	9 144.345	62	0.208	−0.486
63	−44 220.976	−38 923.418	−1 081 276.660	−1 084 099.880	−62 504.067	5 151.326	63	0.193	−0.472
64	−38 923.418	−33 042.770	−1 079 779.280	−1 082 549.740	−65 753.311	2 079.287	64	0.174	−0.457
65	−33 042.770	−26 739.503	−1 077 469.220	−1 080 169.830	−68 131.151	−125.232	65	0.152	−0.439
66	−26 739.503	−20 163.949	−1 074 467.100	−1 077 081.210	−69 692.002	−1 517.715	66	0.128	−0.417
67	−20 163.949	−13 456.049	−1 070 899.310	−1 073 410.820	−70 491.639	−2 154.974	67	0.102	−0.393
68	−13 456.049	−6 745.216	−1 066 895.820	−1 069 289.230	−70 586.632	−2 094.581	68	0.076	−0.365
69	−6 745.216	−150.271	−1 062 587.920	−1 064 848.480	−70 033.868	−1 394.382	69	0.051	−0.335
70	−150.271	6 220.526	−1 058 106.040	−1 060 219.810	−68 890.139	−112.076	70	0.028	−0.302
71	6 220.526	12 269.393	−1 053 577.550	−1 055 531.500	−67 211.781	1 695.145	71	0.008	−0.268
72	12 269.393	17 908.878	−1 049 124.800	−1 050 906.880	−65 054.379	3 970.903	72	−0.009	−0.233
73	17 908.878	23 061.674	−1 044 863.180	−1 046 462.400	−62 472.519	6 659.882	73	−0.022	−0.198
74	23 061.674	27 660.390	−1 040 899.420	−1 042 305.930	−59 519.607	9 708.014	74	−0.032	−0.164
75	27 660.390	31 647.308	−1 037 330.070	−1 038 535.190	−56 247.761	13 062.595	75	−0.037	−0.132
76	31 647.308	34 974.134	−1 034 240.180	−1 035 236.490	−52 707.772	16 672.325	76	−0.038	−0.104
77	34 974.134	37 601.748	−1 031 702.180	−1 032 483.530	−48 949.143	20 487.269	77	−0.035	−0.079
78	37 601.748	39 499.985	−1 029 774.930	−1 030 336.500	−45 020.208	24 458.747	78	−0.029	−0.059
79	39 499.985	40 647.446	−1 028 503.030	−1 028 841.360	−40 968.318	28 539.146	79	−0.021	−0.044
80	40 647.446	41 031.350	−1 027 916.270	−1 028 029.280	−36 840.084	32 681.678	80	−0.011	−0.035

(3)计算结果分析

由上述计算数据可以得到：

1)弯矩呈对称分布,在拱顶范围内侧受拉,其最大值为 61.906 kN·m；在隧道两侧外侧受拉,其最大值为 56.048 kN·m；在仰拱范围内侧受拉,其最大值为 41.031 kN·m。

2)轴力呈对称分布,在隧道偏下两侧最大,其最大值为 1 080 kN,向拱顶及拱底轴力逐渐减小,拱顶处轴力最小,其最小值为 918.826 kN。

3)剪力呈反对称分布,其最大值为 89.567 kN。

4)拱顶节点位移最大,拱顶下沉最大位移为 1.029 mm,仰拱下沉值为 0.031 mm。

综上计算分析,可依据上述结果选取主筋、箍筋和纵筋规格。

12. 工况 12

城市综合管廊内径为 3.5 m,管片混凝土采用 C50,管片厚度为 0.60 m,其计算变形、内力结果如图 6-5-54～图 6-5-57 和表 6-5-16 所示。

(1)图形显示

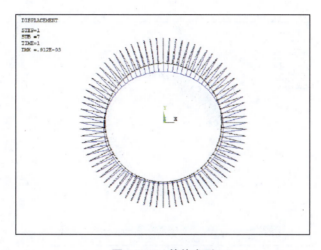

图 6-5-54　管片变形

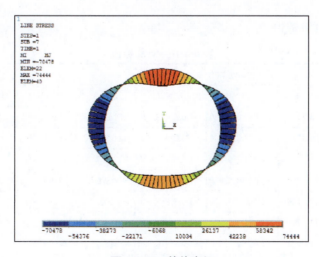

图 6-5-55　管片弯矩

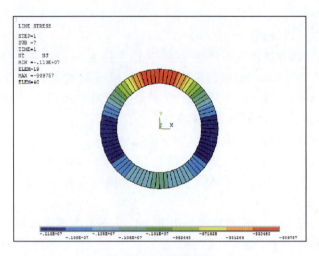

图 6-5-56 管片轴力

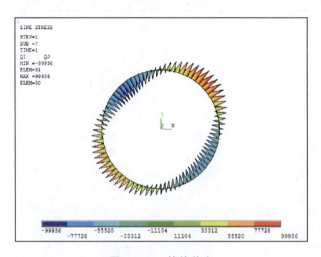

图 6-5-57 管片剪力

(2) 内力、位移计算数值

表 6-5-16 计算数值

ELEM	单元内力						节点位移		
	MI(N·m)	MJ(N·m)	NI(N)	NJ(N)	QI(N)	QJ(N)	NODE	UX(mm)	UY(mm)
1	57 341.528	56 755.153	−1 032 058.780	−1 031 923.170	−31 296.766	37 649.734	1	0.000	−0.143
2	56 755.153	55 004.934	−1 033 019.660	−1 032 613.650	−24 986.682	43 949.067	2	0.009	−0.145
3	55 004.934	52 117.542	−1 034 785.960	−1 034 112.070	−18 815.769	50 098.543	3	0.018	−0.153
4	52 117.542	48 137.266	−1 037 319.100	−1 036 381.490	−12 879.561	56 002.759	4	0.025	−0.165
5	48 137.266	43 125.766	−1 040 562.260	−1 039 366.690	−7 272.282	61 567.692	5	0.030	−0.181
6	43 125.766	37 161.716	−1 044 441.070	−1 042 994.920	−2 086.248	66 701.284	6	0.032	−0.201
7	37 161.716	30 340.326	−1 048 864.640	−1 047 176.830	2 588.773	71 314.092	7	0.032	−0.224
8	30 340.326	22 772.738	−1 053 726.810	−1 051 807.740	6 666.263	75 319.981	8	0.028	−0.250

续上表

	单元内力						节点位移		
ELEM	MI(N·m)	MJ(N·m)	NI(N)	NJ(N)	QI(N)	QJ(N)	NODE	UX(mm)	UY(mm)
9	22 772.738	14 585.283	−1 058 907.640	−1 056 769.150	10 063.704	78 636.874	9	0.021	−0.276
10	14 585.283	5 918.590	−1 064 275.220	−1 061 930.480	12 703.372	81 187.544	10	0.012	−0.304
11	5 918.590	−3 073.459	−1 069 687.670	−1 067 151.140	14 513.168	82 900.441	11	−0.001	−0.332
12	−3 073.459	−12 224.919	−1 074 995.420	−1 072 282.750	15 427.453	83 710.523	12	−0.016	−0.359
13	−12 224.919	−21 359.138	−1 080 043.700	−1 077 171.610	15 387.881	83 560.086	13	−0.034	−0.385
14	−21 359.138	−30 290.251	−1 084 675.250	−1 081 661.440	14 344.186	82 399.549	14	−0.052	−0.409
15	−30 290.251	−38 824.810	−1 088 733.080	−1 085 596.140	12 254.924	80 188.187	15	−0.071	−0.430
16	−38 824.810	−46 763.537	−1 092 063.420	−1 088 822.690	9 088.125	76 894.782	16	−0.090	−0.450
17	−46 763.537	−53 903.174	−1 094 518.680	−1 091 194.130	4 821.855	72 498.183	17	−0.107	−0.466
18	−53 903.174	−60 038.429	−1 095 960.310	−1 092 572.440	−555.325	66 987.753	18	−0.123	−0.481
19	−60 038.429	−64 963.977	−1 096 261.640	−1 092 831.350	−7 044.001	60 363.728	19	−0.135	−0.493
20	−64 963.977	−68 476.510	−1 095 310.490	−1 091 858.920	−14 633.637	52 637.479	20	−0.145	−0.504
21	−68 476.510	−70 377.223	−1 092 958.290	−1 089 506.720	−23 300.277	43 833.802	21	−0.151	−0.514
22	−70 377.223	−70 478.152	−1 089 024.130	−1 085 593.840	−32 985.565	34 011.900	22	−0.152	−0.524
23	−70 478.152	−68 608.425	−1 083 407.970	−1 080 020.110	−43 597.314	23 264.802	23	−0.149	−0.534
24	−68 608.425	−64 616.430	−1 076 093.630	−1 072 769.080	−55 031.555	11 697.311	24	−0.143	−0.545
25	−64 616.430	−58 611.966	−1 067 147.060	−1 063 906.330	−65 872.002	726.535	25	−0.132	−0.558
26	−58 611.966	−50 809.332	−1 056 733.470	−1 053 596.530	−75 552.745	−9 080.813	26	−0.118	−0.574
27	−50 809.332	−41 464.525	−1 045 068.840	−1 042 055.030	−83 848.182	−17 498.351	27	−0.101	−0.592
28	−41 464.525	−30 869.102	−1 032 403.010	−1 029 530.920	−90 565.992	−24 333.003	28	−0.083	−0.613
29	−30 869.102	−19 343.039	−1 019 014.030	−1 016 301.360	−95 552.529	−29 430.405	29	−0.064	−0.636
30	−19 343.039	−7 226.768	−1 005 201.610	−1 002 665.090	−98 697.289	−32 679.368	30	−0.044	−0.663
31	−7 226.768	5 127.414	−991 279.911	−988 935.173	−99 936.287	−34 015.266	31	−0.027	−0.692
32	5 127.414	17 364.329	−977 569.751	−975 431.255	−99 254.240	−33 422.216	32	−0.010	−0.722
33	17 364.329	29 135.078	−964 390.536	−962 471.465	−96 685.443	−30 933.967	33	0.003	−0.753
34	29 135.078	40 106.102	−952 052.061	−950 364.248	−92 313.307	−26 633.433	34	0.013	−0.784
35	40 106.102	49 967.919	−940 846.475	−939 400.326	−86 268.545	−20 650.884	35	0.020	−0.814
36	49 967.919	58 443.275	−931 040.603	−929 845.033	−78 726.023	−13 160.803	36	0.023	−0.841
37	58 443.275	65 294.486	−922 868.876	−921 931.257	−69 900.365	−4 377.491	37	0.023	−0.865
38	65 294.486	70 329.762	−916 527.074	−915 853.186	−60 040.422	5 450.461	38	0.021	−0.885
39	70 329.762	73 408.317	−912 167.067	−911 761.065	−49 422.751	16 046.695	39	0.015	−0.899
40	73 408.317	74 444.145	−909 892.724	−909 757.111	−38 344.283	27 114.411	40	0.008	−0.908
41	74 444.145	73 408.317	−909 757.111	−909 892.724	−27 114.411	38 344.283	41	0.000	−0.912
42	73 408.317	70 329.762	−911 761.065	−912 167.067	−16 046.695	49 422.751	42	−0.008	−0.908
43	70 329.762	65 294.486	−915 853.186	−916 527.074	−5 450.461	60 040.422	43	−0.015	−0.899
44	65 294.486	58 443.275	−921 931.257	−922 868.876	4 377.491	69 900.365	44	−0.021	−0.885

续上表

	单元内力						节点位移		
ELEM	MI(N·m)	MJ(N·m)	NI(N)	NJ(N)	QI(N)	QJ(N)	NODE	UX(mm)	UY(mm)
45	58 443.275	49 967.919	−929 845.033	−931 040.603	13 160.803	78 726.023	45	−0.023	−0.865
46	49 967.919	40 106.102	−939 400.326	−940 846.475	20 650.884	86 268.545	46	−0.023	−0.841
47	40 106.102	29 135.078	−950 364.248	−952 052.061	26 633.433	92 313.307	47	−0.020	−0.814
48	29 135.078	17 364.329	−962 471.465	−964 390.536	30 933.967	96 685.443	48	−0.013	−0.784
49	17 364.329	5 127.414	−975 431.255	−977 569.751	33 422.216	99 254.240	49	−0.003	−0.753
50	5 127.414	−7 226.768	−988 935.173	−991 279.911	34 015.266	99 936.287	50	0.010	−0.722
51	−7 226.768	−19 343.039	−1 002 665.090	−1 005 201.610	32 679.368	98 697.289	51	0.027	−0.692
52	−19 343.039	−30 869.102	−1 016 301.360	−1 019 014.030	29 430.405	95 552.529	52	0.044	−0.663
53	−30 869.102	−41 464.525	−1 029 530.920	−1 032 403.010	24 333.003	90 565.992	53	0.064	−0.636
54	−41 464.525	−50 809.332	−1 042 055.030	−1 045 068.840	17 498.351	83 848.182	54	0.083	−0.613
55	−50 809.332	−58 611.966	−1 053 596.530	−1 056 733.470	9 080.813	75 552.745	55	0.101	−0.592
56	−58 611.966	−64 616.430	−1 063 906.330	−1 067 147.060	−726.535	65 872.002	56	0.118	−0.574
57	−64 616.430	−68 608.425	−1 072 769.080	−1 076 093.630	−11 697.311	55 031.555	57	0.132	−0.558
58	−68 608.425	−70 478.152	−1 080 020.110	−1 083 407.970	−23 264.802	43 597.314	58	0.143	−0.545
59	−70 478.152	−70 377.223	−1 085 593.840	−1 089 024.130	−34 011.900	32 985.565	59	0.149	−0.534
60	−70 377.223	−68 476.510	−1 089 506.720	−1 092 958.290	−43 833.802	23 300.277	60	0.152	−0.524
61	−68 476.510	−64 963.977	−1 091 858.920	−1 095 310.490	−52 637.479	14 633.637	61	0.151	−0.514
62	−64 963.977	−60 038.429	−1 092 831.350	−1 096 261.640	−60 363.728	7 044.001	62	0.145	−0.504
63	−60 038.429	−53 903.174	−1 092 572.440	−1 095 960.310	−66 987.753	555.325	63	0.135	−0.493
64	−53 903.174	−46 763.537	−1 091 194.130	−1 094 518.680	−72 498.183	−4 821.855	64	0.123	−0.481
65	−46 763.537	−38 824.810	−1 088 822.690	−1 092 063.420	−76 894.782	−9 088.125	65	0.107	−0.466
66	−38 824.810	−30 290.251	−1 085 596.140	−1 088 733.080	−80 188.187	−12 254.924	66	0.090	−0.450
67	−30 290.251	−21 359.138	−1 081 661.440	−1 084 675.250	−82 399.549	−14 344.186	67	0.071	−0.430
68	−21 359.138	−12 224.919	−1 077 171.610	−1 080 043.700	−83 560.086	−15 387.881	68	0.052	−0.409
69	−12 224.919	−3 073.459	−1 072 282.750	−1 074 995.420	−83 710.523	−15 427.453	69	0.034	−0.385
70	−3 073.459	5 918.590	−1 067 151.140	−1 069 687.670	−82 900.441	−14 513.168	70	0.016	−0.359
71	5 918.590	14 585.283	−1 061 930.480	−1 064 275.220	−81 187.544	−12 703.372	71	0.001	−0.332
72	14 585.283	22 772.738	−1 056 769.150	−1 058 907.640	−78 636.874	−10 063.704	72	−0.012	−0.304
73	22 772.738	30 340.326	−1 051 807.740	−1 053 726.810	−75 319.981	−6 666.263	73	−0.021	−0.276
74	30 340.326	37 161.716	−1 047 176.830	−1 048 864.640	−71 314.092	−2 588.773	74	−0.028	−0.250
75	37 161.716	43 125.766	−1 042 994.920	−1 044 441.070	−66 701.284	2 086.248	75	−0.032	−0.224
76	43 125.766	48 137.266	−1 039 366.690	−1 040 562.260	−61 567.692	7 272.282	76	−0.032	−0.201
77	48 137.266	52 117.542	−1 036 381.490	−1 037 319.100	−56 002.759	12 879.561	77	−0.030	−0.181
78	52 117.542	55 004.934	−1 034 112.070	−1 034 785.960	−50 098.543	18 815.769	78	−0.025	−0.165
79	55 004.934	56 755.153	−1 032 613.650	−1 033 019.660	−43 949.067	24 986.682	79	−0.018	−0.153
80	56 755.153	57 341.528	−1 031 923.170	−1 032 058.780	−37 649.734	31 296.766	80	−0.009	−0.145

(3)计算结果分析

由上述计算数据可以得到：

1)弯矩呈对称分布，在拱顶范围内侧受拉，其最大值为74.444 kN·m；在隧道两侧外侧受拉，其最大值为70.478 kN·m；在仰拱范围内侧受拉，其最大值为57.341 kN·m。

2)轴力呈对称分布，在隧道偏下两侧最大，其最大值为1 100 kN，向拱顶及拱底轴力逐渐减小，拱顶处轴力最小，其最小值为909.757 kN。

3)剪力呈反对称分布，其最大值为99.936 kN。

4)拱顶节点位移最大，拱顶下沉最大位移为0.912 mm，仰拱下沉值为0.143 mm。

综上计算分析，可依据上述结果选取主筋、箍筋和纵筋规格。

13. 结果分析

为分析管片在荷载作用下的内力值及位移值与管片所采用的材料强度等级及管片厚度之间的相互关系，从而更好地选择管片混凝土强度等级和厚度的合理组合，以优化工程设计。将以上各工况的弯矩值、轴力值、剪力值及位移值列于表6-5-17中。

表6-5-17 各工况内力及位移数值

工况	强度	厚度(m)	弯矩 M(kN·m)			轴力 N(kN)		剪力Q(kN)	位移 S(mm)	
			拱顶最大值(内侧受拉)	两侧最大值(外侧受拉)	拱底最大值(内侧受拉)	最大值(受压)	最小值(受压)	最大值	拱顶(41#)	仰拱(1#)
1	C30	0.30	27.117	17.126	23.693	1 080	955.508	59.318	−1.083	1.063
2	C30	0.40	45.479	37.390	29.100	1 070	933.026	76.073	−1.238	0.262
3	C30	0.50	59.636	53.554	37.900	1 080	920.329	87.853	−1.112	−0.009
4	C30	0.60	72.076	67.901	54.036	1 090	911.155	98.011	−0.974	−0.116
5	C40	0.30	28.209	18.258	23.953	1 080	954.070	60.338	−1.067	0.963
6	C40	0.40	46.581	38.637	29.387	1 070	931.987	77.030	−1.197	0.214
7	C40	0.50	60.881	54.924	39.651	1 080	919.460	88.782	−1.061	−0.021
8	C40	0.60	73.369	69.309	55.880	1 090	910.052	99.052	−0.935	−0.130
9	C50	0.30	29.104	19.208	24.040	1 080	952.923	61.197	−1.061	0.887
10	C50	0.40	47.466	39.713	29.516	1 080	931.230	77.812	−1.171	0.178
11	C50	0.50	61.906	56.048	41.031	1 080	918.826	89.567	−1.029	−0.031
12	C50	0.60	74.444	70.478	57.341	1 100	909.757	99.936	−0.912	−0.143

注：1. 弯矩内侧受拉为负值，外侧受拉为正值，为绘图方便，表6-5-17中所取的数值均为弯矩的绝对值。

2. 轴力受拉为正值，受压为负值，因管片轴力均为受压，为绘图方便，表6-5-17中所取的数值均为轴力的绝对值。

3. 拱顶处取41#节点，拱底处取1#节点，位移中负值表示下沉，正值表示隆起。拱顶位移均是下沉值，拱底位移有隆起有下沉。

为更加形象直观地比较内力值和位移值与管片混凝土强度等级和管片厚度的相互关系，现把表6-5-17中的各个工况的内力值（弯矩、轴力及剪力）及位移值绘制于图6-5-58～图6-5-61中。

从图6-5-58中各个工况的管片弯矩图可以看出：

(1)盾构隧道的拱顶、两侧及拱底的弯矩值随管片厚度的增大而增大；同一管片厚度下，弯矩值随混凝土强度等级的增大而增大。主要是由于管片厚度及混凝土强度等级增大，提高了管片的整体刚度，同时也增大了管片自重，以至于造成弯矩值增大。对于匀质圆环的衬砌管片，力学上属于超静定结构，当外荷载一定时，整体刚度越大，由此产生的内力将会增大。

(2)盾构隧道拱顶、两侧及拱底弯矩值中，拱顶弯矩值最大，主要由于拱顶承受的外荷载最大，即土层压力、水压力、注浆压力、车辆等效荷载及自重作用，其受力均为同一方向且指向隧道内。一般情况下拱底处弯矩值最小，仅在厚度为0.3 m时，其数值大于两侧弯矩值，主要由

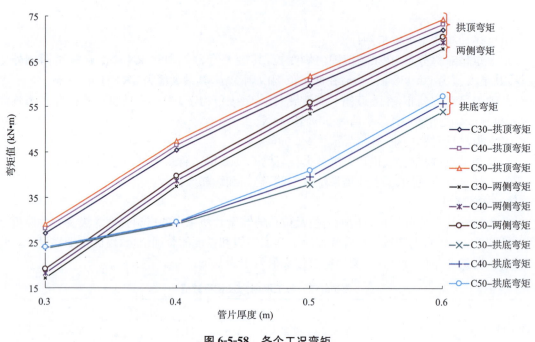

图 6-5-58　各个工况弯矩

于管片厚度为 0.3 m 时,整体刚度较小,底部所受的土压力和水压力较大,造成拱底出现较大的隆起,弯矩值也相应较大。随着管片厚度增大时,整体刚度提高,由于变形需相互协调,弯矩值就向上转移,其数值就小于两侧弯矩值。

(3)拱顶、两侧及拱底的弯矩值随混凝土强度等级的增大而增大,但是增大的幅度不明显,主要由于混凝土强度等级的增大也提高了管片的整体刚度,造成弯矩值相应的增大。因为整体刚度为弹性模量与惯性矩的乘积,单独提高弹性模量对提高整体刚度没有单独增大厚度提高整体刚度明显,因此弯矩值增大幅度不明显。拱底弯矩值在管片厚度较小时,随着管片混凝土强度等级的增大,弯矩值变化较小,主要由于管片厚度较小时,混凝土强度等级增大,整体刚度变化很小,由此造成弯矩变化很小。

(4)针对城市盾构而言,一般情况下,拱顶弯矩值较大,应加强配筋设计。在管片厚度较薄时,尤其是地层存在高水头压力时,拱底隆起较大,弯矩也会相应增大,应加强配筋设计。

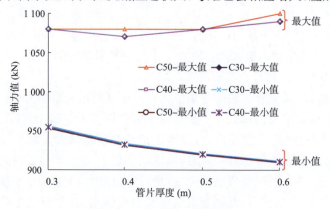

图 6-5-59　各个工况管片轴力

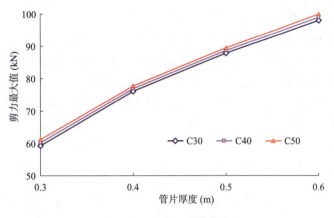

图 6-5-60　各个工况管片剪力

由图 6-5-59 和图 6-5-60 的管片轴力图和剪力图可以得到：

(1) 轴力最大值随着管片厚度及混凝土强度等级的增大变化趋势不明显，尤其在 C30、C40 情况下轴力最大值没有发生变化。由轴力云图可以看出，轴力最大值在两侧区域，即发生在围岩的最大弹性抗力区域。由于在两侧偏下的最大抗力区，上半部分脱离区的自重提供一部分轴力，地层压力、水压力、注浆压力和车辆荷载提供一部分轴力，取隧道上半部分区域根据受力平衡分析，随着管片厚度及混凝土强度等级的增大，整体刚体增大，弯矩值增大，自重也相应的增大，轴力最大截面处的垂直反力增大，但是轴线与铅垂线的夹角也相应增大，导致垂直反力在轴线上的分量（最大轴力）基本上保持不变。

(2) 轴力最小值随着管片厚度的增大呈现明显地减小趋势，随着混凝土材料强度等级增大而减小的趋势不明显。由轴力云图可以看出轴力最小值出现在拱顶处，即弯矩最大处。随着管片厚度及混凝土强度等级的增大，管片整体刚度增大，管片变形减小，轴线与竖向的夹角增大。当拱顶处弯矩最大时，剪力最小。针对拱顶处根据受力平衡条件，由竖向力的两个分量轴力与剪力的关系（剪力与轴力之比等于夹角的正切值）可知，轴力呈现减小的趋势。

(3) 剪力的最大值随管片厚度增大呈现明显的增大趋势，随着混凝土强度等级的增大而增大的趋势不明显。管片厚度及混凝土强度等级增大，管片整体刚度增大，弯矩值增大，同时自重也相应的增大，根据静力平衡条件，剪力呈现增大的趋势。

(4) 根据管片轴力最大值的位置，需要加强配筋设计（尤其纵筋），以抵抗混凝土受压作用；在剪力最大值的位置，需要加强配筋设计（尤其箍筋），以抵抗混凝土的受剪作用。

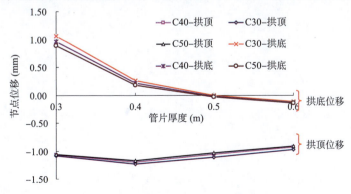

图 6-5-61　各个工况节点位移

根据图 6-5-61 拱顶及拱底的位移图可以得到：

(1)拱顶及拱底的位移量比较小，基本处于毫米量级，主要由于盾构管廊埋深较小而地下水位较高，造成浮力很大，上覆土层的有效重力与浮力相比较数值相差不明显，同时底部的土压力来不及释放，施加在拱底。总体而言造成管片的位移量较小。

(2)拱顶位移量随着管片厚度呈现先增大后减小的趋势，拱底位移量随着管片厚度的增大呈现先隆起后下沉的趋势。主要由于随着管片厚度增大，管片整体刚度增大，自重也相应增大，在管片厚度较小时，增大的刚度难以抵抗由自重及上覆荷载产生的位移量，随着管片厚度逐渐增大，虽然自重相应增大，但是此时增大的刚度足以抵抗产生的位移。拱底由于管片厚度较小时，整体刚度较小，管片本身自重也较小，因此产生较大的隆起。随着自重及刚度逐渐增大，隆起的位移量逐渐减小，直至整个盾构管片整体下沉，使得拱底产生了一定的下沉量。

(3)盾构管片拱顶及拱底的位移量随着混凝土强度等级的增大呈现减小的趋势，但减小的程度不明显，说明在浅埋高水头的条件下，管片产生的位移量较小时，C30 混凝土已经可以满足工程要求，再增大强度等级对控制沉降作用不大。

综上所述，在城市综合管廊盾构管片设计过程中，要综合考虑埋深、地下水位等影响。随着管片厚度及混凝土强度的增加，管片的整体刚度增大，减小了结构的变形，增大了结构的弯矩，尤其是内侧受拉的弯矩值增大，而轴力减小，此时对结构受力不利。同时自重也相应的增大，也会增大结构的变形。因此在浅埋条件下，如果管片的厚度很大，将导致很大的内力，必然要配置较多的钢筋来满足受力要求，总体上会增加造价。如果衬砌厚度设计的过薄，则变形量增大，对施工安全不利，同时对防水也有影响。因此厚度的确定不能太大也不能过小，需要根据工程类比及力学分析计算综合确定。如果管片的混凝土强度等级增大，整体刚度增大，也会产生很大的内力，对混凝土的要求会提高，造价也相应的提高。如果管片混凝土强度等级减小，整体刚度减小，抵抗变形的能力减弱。因此混凝土强度等级的确定也需要综合确定。

分析中，建议采用中等强度等级的混凝土、薄的管片，即 C40,0.3 m 厚的管片。

别外，分析只是采用荷载结构法计算，主要针对管片结构的受力特性，由于盾构施工将造成地下水环境、应力环境的改变，使得地表沉降增大。同时城市环境对地表沉降控制极其严格，因此考虑到所处的整体环境条件而言，一般情况下应通过增大管片的刚度(管片强度及厚度)进行设计或者通过其他工程措施控制沉降，保证施工及运营安全。

第7章 综合管廊运营与维修养护管理

7.1 运营管理模式

7.1.1 国外综合管廊运营管理模式

综合管廊最早起源于欧洲,英国、法国等西欧国家由于政府财政能力较强,因此综合管廊一般被当作完全公共产品对待,建设资金全部由政府负担,管廊建成后产权归政府所有,由政府将管廊租给各管线单位使用,收取租费。但通常对于综合管廊的租费并没有明确规定,而是由当地议会进行听证确定。这种体制是在政府财政能力较强,社会民主程度较高的欧洲国家采取的通常模式,但必须具备较完善的法律体系保障,在我国目前的体制和社会条件下还不具备完全参照的条件。

日本综合管廊大规模开始建设是从 1963 年开始的。1963 年日本政府制定了《共同沟法》,规定综合管廊成为道路的合法附属物,自此日本开始了大规模、系统化的综合管廊建设。日本《共同沟法》规定,综合管廊的建设费用由道路管理者与管线建设者共同承担,各级政府可以获得政策性贷款的支持以支付建设费用。综合管廊建成后的维护管理工作由道路管理者和管线单位共同负责。综合管廊主体的维护管理可由道路管理者独自承担,也可与管线单位组成的联合体共同负责维护。综合管廊中的管线维护则由管线投资方自行负责。这种模式更接近于国内目前采取的方式。

7.1.2 国内综合管廊运营管理模式

1. 国内市政综合管廊的运营管理模式

目前国内市政综合管廊的运营管理模式主要有以下几种:

(1)全资国有企业运营模式

由地方政府出资组建或直接由已成立的政府直属国有投资公司负责融资建设,项目建设资金主要来源于地方财政投资、政策性开发贷款、商业银行贷款、组织运营商联合共建等多种方式。项目建成后由国有企业为主导,通过组建项目公司等具体模式实施项目的运营管理。目前这种模式较为常见,天津、杭州、顺德等城市采取此种运作模式,青岛高新区采取的也是类似的国有企业主导的运营管理模式。

(2)股份合作运营模式。

由政府授权的国有资产管理公司代表政府,以地下空间资源或部分带资入股,并通过招商引资引入社会投资商,共同组建股份制项目公司。以股份公司制的运作方式进行项目的投资建设以及后期运营管理。这种模式有利于解决政府财政的建设资金困难,同时政府与企业互惠互利,实现政府社会效益和社会资金经济效益的双赢。柳州、南昌等城市采取的是这种运作模式。

这种运营模式在国外的综合管廊建设中被大量采用,通过引入专门的运营公司,可以提高专业化程度,降低成本,提高地下综合管廊的运营效率。同时,日常运营管理费用由政府和管线单位共同分担的模式与政府或管线单位单独承担相比,政府和企业的负担都可以大大降低,有利于管沟的正常运营。

(3) 政府享有政府授予特许经营权的社会投资商独资管理运营模式。

这种模式下政府不承担综合管廊的具体投资、建设以及后期运营管理工作,所有这些工作都由被授权委托的社会投资商负责。政府通过授权特许经营的方式给予投资商综合管廊的相应运营权及收费权,具体收费标准由政府在通盘考虑社会效益以及企业合理合法的收益率等前提下确定,同时可以辅以通过土地补偿以及其他政策倾斜等方式给予投资运营商补偿,使运营商实现合理的收益。运营商可以通过政府竞标等形式进行选择。这种模式政府节省了成本,但为了确保社会效益的有效发挥,政府必须加强监管。佳木斯、南京、抚州等城市采取的是这种运作模式。

以这几种模式为基础,各地根据自身的实际衍生出多种具体的操作方式。

2. 台湾地区综合管廊运营管理的经验

台湾是国内实施综合管廊建设较早的地区。台湾综合管廊的快速发展主要得益于政府的政策支持。台湾综合管廊的相关政策法律法规相比于日本和欧洲显得更加进步,主要表现在台湾利用法律的方式规定了各主体的费用分摊方式。台湾的综合管廊主要由政府部门和管线单位共同出资建设,管线单位通常以其直埋管线的成本为基础分摊综合管廊的建设成本,这种方式不会给管线单位造成额外的成本负担,较为公平合理。剩余的建设成本通常由政府负担,粗略计算管线单位相比于政府要承担更多的综合管廊建设成本。管廊建成后的使用期内产生的管廊主体维护费用同样由双方共同负担,管线单位按照管线使用的频率和占用的管廊空间等按比例分担管廊的日常维护费用,政府有专门的主管部门负责管廊的管理和协调工作,并负担相应的开支。政府和管线单位都可以享受政策上的资金支持。

3. 广州大学城综合管廊运营管理的经验

广州大学城是近年来国内综合管廊建设比较有代表性的地区。广州大学城位于广州西南小围谷岛,综合管廊沿岛随道路呈环形布置,全长约 18 km。综合管廊总投资约 4 亿元,管廊容量为远期规划扩容保留了一定的预留空间。若按照传统的直埋管线方式进行成本核算,现状管线的直埋成本约 8 000 万元,由此看来,综合管廊的一次性建设投入明显超过直埋管线。该综合管廊由广州大学城投资经营管理有限公司投资建设,该公司性质相当于政府投融资平台公司。

为合理补偿广州大学城综合管廊工程部分建设费用及日常维护费用,经广州大学城投资经营管理有限公司报请广东省物价局批准,可以对入廊的各管线单位收取相应费用。综合管廊管线入廊费收费标准参照各管线直埋成本的原则确定。对进驻综合管廊的管线单位一次性收取的管线入廊费按实际铺设长度计取。具体单位长度收费标准为:

(1) 饮用净水水管(直径 600 mm)每米收费标准为 562.28 元。

(2) 杂用水水管(直径 400 mm)每米收费标准为 419.65 元。

(3) 供热水水管(直径 600 mm)每米收费标准为 1 394.09 元。

(4) 供电电缆每米收费标准为 102.70 元。

(5) 通信管线每米收费标准为 59.01 元。

广州大学城综合管廊日常维护管理费用是根据各类管线设计截面空间比例,由各管线单位合理分摊的原则确定。具体收费标准见表 7-1-1。

表 7-1-1 综合管廊日常维护费用收费标准

管　线	饮用水	供电	通信	杂用水	供热水	通信电缆
截面空间比例(%)	12.70	35.45	25.40	10.58	15.87	每根(现行)
收费金额(万元/年)	31.98	89.27	63.96	26.64	39.96	12.79

广州大学城的综合管廊运营在政府政策方面有了收费权的保障,为其后期运营管理打下了良好的政策基础,在国内综合管廊的管理运营方面走在了前列。

从广州大学城的经验看,要想较好的运营综合管廊,有几个关键因素很重要。一是对综合管廊产权归属相应的法律保障。应该明确"谁投资,谁拥有、谁收益"的原则。二是政府的政策支持。对于收费权以及收费标准等影响综合管廊运营具有决定性意义的政策,政府应当尽快明确。三是政府的资金支持。综合管廊是市政基础设施,具备公共产品的性质,不能仅仅以投资回报的角度和标准去衡量综合管廊的投资运营是否成功。公共产品的固定资产折旧以及维护管理成本应当由公共财政负担,投资价值应更多考虑其产生的社会效益。

4. 昆明综合管廊运营管理的经验

昆明市的综合管廊自 2003 年开始建设,经过 4 年时间建成三条主干线综合管廊总长度约 43 km,总投资约 12 亿元。昆明综合管廊的项目建设单位是昆明城市管网设施综合开发有限责任公司,建成后的综合管廊也由该公司进行运营和维护管理。昆明城市管网设施综合开发有限责任公司注册资本金 100 万元,其中,国有股占 70%,民营资本占 30%。公司融资完全采用市场化运作,通过银行贷款、发行企业债券等方式筹集建设资金,4 年时间完成 12 亿元建设投资。

昆明综合管廊建成后仍由昆明城市管网设施综合开发有限责任公司负责运营,回收的资金用于偿还银行贷款和赎回企业债券。经营方式主要是引入电力、给水、弱电等管线,收取入廊费用。收费标准通过综合以下三条原则进行加权平衡确定:一是新建直埋管线的土建费用;二是管线在综合管廊内占用的空间面积的比例;三是管线在管廊内安全运行所需要的配套设施设备的成本。对沿线已建成的电力或弱电线路重新改线进入综合管廊的情况不收费。对沿线新建的符合入廊条件的管线均要求进入综合管廊,按照上述收费标准进行收费。

《昆明市道路管理条例》规定对道路开挖的审批进行限制,新建或改建完工后使用未满 5 年的和道路大修竣工后未满 3 年的城市道路若要进行挖掘的,将按照规定标准的 5 倍收取城市道路挖掘修复费。同时政府部门通过规划审批限制新建管线的选址和走向,尽可能使周边地块所需管线经过综合管廊进入地块。政府行政支持和协调的方式对保证管廊的使用效率创造了良好条件。综合管廊按照使用寿命 50 年计算,管廊内空间应考虑至少 30 年内各类管线入廊及扩容的需求。只有管廊内的建成管线达到一定的规模才能产生效益。

昆明市综合管廊按照进入管廊内的管线数量和长度进行收费,目前管廊内的管线容量约为总容量的 50%,收取管线入廊费大约 5 亿元,其中大部分是电力部门缴纳。由于电力行业处于行业垄断的强势地位,电力管线入廊谈判的推动较为困难,昆明城投公司依托昆明市政府通过和昆明电力公司进行谈判,论证在电力管线入管廊建设成本核算、技术可行性和可靠的安全运行保障等方面电力线路在综合管廊内的优势,并积极争取南方电网公司乃至国家电网公司的支持才得以促成双方的合作。昆明通过电力架空线下地入廊节约了电力走廊占用土地和空间，因此使管廊周边的土地价格和城市环境得到有效改善和提升。由于电力管线入廊好处明显，之后昆明电力公司主动委托昆明城市管网设施综合开发有限责任公司建设新线路的电力管廊。昆明城市管网设施综合开发有限责任公司也借电力资金优势，同时争取给水和通信等管线运营主体的建设资金，合作建设新的联建综合管廊。

昆明综合管廊的经营架构。昆明市综合管廊的投融资、建设和经营管理由昆明城投的全资子公司昆明城市管网设施综合开发有限责任公司负责。公司领导层设执行董事兼总经理一名，副总经理三名，总工程师一名，部门设置为综合部、总工办、市场部、技术部、管理部等职能部门。市场部负责联系协调电力等各专业运营商进行市场拓展和商业谈判。总工办、技术部负责工程设计方案、成本造价、建设工期的审核和管理同时在与运营商谈判过程中提供技术支持。管理部负责建成工程的维护管理。

管廊产权、使用权界定及其产生的影响。昆明城市管网设施综合开发有限责任公司成立之初为昆明城投和民营资本合资成立的股份制公司，之后昆明城投的管理权由昆明建委划归至国资委管理后，政府收购民营股份成为全国资企业。因此，昆明市的综合管廊在管线入廊前产权属国有。在收取入廊管线入廊费后管廊的产权界定涉及到了管廊运行和维护管理费用的收取问题。管廊业主昆明城市管网设施综合开发有限责任公司认为综合管廊产权国有，运营商缴纳入廊费后只拥有管廊内特定局部空间的使用权。运营商认为缴纳入廊费与管线直埋的土建成本基本持平甚至略高，却没有得到管廊的产权，政策有失公平。另外，只有管廊使用权，管廊的运行维护费该不该由运营商负担需要进一步讨论，通过政策层面加以界定。这些产权政策的不明确，都会在管廊业主和管线单位等利益相关方之间造成争议，从而给管廊运营管理的顺利实施造成障碍。

已建成管廊的维护和巡检管理。昆明城市管网设施综合开发有限责任公司下设的管理部负责管廊的日常维护管理，管理现场设综合管廊控制中心，控制中心由维修部、线路巡检部、网络维护三部门组成，同时建立与城市执法和公安机关实时联动机制。维修部负责日常少量的维修任务，保修期间的堵漏和设备故障由施工单位和设备供应商负责，保修期以后较大规模的维修任务采取服务外包的形式。线路巡检部有劳务公司外聘人员组成，负责管廊内巡视，在管廊自动控制系统和检查井盖防入侵系统建设完成前采取全天24 h不间断人员巡检，人员成本较高。已建成的43 km综合管廊进行划段巡检保证各段管廊每周巡检一次。

网络维护部负责控制中心值班、自动系统的维护管理等工作。从昆明综合管廊的运营管理经验看，一是政府应委托全资国有企业作为产权单位拥有综合管廊的产权。二是政府应从政策制定和行政领域确保综合管廊的合理使用及效率。三是综合管廊的运营，尤其是收费必须以政府政策倾斜和支持为前提。

5. 福建省综合管廊运营管理的经验

2011年福建省住房和城乡建设厅针对福建省实际专门制定了《福建省城市综合管廊建设指南（试行）》，该指南是针对福建省内的综合管廊从规划布局、工程设计、施工技术和质量标准以及验收、移交和运行管理等方面制定的全面指导性文件。

针对管廊的维护管理，《指南》规定："城市综合管廊应交由管廊管理单位进行专业维护管理，管廊管理单位应配备机电、结构、消防等相关专业人员，持证上岗。管廊自竣工验收移交后，接收单位即行使维护管理职责。管廊管理单位应规范化管理，建立值班、检查、档案资料等管理制度。检查制度分为日常检查、定期检查、特殊检查。日常检查以目测为主,每周不少于一次。定期检查宜用仪器和量具量测,每季度不少于一次。特殊检查根据实际需要由专业机构进行"。

《指南》同时明确了管廊管理单位和管线产权单位应当履行的义务。管廊管理单位的义务包括:保持管廊内的整洁和通风良好。执行安全监控和巡查制度。协助管线单位专业巡查、养护和维修。保证管廊设施正常运转。发生险情时,采取紧急措施,必要时通知管线单位抢修。定期组织应急预案演练。为保障管廊安全运行应履行的其他义务。管线产权单位应当履行的义务包括:建立健全安全责任制,配合管廊管理单位做好管廊的安全运行。管线使用和维护应当执行相关安全技术规程。建立管线定期巡查记录,记录内容应当包括巡查人员(数)、巡查时间、地点(范围)、发现问题与处理措施、报告记录及巡查人员签名等。编制实施管廊内管线维护和巡检计划,并接受管廊管理单位的监督检查。在管廊内实施明火作业的,应当符合消防要求,并制定施工方案。制定管线应急预案,并报管廊管理单位备案。为保障入管廊管线安全运行应当履行的其他义务。

针对综合管廊的运行管理,《指南》规定:城市综合管廊实行有偿使用制度。管廊管理单位负责向各管线单位提供管廊使用及管廊日常维护管理服务,并收取管廊使用费和管廊日常维护管理费。管廊使用费及日常维护管理费,经市政行政主管部门报价格行政主管部门按照有关规定核准。城市综合管廊的管理费用包括日常巡查、大中维修等维护费用、管理及必要人员的开支等费用等。综合管廊管理费用中的大中维修等维护费用由政府承担,其他管理费用由管线单位按照入廊管线规模分摊。管廊日常维护管理费的分摊标准采取"空间比例法"即由管线单位按照入廊管线所占空间(管线净空间+管线操作空间)占用综合管廊空间的比例分摊。城市综合管廊使用费即入廊费采取"直埋成本法"(不包括管线单位自行投入管线材料成本和安装成本)进行核算。管线单位承担的管廊使用费原则上不超过管线直接敷设的成本。其理由是各管线单位的管线不进入管廊,采取传统直埋方式自行铺设也须支付直埋成本。计算规则可以简单表述为:入廊费=各管线单位直埋成本×进入管廊管线数量×实际铺设长度。

6. 厦门市综合管廊运营管理的经验

由于国家尚未出台与综合管廊相关的法律法规,综合管廊管理尚处于无法可依的境地。根据福建省的《指南》意见,厦门市结合自身实际,于2011年率先制定并实施了《厦门市城市综合管廊管理办法》。该《办法》侧重解决管廊管理中更多的具体实际问题,突出地方特色。《办法》主要作了以下规定:

一是明确管廊统一规划、统一配套建设、统一移交的"三统一"管理制度。针对目前城市地下管线的无序建设问题,《办法》规定有关部门应当组织编制管廊专项规划并按规定批准实施。新建、改建、扩建城市道路和新区建设时,按照管廊专项规划应当建设管廊的,要求按规划配套建设综合管廊。除法律、法规、规章及市政府另有规定情况外,管廊建设单位应当按照规定将经竣工验收合格的管廊移交有关部门委托的管廊管理单位统一进行管理维护,并按规定向城建档案管理机构报送工程档案。

二是为确保管廊真正实现其地下空间资源整合的优势,避免管线建设中造成的道路重复开挖,《办法》对已建设管廊的城市道路,规定在建成管廊的规划期内原则上不得再重复管廊建设,因特殊情况确需建设的应按规定报市政府批准。除无法纳入管廊的管线及与外部用户的连接管线外,原则不再批准建设直埋管线。对已建设管线的城市道路,管线单位申请挖掘道路维修或新建管线的,规定有关部门在受理申请后通知有关管线单位可以一并申请,并依法审批,同时规定新建管线建成后五年内不得再批准挖掘道路建设管线,因特殊情况确需建设的应按规定报市政府批准。在法律责任中,对未经审批擅自挖掘城市道路建设管线的还规定了相应的行政处罚制度和措施。

三是加强管廊安全管理。为有效维护管廊的安全运行,防止管廊、管线安全受到危害,《办法》分别对管廊管理单位和管线单位应当履行的义务做了明确规定。同时对可能危害管廊安全的有关活动,规定应事先向有关行政部门报告,提供管廊管理单位认可的施工安全防护方案,并在施工中严格按照该防护方案采取安全防护措施。

四是明确管廊的有偿使用制度。《办法》规定管廊管理单位负责向管线单位提供进入管廊使用及管廊日常维护管理服务,并收取管廊使用费和管廊日常维护管理费。同时明确管廊使用费和日常维护管理费按有关规定核准实施。

厦门市在国内第一个以地方性法规的形式对综合管廊的管理进行了立法,在城市综合管廊建设管理的制度建立上走在了全国前列,起到了积极的示范带头作用。

7. 国内有代表性的其他综合管廊运营管理模式

广西南宁自2003年起开始研究并计划实施综合管廊工程,起草了《南宁市市政管廊建设总体方案》、《南宁市市政管廊建设管理暂行办法》等文件并于2005年起实行试点。南宁综合管廊建设采取的是政企合作的股份制公司模式。政府指定一家国有资产管理公司以地下空间资源入股,与投资商合作组建综合管廊公司。该国有资产管理公司代表政府与投资商签订有关合同,共同开展项目的建设和建成后的维护及运营管理工作。政府授予该股份制合作公司综合管廊特许经营权,作为其日后管理运营的政策基础。2006年,南宁市人民政府下发《关于授予市政管廊建设项目特许经营权的批复》,成立了南宁创宁市政管廊投资建设管理有限公司,并授予该公司市政管廊30年特许经营权。该公司全面负责实施全市的管廊建设及运营管理。但目前南宁建设的多为弱电管线走廊,与综合管廊在总体规模上还有较大差距。但南宁市给市政管廊建设和运营管理的模式建立提供了一定的借鉴,即政府与企业公私合营的运作模式。这种模式可以有效动员社会资金,在很大程度上缓解政府建设资金的压力,实现企业经济效益和政府社会效益的双赢。同时,这种模式也可以进一步向BT、BOT等模式演变,为综合管廊的开发提供更多更灵活的模式选择。

南京实施的是南京市鸿宇市政设施投资管理公司创建的"鸿宇市政管廊"的新模式,这种模式是以政府为主导并提供政策支持,民营资本承接并具体运作的模式。南京市自2002年起开始吸引民营资本参与市政设施的建设和运营,走出一条政企合作开发建设市政基础设施的新路子。作为民营企业的南京鸿宇市政设施管理公司自筹资金1亿多元,在南京市多条新建改建主干道上与道路同步施工埋设"鸿宇市政管廊"总长达45 km,并将地下天然气、自来水、排污水、强电、弱电等五大类管线一次性预埋在"鸿宇市政管廊"里,确保至少10～20年不再重复开挖。在政府统一协调前提下,投资方通过将管廊以及管廊内的建成管线等设施通过出售、出租、合作经营等方式获得投资回报。这一全新模式有效地解决了过去由煤气、供水、排水、强电、弱电等五大类数十个部门单位的重复开挖、重复建设的难题,杜绝了重复投资造成的浪费和"拉链马路"频繁开膛破肚对生产生活造成的影响。"鸿宇市政管廊"的新模式正在南通、合肥、佳木斯等各地被借鉴并推广应用。

7.1.3 地下综合管廊运营管理的内容

地下综合管廊属于城市的生命线系统,其对城市安全具有非常重要的作用,因此,对地下综合管廊运营管理应建立明确的规程,总体来看,地下综合管廊的运营管理主要包括以下几个方面:

(1)巡回检查

地下综合管廊的巡回检查是管理最基本最重要的管理内容,建立定期定时的巡回检查制度是地下综合管廊安全运营的保障。

(2)维护工程

地下综合管廊内部的清洁,附属金属物的修改,地下综合管廊的整理,电力、机械设备的维修。

(3)进出地下综合管廊的管理

地下综合管廊不得随意进出,对于进出地下综合管廊的人员实行严格的审查与管理。

(4)监控管理

地下综合管廊实行 24 h 全天候的监控,保障监控的连续与高效是地下综合管廊管理的重要内容。

(5)设备运转及管理

日报、月报、设备的故障记录、设施的记录、使用电量的记录、雷击、收费等。

(6)紧急时的应变处置

对紧急状况地下综合管廊应设有预案以备应对。

7.1.4 地下综合管廊项目使用费的构成

地下综合管廊使用费的构成从总体来看包含两个部分,一个是管位的占用费用,另一个为地下综合管廊运营维护费用,这两个费用也是地下综合管廊收费的主要形式。

(1)管位占用费

管位占用费是地下综合管廊建筑物业属性的自然衍生,管线单位占用地下综合管廊管位空间应支付相应的费用。因此,如何确定管位占用费用,是地下综合管廊收费定价的重点和难点。目前阶段,在我国的地下综合管廊实践中,还未形成管位占用费的统一定价标准,只能从相关因素入手协商各方均能接受的收费标准,并逐渐形成统一定价准则。

(2)运营维护费用

地下综合管廊的日常运营维护需要较大的开支,管线单位作为使用者必须承担一定的运营管理费用。因此,准确估算地下综合管廊的运营维护成本,对确定收费价格具有重要意义。

地下综合管廊的管理费用相对比较固定,一般包括管理公司的日常运作费用,地下综合管廊本体的折旧、维护与检测费用,地下综合管廊内部各种设施、设备的折旧费、运营费、维护费、各种人工费,政府相关税费,相关运营维护的计提费用,以及地下综合管廊收容的各类管线的运营、维护费用等。以上这些费用基本比较稳定,形成地下综合管廊运营管理的固定成本。除此之外,地下综合管廊的管理还涉及到一些新入管线的安装费用,新增设备的费用等,以及紧急状况处理费用与损失补偿费用等。

从地下综合管廊管理费用的构成来看,大体可分为地下综合管廊自身的运营费用与所收容管线的运营费用。地下综合管廊自身的各类运营费用由管理公司统一承担,而管线自身的安装、运营、维护费用、折旧费用由各管线单位自行承担。因此,以下讨论的运营维护费用是指地下综合管廊自身的运营费用,不包含管线的维护费用。

7.1.5 地下综合管廊的收费方式

根据上文对地下综合管廊费用构成的分析,地下综合管廊的收费主要包括管位占用费和运营维护费,对这两种费用不同的补偿方式,就构成了地下综合管廊相应的收费方式。

(1)运营维护费

由于其是即期发生的,因此相应的也采用即期收费的方式。根据一定时期内的运营维护费用,于期末统一收取。该收费方式类似于建筑的物业管理费。

(2)管位占位费

由于其主要是为了补偿地下综合管廊的建设成本,其总体需要补偿的费用已经发生,因此,收费方式可采取一次性买断性和租用式两种。对于有实力的管线单位愿意一次性买断足够的管位空间以备今后扩容的需要;而对于今后扩容倾向不强的管线也可根据当前的管位空间大小按一定年限支付租用费,此时,需要注意的是如果今后有扩容需求,可能会因管位空间的稀缺性而要支付更多的费用才能取得扩容空间。

地下综合管廊对减少道路开挖的效益是最直接的,也逐渐成为各国建设地下综合管廊的主要效益评价对象。由于地下综合管廊的建设具有综合效益,收益的主体多样,因此将其费用在各相关主体间合理的分配可以减轻政府的财政负担,从而有力地推动地下综合管廊的建设,在费用分摊中,首先需要明确的是分摊的思想与原则。目前常采用的费用分摊见表 7-1-2。

表 7-1-2　城市地下综合管廊项目费用分摊方法

费用分摊方法	分摊原理	较适用的费用类型
平均分摊法	总成本平均分摊至各相关单位	维护管理费用
比例分摊法	总成本依各相关单位的分摊因子分配	主体建设费用
		附属设施费用
		维护管理费用
修正增量配置法(有分摊因子)	各单位处负担其边际成本外,另依其分摊因子分摊共同成本	主体建设费
		附属建设费
修正增量配置法(无分摊因子)	各单位处负担其边际成本外,另平均分摊共同成本	主体建设费
		附属建设费
边际成本剩余效益法	各单位处负担其边际成本外,另依剩余效益分摊共同成本	主体建设费
		附属建设费
雪普利发	以各单位相对于各种管线子集 S 的边际成本平均值作为其分摊金额	主体建设费
		附属建设费
核心法	以核心解为各单位分摊金额,包括其边际成本及部分共同成本	主体建设费
		附属建设费

7.2 维修、养护及防灾管理体系

7.2.1 综合管廊维修管理基本模式

众所周知,综合管廊在使用过程中,由于自然条件(地下水、相邻劣化、地震、冻害等)的变化,发生各种变异(病害)现象(开裂、错位、冻结、崩塌等),从而大大缩短结构物的寿命。因此,研究自然条件与变异现象之间的因果关系,是综合管廊维修养护管理技术的重要课题之一。从各国的研究现状看,研究主要集中在以下几个方面:

①维修养护管理的基本模式;
②综合管廊结构变异现象的分类及其标准化;
③结构变异的原因;
④变异现象和变异原因的因果关系;
⑤结构变异程度的分级及其判定;
⑥结构变异的防治措施等。

在结构物中如何考虑养护维修的作用,目前大体上有3种观点:
①能完全防止劣化现象发生,不需进行养护维修的观点;
②容许某些劣化现象发生,同时采用有计划的养护维修保证结构物的使用年限的观点;
③以养护维修为前提,劣化现象发生时,进行补修的观点。

目前大多数结构物是采用第2种观点进行设计与施工的。

结构物的养护维修技术,首先要了解和掌握结构物在使用过程中的劣化状态。可以清楚地看出,养护维修管理工作的重要性。

在综合管廊中,即使变异状态相同,结构物的安全性和耐久性也会有很大的差异,这是屡见不鲜的。例如:衬砌表面发生开裂的情况、衬砌背后的围岩空洞存在的情况、衬砌厚度充分和不充分的情况、或是开裂有发展的和无发展的情况等,对综合管廊使用功能的影响,对变异的评价是完全不同的。因此在综合管廊的维修管理中,必须要掌握在综合管廊使用过程中,发生和可能发生的各种变异(病害)现象,并评定变异发生的原因,评价建筑物的损伤程度和研究是否采取相应的改良措施和对策,以延长建筑物的剩余寿命,提高建筑物的服务功能。这就是综合管廊维修养护管理技术的重要使命。

此外,综合管廊是修筑在地下的线状结构物,围岩动态及环境条件是十分复杂的。因此,即使进行了详细地调查,有时也很难充分掌握综合管廊的变异状态。在变异有发展的情况,在变异发生的初期阶段,只要采取一些轻微的措施就可解决问题。但如在发展过程中,就必须采取强有力的措施了。因此,在判定是否需要采取对策时,不仅要考虑工程的因素,也要考虑变异原因等的不确定的因素在内,进行综合判定。

基于综合管廊检查和调查结果进行判定和采取何种措施时,不仅要考虑综合管廊内的交通量和路线的重要性及对周边环境的影响等。

从各国的综合管廊及地下工程使用过程中的经验看,采取的维修养护管理基本模式是:检查→发现变异→推定变异原因→明确变异后的结构物的健全度→制定相应整治措施。也就是采用早期发现及时维护的维修养护管理模式。具体地说,就是"勤检测、常保养、少维修"的维修养护管理模式。

在综合管廊工程中,根据早期发现及时维护的维修养护管理模式而实施维修养护管理。为确保安全而通畅的交通,为利用者提供舒适的环境,根据综合管廊长度、交通量、设计速度等设置相应规模的附属设施(设备)。对这些附属设施(设备)的维修养护管理应给予足够的重视。

附属设施大体上分为:通风、照明、紧急设施、监视系统、电力系统等。这些设施,根据其种类和设备地点等,其维修管理方法也是不同的。一般分为检查、修理、清扫、分解整治等。

附属设施的维修管理流程按日常检查、通常检查、定期检查进行。发生灾害时应进行紧急检查。此外,视机器的故障频率、耐用年限等,应进行分解检查。为实施上述流程的维修养护管理,需建立相应的管理机构。但机构的设置应根据国情、当地条件及结构物的重要性来决定。例如,日本高速公路的维修管理是把全国分为 n 个区域,大约每 60 km 设一管理事务所,进行检查、调查、维修作业等维修管理业务,以保证线路的良好状态,提供安全而舒适的道路空间。此外,在长大综合管廊,有的设置专门的管理所。在管理局等内设交通管制室和用以收集、提供情报,进行交通和交通控制的控制室进行设备的 24 h 的运转监视。

7.2.2 综合管廊变异及检查和判别

1. 综合管廊变异情况

维修养护管理工作的基本目的是维持综合管廊良好的运营环境和结构物正常的功能状态。因此,了解和掌握综合管廊结构物在使用阶段,可能出现的各种变异现象和规律,以便为制定相应的监控措施和整治方法提供依据。总之,发生变异的形态是各式各样的。其中衬砌开裂的最多,其次是衬砌剥离、施工缝张开、石灰质析出等。从综合管廊使用后到发生变异的年数(使用开始时间到变异发生时间之差)变异发生的件数在使用后 30 年以内的比例较初期阶段时较多,使用 30 年以后阶段,发生的较少。发生变异综合管廊的变异发生地点处的岩类有代表性的确定是:第三纪层占压倒性多数。

从引起综合管廊变异的原因看,大体上分为:

1)由外力变化引起的变异;如变形、开裂、移动、错位等;
2)材料劣化引起的变异;如腐蚀、炭化、材料劣化等;
3)漏水等引起的变异;如冻结、结冰、有害水腐蚀等;
4)施工、设计不善引起的变异;如没有设置仰拱、背后有空洞、拱厚不足等。

下面简要说明主要变异的一些情况。

(1)外力变化引起的变异

综合管廊是修筑在自然地层中的一种地下结构物,对土压等外力来说,是由围岩和支护结构双方共同支持并维护其功能。并用与漏水、涌水量相匹配的排水系统来维修综合管廊不受水压的作用。这两点是目前综合管廊设计所考虑的主要问题。因此使用阶段也会产生预料不到的外力。有外力作用时的综合管廊的局部动态有:综合管廊壁面向净空内挤出和向围岩方向挤压两种情况。前者当衬砌背后有空洞时,背后的围岩对变形不能提供反力,对外力来说,是易于产生变形的结构。此外,空洞部分的围岩形状是凹凸不平的,衬砌背后与围岩也是不均匀接触的,会产生较大的应力。另外,空洞部分的围岩,可以说是和毛洞状态一样的。围岩松弛而逐渐扩展。排水系统不充分时,地下水位会上升,产生水压并使围岩劣化。因此,要保持综合管廊内良好的排水条件,同时对衬砌背后的空洞进行回填,以防止外力作用而引起的变异。

使用阶段外力的变化,可作以下的分类。

1)施工阶段的外力在继续发展;
2)从施工阶段或比较早期,外力有增加的趋势;
3)外力间断地增加;
4)外力加速地发展;
5)外力间断地增减。

对外力的增加,如结构物的耐久性不充分时或坡面不稳定,再加上围岩劣化、气象、地震等条件时,变异将发展、扩大。因此,有无发展性对外力的增加和耐久性的降低是很重要的。但各个综合管廊的特征不同,评价也会不同,要加以注意。

(2)材质经年劣化

衬砌材质劣化,与原因无关,但随时间而发展的,就属于经年劣化。此处的经年劣化是以混凝土碳化为主的。

混凝土碳化不仅损伤混凝土的密实性,也是造成钢筋腐蚀的重要原因。碳化的发展速度一般是缓慢的,水灰比小的、密实的混凝土越小。此外,温度低的和温度高的碳化速度都大。

(3)漏水与冻害

漏水是材质劣化的原因,也是外力增加的原因。但也有漏水自身的问题。对综合管廊内附属设施也有不良的影响。从通行车辆的舒适性及美观上看也是不希望的。在寒冷地区,有时路面冻结和结冰,对交通影响很大。

漏水的原因是因衬砌背后有地下水的存在及排水、防水设施不良所造成的。目前的综合管廊修筑方法多在衬砌背后设置防水板,大体上可以保证不漏水。

寒冷地区的综合管廊,冻害是衬砌劣化的最重要的原因。冻害除混凝土产生麻面外,还有混凝土表面骨料膨胀飞出现象、砂浆及混凝土的剥落现象等。一般来说,变异的发展是在冬季的寒冷气候前后,并产生开裂。冻融反复作用使变异发展。

冻害的发生机制是混凝土中的水分冻结及伴随的体积膨胀。据此,骨料和水泥浆间粗骨料和砂浆间剥离及产生超过混凝土抗拉强度时产生开裂。冻融时使之发展。

变异的程序与环境温度、水分的供给(漏水、雨水等)、施工时的混凝土质量(空气量、气泡的分布、骨料质量等)等有关。此外,混凝土硬化不充分时,遇有低温也会产生冻害(初期冻害)。

(4)与使用材料和施工方法有关的变异

起因于使用材料和施工方法的变异,与结构物使用寿命比较,多是发生在早期阶段。即使发生,变异对结构物的稳定性的影响也是不大的。但要注意一旦发生变异,其他因素会助长其发展。发生的原因,可举出以下几点:

1)水泥的异常凝结、异常膨胀;
2)骨料中含有泥分、低品质骨料;
3)混凝土产生下沉、离析;
4)混凝土的温度应力、干燥收缩。

混凝土衬砌因水泥的水和热而产生的体积膨胀,在受围岩约束的情况时,会产生开裂,也就是温度开裂。这与水泥用量、配比衬砌厚度、洞内环境等条件有关。干燥收缩引起的不良开裂,与混凝土配比(特别是单位用水量)有很大的关系,与洞内温度、通风量等也有关。

温度应力、干燥收缩引起的开裂在综合管廊横断方向发生的较多,但随时间推移,也有在纵向发生的。温度应力在混凝土灌注后 12 周左右,干燥收缩在混凝土灌注后 10 d 以后,发生的较多。与混凝土施工条件有关的变异因素有:

1)拌和:混合材料分散不均,长时间拌和;
2)运输、灌注:配比变动,灌注顺序不当,运输时间过长;
3)捣固、养护:捣固不充分,硬化前振动和加载,初期冻害等;
4)钢筋、模板:过早拆模,模板移动,漏水等。

温度应力及干燥收缩的宽度多在 1 mm 以内,新奥法施工开裂可在 2～3 mm 左右。这种开裂对结构物产生重大影响的情况不多。

基于施工阶段的设计、施工条件的二次变异的原因还有:背后空洞;拱厚不足;有无仰拱等。

(5)变异现象的早期发现

早期发现变异的关键技术是完善检查和调查的体制和方法。综合管廊功能状态的检测是当前各国正在发展中的技术,应予以充分关注。

1)检查

检查的主要目的是早期发生综合管廊变异,同时在变异已发生的情况时,要掌握其变异程度、判断是否要进行详细调查和整治的必要性。也就是说,检查重点说明:什么地段易于发生变异?综合管廊环境和结构状态是处于什么状态?到目前的经历如何?等等。

检查视检查方法和实施时间,分为日常检查、定期检查、异常时检查及临时检查等。

①日常检查是为早期发现大规模的变异,与通常巡视结合在一起进行的常规检查。

②定期检查是为掌握变异的发展和变异的程度而进行的定期检查。基本上是以徒步和目视为主的检查。对开裂等变异状况进行记录的同时,要尽可能地接近衬砌,力求发现浮动、剥离等危险处所。检查项目比日常检查更为细致、具体、如衬砌要检查开裂、错位、剥离、施工缝错动、结冰、漏水等。

③异常时检查是根据日常检查发现的重大工业变异而进行的。此外,在集中暴雨和地震以及综合管廊内发生火灾等情况时进行临时检查。检查的内容,原则上以定期检查的内容为准。

检查的实施频率,应根据综合管廊的重要性和沿线的状况等规定实施。

①日常检查因与巡视同时进行,其实施频率与通常巡视相同。交通量大、线路重要性高的区间,最好一天进行一次。

②定期检查的实施频率应视工程的重要性、变异的程度等规定。对重要性高的区间,最好一年进行一次。此外,对新建成的综合管廊,应在建成后 2 年内进行定期检查。

③异常时检查,视需要进行。在日常检查中认为是重大变异的情况时和集中暴雨及地震以及隧道内发生事故时,应及时进行检查。

必要时,为掌握结构物的健全度要进行追踪检查,为调查开裂的发展进行动态检查以及采用量测仪器进行的详细检查等。

2)调查

调查是基于检查的结果进行的。其目的是收集变异的详细资料，判定是否采取处理措施。在实施措施时，为获得选择措施类型和设计所需的资料，在一次调查不能获得充足资料的情况时，应进行长期性的附加调查。调查根据其实施的内容和实施时期，大致分为标准调查和补充调查两类。标准调查是基于检查结果的判定进行的，是必需实施的调查。标准调查分为必须进行的调查和根据情况进行的调查。补充调查是在标准调查中尚未获得判定今后如何处理的充足资料时，而进行的调查。详细调查的项目是根据综合管廊的状况研究实施，以掌握变异状态为主的调查。

2. 检查和调查的方法

全貌检查基本上是用目视检查和打击检查。个别检查则采用净空位移计、开裂计等量测仪器进行。在检查和调查中采用的一般方法：

定期、异常时及临时检查中，是以徒步用望远镜进行的，特别是对开裂的性质、规模应尽可能地早期发现，开裂的端部应设置标志加以观察。

在检查接近拱顶等处时，要采用升降车等进行。此外，近几年光学器具记录变异状况的技术的发展，有可能代替目视的方法。

定期、异常时及临时检查采用的主要器具有：开裂、剥落；锤击；材料劣化：锤击；漏水：pH试验、温度计；其他：相机、摄像机记录用纸、检查本、地质图等；其他器材：照明用具、交通管制、清扫用具等。

(1) 衬砌开裂调查方法

衬砌开裂是综合管廊的最一般的变异现象。观察开裂的形态、规模、模式等对推定荷载、变异状况、变异程度等是很重要的。调查方法是观察衬砌表面出现的开裂、剥离、剥落或漏水的状况、开裂的位置、长度、宽度、错台等。可用带刻度的标尺计量。衬砌的剥离、剥落、劣化、背后空洞等。

可用锤击法调查其状况及范围，并将调查结果整理出变异展开图。开裂的形态应分类（张开、压溃、错台等）整理，作为推断变异原因的重要资料。

观察调查采用的调查器具有：尺度测定：钢尺、游标尺等；开裂宽度测定：代刻度的放大镜、开裂规尺；开裂记录：相机、摄影机；记录用纸：变异展开图纸、观测结果记录纸；照明、脚手架等。最近开始采用全方位的相机、激光摄影。

(2) 漏水调查方法

漏水调查是对漏水位置、量、有无污垢、冻结、防排水设施的功能等地进行调查。

综合管廊内的漏水量和漏水状态及侧沟的排水状况等均要进行调查。漏水状态可分为A~D四级，并记载在变异展开图上。

在漏水显著时，应采用计量器具和秒表计量，并编制展开图，标示出漏水地点及分布。

变异显著处与目视调查的同时，要进行摄影调查。

(3) 开裂的简易调查

开裂的简易调查是使用简易的计量器具进行的。调查时可在开裂的前端设标志，在开裂处设砂浆饼等进行定期的观察。

开裂的发展是随季节的温度变化而变的，因此，测定开裂的同时，要测定温度的变化。为判定有无发展，通常要进行一年以上的观测。

(4)衬砌强度简易测定

衬砌强度简易测定可采用混凝土回弹仪,利用回弹硬度来大致推定混凝土的强度。

(5)简易钻孔调查

采用简易的钻机,在衬砌上钻孔,调查衬砌厚度、背后空洞、背后围岩状况等。可采用钻孔观测仪或光观测仪等插入观察。

钻孔位置多设在易于出现空洞的拱顶处实施。钻孔深度在标准调查中,一般到衬砌背后即可。

(6)衬砌强度调查

采用钻孔方法时,可对岩样进行抗压强度试验。试件的尺寸是:$R=100$ mm、$L=200$ mm。个数要3个以上。

(7)简易综合管廊断面测定

根据变异状况,预计综合管廊会发生断面倾斜,拱顶下沉等断面变形时,可简易地测定断面尺寸。其方法是采用量测杆。也可采用综合管廊断面测试仪测定。

(8)综合管廊开裂发展性的调查

详细地调查开裂的发展性的方法,需设置开裂位移计或三向应变计,准确地量测开裂的宽度及错台。开裂的方向和深度的调查,对判定变异的原因是很重要的。

1)开裂宽度的变化:开裂位移计。

2)错台测定:测定开口、错台的位移。

3)开裂深度、方向的测定:钻孔、超声波等。

4)开裂的历时变化的测定可采用开裂位移计测定。

5)出现开裂或错台时,最好同时测定开口和错台。

6)开裂宽度因温度变化,时开时闭,因此判断其发展性时,需连续观测一年以上。

7)开裂深度和方向的测定方法可采用钻孔观察法。也可采用超声波测定方法,其装置是简便的,但在综合管廊中应用较少。

(9)衬砌厚度、背后围岩状况调查

调查方法有锤击法、超声波法、电磁波法等非破损检查方法。也可采用钻孔法进行调查。

1)非破损检查

①打击法

根据声音大小、强度、音色等感觉有无异常的检查方法。在调查拱厚,背后空洞,压溃、剥离等衬砌表面劣化现象是广泛采用的一种方法。

②超声波法

根据超声波传播速度,可以推断混凝土的劣化状况及强度。

③电磁波法

根据介质导电性和导磁性的不同,利用电磁感应原理推断混凝土施工质量。

2)钻孔调查

①钻孔

衬砌的钻孔一般采用简易钻机进行,钻孔深度一般深入围岩内1 m左右。

②内窥镜观测

钻孔中可插入内视镜等进行观察。

(10) 衬砌混凝土材质试验

强度试验可以采用超声波测试方法。

(11) 衬砌断面的形状变化调查

综合管廊断面的测定,可采用隧道断面测定仪进行。

(12) 净空位移测定

净空位移的测定方法很多,但多采用带式测尺的方法。

3. 设备的维修养护管理

综合管廊除进行主体结构的维修养护外,还进行以下设备的维修养护管理。

(1) 电气设备的维修管理,其中包括:电车线设备、排水泵、信号保安设备、防灾情报控制监视系统、机器的除湿设备等。

因各种设备经常处于90%以上的湿度环境条件下,故为确保其功能,要采取相应的防止腐蚀劣化的对策。

(2) 机械设备的维修管理,其中包括:定点灭火设备、排降烟设备、通风设备远控风门、远控水门等。

7.2.3 地下综合管廊的灾害防护技术

1. 火灾

地下综合管廊有潜在的火源,比如:电力电缆、通信电缆、照明系统等,这些都是潜在的火源,特别是其中的电力电缆,其火灾危险极高;其次是可燃物质,地下综合管廊的可燃物质取决于敷设管线的种类,燃气管道发生泄漏时将释放大量的可燃气体,污水管道内产生的某些可燃气体(如沼气)有可能外溢到地下综合管廊内。由于地下综合管廊是在地下空间,是封闭的,不经常有人。一旦发生火灾事故,一般不会造成人员伤亡,但是烟火会沿着管沟迅速蔓延,并且不易被发现,火灾危险性较大。

另外,若地下综合管廊内发生火灾,只能通过人的进入展开灭火工作,灭火难度大,不利于控制火势和扑救火灾。一旦发生火灾将以极快的速度蔓延,扑救困难。

而从理论上来说,综合管廊内可以容纳一切市政管线。但因为各种工程管线组合在一起,却极容易发生相互间的干扰,电力电缆与热力管线、电力与煤气管线等之间易产生爆炸或火灾,具有潜在危险。如电力管线打火就可能引起燃气爆炸的危险。所以消防是一项很重要的急需解决的问题,必须制定严格的安全防护措施。

要防止火灾,进行有针对性的消防设计,就必须首先明确哪些管线容易引发火灾。国内目前已建的综合管廊工程主要容纳了电力、信息、给水、热水、燃气等管线。其中燃气火灾危险性较大,当燃气管线发生泄漏,会在封闭空间内聚集,一旦遇静电、明火等火源,会发生爆炸事故,后果十分严重。因此,燃气管线一般不宜与其他市政管线敷设于地下综合管廊内,应采用直埋敷设方式,且应与地下综合管廊保持6 m以上的防火间距。但有的情况下,由于种种原因,有些地下综合管廊需要敷设燃气管道,如:上海的张扬路地下综合管廊,深圳的大梅沙地下综合管廊等。而遇到这种情况,就必须考虑燃气管道的消防设计。

(1) 燃气管道的泄漏探测

地下综合管廊敷设环境与直接埋地有很大的不同,因此,需要选择适合地下综合管廊的探测方法。由于燃气的泄漏情况复杂,可能是微小的泄漏点,也可能是中等大小或大的泄漏点。

产生微小的泄漏时,产生的紊动强度低,产生的信号很弱,所以无法采用内部探测方法,只能采用外部探测方法;而对于较大的泄漏,产生的紊动强度足够大,能产生足够的信号强度,可采用内部探测法进行探测。各种形式的泄漏在实际中都有可能发生,因此外部探测和内部探测都必须同时考虑。按照探头安装部位的不同,气体泄漏探测采用内外部相结合的探测方法进行全面的探测报警,以减少严重泄露发生的可能性。内部探测是指在管道上安装传感器,直接接收因泄漏产生的信号波,通过分析处理判断是否发生泄漏;外部探测是指在管道周围安装燃气探测器,当泄漏出的燃气达到设定的浓度时发出报警。内部探测是指在管道上安装传感器,直接接收因泄漏产生的信号波,通过分析处理判断是否发生泄漏;外部探测是指在管道周围安装燃气探测器,当泄漏出的燃气达到设定的浓度时发出报警。自动监测防灾系统如图 7-2-1 所示。

图 7-2-1　地下综合管廊自动监测防灾系统

(2)自动报警系统

自动报警系统包括气体泄漏探测和火灾探测。当出现了气体泄漏时,按上述介绍过的方法,探测器会探测到出现了泄漏,并找到泄漏点。于是通过布置在地下综合管廊内的信号传输线,把情况传输到控制器,由控制器分析处理。控制器是火灾报警系统的关键部分,它包含有信号处理、信号识别、信号记忆、智能判断及其联动功能,有用于控制通风、自动灭火等联动设备。根据地下综合管廊规模的大小,自动报警系统可分为区域报警系统、集中报警系统和消防控制中心报警系统。只要探测和报警系统能有效的发挥作用,再加上隔离、通风、灭火系统充分的协调合作,燃气泄漏引发的火灾爆炸就会在很大程度上被避免。

(3)具体的消防设置

地下综合管廊内管线密集,为保证安全运行,沟内要设置完善的安全监测系统,包括:照明,通风,温度、湿度监测记录,积水报警和排水系统自动启动,闭路电视监测,通信等。

1)防火分区:由于地下综合管廊防火分区的划分并没有相应的设计规范来遵从,于是按构筑物进行考虑,参照《建筑设计防火规范》《建筑灭火器配置设计规范》等要求,借鉴其他城市地下综合管廊建设经验,每隔 200 m 设置一道防火墙并配防火门,采用轻质阻燃材料,综合管廊沟每个防火分区面积控制在 2 000 m² 左右。

2)报警系统:为尽早发现火灾险情,自动报警系统是至关重要的。地下综合管廊内宜选择典型烟温组合探测器,但考虑到地下综合管廊内还设有热力管道、自来水管道,沟内湿度较大,很易造成误报,因而应选用防潮型探测器。

3)排烟系统:排烟系统的主要作用是及时排出火灾时产生的烟气,以便于人员疏散和开展灭火行动。由于地下综合管廊内通风设计采用自然通风与机械通风相结合的方式,每个防火区内各设一个进风口,一个排风口,进风口为自然进风,排风口为自然与机械相结合。因此可将每个排风系统兼作火灾时的排烟系统。平时防火区内进、排风口的防火阀全开,进行自然排风;当发生火灾时,关闭所有进、排风口的防火阀,排烟风机高速运行,对火灾区域进行强制排烟。

4)灭火器配置:该项目采用干式水喷雾消防系统,拟将地下综合管廊内水喷雾消防设计为空管,仅设置足量的水泵接合器,将市政消火栓作为地下综合管廊的消防水源,消防时靠消防车连通。

由于干式水喷雾灭火系统,仅靠其系统本身无法很好地实施消防,地下综合管廊内还需配备有很完善的防灾报警系统与之相配套,由监控中心及中央计算机网络系统、火灾检测报警系统等组成,监控中心内设置了显示屏,可直观地显示沟内各种设备的运转情况,包括各区段火灾监测的状态,加之以防潮式烟感火灾探测器的作用,一旦有灾情发生,可以很准确、及时地将信息传递至监控中心,中央监控系统立即转入火灾处理模式,关闭火灾发生区段与相邻几个区段的防火阀门,防止火灾的进一步蔓延,同时将信息传递至市消防控制中心,由市消防局实施消防。地下综合管廊内无须设置自动灭火系统,但应配置一定数量的移动式灭火器材,以便及时扑救初期火灾。通常情况下,每只灭火器最小灭火级别为5A,在管沟内每隔20 m设置一处手提式干粉灭火器,每处设置3只,每只充装2 kg磷酸铵盐。除在电力室设水喷雾灭火系统外,为了防止在沟内施工过程中可能发生的火灾,另在电力室与燃气室的人孔处设干粉灭火器,每一人孔处设置手提式干粉灭火器4只。

地下综合管廊与传统敷设方式相比,它的火灾危险性大,而且扑救困难。因此,地下综合管廊的消防安全是地下综合管廊建设的一个非常重要的问题。目前综合管廊在消防设计技术方面,仍然处于探索调研阶段,由于没有专门的设计规范,所以具体的施工过程中还有很多问题需要研究。在施工时,应按照相关的设计规范,切实作好消防设计,严格落实各项消防安全措施,确保地下综合管廊的消防安全。

5)通风设计

由于地下综合管廊属封闭型地下构筑物,废气的沉积,人员和微生物的活动都会造成沟内氧气含量的下降,另外沟内敷设的电缆在运营时会散发大量热量,因此整个地下综合管廊必须设置通风系统以保证沟内余热能及时排出并为检修人员提供适量的新鲜空气,同时当沟内发生火灾时,通风系统又能有助于控制火灾的蔓延和人员的疏散。结合上海安亭新镇地下综合管廊、世纪大道地下综合管廊和松江新城展示性地下综合管廊的通风设计,重点介绍地下综合管廊通风方式的选择,防火分区、通风分区的划分,通风温度的确定,通风量的计算及通风系统等几个方面的问题。上述三条地下综合管廊的长度各不相同,但其共性是沟内布置管线均为电力电缆、通信电缆及供水管道等三种管线。为节约投资,雨、污水管道不入沟,另外煤气(天然气)管根据消防部门要求布置于专设管槽内,并进行填砂处理。

①地下综合管廊通风方式、所需风机类型的选择

通风的方式有三种:自然通风、机械通风和自然通风辅以无风管的诱导式通风。

自然通风需把排风井建得很高,且通风分区不宜过长,即进、排风口距离受限制,需设较多的进、排风竖井,常受到地面路况的影响,布置难度较大。机械通风的优点是增长了通风分区的长度,减少进、排风竖井的数量。但由于通风分区的增长,导致选用风机表 7-2-1 和图 7-2-2 的风量及风压均较大,从而产生缺点:设备初投资及运行费用增加,另外噪声也是一个需考虑的问题。综合比较以上各种通风方式,考虑到地下综合管廊一般位于城市新建区域内,对景观、噪声等有一定的要求,故选择自然通风辅以无风管的诱导式通风方式。

表 7-2-1 8-09 离心风机性能参数表

机号	转速(r/min)	风量(m/h)	全压(Pa)	所需功率(kW)	电动机型号	功率(kW)
6.8A	2 900	675	10 523	4.62	Y132S2.2	7.5
		944	11 026	5.82		
		1 215	11 347	7.15		
		1 485	11 439	8.63	Y160M1.2	11
		1 754	11 341	10.28		
		2 020	11 063	11.96	Y160M2.2	15
		2 295	10 634	13.60		

②地下综合管廊防火分区、通风分区的划分

地下综合管廊一般均较长,根据消防要求,必须进行防火分区的划分。防火分区的划分需综合考虑设备初投资、日常运行费用、通风设备噪声、防火安全性能等多种因素。防火分区的长度与进排风口的数量(即土建造价)成反比,与通风机的风量、风压(即通风设备初投资、日常运行费用、噪声)成正比,与防火安全性能成反向关系。考虑地下综合管廊的基本情况:沟内电缆一般均采用阻燃电缆;电缆支架采用金属材料制作;沟内已设置水喷雾自动灭火系统;沟内除检修及定期巡视外,无人员进出,经综合比较并通过消防部门确认,一般防火分区长度定为不超过 200 m。

图 7-2-2 8-09 离心风机

同样整条地下综合管廊的通风应分成若干个相对独立的通风系统。一般来说通风分区以不能跨越防火分区为原则,即一个防火分区视为一个通风分区。

③通风温度的确定

地下综合管廊内通风温度过高,会影响检修人员的舒适,另外会减少电缆的载流量,造成能源浪费;但过低又会使通风量增大,造成选用通风机的风量、风压过大,通风设备初投资和运行费用增加,噪声增大。因此需确定一个较为合理的温度控制值。

④地下综合管廊通风量的确定

根据《共同沟设计指针》资料,地下综合管廊通风量可通过以下计算公式确定。

土壤的热阻公式:

$$R_e = \frac{g}{2\pi} \ln \left[\frac{2l}{D} + \sqrt{\left(\frac{2l}{D}\right)^2 - 1} \right] \tag{7-1}$$

式中　R_e——土壤的热阻(℃/W);

g——土壤的固有热阻(℃/W),干燥地:120,普通地:80,湿地:40;

l——地下综合管廊的平均深度;

D——地下综合管廊的水力直径(m)。

由于土壤固定热阻以及地下综合管廊的水力直径无法由计算获得,故此处计算步骤略。

地下综合管廊内的风速公式:

$$V=\frac{L}{qAR_e\ln(\frac{1}{1-\frac{\Delta T}{WR_e+T_0-T_f}})} \quad (7-2)$$

式中 V——地下综合管廊内的断面风速(m/s);

q——空气的定压比热(W·s,cm³·℃);

A——地下综合管廊的有效断面积(m²);

R_e——土壤的热阻(℃/W);

ΔT——出入口的空气温度差(℃);

W——电缆的发热量(J);

L——地下综合管廊的长度(m);

T_0——土壤的基底温度(℃);

T_f——吸气侧的入口温度(℃)。

地下综合管廊的通风量公式:

$$Q=VA \quad (7-3)$$

式中 Q——地下综合管廊内的风量(m³/s);

V——地下综合管廊内的断面风速(m/s);

A——地下综合管廊的有效断面积(m²)。

通过计算,可求得地下综合管廊的通风量。另外根据卫生标准,地下综合管廊的最小通风量必须满足换气次数不小于2次/h。通风主要设计号数见表7-2-2。

表 7-2-2 通风主要设计参数

通风方式	自然通风辅以无风管的诱导式通风
防火分区长度	不超过 200 m
通风温度	40℃
通风量	不小于 2 次/h
进、排风口布置	置于绿化带中
氧气含量过低时(低于 19%)	关闭自然排风口处的防烟防火阀,启动通风机进行机械通风

⑤地下综合管廊通风系统设计要求

通风系统均根据长度不应超过 200 m 的原则设置防火分区,用防火门及防火墙进行分隔。每一防火分区视为一个通风分区,每一个通风分区均至少设置一个进风口和一个排风口,其中进风口兼作投料口和人员紧急逃生口,排风口处分设自然排风口和机械排风口。结合地面路况,进、排风口均布置于绿化带中。平时采用自然通风方式,辅助无风管的诱导式通风来排除地下综合管廊内电缆的散热,当沟内温度超过 40℃,或氧气含量过低时(低于 19%),关闭自然排风口处的防烟防火阀,启动通风机进行机械通风。地下综合管廊强制通风设备如图 7-2-3 所示。

图 7-2-3　地下综合管廊强制通风设备

2. 地基沉降

由于地下综合管廊为一线形(网状)结构,沉降可能造成线形坡度变化,对重力流的管线(如污水管)产生影响。此外结构接头或伸缩缝处亦可能因差异沉降产生错位,导致渗水甚或管道内的管线弯曲。

3. 地下水浮力

地下综合管廊为箱形中空结构,若地下水位较高,覆土较浅,需要考虑浮力影响。地下水位变化较大时,也应对不利工况引起注意。

4. 地震影响

地下综合管廊位于有地震威胁的区域,其抗震设计为不可或缺的重要因素。分析过程中除地质条件外,一方面为垂直地表方向传递的剪力波所造成管道横断面的剪力变形;另一方面为与管道轴向成 45°交角传递的水平剪力波所造成结构体的挠曲及轴向变形。此外可以采用可挠性接头设计降低地表变形对管道结构产生的影响。

5. 液化影响

由于地下综合管廊的埋深一般而言皆位于液化可能发生的深度内(地表下 20 m),在经过疏松砂层且地下水位较高时,应对地层的液化潜能进行评估,根据当地抗震设计规范所规定的液化评估方式,对于具有液化可能的地层,进行地层改良,避免因液化造成管道的破坏,如结构体上浮,地层承载力降低或地表变位等现象。

6. 伸缩缝与防水设计

地下综合管廊的线形结构应于规范的长度内设置伸缩缝,因管道结构因温度变化、混凝土收缩及不均匀沉降等因素可能导致的变形,此外于特殊段、断面变化及弯折处皆须设置伸缩缝。对于预计变形量可能较大处应考虑设置可挠性伸缩缝。伸缩缝的构造于管道的侧墙、中墙、顶板及底板处设置伸缩钢棒,并于该处管道外围设置钢筋混凝土框条,以利剪力的传递及防水,并设置止水带止水。

管道结构应采用水密性混凝土并控制裂缝发生,外表使用防水膜或防水材料保护,伸缩缝的止水带设计及施工应特别注意。

7.2.4 城市地下管廊健康诊断技术

由于综合管廊工程埋置于地层中,衬砌与地层接触一侧非常隐蔽,难以直接发现损伤部位及程度,使得综合管廊结构的健康检测方法与桥梁和房屋等土木工程结构有所区别。

目前,综合管廊损伤检测方法与健康诊断技术通常结合在一起,通过测量裂缝宽度、内轮廓变形量、衬砌强度值等指标进行综合管廊安全性验算。

裂缝宽度一般通过游标卡尺测量得到,精度为 0.02 mm,或者安装裂缝计读取,精度可达 1×10^{-4} mm。内轮廓收敛变形通过收敛计(精度 0.01 mm)、全站仪或其他收敛系统进行测量。衬砌强度可采用多种无损检测方法确定,如撞击回波法、超声波法、地质雷达法等。

撞击回波法通过传感器记录由钢球产生的超声波和音速范围内的机械应力脉冲,由频率分析检测结构损伤。该方法检测速度较快,但是检测深度依赖于对象的材料、强度及应力脉冲的频带,因此尺寸效应显著。

超声波法以人工激振的方法向介质发射声波,在一定的空间距离上接受介质物理特性调制的声波,通过观测和分析声波在不同介质中的传播速度、振幅、频率等声学参数,实现损伤检测、超声波检测。方法的理论基础是固体介质中弹性波传播理论。

7.2.5 灾害应急防护措施

(1)以建设完善的综合管廊灾害事故应急救援指挥体系为核心,协调建立以政府为主导,110、119 为平台,消防部队为主要力量,各职能部门积极参与的社会抢险救援联动机制。综合管廊发生灾害事故时,建立高效、有序的应急指挥体系是成功处置灾害事故,减少其损失和危害的重要基础和前提。因此必须遵循"统一指挥,快速反应,各司其职,协同配合,以人为本,减少危害"的原则,在最短时间内成立由市政府领导挂帅,公安消防部队和公安有关警种、驻军、武警、医疗急救、交通运输、建设等部门以及市政工程、水、电、气等公共事业单位共同组成的社会化抢险救援调度应急指挥系统,实现救援力量的合理调度。

(2)以果断实施快速有序的灾害现场救人行动为关键,周密制定综合管廊灾害事故灭火救援预案,积极开展综合管廊火灾的理论学习,开展实战性综合演练。

(3)综合管廊灾害事故处置行动主要有:

1)有效控制初期火灾。综合管廊工作人员发现火情后,要在积极扑救的同时向公安消防队报警,消防部队要充分利用综合管廊自身灭火系统,控制火势。

2)加强第一出动力量调派。消防调度指挥中心在接到综合管廊灾害事故报警后,要一次性派足处置力量,重点加强特勤力量和灭火攻坚组力量的调派。一次性调派排烟车、照明车、防化抢险车、移动供气车、空气呼吸器、防毒衣、导向绳、救人工具、红外线热视仪等特种车辆器材,保证物资供应。

3)实施火场警戒、搞好火情侦察。参战人员在接到报警后赶赴现场的途中,指挥人员就要初步确定侦察人选,应该选择有丰富火场经验和面对险情能沉着冷静应对的灭火攻坚组人员。到达火场后,一方面迅速设立警戒线,禁止无关人员进入地下灾害事故现场,并对出入战斗人员进行侦察登记,在进入现场前一定要仔细检查防护装备,特别确保供氧设备气压充足,对深入地下处置的人员要严格控制时间,保证定时轮换。另一方面侦察人员迅速与综合管廊工作人员碰头,询问知情人,迅速掌握灾情的种类、发展趋势和遇险人员数量及被困的大致位置。

4)保持火场通信畅通。必要时要紧急铺设有线通话设施,确保通信畅通,保证指挥部时刻掌握地下内部情况。

第8章 综合管廊施工的融资管理

8.1 城市地下空间开发建设的投融资基本模式

由于我国政策法规的限制,城市地下空间等基础设施的可供选择的投融资基本模式有三种:传统政府投融资模式、市场化投融资模式以及混合投融资模式。

8.1.1 政府投融资模式

政府投融资是指政府以实现调控经济活动为目标,以政府信用为基础筹集资金并加以运用的金融活动,是政府财政的重要组成部分。政府投融资主体是指经政府授权、为施行政府特定的建设项目、代表政府从事投融资活动的、具备法人资格的经济实体,其形式按《中华人民共和国公司法》组建的国有独资公司。如图8-1-1所示。

政府投融资主体以政府提供的信用为基础,以政策性融资方式为主,辅之以其他手段进行融资。

(1)政府出资的常见形式

1)直接拨款

政府通过财政拨款的形式,将款项

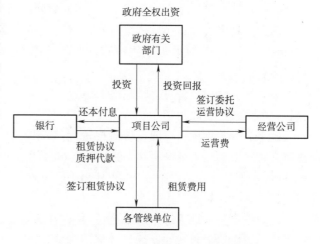

图 8-1-1 "政府全权出资"建设模式

直接转为管廊建设资金,一次性全额提供以进行管廊建设。

2)银行贷款

以具有政府职能的投资类公司作为法人单位,通过国有银行的政策性贷款为综合管沟建设提供资金。

3)贴息资金

政府划拨专项资金作为地下综合管廊建设资金,并将专项资金部分或全部转为贴息资金。由国有投资经营管理公司作为政府投资的法人单位,负责资金筹措和投入,其中部分资金通过向银行贷款筹集,凭银行开具的利息支付清单向政府要求贴息。专项拨款以贴息资金的形式投入管沟建设。

4)以上三种方式的综合使用。

即管沟建设资金部分来源于政府直接拨款,部分来源于银行贷款和贴息资金。

政府投融资模式的核心在于建设项目的投资、建设、运营三位一体,全部由政府或政府组建的国有独资公司包揽,是单一的国有所有制经济在城市基础设施建设的具体体现。

政府投融资模式最大的优点就是能依托政府财政和良好的信用,快速筹措到资金,操作简便,融资速度快,可靠性大。世界很多国家大城市在城市轨道交通建设初期和高速成长时期,政府投融资都发挥着主要作用。如北京和新加坡地铁建设初期政府投资比例达100%,德国曼彻斯特地铁政府投融资占90%,法国巴黎地铁政府投融资占80%,中国香港地铁政府投融资占77%。缺点主要有:一是对政府财政产生压力,受政府财力和能提供的信用程度限制,融资能力不足;二是不利于企业进行投资主体多元化的股份制改制,施行法人治理结构。

(2)"政府全权出资"建设模式的优点

"政府全权出资"的地下综合管廊建设模式是国内普遍采用的传统投资模式。

1)从地下综合管廊建设的性质看,其属于重点基础设施项目,外部效应突出,是地方生产生活正常进行的重要保证。采取政府全额出资的方式可以有效地防范风险,保证政府对项目的控制。对于服务的稳定提供有利。

2)从经济效益看,其投资规模较大、短期效益不明显、回报率较低,因此吸引社会资本的难度较大。由政府出资则可以避免因为综合管廊建设经济效益不明显而出现融资困难的问题。

确保项目的及时建设和完成,避免因谈判时间过长而引起的项目时间延误。

采用这种模式,对于管线单位而言,可以有效地降低管线的建设成本,对于政府投资者而言,也可以通过合理地收取租赁费回收投资,并保证对项目的控制权。一般在财政状况较好的地区较为适用。

(3)"政府全权出资"建设模式的缺点

1)加重政府财政负担

地下综合管廊项目一般投资规模较大,采用政府全额出资的模式会加重财政负担。由于政府必须一次性投入巨额资金,使得资产在公用事业上的沉淀现象加重,不利于盘活国有资产,同时也不利于开拓投融资渠道,利用民间资本。

2)后期运营风险较大。

政府投资建成地下综合管廊之后,往往在后期运营和租赁方面遇到困难。目前,电信等管线单位均设有专门负责线路铺设的部门,如果放弃自行直埋方式而采用地下综合管廊,则管线单位可能被迫裁撤该类部门,从而引起人员安置问题。另外,租赁费用或运营维护费用过高等原因也可能造成管线单位不愿进入地下综合管廊经营,从而导致公共资源浪费。

8.1.2 市场化投融资模式

市场化投融资又称为商业化投融资,是指企业以赢利为目的,以企业信用或项目收益为基础,以商业贷款、发行债券股票等商业化融资为手段筹集资金并加以运用的金融活动。非国有独资的公司制企业是市场化投融资的主体,自主进行投融资活动,独自承担相应的责任。如图8-1-2所示。

市场化投融资主体的融资又分为

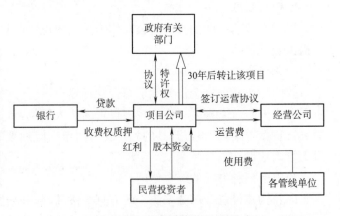

图8-1-2 市场化投融资模式

企业信用融资和项目融资。

企业信用融资是以企业信用为基础进行的各种融资活动;项目融资是以合资成立的股份制项目公司为主体,在政府的支持下,以项目本身收益为基础进行的商业融资活动。

(1)主要融资渠道

1)私募股权、发行股票等股权融资;

2)依托企业信用发行企业债券;

3)国内商业银行的商业性贷款;

4)项目融资,包括 BOT、BOOT、BOO 等;

5)留存收益(利润)等内源融资。

市场化投融资模式的核心在于建设项目的投资、建设、运营分开,即存在多元化投融资主体,多方参与建设,多方参与运营,谁出资谁收益,是多元市场化的所有制经济在城市基础设施建设中的具体体现。

(2)市场化投融资的优点

1)节约项目成本,实现风险分担

作为投资者的民营机构可以通过管理和激励机制等有效降低项目成本,同时,市场化经营模式实现了政府和企业的风险共担。通过市场经营合同对各种风险进行明确界定,并在政府和民营机构之间进行合理分配。

2)有利于资金的筹集

地下综合管廊建设投资额较大,建设周期长,回收见效较慢,仅仅依靠政府拨款会加重政府财政负担,甚至导致推迟建设。市场经营模式大大节约了政府部的支出,同时有效的利用了民营资本和社会资本,有利于地下综合管廊建设资金的筹集,尤其适合于政府财政较为紧张的情况。

3)提高地下综合管廊建设经营效率

市场化的经营模式引入专业化的民营企业,充分利用民营企业的管理和建设经验,从而可以降低项目成本和建设时间,提高地下综合管廊建设经营的效率。

(3)市场化经营建设模式的缺点

采用特许经营方式进行地下综合管廊建设也存在着一定风险:

1)政府对项目失去控制

地下综合管廊是城市基础设施的走廊,构成城市的生命线工程系统,直接关系到城市功能和城市发展,属于重要公共设施项目,因此,保证政府对项目的控制力至关重要。特许权经营模式下,民营机构是设计、建造、运营的主要承担者,政府部门对项目的控制主要体现在其与民营企业的一揽子特许权转让合约中。如果合约不全面不完善,就很可能造成政府对地下综合管廊项目短期或长期失去控制的局面。

2)公共利益可能受到损害

民营企业关注于保证提高项目的投资回报率,这可能与公共利益矛盾。如果民营机构感到在项目中没有达到原来设想的收益率,其运作积极性必然大打折扣,从而直接影响项目的服务水平和经营效率,损害公共利益。

3)相关法规尚未完善

目前我国法律法规不够完善,缺乏规范化的合同文本以及相关的发展政策、实施规划和具体程序。在缺乏配套法律环境和技术支持的条件下,特许权经营模式的操作就比较困难。

8.1.3 混合投融资模式

混合投融资模式,即政府与企业联合出资。纵观城市轨道交通等基础设施集融资的历史和现状,纯粹政府主导型和纯市场主导型都不多见,一般都是二者的混合型,即PPP模式(Private-Public Partnership)即公共部门与私人企业合作模式。PPP模式使政府部门和民营企业能够充分利用各自的优势,即把政府部门的社会责任、远景规划、协调能力与民营企业的创业精神、民间资金和管理效率结合到一起。混合融资模式如图8-1-3所示。

既能利用政府的力量解决市场不能解决的问题,也能利用市场解决政府不解决的问题。综合了政府投融资模式和市场化投融资模式的各自优点。一方面

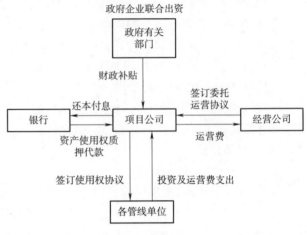

图 8-1-3 混合融资模式

引入民间资本,减轻政府的财政负担;另一方面引入竞争机制,提高运作效率。

合作各方参与某个项目时,政府并不是把项目的责任全部转移给私人企业,而是由参与合作的各方共同承担责任和融资风险。该模式可以更好地促进基础设施领域运营机制的改革,加快实现产权多元化,提高项目经营效率,降低设施运营成本。

(1)PPP模式的优点

1)提前满足社会和公众的需求。通过采取PPP模式,可以使一些急需而政府短期内又无力集资建设的地下空间项目,提前建成发挥用,从而促进社会生产力的提高,并刺激经济发展和就业率的提高。

2)有利于资金的筹集。PPP能够利用民间的资金,减少政府的直接财政负担,政府也可以把原来用于这些项目的资金,转而用于其他投资项目。

3)有利于提高项目的运作率。一方面,由于有民营企业的参与,贷款机构对项目的要求就会更加严格。另一方面,民营企业为了减少风险,获得较多的收益,客观上促使其加强管理、控制造价、提高效率。

4)有利于提高服务质量。民营企业参与项目的运营、管理维护,有利于提高建设和运营效率,引入新的管理体制,用户可以得到较高质的服务。

5)有利于风险合理分担。因为PPP项目一般具有巨额资本投入、项目周期长等因素带来的风险,政府部门不是把项目风险全部转移给民营企业,而本身也承担其中的部分风险,有利于提高民营企业完成项目的信心,保证项目顺利实施。

6)有利于转变政府部门职能。政府可以从微观管理的繁重事务中脱离出来,从过去的公共基础设施的提供者变成监管者。

对于项目的总成本(包括土地费用)与收入,投资公司与私营部门可以按比例进行分摊和分成。另外,投资公司设立监督委员会,对地下空间开发的满足程度进行监管。项目公司的内

部可以设置某些监督机制,来维护公共利益。整个项目的组织构成如图8-1-4所示。

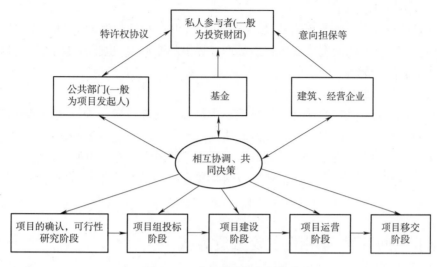

图 8-1-4　PPP 模式的组织构成

这种方法可以达到以下目的:
1)保障地下空间开发的功能能够按既定规划实现。
2)政府投资公司的初期投入负担减轻,但可从项目的经营获得一定的收入。不过也存在相应的经营风险。
3)私营投资者、建筑物业主可以从商业项目经营运作中获得收益。
4)双方会共同负责项目的具体实施,最后会有考虑综合环境的优化方案。
(2)混合投融资模式缺点
"政府与企业联合出资"模式使大额建设资金得到各方分担,有利于资金的筹集,但在实际操作时也存在一定问题。
1)加重各管线部门的财务负担,贷款难度大
"企业出资、政府补足"的融资模式下,要求各管线单位投入地下综合管廊的建设资金。尤其是按"传统体积值法"制定各方分摊比例时,要求各管线部门投入较大数额的建设资金,这可能增加管线单位的负担,容易使企业产生抵触情绪。
由于各管线单位出资额度大,在实际出资时通常要部分依靠银行贷款的支持。但由于联合投资模式中,各管线部门仅取得地下综合管廊的使用权,而并未取得所有权,故难以通过项目质押贷款。若仅仅依靠自有资金则很可能难以负担所要求的出资比例,这就造成了各管线单位的出资困难。
如果考虑采用以项目公司名义贷款,各投资方以其出资额承担有限责任,则由于项目没有现金流入量,只能以地下综合管廊项目资产进行抵押,这就使地下综合管廊项目风险大大增加,一旦管线单位无力还款,则会严重影响地下综合管廊的正常运营。
2)地下综合管廊建设资金分摊比例的制定难度较大
很难找到得到各企业的共同认可的分摊模式,协调难度大。"推定投资额模式"和"传统体积值法"两种制定投资分摊比例的方法虽然在理论上解决了资金分摊比例的问题,但在实际执行过程中仍然困难重重。同时,政府还需防止企业直接将负担转嫁给广大用户,引起社会不良

反响。

3) 产权界限模糊

虽然一般认为管沟建成后所有权应归政府所有,但在缺乏相关法规明确界定的情况下,"政府和企业联合出资"的融资模式容易造成产权界限的模糊,这也将对地下综合管廊建设投资的多元化造成一定影响。

4) 要求完善的配套法规

"政府与企业联合出资"模式对法律环境要求较高。其建设资金分摊比例的制定,地下综合管廊建成后的所有权、使用权、管理权的归属问题等,均需要完善的法律法规加以界定。日本和台湾等在地下综合管廊建设中采用联合出资模式的国家和地区均建立了与之配套的法律法规体系。目前在我国,地下综合管廊建设尚未建立相关配套法规,因此采用该模式的难度较大。

8.2 地下空间开发利用的主要融资方式

8.2.1 财政渠道

在地下空间的开发建设中,财政投资也是资金来源的一个不可缺少的途径,因为财政投资有以下特殊性和优点:

(1) 地下空间开发中的纯公共物品类必须靠政府提供。

(2) 我国的财政收入已经形成了以税收为主的收入结构,这将有力保证财政投资资金来源的稳定性。

(3) 财政投资可以通过补贴形式,运用"四两拨千斤"的巧劲,引导其他投资。

由于受财政实力的限制,今后财政投资在基础设施等投资中的比重将不断下降。固定资产投资项目可分为基础设施项目、公益性项目和竞争性项目三大类,政府投资的重点将放在建设周期长、投资量大的基础设施项目和非盈利或低盈利的社会公益性项目上。对回报率相对较高的公共基础设施项目,实行企业化运作,依靠社会资金,政府不再直接投资。

8.2.2 银行贷款

银行贷款是银行按一定的利率,在一定的期限内,把货币资金提供给需要者的一种经营活动。地下空间开发建设的投资者在资金短缺的情况下可以通过银行贷款的方式来筹得资金,并且可以获得杠杆效应。

8.2.3 项目融资

城市地下空间开发的融资与一般企业的融资行为不同。城市地下空间开发的融资以项目为出发点,并以项目为导向,资金提供者关心的是项目本身的经济强度、战略地位,资金需求量比一般企业融资更大、更集中并要求更长的占用周期。二者的融资主体不同、融资方式不同,因此它们的资金构成不同,而不同来源的资金,成本和风险也不同。应根据城市特点和对地下空间开发的适合度,具体分析不同的地下工程项目,从而确定最佳的融资结构。

对于一些政府重点建设城市地下空间项目可以实行项目法人制,组建项目公司,由项目公司进行市场化融资,如南京地铁公司、上海地铁公司等。到 2012 年,上海将建成运营长度超过 500 km 的轨道交通基本网络,建设投资总规模约 2 000 亿元。为了搞好市场化融资,上海成立了上海申通地铁股份有限公司,赋予法人主体地位,负责项目的建设管理。项目融资是以项目公司为融资主体,以项目未来收益和资产为融资基础,由项目的参与各方分担风险的具有有限追索权性质的特定融资方式。项目融资的主要形式有 BOT 项目融资、TOT 项目融资、PPP 项目融资等。

8.3 综合管廊项目及设备研发投融资方案

8.3.1 项目建设前期阶段融资方案

在综合管廊项目立项阶段中,金融机构可按照公司要求出具贷款意向书及贷款承诺函,协助该项目手续顺利办理。

(1)项目贷款意向书

项目贷款意向书是融资主体向国家有关部门上报项目建议书(或建设方案)时,获得商业银行出具的信贷支持意向文件。

优点是有效期从开出之日起至银行正式审批同意是否贷款之日止,有助于项目立项获批。

(2)项目贷款承诺函

项目贷款承诺函是融资主体向国家有关部门报批项目可行性研究报告时,获得银行开具的有条件项目贷款承诺文件。

优点是有效期到正式签订借款合同之日止,有助于建设项目获得国家批准。

8.3.2 项目建设期阶段融资方案

项目建设阶段,在 30%资本金到位的情况下,银行可提供固定资产贷款(银团贷款)、设备购置贷款、融资租赁等产品以支持项目的顺利建设;若资本金有缺口,银行可提供股权融资、委托债券投资等产品以支持项目的顺利建设。

1. 项目融资

(1)项目贷款

1)期限长,一般不超过固定资产建设期加上 10 年。

2)金额大,一般不超过固定资产总投资的 70%。若贷款金额超过 10 亿元,金融机构可组织银团贷款以充分满足项目需求。

(2)设备购置贷款

针对项目购置各类设备的需要,金融机构可提供设备购置贷款。

期限长,一般不超过 5 年;金额大,单笔金额不超过 1 亿元,且一般不超过所购设备款项金额(扣除增值税)70%。大型进口设备,为降低融资成本,可申请外汇贷款。

2. 银团贷款

项目投资金额较大,银行可通过银团贷款安排融资。银监会鼓励采取银团贷款方式筹集项目所需资金。银团贷款是指由获准经营贷款业务的多家银行参加,基于相同的贷款条件,采用同一贷款协议,向同一借款人发放的贷款。银团贷款的特点:

(1)贷款金额大、期限长。
(2)指定一家银行作为牵头行,企业所花费的时间和精力较少。
(3)银团贷款操作形式多样。
(4)有利于借款人树立良好的市场形象。

银团贷款优势:
(1)分销认可度高:获得市场积极参与,分销比例大,得到超额认购。
(2)尊重客户意愿:可根据客户意愿或与客户协商选择银团参贷行成员。

3. 融资租赁

若项目资本金相对紧张,银行可通过融资租赁产品协助完善项目资金问题。融资租赁是指出租人根据承租人对租赁物和供货人的选择,将其从供货人处取得的租赁物按合同约定出租给承租人占有、使用,向承租人收取租金的交易活动,常见形式有回租租赁、直接租赁、厂商租赁等。

方案如下:

(1)存量设备融资性售后回租

以存量设备通过售后回租方式进行融资,获得资金用于项目建设。

承租人将其自有设备等固定资产出售给租赁公司,再以融资租赁方式租回使用,在租赁期满和全额清偿租金后回购原有固定资产,与租赁资产相关的风险等由承租人承担。具体业务模式如图 8-3-1 所示。

(2)新购设备融资租赁

项目中可将新购设备通过融资租赁方式解决,降低项目总投资。

租赁公司根据承租人的选择,向供应商购买设备并将其出租给承租人使用。

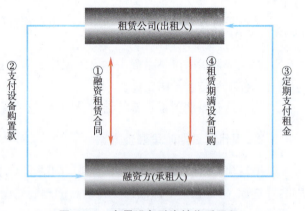

图 8-3-1 存量设备融资性售后回租

租赁期间与租赁资产所有权相关的风险、维护以及相关税费由承租人承担。租赁期满设备一般归承租人所有。具体业务模式如图 8-3-2 所示。

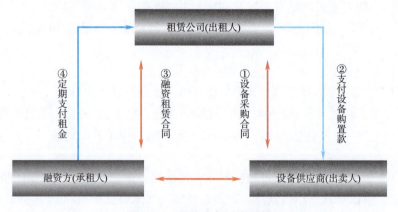

图 8-3-2 新购设备融资租赁

(3) 融资租赁的优势

1) 单笔审批金额较大,最高金额可达 50 亿元;

2) 审批时效较快,最短审批周期 1 个月;

3) 无保证金,综合成本较低;

4) 资金用途灵活,不受受托支付限制,可补充项目资本金。

8.3.3 解决项目建设自有资金不足的融资方案

按照国家对项目建设的资本金要求,项目所需资金的 70% 可由项目贷款获得,另有 30% 资金须由建设方自有资金出资,据此,可选择项目公司夹层股权融资或债权融资方案(即资产管理计划委托债权方案)解决资金缺口。

1. 项目公司夹层股权融资

依托于商业银行在全国范围内强大的资金募集能力,由银行理财客户出资,投资于基金管理公司发起设立的专项资产管理计划。

通过与参股公司共同发起设立,或增资扩股等方式实现资管计划对综合管廊项目公司的股权投资,帮助项目公司实现项目建设 30% 自有资金出资要求。资管计划具体持股比例可与银行协商确定。持股期限不超过 3 年。

资管计划与参股公司签订管理权转让协议,不参与管廊公司的日常经营管理。

双方协商确定信用增级方式,持股期限到期时由参股公司回购资管计划所持综合管廊项目公司的全部股权。项目公司夹层股权融资如图 8-3-3 所示。

2. 债权融资

(1) 银行理财资金投资于基金公司专项资管计划。

(2) 基金公司资管计划通过银行以委托贷款方式实现对投资公司的债权投资。

(3) 投资公司投资于综合管廊项目公司,实现项目建设自有资金出资比例要求。

债权融资业务模式如图 8-3-4 所示。

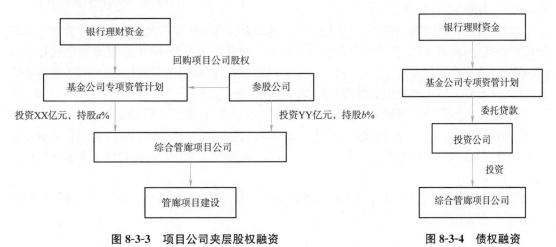

图 8-3-3　项目公司夹层股权融资　　　　图 8-3-4　债权融资

8.3.4 项目运营期融资方案

(1) 营运资金贷款

银行可针对项目日常经营中的连续资金需求,发放一定期限的营运资金贷款。可采用循环方式办理,多次提款、逐笔归还、循环使用。

(2) 法人账户透支

法人账户透支是借款人在一定额度内随时从开设在银行的结算账户透支取得信贷资金。

融资额度一次核定,循环使用。

可满足借款人紧急用款需求。

可节约资金投入,增加借款人资金调度能力。

(3) 国内保理业务

国内保理融资是借款人凭借境内应收账款从商业银行获得的融资服务,是借款人延迟付款、降低财务成本,协助供应商获取融资、稳定供应商关系的有效方式。

融资形式灵活,既可以将应收账款转让给银行,办理国内保理,也可仅以增值税发票为凭证,办理国内发票融资。

银行可接受的应收账款范围广,包括向企业、事业、政府及军队等销售商品或提供服务而形成的应收账款。

融资本息合计金额最高可达应收账款或发票金额的 90%,免担保。

盘活应收账款,及时获得营运资金,促进业务发展。

8.3.5 政企合作项目资产运营管理模式

城市地下管廊作为准公共物品,政府出于改善城市环境、提升城市建设水平的目的,从城市的综合效益出发规划建设。并作为城市生命线工程,关系到城市的安全与正常运转,政府需要对城市地下管廊项目的全过程加以监控与管理,确保运营安全。因此,政府是城市地下管廊项目的主要发起人。

由于城市地下管廊投资规模通常较大,单纯依靠政府财力,不仅加重地方财政负担,还影响其他项目投资,压力较大。由于受到财政能力的限制,完全由政府承担城市地下管廊建设费用势必难以迅速推动其建设。

合理的投资与运营管理模式对推动该项目建设并发挥其作用至关重要。采取政府企业联合出资模式,由政府发起,携手企业设立城市地下管廊建设运营公司,由建设运营公司投资建设城市管网,有效减轻政府资金压力。一方面有政府的信用作为保证,另一方面有企业资金作为保障,从而有力推动城市地下管廊的建设。

建设运营公司作为管理部门,负责规划和管理该项目,科学、合理地布置好城市地下错综复杂的各种管网。项目建成验收后,建设运营公司向管线单位提供管位,收取管位占用费和运营维护费,回收投资并赚取利润。管线自身的安装、运营、维护费用、折旧费用由各管线单位自行承担。

建设运营公司就维护、管理等事项与各专业公司签订协议,委托物业管理公司维护管网日常运转,确保地下管廊的安全运营。

第9章 综合管廊发展思考

随着国家经济的飞速发展,城市基础设施的现代化对城市地下管线的建设提出了新的要求,根据全国各城市的具体情况,精心规划、建设城市地下市政综合管廊,必然成为今后城市规划工作的一项重要内容。

推进地下综合管廊建设的建议:

(1)逐步建立完整的地下综合管廊法律规范体系

地下综合管廊建设在我国正处于探索时期,当务之急就是建立地下综合管廊法律规范体系。针对我国现已颁布的地方性地下综合管廊法规所体现的不足,建立国家性的地下综合管廊法律规范可从以下几方面进行立法:

1)明确地下综合管廊的属性与所有权。

地下综合管廊的社会效益远远高于它的经济效益,它的最大获益者不是任何一个盈利方,而是社会群体,因而可将地下综合管廊定义为道路的附属设施,即公用事业;地下综合管廊的所有权收归国有,有利于以后的统一管理。

2)确立地下综合管廊建设的主体与管理模式。

地下综合管廊集约化的建设模式需要有一个专门的机构,来统一协调各管线部门的权利与义务,地下综合管廊建设归谁管,沟内设施由谁负责,建设运营又交给哪个部门管理,都由该机构统一规定与协调。

3)统一规定收容管线的种类。

4)明文划分收容管线单位的权利和义务。

5)建设管理费用可根据各地实际情况酌情考虑。

6)确定规范设计与工程技术标准、施工技术规范、运营管理条例、安全保护与防灾设计条例等重大原则。

(2)发挥政府引导作用,建立有效工作机制

社会主义市场经济体制建立后,政府由管制政府向服务政府转型,从市场主体以政府为中心转向政府为市场主体提供服务。地下综合管廊的建设直接关系到社会公共利益,在相关法律尚未完善的情况下,政府的引导与支持显得尤为重要。在我国现有管线管理体制下,政府的强力推动和资金支持是地下综合管廊能否顺利开发建设的前提和保证。

根据国内外地下综合管廊建设的成功案例来看,实行地下综合管廊市场化运作关键要把握好以下几点:

1)地下综合管廊建设需投入大量资金,应发挥政府在融资中的主导作用,给予投资企业融资和税收上的优惠。

2)突破我国目前单一的政府出资模式,在政府政策引导下逐步探索适应市场经济发展的规律,通过"开放市场、引入竞争、公开招标、特许经营"方式,建立新型工作机制。

3）帮助投资企业获得一定的经济效益。在目前地下空间物权法规还不完善的情况下，民营资本参与地下综合管廊的投资存在一定风险。能否获利是投资企业看待地下综合管廊发展前景最直接的体现。

（3）建立地下综合管廊建设费用和管理费用分摊机制

地下综合管廊项目资金投入包括建设费用、使用费用与管理费用。建设费用通常有三种分担方式：政府补足、按面积分担和按体积分担。采用哪种模式则与市场经济的发展程度有着紧密的联系。如上海浦东新区的地下综合管廊建设费用是由国家全部承担的，而国外和台湾地区的地下综合管廊建设费用则是采取政府与管线单位共同分担的模式。

就目前我国市场经济发展的成熟度而言，对于建设费用的分担，建议选择按体积分担并以政府补足为支撑、二合一的计算方式，尽可能地采用较小的分担比例，即在制定建设费用政策的总体思路上，考虑各管线单位的承担能力，不再额外增加投资。

但我国地下综合管廊面临的资金难题不仅在于前期的建设投入上，伴随出现的问题还体现在建好的地下综合管廊无线入沟。地下综合管廊的使用费用主要由专业入沟费、日常运行费、政府补贴三部分组成。对于管线单位来说，他们考虑是否入沟的关键就在于与传统的管线埋设费用的比较。国内外比较常用的分摊方法是平均分摊法和比例分摊法，要想地下综合管廊有线可入，建议采用比例分摊法，并给予入沟单位最大可能的优惠政策，鼓励企业提高管道使用效率，保证地下综合管廊能够得到最优化的利用，造福于社会大众。

（4）制定相关技术标准

我国目前尚未有地下综合管廊技术方面较为全面的规范标准，对于地下综合管廊在设计、施工、检查验收、材料设备、运营管理等方面的规范标准仅停留在点、线的形式上，在实际操作过程中仍然参考国外设立的标准，这在一定程度上限制了地下综合管廊在我国的发展。考虑到我国幅员辽阔，地域差异较大，因而在制定国家性的地下综合管廊技术标准外，应针对每个城市自身的特点，因地制宜，制定适合当地的地下综合管廊技术标准，从而推动地下综合管廊在我国的推广与普及。除此之外，还应制定地下综合管廊保护条例，来防止其他工程建设对地下综合管廊的破坏以及由此可能产生的对城市系统的破坏。

（5）建立城市地下管线信息系统共享平台

虽然实现地下管线信息化已被众多学者提出并在个别城市试点完成，但我国目前大多数城市的管理者对于城建资料的建设管理意识不强，大部分的地下管线资料仍使用纸质材料，资料不全、查询不便、更新速度慢、利用效率低等问题普遍存在。建议已有或即将建立地下综合管廊的城市利用地下综合管廊建设的契机，加快城市地下管线信息化建设进程，整合现有数据资源，使纸质数据信息化，建立城市地下管线信息系统共享平台，完善地下管线电子档案，借助互联网、传感器、GIS等先进技术进行电子地图及其他图像资料的查询，实现行政作业的电子化。

（6）减小工程建设副作用

地下综合管廊施工前的规定期限内应通知所有可能受到影响的住户、建设运营商、所涉地段的产权人等做好相应准备。进行施工前，提前发布通知告知附近住户，修建隔音墙，最小程度地减少噪声对周围住户的生活影响，降低工程事故发生率，保障工程质量优良率。

地下综合管廊的建设是市政管线集约化建设的趋势，也是21世纪新型城市市政基础设施建设现代化的重要标志之一，尽管地下综合管廊在我国发展并非一帆风顺，且目前尚有许多仍未解决的问题，如管理体制、建设模式、法律规范等，但从国内外地下综合管廊建设的情况来看，建设地下综合管廊将成为我国市政管线建设的一个新的发展方向，因而根据我国具体国情一一解决这些问题，是地下综合管廊建设能够在我国健康持续发展的保障。

参 考 文 献

[1] 中华人民共和国住房和城乡建设部. 中华人民共和国国家质量监督检验检疫总局. GB 50838—2012 城市综合管廊工程技术规范[S]. 北京:中国计划出版社,2012.
[2] 国家质量技术监督局、中华人民共和国建设部. GB 50289—1998 城市工程管线综合规划规范[S],北京:中国计划出版社,1998.
[3] 王恒栋,薛伟辰. 综合管廊工程理论与实践[M]. 北京:中国建筑工业出版社,2013.
[4] 王胜军,徐胜,靳俊伟等. 城市管网共同沟设计与管理问题探讨[J]. 给水排水,2006,32(07).
[5] 于丹,连小英,李晓东等. 青岛市华贯路综合管廊的设计要点[J]. 给水排水 2013,39(05).
[6] 胡啸,张伟民,缪小平. 新建城区采用共同沟技术探讨[J]. 建筑节能 2009,(7).
[7] 张帆. 地下综合管廊管线收容研究[J]. 福建建筑,2009(11).
[8] 杨琨. 浅谈城市综合管廊的设计[J]. 城市道桥与防洪,2013(5).
[9] 范晓莉,刘建,胡文. 共同沟的设计和经验总结[J]. 陕西建筑 2012(2).
[10] 高政. 厦门市湖边水库市政共同沟设计[J]. 给水排水 2010,36(10).
[11] 郑坚. 共同沟工艺及给排水设计的几点探讨[J]. 工业安全与环保 2012,38(3).
[12] 张时珍. 管道工程[M]. 合肥:合肥工业大学出版社,2013.
[13] 葛春辉. 顶管工程设计与施工[M]. 北京:中国建筑工业出版社,2012.
[14] 彭鹏. 世博会园区预制综合管沟拼装施工技术[J]. 城市道桥与防洪,2010,(1).
[15] 姚怡文,蒋理华,范益群. 地下空间结构预制拼装技术综述[J]. 城市道桥与防洪,2012(9).
[16] 曹生龙. 开发研制用于市政综合管廊的新型混凝土涵管[J]. 混凝土与水泥制品,2013(4).
[17] 罗青生. 浅析城市核心道路建设中共同沟节段施工工艺措施[J]. 福建建材,2013(9).
[18] 雷升祥. 斜井 TBM 法施工技术[M]. 北京:中国铁道出版社,2012.
[19] 吴巧玲. 盾构构造及应用[M]. 北京:人民交通出版社,2011.
[20] 鲍绥意. 盾构技术理论与实践[M]. 北京:中国建筑工业出版社,2012.
[21] 陈馈等. 盾构施工技术[M]. 北京:人民交通出版社,2009.
[22] (日)地盘工学会. 盾构法的调查·设计·施工[M]. 牛清山,陈凤英,徐华,译. 北京:中国建筑工业出版社,2007.
[23] 陈明辉. 城市综合管沟设计的相关问题研究[D]. 西安建筑科技大学,2013.
[24] 北京城市地下管线管理研究课题组. 国内外城市地下管网管理的相关经验与做法[J]. 城市管理与科技,2009(02):35-37.
[25] 车延岗. 导向钻进非开挖技术简介[J]. 市政技术,2002(04):41-46.
[26] 陈传灿. 泥水式微型盾构挖掘面稳定系统设计[J]. 筑路机械与施工机械化,2002(01):1-2.
[27] 陈寿标. 共同沟投资模式与费用分摊研究[D]. 同济大学,2006.
[28] 何培根. 国内综合管廊发展困境剖析与应对策略探讨[J]. 2012(第七届)城市发展与规划大会,中国广西桂林,2012.
[29] 侯文俊等. 城市地下管线共同沟建设与发展[J]. 市政技术,2005.23(4):229-232.
[30] 黄谦. 城市综合管沟发展及应用探讨[J]. 市政技术,2012.30(1):71-74.
[31] 姜曦,苏华友. 微型 TBM 在城市共同沟施工中的运用[J]. 地下空间与工程学报,2005(03):428-431.

[32] 李怀用.浅谈微型盾构在市政工程中的发展前景[J].隧道建设,2001.21(4):25-27.
[33] 李勇,张占强,张洪涛.微型盾构机用管片自动拼装机[J].工程机械与维修,2009(6):148-149.
[34] 刘春彦,沈燕红.日本城市地下空间开发利用法律研究[J].地下空间与工程学报,2007.3(4):587-591.
[35] 刘青洋.微型盾构与顶管施工技术的应用[J].建筑机械,2002(2):46-48.
[36] 刘应明,何瑶,彭剑.可纳入共同沟的管线种类分析研究[J].市政技术,2011.29(6):61-64.
[37] 刘应明,何瑶,张华.共同沟规划设计中相关问题分析[J].土木建筑与环境工程,2011(S2):94-97.
[38] 刘应明,何瑶,张华.深圳市建设共同沟的可行性分析[J].市政技术,2011.29(6):57-60.
[39] 吕昆全,贾坚.台北市共同沟建设现状及若干问题分析[J].地下工程与隧道,1998(04):8-14.
[40] 罗曦.巴黎地下管网初探[J].法国研究,2011(3):79-87.
[41] 马文胜.共同沟建设的相关政策与法规[J].中国勘察设计,2010(9):44-47.
[42] 穆宜,王小宁.地下综合管廊建设初探[J].供用电,2010(06):45-47.
[43] 潘筱.盾构机在柏林废水排放管网工程中的运用[J].建筑机械,1992(5):25-28.
[44] 邱玉婷.我国城市共同沟项目的投融资分析[D].同济大学,2007.
[45] 宋定,赵世强.我国共同沟现有投融资模式比较与分析[J].价值工程,2014(04):93-94.
[46] 孙强.浅谈市政工程综合管线的建设[J].科技创新与应用,2012(8):189.
[47] 唐元宁,于兰英.日本微型盾构的研制现状[J].工程机械,2000(06):3-7+53.
[48] 王存娟.城市地下管线综合隧道建设探索与研究[J].山西建筑,2011.37(29):158-160.
[49] 王恒栋.城市市政综合管廊安全保障措施[C].运营安全与节能环保的隧道及地下空间暨交通基础设施建设第四届全国学术研讨会,中国湖北恩施,2013.
[50] 王江波,戴慎志,苟爱萍.我国台湾地区共同管道规划建设法律制度研究[J].国际城市规划,2011(1):87-94.
[51] 王鹏,白海滨,蔡永钢.共同沟结构设计探讨[J].现代农业科技,2010(03):288-289.
[52] 王清波.城市公路隧道监控系统集成方法研究[J].武汉理工大学,2009:64.
[53] 王威.关于国内外共同沟的发展状况[J].工业设计,2012(03):227.
[54] 王曦,祝付玲.城市综合管廊规划设计研讨——以无锡太湖新城为例[C].转型与重构——2011中国城市规划年会,中国江苏南京,2011.
[55] 王新杰,杨铮.地下综合管廊(共同沟)的研究设计与实践[C].城市地下空间开发与地下工程施工技术高层论坛,中国北京,2004.5.
[56] 王璇等.再论上海城市地下空间的开发利用——关于上海共同沟的建设[J].上海建设科技,2002(01):46-47.
[57] 萧岩,黄谦等.市政综合管沟技术探讨[J].市政技术,2000(4):34-40.
[58] 徐俊杰.微型盾构在集水管连接工程中的应用[J].四川建筑,2004.24(3):107-108.
[59] 徐纬.从规划设计角度提高地下管线综合管廊综合经济效益浅析[J].城市道桥与防洪,2011(4):202-204.
[60] 杨逸婷.浅析我国共同沟执行现况及推行障碍[J].沈阳建筑大学学报(社会科学版),2013.15(3):286-289.
[61] 姚大钧等.共同沟之规划与设计[J].地下空间,2004.24(B12):653-658.
[62] 姚龙龙.城市地下综合管沟工程建设及问题探讨[J].城市道桥与防洪,2008(03):100-104.
[63] 张彩恋.城市地下综合管廊建设刍议[J].城建档案,2009(8):24-25.
[64] 张鑫.导向钻进推广现状及必要性分析[J].价值工程,2014(07):143-144.
[65] 章友俊,彭栋木.共同沟开发与建设的思考[J].市政技术,2004.22(4):214-215.
[66] 朱南松.共同沟在我国之现状及发展[J].城市道桥与防洪,2010(2):152-154.